U0472166

中国赏石艺术美学要义

李国树 著

上海财经大学出版社

图书在版编目(CIP)数据

中国赏石艺术美学要义 / 李国树著. -- 上海：上海财经大学出版社, 2025.5. -- ISBN 978-7-5642-4620-4

Ⅰ. TS933.21

中国国家版本馆CIP数据核字第20259E1S75号

□ 策划编辑　王永长
□ 责任编辑　王永长
□ 书籍设计　贺加贝

中国赏石艺术美学要义

李国树　著

上海财经大学出版社出版发行
（上海市中山北一路369号　邮编200083）
网　　址：http://www.sufep.com
电子邮箱：webmaster @ sufep.com
全国新华书店经销
上海锦佳印刷有限公司印刷装订
2025年5月第1版　2025年5月第1次印刷

787 mm×1092 mm　1/16　31.5印张（插页：2）　555千字
定价：368.00元

自序　审美的沉思

一

赏石艺术之妙，未易言尽。在酝酿和写作这本著作的时候，怀揣双重动机，把已出版的拙著《中国当代赏石艺术纲要》的内容加以深化——书中主要阐述了"观赏石艺术品何以存在"的问题，在此基础上，对赏石艺术美学作个试探性研究，以解决"如何欣赏观赏石艺术品"的问题，从而扩展我对赏石艺术的研究领域。这个双重动机隐含着一个基本观点：赏石艺术中的创造与欣赏合一，并且在美学以艺术为依托的基础上，需要从赏石艺术入手，去认识观赏石之美。[1]

在美学史上，自从德国美学家鲍姆嘉通促成"美学"这门学科诞生以来，美学的出现才不过约300年的历史。[2] "美"，一直以来是个难以定义或无法定义的词，理解美是困难的，因为任何事物令人产生审美愉悦的背后，都会存在一些有待于弄清楚的若干问题。赏石艺术仿佛高岸深谷，人道难通，深邃巨测，而赏石艺术美学又是赏石艺术领域里最显扑朔迷离的，无法形容，难以名状。尽管如此，人们不禁会问，什么是赏石艺术美学呢？假使说赏石艺术美学是关涉观赏石作为美的事物的探索的学问，关涉论述观赏石之美的理论学说，这种回答并不坏。但我更有把握地说，赏石艺术的审美问题才是赏石艺术美学的中心论题。本书旨在重点讨论赏石艺术的审美问题。

在当代社会，论及赏石艺术美学并非标新立异，实因在学理上，赏石艺术美学有着自主性。依据艺术史的叙事方法，当古代赏石被确认为一种艺术活动，并且，当代赏石艺术被认定为一种艺术形式的时候，谈论赏石艺术美学才会顺理成章。实际上，古代赏石作为一种艺术活动，以及当代赏石艺术作为一种艺术形式，乃是一种社会历史现象。准确地说，古代赏石是文人们进行的一种艺术活动，而赏石艺术是现时代正在形成的一种新的艺术形式。从逻辑上讲，探讨赏石艺术美学的诸方面，需要兼顾古代的文人赏石和当代的赏石艺术两者共同来进行。这是本书的逻辑前提。

假定赏石艺术是艺术哲学，赏石艺术理论涉及本体论、认识论、方法论和功用论，那么，赏石艺术美学就可以理解为，在如何认识观赏石之美的宗旨下，把赏石艺术视为一种艺术哲学在审美领域的本体论、认识论、方法论和功用论的运用，它在本质上也就成了一种审美哲学。这是本书的立论基础。

关于本书的论述方法，有义务给读者指明：

其一，中西方有不同的艺术哲学观念和自然哲学观念，并且对艺术和美的认识有不同的路径。比较与运用两者，有助于理解赏石艺术美学的基础理论和基本方法。

大抵说来，赏石艺术自在心外，又在心中，天人合一，万物一体，这是中国传统艺术哲学观和自然哲学观下的基本赏石艺术观念。西方是主客二分法，可以把赏石艺术理解为存在的敞开，在敞开的世界里，观赏石是可认识的、可感知的。若把两者运用在赏石艺术美学之中，自然会得出相应不同的认识和精神。然而，如何在合目的性的关系理论下，把握心与物的融合，认识实体与现象的圆融，可视为中国赏石艺术美学的要旨。事实上，知识并没有颜色的区分，更无国界的分别，试图通融中西方艺术哲学的不同传统，尤其自然哲学的不同范式，运用不同的知识参照和思维方式，应用于对赏石艺术美学的探究，这是本书的宏观研究方法。

其二，艺术始终保持着时间性，这是理解一切艺术的幽旨。相应地，只有透过中国赏石文化发展史，才能认识古代文人赏石和当代赏石艺术与艺术之间的一致性。换言之，赏石艺术美学孕育与发生在赏石历史和赏石文化之中。中国赏石是不同社会历史时期有思想、有才情的人们从事的儒雅风流的艺术活动。于是，不同时期的赏石理论和赏石观念都在揭示他们所处的时代风貌，也决定着不同的赏石艺术美学风格。

意大利画家达·芬奇曾认为："凡能够到源头去取泉水的人，决不喝壶中之水。"[3]中国赏石艺术美学应当在赏石史实中去找寻答案，这意味着需要提供关于赏石文化史的正确知识，然后用客观的眼界去审视那已经流逝的历史，以便揭示赏石未来发展的轨辙。这就正如清代学者王永彬所言："事但观其已然，便可知其未然。"[4]依照中国赏石历史演变的发展轨迹，把历史观点与新理念相协调，把哲学方法与逻辑方法相统一，试图找出一些规律性的东西，以引发对中国赏石艺术美学的探微，进而阐发中华美学精神与赏石艺术审美旨趣的内在联系，这是本书的微观研究方法。

一言以蔽之,本书对于赏石艺术的讨论以艺术为基础,对于赏石艺术美学的讨论以赏石艺术为基础,同时,又是基于各式不同的艺术理论和美学理论,主要应用分析美学的方法,从多角度和多层次展开的。

大体上,对于赏石艺术美学的研究,至少可以提出以下四个逻辑层面上的提问:(1)"赏石艺术美学的主要根源是什么?"这个问题从属于历史哲学,要求在历史和文化中去探讨。(2)"赏石艺术美学的基本特性是什么?"这个问题从属于哲学美学,要求理论上的解释。(3)"如何认识赏石艺术的审美?"这个问题从属于分析美学,要求分析与归纳。(4)"什么样的观赏石是美的?"这个问题从属于实践美学,要求理论与经验相结合。上述四个层面的问题,基本构成了本书的思考对象和主要内容。

二

本书有一些值得注意的方面,这里略作说明如下:

其一,中国赏石艺术美学的哲学基础在很大程度上是由道禅哲学所构成,因此,本书主要运用道禅哲学思想阐述中国赏石艺术美学,但儒家思想也内含在一些论述中。这固然隐含着对于"赏石的起源"与"赏石艺术美学"是两个不同范畴的认识。赏石的起源自有真因[5],而赏石艺术美学却融合儒、释、道之奥,汇集百家之说,莫不尽含其英华。[6]

其二,本书把古代赏石在性质上界定为文人赏石,这并不排除古代除了文人雅士和士大夫以外,就不存在其他的赏玩人群和民间的赏石活动。同时,"奇石""观赏石"在文中有不同程度的交互使用,严格来说,"奇石"是古代对于欣赏和玩味的石头的称呼,"观赏石"则是当代的称呼,且有特定的内涵。[7]但从古至今,它们当指赏玩与欣赏的天然原石及独立置景石,不容泛滥。

其三,本书对观赏石作为商品对象没有谈论,实无关宏旨,即便它几乎成了当今人们赏石活动的主要追求,无形地使得赏石充满混浊。它隐含着"无利害的态度才是审美的必不可少的条件"这一假设。[8]当观赏石成为商品对象时,它就是有功利性的,不再适合审美对象的讨论,而审美对象无功利性。赏石艺术却是反功利性的,即它是着眼于纯粹审美目的的艺术。

其四，出于行文方便，文中"文人赏石家""观赏石欣赏者""赏石艺术家"均有出现，他们是从奇石或观赏石的欣赏主体的立场而言的。需要指明的是，文人赏石家代指古代赏石主体，而观赏石欣赏者和赏石艺术家代指当代赏石主体。其中，在当代社会，观赏石欣赏者涵盖赏石艺术家，但观赏石欣赏者不会必然成为赏石艺术家；赏石艺术家既是观赏石的欣赏者，也是观赏石艺术品的创造者。尤其，本书注重和突出了赏石艺术家的意图、赏石艺术家的创造，以及赏石艺术家在赏石艺术中不可替代的功能作用。这暗示着在赏石艺术中，赏石艺术家的审美判断和审美品位对一切欣赏者会产生价值和意义的观念。此外，在一些论述中，对于"赏石"和"赏石艺术"两者的运用，有着显著的时代区别。这暗含着历史观念才是认识中国赏石艺术的重要方法论。

其五，书中所涉及的一些核心概念，诸如自然、艺术、美、形式、意蕴、想象、审美经验、呈现、示现、表现、再现、创造、感受、心灵和意象等，它们作为知识元素，本身在美学上就充斥争议，当它们运用于赏石艺术美学这个崭新的和复杂的体系之中，必然会遭遇一些让人备感困惑的难题，而在力图破解这些难题的过程中，有的论述之间会不可避免地出现微妙的冲突，而它们却并非属于真正意义上的辩证思考的范畴之内。尤其，书中对于"美"没有进行下定义的尝试，只是把它当作一个抽象的概念，在广义上而使用，尽管也对美作了相关的解释，但必须指出，即使强调审美属于感受或心灵之事，而任何一种成熟的美学体系，都需要把美的定义作为基础。

其六，书中有丰富的征引材料，这并非完全屈从于托古立言的用意，亦非虚弄名言。这些引文却蕴涵无比微妙的含义，包含非常重要的思想，希望读者对它们隐含的思想性给予自己的领会。或许，正因为它们的出现，本书才不至于乏味，乃至缺乏深度，可谓"要于证真之言"。同时，有些引文涉及史料来源，文中注重最早、最原始的典籍和史料的搜集、考辨与使用，其隐含着"可靠的材料决定观点"这一研究范式，它们都是为论证书里的主要观点来服务的。不过，有部分引用材料是"引述"，而非来自原作之述——至于其中部分引文括号里的内容，为本人所添加。还有些引文未注明版本、页码的出处，多涉及一些诗歌和格言等。同时，插图里的极少部分绘画和雕塑，标注为"私人收藏"，随着时代的变迁，还需要进一步核对。此外，文中的着重号为本人所置，它们乃是重要的概念或观点。

其七，书中汲取了一些西方语境中经常使用，并且东西方共通的艺术中的基本术语，如再现、表现、自然主义等，但有的地方却避免了随意去使用诸如象征主义、浪漫主义，而应用了象征、浪漫词语来表述相关内容，并在文中尽量给予它们以某种界定。在深层次上,这涉及当那些属于西方的词汇运用于赏石艺术这种表示东方的事物时,是不是妥当,是不是准确,是不是有问题的相关思考。总的来说,本书在把中西方融合的方法应用于赏石艺术美学的研究中,尤其注意到了这一点。

其八,书里收录了一些绘画、雕塑和观赏石作插图。它们纯粹源于自己的偏爱,悉心酌量遴选而来,出于案例或范例而使用,同时与所述相关内容有一定程度的关联。但是,文中未对这些插图加以详细解读,原因在于它们太深奥了,会人言人殊,就权作文本的"留白",留给读者自己去联系前后文揣摩了。当然,我也流露出了对它们的理解,都溶解在文本中了。然而,就其中的观赏石而言,它们仅是现存观赏石的浩瀚一角,绝不能都被称为珍品之作,这是需要澄清的。

其九,本书的突出特色体现为,出入于中国赏石的历史、现实和未来,紧紧抓住以赏石艺术美学理论构建为核心,从古代的文人赏石落笔,乃将重点放在了当代的赏石艺术,突出赏石的新思潮,反映赏石的新理念,接近赏石的新现实,走向赏石的新方向。

其十,本书与拙著《中国当代赏石艺术纲要》在文字材料的使用上,基本没有重复(除少许观赏石图像以外),甚至连参考文献都不重叠。把两本书放在一起来相互参考阅读,可以帮助读者更加深入地理解中国赏石艺术,但在阅读两本书的过程中,都应该联系它们所诞生的时代背景,领悟效果会好一些。

三

写作本书绝非临渴掘井的应时应景之为,反而,我倒深深地怀有一种理想的憧憬,那就是在赏石新的历史发展阶段,对于赏石的文化、艺术和美学的相关理论研究,将是决定中国赏石进入文化史、艺术史和美学史的重要因素。同时,整个社会的认可与接受程度,也会最终决定观赏石艺术品的价值,以及观赏石艺术品得到的合理估价。日本美学家今道友信曾说过:"作为艺术,它们本身必须具有能够得到社会承认的水平,才可被称为艺术。同时,正因为它们与一般的作品不同,才引起了社会的注意。"[9]可以说,观赏石是否为艺术品,赏石艺术能否视为一种艺术形式及成为一种艺术形式,都需要凭借艺术史,凭借赏石艺术理论,凭借周围的社会环境等来说明。归根结底,对赏石艺术来说,文化似骨骼,艺术似血肉,美学似灵魂,这三个归落点才是推动中国赏石发展进步的内驱力量,聚焦于对它们的理论认识,才会决定赏石艺术的地位、高度和吸引力,此可视为中国赏石的深远义理。

昔人云:"梅花之影,妙于梅花。"但影子何能妙于花呢?我在拙著《中国当代赏石艺术纲要》里提出的赏石艺术理念,提出的赏石的观照转化理论,不管是否受到欢迎,它们在我心里都有重要意义,即便我还没有自觉超脱到不无困扰的境界。但毋庸讳言,当代的赏石艺术理念向赏石艺术体验的转换不是一件容易的事情,也不可能一蹴而至,并且,理念必须要经历实践的检验,必须得到人们的应用。然而,一只螃蟹、一只蝴蝶铸型了古罗马皇帝奥古斯都的一枚金币,演绎了他的座右铭,"需要慢慢地,快进"。观赏石充满古趣,令人陶醉,这已不言自明。但在实际的赏石生活中,使我实地体验到,人们对于赏石艺术的审美认识还仅停留在支离破碎的感觉上,未曾得到疏解,一直徘徊于美感与快感、美与漂亮、审美与趣味之间,而没有形成一个较为清晰的认识,处于混沌的状态,迷离莫辨。同时,还使我认识到,研究赏石艺术和赏石艺术美学,如果不亲身赏玩观赏石,就如雾里看花,终隔一层。

诚然,我们正处在一个赏石艺术和赏石艺术美学的启蒙时代。近时,中国赏石的发展趋势为破障立本,为摆脱沉疴,而何者当为,何者不当为,尤为值得人们去深思,更需要玩石人的内在觉醒。不过,守本、疏本、立本,借古以开今,以顺应赏石艺术的时代发展趋势,这个变革迟早会来临。唐代诗人杜牧诗言:"东风不与周郎便,铜雀春深锁二乔。"[10]赏石艺术和赏石艺术美学都是当今时代的产物,就像两扇门,对于它们的理论探讨,将会增强中国赏石的理论自信,有助于中国赏石朝着正确的方向发展,也有助于人们欣赏门外的广阔风景。

对于中国赏石的研究,自20世纪80年代始,率先由几位西方人发起。大体上,他们认为中国赏石尤似西方的抽象雕塑艺术[11],虽然也对"文人赏石"进行了相关讨论,并提出了一些富有洞见的观点,但多少有些考古研究的意味,未能深入中国文化的深层结构之中,整体上脱离了中国语境。然学有渊源,如何从历史出发,以宽泛的视野,运用批判的精神,呼应时代的变革,使得赏石艺术走上学术研究之路,以将中国赏石艺术置于艺术史和美学史应有的位置上,任重而道远。

德国哲学家叔本华曾说过:"价值并不在于名声,而在于获取名声的东西;快乐就在于产出那些不朽的孩子。"[12] "高大、挺拔的树木是不结果子的;水果树都是矮小和难看的；重瓣的花园玫瑰并不结果儿，但矮小、野生、几乎没有香味的玫瑰却可以结出果子。"[13]当今的中国赏石倒像一位高龄的产妇，正处于分娩的阵痛期，她生出来的孩子，名字会叫"赏石艺术"，这是由她的种子决定的。这个种子的胎衣包裹着文人赏石传统，而对于赏石艺术美学的研究，会告诉人们，这个孩子是如何的美、多么的美，以及如何去欣赏她的美。

然而，赏石艺术美学却为一个完全崭新而又陌生的领域，当前还没有权威的赏石艺术美学著作。是故，值得去做的事情都需要花费时间和精力去努力实现它。本书在《中国当代赏石艺术纲要》面世之日，即开始动笔，唯恐因生计维艰，一旦放弃，废学辍思，遂难以完成此愿。几近煎熬中，解衣般礴，历时近3年，方始告成。在写作过程中，端着让它拥有学术感、历史感和美感的态度而进行的，虽付出极大努力，但限于能力和水平，未能尽善尽美，且瑕疵和悖谬一定存在，敬希读者不吝赐教，敬请学界给予批评。宋代诗人黄庭坚诗说："庄周梦为蝴蝶，蝴蝶不知庄周。"[14]这句有禅宗"是一是二"智慧的话语，一直萦绕在我的脑海中，伴随着我的写作。我虽肤浅地涉猎过一点分散的知识，收藏了几块观赏石，但心灵仍旧似一个孩子，这颗心灵又是难以捕捉的。一切为了现实，但未必真实。于己而言，终究完成了在人生至为低谷时段的一桩心愿。

法国思想家伏尔泰曾言："论美的著作是不足信的。"[15]站在学术的角度看，伏尔泰的话有失公允。不过，我们必须承认，赏石艺术中的审美问题要复杂得多。这仅是一本孕有实验性基因的探索之作，仅是一家之言。德国哲学家叔本华曾说过一句俏皮而深刻的话："猫头鹰是雅典娜的鸟儿，可能是因为学者秉烛夜读和研究的缘故。"[16]不同的学问都是出于特定的角度而出现的，甚至出于不同的意图。并且，清代画家石涛曾言："受与识，先受而后识也。识然后受，非受也。古今至明之士，藉其识而发其所受，知其受而发其所识。不过一事之能，其小受小识也。""然贵乎人能尊，得其受而不尊，自弃也。得其画而不化，自缚也。"[17]我写本书的目的，并非试图硬塞给读者什么东西，只是想通过对赏石艺术的审美问题的学理思考及理论揭示，启发读者自己去思索赏石艺术的审美，并促使更多的人有兴趣去探讨这灿烂的理论，以期望观赏石能够真正地步入赏石艺术的门庭。

我权且引用明代末期毛晋编纂《津逮秘书》时，收录唐代张彦远《历代名画记》于卷末的评论，另附张彦远自己所说的一段话，与喜爱观赏石的有志之士共勉之：

既读兹集叙述画之兴废，自董卓帷囊而外，侯景煨烬之余，其裁入江陵者，又投后阁舍人之一炬，能无云烟过眼之叹耶。然三百七十余人垂不朽于天壤间，即谓张氏千厢万轴至今存可也。[18]

余自弱年，鸠集遗失，鉴玩装理，昼夜精勤。每获一卷、遇一幅，必孜孜葺缀，竟日宝玩。可致者必货敝衣、减粝食。妻子僮仆，切切嗤笑。或曰："终日为无益之事，竟何补哉？"既而叹曰："若复不为无益之事，则安能悦有涯之生？"[19]

我们乃落在了一个赏石的幸运时代，几乎占有了亿万年生成的所有观赏石资源，并且，有大量观赏石的品质极为精致，荟萃当世。然则，观赏石资源的大规模开发已接近尾声，在贩卖资源的过程中，也出现了很多问题，这些问题却暴露出了人们对一些东西缺少了敬畏。当代的赏石艺术作为新质生产力，迫切需要与之相适应的生产关系，而这个生产关系的建立，需要人们对观赏石的文化、艺术和美学有正确的理解。但愿我们倾心用文化、艺术和美学来传承"赏石艺术"这一国家级非物质文化遗产，来弘扬中国赏石这一优秀传统文化，如同德国哲学家黑格尔所愿："让我们共同来欢迎这个更美丽的时代的黎明。在这个时代里，那前此向外驰逐的精神将回复到它自身，得到自觉，为它自己固有的王国赢得空间和基地，在那里人的性灵将超脱日常的兴趣，而虚心接受那真实的、永恒的和神圣的事物，并以虚心接受的态度去观察并把握那最高的东西。"[20]

我乐意引用公孙龙的《坚白石论》和琴曲《伯牙水仙操》典故，作为本序言的结语：

坚、白、石三，可乎？曰：不可。曰：二，可乎？曰：可。曰：何哉？曰：无坚得白，其举也二，无白得坚，其举也二。……曰：天下无白，不可以视石。天下无坚，不可以谓石。坚白石不相外，藏三，可乎？曰：有自藏也，非藏而藏也。[21]

水仙操，伯牙所作也。伯牙学琴于成连，三年而成；至于精神寂寞，情之专一，未能得也。成连曰："吾之学不能移人之情，吾师有方子春，在东海中。"乃赍粮从之，至蓬莱山，留伯牙曰："吾将迎吾师！"刺船而去，旬日不返。伯牙心悲，延颈四望，但闻海水汩没，山林窅冥，群鸟悲号。仰天叹曰："先生将移我情矣！"乃援琴而作歌云："繄洞渭兮流澌濩，舟楫逝兮仙不还，移形愫兮蓬莱山，呜欽伤官兮仙不还。"[22]

赏石艺术乃是一门综合性艺术，但也属于边缘性研究，出版这本书，比写作它还难。感谢上海财经大学出版社编审王永长先生的无私帮助，才使得本书顺利与读者见面。感谢清华大学温庆博教授提供的写作参考资料。感谢著名长江石收藏家、鉴赏家王毅高先生提出的专业性建议。最后，依旧感谢我的妻子傅颖慧博士。生活里的故事总是重复着，她一次又一次地从复旦大学图书馆借阅相关专业性书籍，给我的写作提供了资料支持。她让我从容地完成了这部难写的著作，我深感亏欠她的实在太多，言语难以表达。感谢我的女儿李嘉懿，她在生活中给了我无尽的快乐，她也在不断地成长与进步，犹如对我所喜爱的石头那般，对她的欣赏怎么都不为过。

李国树

二〇二四年八月八日

于上海石器时代

目录

甲编　赏石艺术的美学观念溯源

第一章	古代文人赏石的美学思想根源	003
第二章	古代文人赏石家的美学观念略述	069
第三章	古代文人赏石的美学风格：象征	116
第四章	当代赏石艺术的美学风格：浪漫	137
结　语	赏石观念决定赏石风格	156

乙编　赏石艺术的审美问题

第五章	赏石审美意识的发生：中西方美学观念比较	161
第六章	赏石艺术的美学理论解释	186
第七章	赏石艺术的审美：在艺术逻辑下	218
第八章	赏石艺术的审美观照	274
第九章	赏石艺术的审美特性	298
结　语	赏石艺术的审美观照理论	312

丙编　赏石艺术的美学欣赏

第十章	赏石艺术的多重之美	317
第十一章	赏石艺术的最高价值美：灵境	336
第十二章	赏石艺术的美学境界	346
第十三章	赏石艺术：美的意象世界	375
结　语	赏石艺术的审美意象学说	391

丁编　赏石艺术的美学功能

第十四章	赏石艺术的美学精神	395
第十五章	赏石艺术的美育	409
结　语	心物融合：独特美学现象	419

结束语　观照转化与心物融合的审美哲学的统一　　421

注释	427
附录　插图目录	477
主要参考文献	485

甲编

赏石艺术的美学观念溯源

甲编首图　［宋］郭熙　《早春图》　台北故宫博物院

第一章 古代文人赏石的美学思想根源

美学家朱光潜说过:"想明白一件事物的本质,最好先研究它的起源;犹如想了解一个人的性格,最好先知道他的祖先和环境。"[1]对于古代文人赏石的美学思想的探索,会涉及赏石的起源问题。

人们都知道,世间的一切事物不会忽然而起,必有它的因由。中国赏石是如何起源的呢?说得更确切一点,对于"赏石源于什么""赏石源于何时""赏石源于何地""赏石源于何人""赏石源于何参照"等问题的考察,都归于中国赏石"当初到底是怎么回事"的历史认知,它们既形成了对赏石文化的初步解释,又渗透着赏石艺术美学思想。

本章将应用追溯和回望的方法,对这个问题进行探讨。

一 古代宗教和哲学等思想对赏石的影响

对大自然石头崇拜的记述,人们并不会感到陌生。对于这种现象,通常有着众多文化的、社会的和宗教的解释,但这些解释却不能完全归结为对石头赏玩认识的范围之内。[2]不过,把石头作为欣赏和玩味的对象,历史也极为悠久。中国赏石的呈现,绝非一朝一夕之事,也有着必然性。对中国赏石进行溯源,应当在相互联系的因素中去考察,还应当把它们放到原初的环境中去理解。

任何民族的文化,都有宗教根基;任何民族的艺术,都有哲学基础。同时,正如德国哲学家赫尔德所强调的,每种文化都应该按照它自己的方式来进行解释。[3]中国古代的赏石活动与宗教和哲学思想有着不解之缘,于主流文化和艺术的土壤里汲取不同的养分,并始终紧紧地与艺术联系在一起,绽放出了拥有自己芬芳的花朵。

（一）道学、魏晋玄学、佛教禅宗、理学与赏石根源

中国赏石源于什么呢？

古代文人雅士们，包括士流、文人、山林居士、僧人、士大夫和帝侯等，通常会以禅性的心灵和智慧来赏石，他们的才性唤醒了石头的灵性。这并非仅是一种预设观点，可以视为定论。[4] 初步明白了这个道理，就有必要去考察与赏石的起源相关的宗教和哲学思想因素了，而它们才是奠定赏石艺术美学的基石。

就涉及中国赏石起源的宗教和哲学思想因素而言，由于太过繁琐，不能尽述，只略述四大基本要点，以供思考。

其一，道学。道家与中国赏石的血缘最为亲近。

儒家和道家是中国传统文化思想中最主要的两大派系，影响着中国人的知识和精神。然而，儒家和道家的世界观，尤其天道自然观，却根本不同。[5] 从儒道两家的演变与相互影响方面来看，许倬云先生就认为：“中国文明思想体系，亦即北方的儒家与长江流域的道家，两者相互交流影响，形成中国思想的核心。许多有关人生意义与终极关怀的概念，在此有了明确的界定。”[6] 文中，许倬云为什么会说，道家属于"长江流域的"呢？这恐怕与老子是楚国人或陈国人相关，而当时的楚国或陈国算是中国的南部地区。[7]

对于儒道两家，英国史家李约瑟认为：“道家对自然感兴趣，儒家对人感兴趣。”“为沉思自然而从人类社会隐退的道家隐士，固然没有任何科学方法来研究自然，但他们试图用直觉和观察的方式来理解自然。”[8] 不难理解，返璞归真，归于自然，耽于虚静，沉思悟道，就成了道家所崇尚的虚静生活。

李约瑟又写道：“众所周知，支配中国文人心灵两千多年的儒家从根本上是入世的。他们持有一种社会伦理学，旨在指出一条道路，使人能在社会中和谐相处，幸福生活。儒家关心人类社会，关心西方人所谓的自然法，即人应当追求那种符合人的实际本性的行为方式。在儒家思想中，伦理行为带有圣洁性，但与神和神性并无关系，因为造物主的观念在儒家思想体系中是不必要的。而道家则是出世的，他们的'道'是自然的秩序，而不只是人类生活的秩序，'道'以一种奥妙的有机方式运作着。不幸的是，道家虽然对自然极感兴趣，却常常不相信理性和逻辑，因此'道'的运作往往有些不可思议。因此，儒家把兴趣纯粹集中在人际关系和社会秩序上，道家虽然对自然的兴趣很强烈，但这种兴趣往往是

神秘的和实验的,而不是理性的和系统的。"[9]此外,日本学者宇佐美文理认为:"儒家与老庄一个体现在社会领域,一个体现在私人领域,这是它们的区别之一。""老庄思想中有着与孔子思想对立的面向。在这层认知上,后世的'儒家文人'喜好老庄,离开以儒家理念为基础的政治后,进行'个人生活'。在思考中国艺术时,文人们在'个人生活'的场域中对于老庄思想,或是道教、佛教式的思维模式的追求,便是一个重要的要素。在理念上支撑着中国艺术的那些人,基本上都是知识分子阶层,他们通过科举,成为实际参与政治的一批人。"[10]对于儒道两家思想的主要区别而言,这些认识可谓颇有见地。

这里聚焦于道家。道家融合了万物有灵的自然宗教和尊祖敬祖的祖先崇拜,使得观念灵性化。道家作为对世界有影响的思想派别,连很多外国人都对它产生浓厚的兴趣,并提出了自己的见解,即便他们研究中国的学问基本是以"考古"方式来看待的。比如,英国诗人比尼恩就认为:"中国的历史学家总是把道家学说看作是处世之术。这种属于宇宙生活巨流的意识充盈于万物之中,使得因道家精神鼓舞而创作出来的艺术作品明显具有一种激情。它把人类灵魂提高到这样一个境界,在那里尘世的思虑与其说是被抛弃,倒不如说是得到了升华。"[11]日本美学家今道友信则认为:"庄周生活在动乱的时代,现实中难以见到任何可视的权威和稳定性。生活在这崩溃瓦解的时代,他眼前已没有美丽的现实了。要想在自己的面前看到美的、善的和永恒的东西,就必须从自己的内心创造出它。时代是贫乏的,但正是贫乏的时代,使人的精神苏醒、奋起向贫乏挑战。"[12]可以说,道家思想成就了中国人生命的大智慧,也促成了顽石有灵的思想观念。

实际上,儒道两家都同自然有联系,只是彼此思维方式完全不同。正如上文所略述的,以孔孟为代表的儒家关心的是如何把人类生活、人类秩序与自然规律相联系,而以老庄为代表的道家却追寻着把自己的生活与遍布宇宙万物之中的精神同化在一起。对此,哲学家牟宗三即认为:"道家思想背后有个基本的洞见,就是自由自在。"[13]正因如此,自然和自由才成为中国赏石发生和发展的真正隐蔽性源泉。中国赏石与儒家思想虽然也有关系,但谈不上属于渊源关系。[14]至于有些人认为,儒家也不能说与赏石的起源没有关系,那是他们没有把儒家作为一个整体和系统的学说来把握的结果——比如,即便儒家思想也持有关于"天"这个观念,尤其《中庸》《易传》里都包含一些气化宇宙论的东西。对于这一点,哲学家牟宗三说得比较客观:"孔子不是哲学家,他讲道理不是以哲学家的态度来讲,他对于形而上学也没有什么兴趣,对于存在论、宇宙论这一套,圣人是不讲的,或者说他不是以哲学家的态度讲。"[15]故而在理解中国赏石的思想起源问题时,这是需要特别加以注意的。然而，在对于中国赏石艺术的审美上的一些认识，却会涉及儒家等思想，这自然是不同逻辑层面上的知识运用。

道家思想虽然不切合实际，但在艺术领域，却是"浪漫主义"的策源地。比如，瑞典艺术史家喜仁龙就认为："道教对中国早期装饰艺术的影响更为明显。我们在介绍汉朝的一些青铜器和陶罐时已有所涉及——其装饰图案往往源自道教。道家思想渗透在汉朝时的中华文明中，此后的几百年间也一直潜藏其内。"[16]上述这段话，倒为人们认识中国赏石的发生提供了一个较为清晰的思考视点。

总之，老庄的道家思想与佛教禅宗对中国艺术产生不可低估的影响。尤其，老庄思想与佛教的联姻——"佛本于老庄"[17]，使得中国艺术家的想象力获得丰厚的根基，也使得中国艺术所体现的底蕴至为深邃。这在中国古代绘画史和雕塑史里是显而易见的，同时，在中国赏石文化史里尤为得以彰显。

其二，魏晋玄学。魏晋玄学与中国赏石的发生最为贴近。

章太炎先生认为："南北朝号'哲学'为'玄学'，但当时'玄''儒''史''文'四者并称，'玄学'别'儒'而独立，也未可用以代'哲学'。"[18]魏晋玄学突出表现为道家思想的复兴，魏晋时代出现的特殊人物便是"名士"。对此，哲学家牟宗三认为："魏晋的道家玄理与南北朝隋唐的佛学玄理，是中国玄学中最精彩的。魏晋玄学最具代表性的是王弼、向秀与郭象。""南北朝隋唐的佛学玄理方面，先有讲般若的僧肇……中国佛学的第二个大人物是竺道生。"[19]历史学家吕思勉则认为："在中国旧学问里，可以当得起哲学名称的，当然只有道家。对于儒家，则在一部《周易》里面，也包含着许多古代的哲学。所以，这时候研究学问的人都是老易并称，其中，最有名的便有何晏、王弼、阮籍、嵇康、刘伶、王戎、王衍、乐广、卫玠、阮瞻、郭象、向秀等一班人。'专务清谈，遗弃世务'，固然也有恶影响及于社会。然而替中国学术思想界开一个新纪元，使哲学大放光明，前此社会上相传的迷信，都扫除净尽，也是很有功的"[20]哲学家牟宗三也曾发表过类似的观点："魏晋名士固多可讥议处，然其言玄理，表玄智，并不谬也。"[21]在此意义上，魏晋玄学和名士使得中国赏石的发生具有了可能性。

魏晋玄学和士族制度的形成，催生了中国南朝社会里的门第士族（贵族）。哲学家牟宗三认为："在魏晋以前没有门第的观念。汉高祖以布衣得天下，用士是采取选举征辟的制度；魏晋时代天下乱了，因此改用九品中正，再由此逐渐演变出'门第'的观念，而形成新贵族。门第代表价值标准，名士、清谈也都代表一种价值观念。"[22]士族成了中国赏石的初始赏玩群体。整体来看，在魏晋南北朝时期，因玄学之力引发了中国赏石的自觉。

若从美学的发端来理解，美学家宗白华的话极富启示："中国美学竟是出发于'人物品藻'之美学。美的概念、范畴和形容词，发源于人格美的评赏。'君子比德于玉'，中国人对于人格美的爱赏渊源极早，而品藻人物的风气，已盛行于汉末。""晋宋人欣赏山水，由实入虚，即实即虚，超入玄境。""这玄远幽深的哲学意味，深透在当时人的美感和自然欣赏中。"[23] 总之，人格美和自然美，同时被晋宋人所发现。确切地说，晋宋人向外发现了自然，向内发现了自己的心灵。于是，大自然的石头成为赏玩的对象，以至中国赏石的呈现，正契合此时期的自然美学观以及士大夫的人生观（图1）。[24]

图1 《仿常玉侧卧的马》　　黄河石　　29×22×9厘米　　李国树藏

其三,佛教禅宗。佛教禅宗对中国赏石的影响最为深刻。

佛教起源印度,在东汉时期传入中国。尤其随着汉武帝(公元前140—前87年)派遣张骞出使西域,开辟了古老丝绸之路的交往渠道,佛教在中国逐步发展起来。例如,东汉张衡(公元78—139年)就有对佛教的描述。[25]汉明帝时,摄摩腾在洛阳建白马寺,后世佛教的庙宇始称为"寺"。[26]同时,晋人法显和尚则是中国第一个去过印度的人,写有《佛国记》,等等。

瑞典艺术史家喜仁龙认为:"起初佛教仅限于中国北方。在扬子江以南各省,道教思想更加根深蒂固。北魏初期,佛教的传播一度遭受了挫折和打击;但自文成帝(公元452—465年)即位后,佛教便获得了宗教的主导地位,庙宇、佛像不断涌现,如大同的云冈石窟和洛阳的龙门石窟。""梁武帝在位期间(公元502—547年),佛教在南方兴盛起来。他笃信佛法,曾三次在南京舍身出家,经群臣苦苦相求才还俗。"[27]对于佛教何以在中国盛行,章太炎先生则指出了原由:"佛法入中国,所以为一般人所信仰,是有极大原因:学者对于儒家觉得太浅薄,因此,弃儒习老庄,而老庄之学,又太无礼法规则,彼此都感受不安;佛法合乎老庄,又不猖狂,适合脾胃,大家认为非此无可求了。当时《弘明集》治佛法,多取佛法和老庄相引证;才高的人都归入此道,猖狂之风渐熄。"[28]此外,政治的动荡、社会的不安定和人们心里的不安全感等,都促使人们在宗教中寻求解脱,六朝时代就成了佛教的中国化时代。例如,日本美学家今道友信就认为:"由于佛典的大量汉译,众多寺院也建立起来了。六朝的主要宗派,是天台宗和华严宗,就是大乘佛教成为中国独特的宗教。"[29]

隋唐时期,佛教、儒教、道教三教并存,但佛教此时已正式成为中国文化的重要组成部分。例如,玄奘(公元602—664年)西游的故事就被众人所知。对此,英国艺术史家苏立文写道:"公元629年,伟大的旅行家和神学家玄奘违反皇室禁令离开中国前往印度求法,在经历艰难险阻之后最终到达印度,并在当地获得佛教学者和哲学家的美誉。公元645年,他返回长安,带回了大乘佛教唯识宗的经典。唐太宗亲自迎接他凯旋入城。"[30]同时,这位有着"三藏法师"之称的佛学家致力于翻译佛典,要求对佛典的翻译要做到精确,才能"信""达"兼尽,这在文学史里也有据可查。[31]此外,哲学家牟宗三认为:"唐初玄奘到印度回来后开出真正的唯识宗,华严宗也发生于唐朝。故自发展佛教的教义而言,天台宗、唯识宗、华严宗都在这个时期全部完成并达到最高峰。这是中国吸收印度原有的佛教而向前发展到最高的境界。"[32]随后,佛教在中国逐渐演化成为一个庞杂的体系,形成不同的宗派,诸如上述最有代表性的天台、华严和禅等。佛教包容各种思想流派,尤其以禅宗的六祖慧能影响最大。佛教的许多思想倍受文人艺术家们崇奉,并且,佛教与禅宗文化极大地唤醒了文人艺术家的灵性。比如,从公元7到10世纪的唐代绘画(壁画)和雕塑(石雕)艺术中,佛教禅宗的影响清楚易见。

佛教发展到宋代,以禅宗思想为最盛。与此相关,俄国艺术史家叶·查瓦茨卡娅认为:"禅宗的基质是由《易经》《道德经》《庄子》等中国方面的思想和大乘佛教的传统经典《楞伽经》《维摩经》《金刚经》等印度方面的思想构成的。"[33]禅宗经由公元4至7世纪中国的佛学家和思想家如僧肇(公元384—414年)、竺道生(公元355—434年)、慧可(公元487—593年)、僧璨(公元510—606年)、道信(公元580—651年)、弘忍(公元601—675年)和禅宗最大的理论家慧能(公元638—713年)等的影响下,最终形成了自己的本体论和认识论。

至公元12世纪初期,宋代帝国的北方领土沦落到了外族鞑靼人手里。宋代北方的沦落,使得文人们对战败深感痛楚,自尊心受到极大伤害,更加倾心于佛教禅宗。公元1129年,南宋都城迁到了风景优美的临安(今杭州)。对此,许倬云先生认为:"自从唐末以至南宋,汉人南向发展,五代十国,九个在南方,南宋偏安,文化聚萃于南方。"[34]这就诚如哲学家牟宗三所指出的:"开辟生命之源、价值之源莫过于儒家,察业识莫过于佛,观事变莫过于道。"[35]于是,部分文人沉浸在冥想中寻求安慰,退隐于自己的心灵世界之中。

在发展脉络上,佛教禅宗思想滋生了几个世纪以后,禅宗与道教又产生了某种奇妙的合流。尤其到了唐代第二个皇帝唐太宗时,他认为老子是自己的祖先,于是在他的统治时期,道教就跟佛教一样获得了广泛的传播。总体上,禅宗思想尤为否定物质世界现实,强调内心自我,其宗旨在于使灵魂保持纯洁,不受纤尘沾染。于此,俄国艺术史家叶·查瓦茨卡娅就持有一种观点:"禅宗的泛神论使画家和诗人将注意力转向被认为真理和绝对理念所在的大自然,而对大自然的观照则被视为认识真理的最佳途径。"[36]

总之,佛教禅宗思想尤其深刻地影响着唐、宋代艺术和美学的各个方面,而中国赏石恰恰在唐、宋代达到了鼎盛时期。

其四,理学。理学对中国赏石的影响最为隐蔽。

宋初出现理学,而宋明理学延续了约600年。英国史家李约瑟认为:"宋朝的朱熹领导着整个理学学派,他被有的人称为维多利亚时代之前的斯宾塞,其哲学是彻底自然主义的,他第一次认识到了化石的真正本性,早于西方的达·芬奇400年。"[37]

宋明理学原称道学,《宋史》即有"道学传",古人已有言之,代表人物有"濂、洛、关、闽"等——其中,"濂"指周濂溪,"洛"指二程,"关"指张横渠,"闽"指朱夫子。关于理学或道学，可谓繁杂深奥，实际上包括了儒、释、道三家思想的混合，甚至用哲理上的新说法来阐释儒家的思想，以致后人称之为"新儒学"。这里，仅用北宋理学家程颐的一句话，作最简单的表述："学者先务，固在心志。然有谓欲屏去闻见知思，则是'绝圣弃智'；有欲屏去思虑，患其纷乱，则须坐禅入定。如明鉴在此，万物毕照，是鉴之常，难为使之不照。人心不能不交感万物，难为使之不思虑。若欲免此，惟是心有主。如何为主？敬而已矣。"[38] 总的来说，理学主张"尽心成性""格物穷理""心即理""性即理""致良知"，而主静、主敬、慎独等。

对于宋明理学，哲学家牟宗三认为："宋朝的300年，国势很差，但时代的思想是儒家的复兴，就是理学家的出现。理学家就是看到自然生命的缺点而往上翻，念兹在兹以理性来调护，也即润泽我们的生命。生命是需要理性来调节润泽的，否则一旦生命干枯，就一无所有，就会爆炸。""这是宋朝时社会上的知识分子所负担的。"[39] 同时，李泽厚先生认为，宋明理学吸收和改造了佛学和禅宗，从心性论的道德追求上，把宗教变为审美，亦即把审美的人生态度提升到形而上的超越高度，从而使人生境界上升到超伦理的准宗教性的水平，并因之而能代替宗教。他写道："在宋明理学中，感性的自然界与理性伦常的本体界不但没有分割，反而彼此渗透，吻合一致了。'天'和'人'在这里都不只具有理性的一面，而且具有情感的一面。"[40] 总体来说，天地氤氲，万物化生，民吾同胞，物吾与也，这些成了理学家所采纳的自然主义的宇宙观和万物平等的自然人文观（图2）。

图2　[宋]马远　《山径春行图》　台北故宫博物院

从艺术史的角度论,在宋明理学的影响下,赏石悄然渗透到了文人生活和文人艺术的各个方面,尤其体现为奇石成为画家们的画题,大量浸入绘画领域,这在中国绘画史上有着显著的表现。

总之,历史学家钱穆认为:"东汉以后,庄老道家思想复盛。又自魏晋南北朝以迄,隋、唐、宋、明各代佛学传入,成为中国学术传统中重要一支。"[41]于是,古代文人雅士们在丰厚的宗哲思想里陶冶操守,滋润艺术创作的心灵。赏石作为古代文人雅士们的一种艺术活动,先后深受汉代的道学、魏晋的玄学、唐代的佛教、宋代晚期的禅宗以及明清的理学等的影响。

通过以上对涉及中国赏石起源的思想因素的简单叙述,有一点显而易见,那就是中国赏石主要在哲学和宗教思想的启迪下而发生,尤其拥有了不可磨灭的宗教特征。这里,可以作一个形象的比喻了:奇石乃是宗教信仰的石化之物,充满魅力。古代文人雅士们赏玩奇石特别怀有一种宗教情绪,即便这些情绪较为模糊。于是,当赏石与沉思的哲学和严净的宗教相结合,就会预示着赏石必然会带有万物有灵论和宇宙观的影子,必然会带有象征意义,必然会带有多层面的艺术意义,必然会蕴涵深刻的美学意义。更重要的是,这些观念和意义却无法以"写实"的方式呈现或表达出来,只能付诸抽象的、高度程式化的表现方式,故而,中国赏石在呈现之初,就孕育出暗示的意味,充满想象的特性。这就像傅雷先生所言:"艺术者,天然外加人工,大块复经熔炼也。人工熔炼,技术尚焉。掇景发兴,胸臆尚焉。二者相济,方臻美满。愚先言技术,后言精神;一物二体,未尝矛盾。且惟真悟技术之为用,方识性情境界之重要。"[42]可以合理地推定,赏石与宗教和哲学思想的结合,不仅体现了古代文人雅士们的清虚和超凡的人生观,对于大自然的石头进入赏玩意识提供了本质解释,对赏石的特定审美形式的出现作出了指引,还潜在地意味着中国赏石蕴含更多隐秘的和深刻的东西。

(二)天人合一观念与赏石酝酿

对于"天人合一"观念的源头,许倬云先生曾写道:"从新石器时代开始,中国若干古老的文化,颇注意人与宇宙力量的关系。中国古代的信仰,大致可分成两条途径:一条是神祇的信仰,另一条是祖灵的崇拜。周代封建制建立在血缘团体的网络上,因此,祖灵崇拜在周代的政治制度中是一个重要成分。神祇的信仰,一部分融入自然崇拜,一部分成为国家的礼仪。两者都关注到人与自然的关系,以及人与超越性力量的关系。在战国时代发展出的阴阳家与五行家,都是针对自然与超越性力量组织出来的一套宇宙观。""阴阳与五行这两套思想与解释自然现象有紧密的关系。人事只是宇宙体系内的一部分,这一观念与道家肯定自然的思想有相当的亲和性,也许正是因为这种关联,后世的道教神学可以兼容道家与阴阳五行的思想。"[43]此外,历史学家顾颉刚就持有一种观点,认为"汉代人的思想骨干,是阴阳五行"[44]。

在中国传统哲学中,天与人浑然不可分。这里的"天",是指自然或万物,非指意志之天或上苍之天。更准确地说,天人合一,即指天人同构,人与万物一体。例如,西汉哲学家董仲舒言:"天亦有喜怒之气,哀乐之心,与人相副。以类合之,天、人一也。"[45]实际上,老庄道学完全主张"天人合一"。譬如,老子曰:"人法地,地法天,天法道,道法自然。"[46]庄子曰:"天地与我并生,而万物与我为一。"[47]对于天人合一观念的主要发展脉络,张世英先生则认为:"道学的'天人合一'学说,在张载以后[48],逐渐分为程朱理学与陆王心学两派。"[49]关于张载的天人合一学说,不得不提到他的《西铭》一文。许倬云先生则写道:"张载的天人合一,'大其心则能体天下之物',是将宇宙的本体与人生的伦理相互衔接。天性、人性本可有与天道一致之处,天良能即吾良能,都是由'道'相通的。他的《西铭》一文,民胞物与,生顺死宁,将人生、国家、社会、宇宙以及时间变换,生死递嬗,都归入同一系统。"[50]

天人合一观念在中国传统文化中占据着重要地位。哲学家牟宗三就认为:"中国文化、东方文化都从主体这里起点,开主体并不是不要天,你不能把天割掉。主体和天可以通在一起,这是东方文化的一个最特殊、最特别的地方。东方文化和西方文化不同,最重要的关键就在这个地方。"[51]也就是说,在中国传统文化里,天人合一观念蕴藏着宇宙秩序与道德秩序合一的深沉思想。

中国艺术家们尤为崇尚天人合一观念,天人之和也是中国艺术的追求。例如,朱良志先生认为:"中国艺术精神的主潮被浓厚的宇宙意识所浸染,所谓'兀同体于自然'(孙绰),'浩然与溟涬同科'(李白),'同自然之妙有'(孙过庭)等,通过对宇宙精神的追求来表现自己的个体生命。"[52]同时,李泽厚先生认为:"《周易》这种认为自然与人事只有在运动变化中存在的看法,即'生成'的基本观点,也正是中国美学高度重视运动、力量和韵律的世界观基础。整个天地宇宙既然存在于它们的生生不息的运动变化中,美和艺术也必须如此。"[53]总之,天人合一观念对中国艺术影响深远。

中国赏石蕴含人与天的统一,即人以天趣为高,人与天为和谐,这种观念深深地烙印在中国赏石文化之中。赏石处处体现着天人合一的观念,这种观念铸成了中国赏石文化的灵魂，铸就了中国赏石文化的根基。在美学意义上，天人合一观念与赏石的酝酿，可以视为中国赏石的超验的、神秘主义美学的发端(图3)。例如，从清代画家郑板桥的一则题画石跋中，人们能够获得一点体会："昔人画柱石图，皆居中正面，窃独以为不然。国之柱石，如公孤保傅，虽位极人臣，无居正当阳之理。今特作为偏侧之势，且系以诗曰：一卷柱石欲擎天，体自尊崇势自偏。却似武乡侯气象，侧身谨慎几多年。"[54]

（三）山水文化与赏石起源

古代思想家孔子云："子曰：'智者乐水，仁者乐山。'"[55]然而，君子为何要乐于山水呢？孔子有自己的解释。对此，日本学者宇佐美文理曾写道："关于这一点，似乎很早就有人产生过疑问。在大约汉代写成的《尚书大传》《韩诗外传》当中记述，孔子亲自回答过'夫智者何以乐于水也''夫

图3 [宋]苏汉臣 《秋庭戏婴图》
台北故宫博物院

仁者何以乐于山也'的问题。水因为能渗透四处、往下流动；山因为受人瞻仰，所有动植物皆寄宿其中，而似君子，且天地以其而能成，国家以其而能宁，这就是孔子的回答。"[56]

古代思想家庄子明确主张"山水即天理"说。到了魏晋时期，出现了山水情绪宣泄的思潮，士流们怀有亲近大自然的倾向。例如，东晋诗画家王羲之言："仰视碧天际，俯瞰渌水滨。寥阒无涯观，寓目理自陈。大哉造化工，万殊莫不均。群籁虽参差，适我无非新。"[57]"仰观宇宙之大，俯察品类之盛，所以游目骋怀，足以极视听之娱，信可乐也。"[58]东晋诗人陶渊明诗言："结庐在人境，而无车马喧。问君何能尔，心远地自偏。采菊东篱下，悠然见南山。山气日夕佳，飞鸟相与还。此中有真意，欲辨已忘言！"[59]魏晋诗人张翼诗

言:"相忘东溟里,何晞西潮津。我崇道无废,长谣想义人。"⁶⁰从这些描述可以看出,魏晋士流们对大自然流露着自由自在的心灵,使得自己的精神获得了真自由,使得自己的性情获得了真解放。赏石活动源起山水文化,成了他们心灵的一个缩影。

"君子所以爱乎山水者,其旨安在?"事实上,中国艺术家们一直以来都在用艺术生命诠释着它。譬如,宋代诗人黄庭坚诗言:"要令心地闲如水,万物浮沉共我家。"⁶¹清代画家唐岱言:"圣贤之游艺,与夫高人逸士寄情烟霞泉石间,或轩冕巨公,不得自适于林泉,而托兴笔墨,以当卧游,皆在所不废。"⁶²大自然的山水无法搬运,但把大自然的石头放置于庭院中以供观赏,为魏晋士流们亲近大自然的一种自由活动,从而对大自然抒发着畅怀,于生命中体验与发现大千世界(图4)。这就犹如清代画家龚贤诗所言:"看来天地本悠悠,山自青青水自流。"⁶³

图4 《苍岩叠瀑》　　长江石　　15×15×6厘米　　王毅高藏

（四）隐逸哲学与赏石诱发

隐逸哲学在魏晋时期通常指向的是清谈，东汉末年则是清议，它们代表着两个不同的时代。对此，哲学家牟宗三认为："清议是东汉末年读书人议论政治，代表舆论，引出'党锢之祸'，是故，后来知识分子就不敢再批评时政，因此，遂转而以三玄为内容的清谈。"[64] 实际上，清谈乃为避祸的方法。

通融了周易、老庄思想，崇尚玄虚的玄学，在魏晋南北朝时期成为显学。此时期，何晏、王弼祖述老庄，用老庄思想来解释《周易》，使其玄学化。于是，《老子》《庄子》《周易》，并称"三玄"，接着有嵇康、阮籍等人"越名教而任自然"。[65] 借此，有必要对隐逸哲学的"玄学"的时代背景作简单的介绍。例如，哲学家牟宗三认为："魏晋是弘扬道家的时代，在那时讲道理是以老庄为标准。但当时的名士尽管弘扬道家，却也并不抹杀孔子的地位，即圣人的地位那时已经确定了，没有人能否认。"这就引出一个问题，"老庄重视自然，儒家重视名教，因此，这也就是儒、道二家是否冲突的问题。"对于属于那个时代的问题，魏晋名士也有着通融的认识。例如，哲学家牟宗三认为："依照一般的理解，圣人之所以为圣，在于他能体现道。'圣人'是个尊称，是个德性人格之称；要能够将道体现于自己的生命中，达到所谓'天理流行'的境地，才算圣人。那么，圣人所体现的是什么'道'呢？魏晋人认为这'道'就是老庄所讲的'道'。""如是，圣人之所以为圣人，就在于他能把老庄所说的'道'，圆满而充尽地在生命中体现出来。"[66]

此时期，佛道两教也广泛流行。梁武帝时期，佛教尤为兴盛，因而南朝佛寺众多。譬如，谭其骧先生写道："梁时单是首都建康就有五百寺，由于僧尼不登户籍，'天下户口，几亡其半'。"[67] 再譬如，唐代诗人杜牧有诗言："南朝四百八十寺，多少楼台烟雨中。"[68] 清代画家石涛亦言："多少南朝寺，还留夜半钟。"[69] 这些足可显见南朝佛教的盛行。此外，道教此时被很多南方的知识分子所信奉。英国艺术史家苏立文就认为："很多南方的知识分子试图在道教、诗歌、音乐、书法和清谈的愉悦之中寻找回避现实纷扰的方法。道教在公元3—4世纪最终定型，它试图回应人们希望忘却现实纷扰，追寻永恒的感觉和想象的诉求，夹杂了民间传说、自然信仰和形而上思维，道教深深地根植于中国的土壤之中。"[70]

对此，唐代史学家李延寿在《南史》里，有着一段相关记述："《易》有君子之道四焉，语默之谓也。故有入庙堂而不出，徇江湖而永归。隐避纷纭，情迹万品。若道义内足，希微两亡,藏景穷岩,蔽名愚谷,解桎梏于仁义,示形神于天壤,则名教之外,别有风猷。故尧封有非圣之人,孔门谬鸡黍之客。次则扬独往之高节,重去就之虚名。或虑全后悔,事归知殆;或道有不申,行吟山泽,皆用宇宙而成心,借风云以为气。求志达道,未或非然,故须含贞养素,文以艺业。不尔,则与夫樵者在山,何殊异也!"[71] 此外,东晋诗人孙绰则有诗言:"恣语乐以终日,等寂默于不言,浑万象以冥观,兀同体于自然。""游览既周,体静心闲,害马已去,世事都捐,投刃皆虚,目牛无全,凝想幽岩,朗咏长川。"[72] 毋庸赘言,在南朝门第社会里,学士大夫们尚清谈,言玄理,行隐遁生活。

实际上,中国自古就有隐士传统。比如,南朝史学家沈约言:"纷纷战国,漠漠衰周。凤隐于林,幽人在丘。"[73] 唐代诗人王维诗言:"圣代无隐者,英灵尽来归。遂令东山客,不得顾采薇。"[74] 诗中的"东山客",泛指的就是隐士——因东晋谢安曾隐居东山。不难理解,在师法无常的魏晋南北朝时期,更容易出现"天地闭,贤人隐"[75] 的隐逸情形。可以认为,隐逸哲学对士流们影响深重,也在诱发着赏石活动的萌发。

总之,文化和地理因素对中国赏石的发生起着直接影响。准确地说,中国赏石与文化地理在一定程度上有着密切的关联。同时,社会观念更是影响中国赏石的决定性因素(图5)。这就类似近代思想家梁启超所持的观点,"大抵自唐以前,南北之界最甚,唐后则渐微,盖'文学地理'常随'政治地理'为转移"[76]。

(五)帝侯奢侈、士族文化与赏石发生

中国赏石源于何时呢?

中国赏石文化的发展呈渐进式的,人们对它的理解不能像刀切豆腐干那样,干净利落地切断其演变的线索。于是,以文化为主基,才可以断定中国赏石发生在汉末、魏晋南北朝时期,尤其南朝,这是必须特别加以注意的。换言之,赏石之所以发生在汉末、魏晋南北朝的南朝,可视为由文化地理说决定的。

江南之地归属长江文化。科学家竺可桢认为:"南北朝期间,中国分为南北,以秦岭和淮河为界。"[77] 南朝流布的地区,古称吴越之地,即江南之地。同时,建筑家童寯认为:"今日所谓江南,主要指江浙两省,清代曾包括安徽。在唐、宋,则除江、浙、安徽外,还包括福建、江西、湖南、四川以及更西省份。"[78] 长江流域的河流、湖泊众多,土地肥沃,物产丰富,风景优美,人文荟萃,孕育出了悠久的江南文化和江南艺术(图6)。例如,许倬云先生就

图5 《太湖遗韵》　长江石　34×34×13厘米　李国树藏

认为："北方的黄河文化孕育了循规蹈矩、守分安命的儒家；在南方，出现的却是多思辨甚至辩证式的老子、庄子，对宇宙充满了问题。"[79]并且，"中国东南沿海的海洋文化，发展出了中国文化中非常重要的玉石文化"[80]。

假如把前文所述的宗教和哲学思想因素视为中国赏石呈现的充分条件，那么，江南地区自古产石，就可视为中国赏石发生的必要条件了。以苏州和苏州附近地区为例，园林艺术家陈从周写道："苏州当地产石，除尧峰山外，洞庭东西二山所产湖石，取材便利。距苏州稍远的如江阴黄山、宜兴张公洞、镇江圌山和大岘山、句容龙潭、南京青龙山、昆山、马鞍山等所产，虽不及苏州为佳，然运材亦便。而苏州诸园之选峰择石，首推湖石，因其姿态入画,具备造园条件。"[81]鲜为人知的,中国赏石文化史上的"艮岳督石官"朱勔即为一例。朱勔曾为宋徽宗修建艮岳,搜罗奇石,并在苏州自营同乐园。这在《吴风录》里有记载:"朱勔子孙居虎丘之麓,以种艺选石为业,游于王侯之门,俗称花园子。"周密在《癸辛杂识》有言,"工人特出吴兴,谓之山匠,或亦朱勔之遗风。"[82]同时,明代文学家袁中道记述,在所居公安境内百里,山洞水边,发现有如太湖玲珑奇石之地四五处。[83]此外,清代文学家张岱记述,杭州西湖烟霞石屋,巉峭可观,紫阳宫石,玲珑窈窕,雷峰塔及飞来峰下两地皆石数,无非奇峭,莲花洞玲珑若生,巧喻雕镂。[84]

除了概述地理位置的分界之外,还应当涉及一个政治中心的问题,即古代各朝的首都所处。历史上,西晋的都城在洛阳。到了南朝时期,逃到南方的权臣们在建康成立流亡政府,史称东晋(公元317—420年)。东晋之后的四个封建王朝宋、南齐、梁、陈先后建都建康——东晋都城在建业,元帝东渡,避愍帝讳,改名建康,今南京,统称南朝(公元420—589年)。于此,谭其骧

图6 [清]吴历 《湖天春色图》
上海博物馆

先生写道:"公元317年,镇守建康的琅邪王司马睿称晋王,明年称帝,史称东晋,建康成为东晋的首都。东晋后南朝的宋、齐、梁、陈四代,除梁元帝时都江陵二年外,也都是在建康建都。计自孙权起至公元589年隋灭陈,建业、建康成为长江、珠江流域的首都共330年。"[85]南朝历史存续了170年。南朝社会的一个最主要特征,就是门阀士族占有突出的统治地位,士庶之间有着严格的区别,士族享有特权,占有大量部曲、佃客、鼓吹、奴婢和土地等私人财产。

整个南北朝时期,呈现五胡乱华,十六国割据,战乱不已,民生多艰的社会混乱局面。于是,历史上最著名的大规模北人南移就发生在西晋末年的"永嘉之乱",及其后长达百余年的"五胡扰华"时期——五胡,分指南匈奴,在山西地带;羯,亦在山西;鲜卑人,在热河

地带；氐人，在四川；羌人，在甘肃和青海地区。这五胡都想抢占中原，他们先后建立起十六个国。这十六国都在黄河以北，黄河以南的区域，属于东晋。[86]北人南移中，社会上层分子居多(图7)。许倬云先生认为："大致来说，东晋青徐人口，经过淮上进入吴郡与会稽，其中包括南朝的社会精英。""永嘉之乱，南下的大族，例如王、谢，是大群迁徙人口的核心，但因三国时代的朱、张、顾、陆之属已占了吴郡地盘，遂只能向会稽等处发展。"[87]对此，谭其骧先生认为："如王羲之、谢安等皆寓居会稽，羲之本传有云：'初渡浙江，便有终焉之志。会稽多佳山水，名士多居之。'因而永和九年有'群贤毕至，少长咸集'的会稽山阴兰亭之会。"[88]

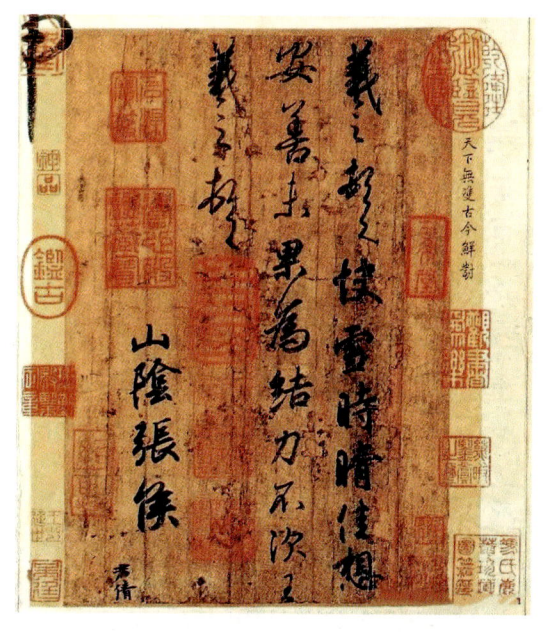

图7 ［东晋］王羲之 《快雪时晴帖》
台北故宫博物院

历史学家吕思勉认为："东晋以后，南方文化的兴盛，固由于北方受异族之蹂躏，衣冠之族避难南奔；然而三国时代的孙吴业已人才济济。这也可见南方自趋于发达的机运，不尽借北方的扰乱，为文化发达的外在条件了。"[89]日本艺术史家大村西崖则认为："吴（都南京五十九年，公元222年至280年，兴于魏黄初之二年，跨越于晋一十有六年）开江南文化之基。其亡后三十年，东晋亦建都于此；尔后宋、齐、梁、陈前后相继；所谓'六朝金粉'，自古有名，诚人文之荟萃、艺苑之渊薮也。"[90]

魏晋南北朝乃是中国社会和思想大变革的时期。随着社会的分崩离析，传统道德也土崩瓦解。对此，章太炎先生写道："魏晋两朝，变乱很多，大家都感受着痛苦，厌世主义因此产生。当时儒家迂腐为人所厌，魏文帝辈又欢喜援引尧舜，竟要说'舜禹之事，吾知之矣'。所以，'竹林七贤'便'非尧舜，薄汤武'了。"[91]在战乱不断，思想大变革的社会状况下，南朝的门阀士族们虽衣食无忧，却有着忧虑情绪、怀疑倾向和逃世情结。于是，他们违礼抗法、狂放不羁、特立独行、裸体而立，不自觉地由伤感和绝望转向了度身世外，转向了道家的淡泊虚静，转向了佛教的空寂。这就像汉代一首诗歌所言："青青陵上柏，磊磊涧中石。人生天地间，忽如远行客。"[92]总之，士族们纷纷从心性上，依据修养的功夫，求得自我的圆满，寻求人生的解脱，获得安身立命之感。

江山代有才人出，各领风骚数百年，而江南自古多才子。瑞典艺术史家喜仁龙认为，魏晋南北朝时期，"中国艺术活动和文化发展的主要中心是洛阳（北魏都城）和南京（南朝都城）。'西都'长安仍有一定地位，尤其是在宗教方面，它是印度僧侣活动的中心；但在隋高祖统一全国之前，长安并未恢复其作为首都的重要地位"[93]。同时，章太炎先生认为："东晋以后，五胡闯入内地，北方的人士，多数南迁；他们数千人所住的地方，就侨置一州；侨置的地方，大都在现在镇江左近；因此，有南通州、南青州、南冀州的地名产生"[94]。此外，谭其骧先生认为："东晋境内分为八州：长江中下游为扬、江、荆三州，江北为徐、豫二州，珠江流域为广州，越南北部为交州，云贵高原为宁州。辖有八十多郡。又有兖、青、幽等侨州和若干侨郡侨寄在大江南北。"[95]概而言之，江南地区绵延数千里，士子风流辈出——特指那些崇尚风流，忘乎彼此，信仰与万物融为一体之风雅人（图8）。

图8 《魏晋风流》　长江石　10×19×6厘米　邹云海藏

大体来说，士流们多禀家风，少好学，富学养，喜老庄，通玄理，善清谈，舞诗文，工书，多有文章传于世。他们往往有着"身处朱门，而情游江海，形入紫闼，而意在青云"[96]的情怀和风范。同时，士流们性喜恬静，乐山水，怀高趣，遵玄义，精释典，大自然的山水使得他们处于清幽之中，沉醉自性，淡然自守。在行为方式上，他们多不求仕进，不事权贵，淡于势利，不求闻达，志在自己的山宅舍庭，不送不迎，清静简素，怡然自乐，享终焉之志。

这从唐代史学家李延寿在《南史》里记述的几位士流的代表人物身上可略见一斑：

（1）"灵运（谢灵运）因祖父之资，生业甚厚，奴僮既众，义故门生数百。""灵运少好学，博览群书，文章之美，与颜延之为江左第一。""性豪侈，车服鲜丽，衣物多改旧形制，世共宗之，咸称谢康乐也。""出为永嘉太守。郡有名山水，灵运素所爱好。出守既不得志，遂肆意游遨，遍历诸县，动逾旬朔。理人听讼，不复开怀，所至辄为诗咏以致其意。""灵运既东，与族弟惠连、东海何长瑜、颖川荀雍、泰山羊璿之以文章赏会，共为山泽之游，时人谓之四友。"[97]

（2）"子显尝为自序，其略云：'余为邵陵王友，忝还京师，远思前比，即楚之唐、宋，梁之严、邹。追寻平生，颇好辞藻，虽在名无成，求心已足。若乃登高目极，临水送归，风动春朝，月明秋夜，早雁初莺，开花落叶，有来斯应，每不能已也。'"[98]

（3）"庾易志性恬静，不交外物，齐临川王映临州，表荐之，饷麦百斛。易谓使人曰：'走樵采麋鹿之伍，终其解毛之衣，驰骋日月之车，得保自耕之禄，于大王之恩亦已深矣。'辞不受，以文义自乐。"[99]

众所周知，曹魏末期的阮籍便是士流中的一位突出代表性人物。唐代史学家房玄龄在《晋书》里记述："籍（阮籍）本有济世志，属魏、晋之际，天下多故，名士少有全者，籍由是不与世事，遂酣饮为常。……钟会数以时事问之，欲因其可否而致之罪，皆以酣醉获免。"[100]阮籍亦成了时人和后世许多诗人和画家仿效的风流榜样。

此外，东晋的陶渊明也是一位真心不愿有表现的著名士流人物。他在诗歌里表白心迹："先师有遗训，忧道不忧贫。瞻望邈难逮，转欲志长勤。"[101]"纵浪大化中，不喜亦不惧。应尽便须尽，无复独多虑。"[102]这里谈及陶渊明，仅把他作为士流的一位代表人物，但并不像流行的观点所认为，他的"醉石传说"就是中国赏石活动的证据之一。这本是一种并不符合历史真实的解释，因为最基本的常识是，一个人醉酒时习惯靠卧在一块大石之上，并不等于说他就在"赏玩"或"欣赏"奇石。相反，晋宋人常意不在酒，而在于醉，托于酒醉以避时艰罢了。因此，把陶渊明醉石视为"天下第一石"，只是拥有一种隐喻意味，视为中国赏石萌生于山水文化的佐证,成了中国赏石精神的明证。[103]

事实上,在中国赏石文化史上,很多重要赏石代表性人物如白居易、王维、苏轼等人都是异乎其类的,多怀才不遇,或在政治上不得志而自觉失败了,但通过文学、艺术和赏石等活动,表达自己的心志。这种刻画正反映出英国史家李约瑟所说的:"中国的文人学者得意时是儒家,失意时是道家。因为中国文人总是在官场上进进出出。"[104]

总之,把赏石的兴趣视作艺术的范畴,就不仅仅在于艺术与个人兴趣有关,还在于时代的文化和精神风貌。可以借用日本美学家今道友信的话说:"在艺术和兴趣之中,蕴藏着时代精神这一历史哲学问题,同时也蕴藏着那个时代流行的社会心理。"[105]否则,抛开地理、文化、时代精神和社会心理等因素,人们对中国赏石的认识深度就会大打折扣。

(六)园林文化与赏石呈现

中国赏石源于何地呢?

从中国赏石的发生和发展过程来看,在文化层面上存在两个主要分支:(1)士流文化。(2)奢侈文化。但两者相比较,士流文化与赏石的关系最为紧密,也更为主流。诚然,这两种文化却从正负两个方面影响到中国赏石的发展。

矛盾的是,如匈牙利艺术史家阿诺尔德·豪泽尔所说:"众所周知,对乡村生活的兴趣不会出现在农夫的生活环境,也不会出现在农夫的社会环境;这种兴趣并不来自百姓本身,而是来自上层社会,它并不来自乡村,而是来自城市和宫廷,来自喧嚣的生活和一个文明过度且自命不凡的社会。"[106]在某种意义上,艺术总是在满足有权势的人们的突发奇想。故而,园林文化因具有奢侈文化和士流文化的双重特性,尤其与中国赏石的呈现维系着共同的命脉。至于园林文化在江南的兴盛,盖因财富分配的差异所致(图9)。比如,宋代文学家辛弃疾曾尝论:"北方之人养生之具不求于人,是以无甚富甚贫之家。南方多末作以病农,而兼并之患兴,贫富斯不侔矣。"[107]

对于园林赏石的呈现及滥觞,其因推测如下:

其一,园林文化与南朝士族对山水土地的占有相关。

例如,唐代史学家李延寿在《南史》里记述:"时扬州刺史西阳王子尚上言:'山湖之禁,虽有旧科,人俗相因,替而不奉,熂山封水,保为家利。自顷以来,颓弛日甚,富强者兼岭而占,贫弱者薪苏无托,至渔采之地亦又如兹。斯实害人之深弊,为政所宜去绝。损益

图9 ［荷］梵·高 《吃土豆的人》 荷兰阿姆斯特丹梵·高博物馆

旧条,更申恒制.'有司检壬辰诏书:'占山护泽,强盗律论。藏一丈以上皆弃市.'希以'壬辰之制,其禁严刻,事既难遵,理与时弛。而占山封水,渐染复滋,更相因仍,便成先业。一朝顿去,易致嗟怨。今更刊革,立制五条:凡是山泽先恒煰爎,养种竹木杂果为林,及陂湖江海鱼梁鰍䰽场,恒加功修作者,听不追夺。官品第一第二听占山三顷;第三第四品二顷五十亩;第五第六品二顷;第七第八品一顷五十亩;第九品及百姓一顷。皆依定格,条上赀簿.'"[108]

其二,赏石最初呈现于园囿和宅院,园林艺术则产生于东汉至六朝时期。

《说文》里记述:"囿,苑有垣也。一曰禽兽有囿。圃,种菜曰圃。园,所以种果也。苑,所以养禽兽也。"[109]朱良志先生认为:"中国真正意义上的园林是后起的艺术,大体产生于东汉到六朝时期。北魏杨衒之《洛阳伽蓝记》卷二说,当时司农张伦宅宇华丽,'逾于邦君园林山池之美',说明当时'园林山池'已普遍存在。"[110]南朝文学家庾信写有《小园赋》:"若夫一枝之上,巢父得安巢之所;一壶之中,壶公有容身之地。"[111]许倬云先生亦写道:"南北朝以至唐代的建筑……不仅皇室贵族的宫殿有庭园,一般富人也有私家园林。道观、佛寺附设的庭园,竟似公共园林,一般民众也可入内游赏,不啻是公园的前身。"[112] 园林艺术家陈从周则从园林的沿革角度,写道:"秦汉以后,园林渐渐变为统治者游乐的地方,兴建楼馆,藻饰华丽了。秦嬴政(始皇)筑秦宫,跨渭水南北,覆压三百里。汉刘彻(武帝)营上林苑、'甘泉苑',以及建章宫北的太液池,在历史的记载上都是范围很大的。其后,刘武(梁孝王)的'兔园'[113],开始了叠山的先河。魏曹丕(文帝)更有'芳林园'。隋杨广(炀帝)造西苑。唐李佸(懿宗)于苑中造山植木,建为园林。北宋赵佶(徽宗)之营'艮岳',为中国园林之最著于史籍者。宋室南渡,于临安建造玉津、聚景、集芳等园。"[114] 至于私家园林,陈从周认为:"汉代富民袁广汉于洛阳北邙山下筑园,东西四里,南北五里,构石为山,复蓄禽兽其间,可见其规模之大了。梁冀多规苑囿,西至弘农,东至荥阳,南入鲁阳,北到河淇,周围千里。又司农张伦造景阳山,其园林布置有若自然。魏晋六朝……石崇在洛阳建金谷园,从其《思归引序》来看,其设计主导思想是'避嚣烦''寄情赏'。……唐代如宋之问的蓝田别墅、李德裕的平泉别墅、王维的辋川别业,皆有竹洲花坞之胜,清流翠篠之趣,人工景物,仿佛天成。而白居易的草堂,尤能利用自然,参合借景的方法。宋代李格非《洛阳名园记》、周密《吴兴园林记》,前者记北宋时所存隋唐以来洛阳名园如富郑公园等,后者记南宋吴兴园林如沈尚书园等。"[115] 简言之,建筑家童寯写道:"晋时始见私园流行。"[116]

总之,在庭苑和园林的私人或公共空间环境里,奇石会较长久地矗立在某个固定的位置,与其他景致朝夕共处,在某种意义上是为了满足人们对空间的集体感知。建筑家童寯即认为:"中国园林几乎全不供起居,通常宅、园相隔,主人偶尔涉足,甚则扃钥经年。"[117]"中国园林之宗旨更富哲理,而非浅止于感性。在崇尚绘画、诗文和书法的中国园林中,造园之境界并不拘泥而迂腐。相反,舞文弄墨如同喂养金鱼、品味假山那样漫不经心,处之淡然。"[118] 奇石作为一种艺术的符号或元素,融入了园囿空间的结合体之中,如唐代诗人杜甫诗所咏:"盖兹数峰,欹岑婵娟,宛有尘外格致"[119],成了园林艺术的重要组成部分。

其三,赏石的兴起以帝侯宫中园囿和士流宅院里的奇石的呈现为标志。就宫中园囿赏石来说,奇石成为帝侯宫中园囿观赏之物,始于奢侈,因奢靡浮华使之然,可谓"赏亦斯滥",它也是帝侯积累财富的体现,此不容怀疑也。

关于这一点,可以运用四则较早的史料举一反三,以为一般之鉴:

(1)南北朝颜之推在《颜氏家训》里记述:"梁朝全盛时,贵游子弟……无不熏衣剃面,傅粉施朱,驾长檐车,跟高齿屐,坐棋子方褥,凭斑丝隐囊,列器玩于左右,从容出入,望若神仙。"[120]

(2)唐代史学家李延寿在《南史》里记述:"又以阅武堂为芳乐苑[121],穷奇极丽。当暑种树,朝种夕死,死而复种,率无一生。于是徵求人家,望树便取,毁彻墙屋,以移置之。大树合抱,亦皆移掘,插叶系华,取玩俄顷。划取细草,来植阶庭,烈日之中,至便焦燥。纷纭往还,无复已极。山石皆涂以采色,跨池水立紫阁诸楼,壁上画男女私亵之像。"[122]

(3)李延寿在《南史·齐武帝诸子　文惠诸子　明帝诸子》(原文有空行,笔者注)里记述:"(文惠)太子与竟陵王子良俱好释氏,立六疾馆以养穷人。而性颇奢丽,宫内殿堂,皆雕饰精绮,过于上宫。开拓玄圃园与台城北堑等,其中起出土山池阁楼观塔宇,穷奇极丽,费以千万。多聚异石,妙极山水。虑上宫中望见,乃旁列修竹,外施高鄣。造游墙数百间,施诸机巧,宜须鄣蔽,须臾成立,若应毁撤,应手迁徙。制珍玩之物,织孔雀毛为裘,光采金翠,过于雉头远矣。以晋明帝为太子时立西池,乃启武帝引前例,求于东田起小苑,上许之。"[123]

(4)李延寿在《南史·列传第五十七》里记述:"瑒(孙瑒)事亲以孝闻,于诸弟甚笃睦。性通泰,有财散之亲友。居家颇失于侈,家庭穿筑,极林泉之致,歌童舞女,当世罕俦。宾客填门,轩盖不绝。及出镇郢州,乃合十余船为大舫,于中立亭池,植荷芰,每良辰美景,宾僚并集,泛长江而置酒,亦一时之胜赏焉。常于山斋设讲肆,集玄儒之士,冬夏资奉,为学者所称。而处己率易,不以名位骄物。时兴皇寺慧朗法师该通释典,瑒每造讲筵,时有抗论,法侣莫不倾心。"[124]

上述史实表明,奇石作为装饰园囿的道具,虽隐没不显,但有着趣味感,也是怪异的和有灵的,引发帝侯和士流们对奇石的欣赏感觉,打发时光,玩弄光景。这也间接地体现了南朝帝侯与士族富人们的生活状况。不难看出,旧时统治阶级既贪恋城市生活,又托寒素,向往山林野趣,逃避现实,借用建筑家童寯的话说:"这在历来园林主人,都无例外"。[125]

到了宋代,南宋学者李攸在《宋朝事实》里写道:"大中祥符元年[126],增宫名曰玉清昭应,凡役工日三四万。……其石则淄郑之青石,卫州之碧石,莱州之白石,绛州之斑石,吴越之奇石,洛水之玉石。"[127]文中,李攸特别提到了"吴越之奇石"。估计青石、碧石、白石和斑石等是用作假山叠石和装饰之用,而"吴越之奇石"则是独立的欣赏置景石。

需要指出的是，在探究中国赏石的起源时，人们必须把园林中的"假山叠石"与"独立欣赏石"相区分：假山叠石，以其意为"叠石"，或峰、或岸、或丘、或穴，由石头——最早包括湖石、黄石和宣石等，或者由其他石料堆砌而成，独立欣赏石则是指独立成体的单峰石，而往往假山叠石里也有以叠石为基座的独立置景石。两者作为园林的置景，虽有着较为模糊的界限，但在中国赏石文化史上却承载着截然不同的意义。例如，《艺能编·堆石名家》里记述："近时有戈裕长者，其堆法尤胜于诸家，尝论师子林石洞皆界以条石，不算名手。予诘之曰：不用石条，易于倾颓奈何？戈曰：只将大小石钩带联络如造环桥法，可以千年不坏，要如真山洞壑一般，然后方称能事。"[128]文中的"条石"，就是用作假山叠石的装饰材料。同时，隋炀帝在江苏扬州建造迷楼，就"聚巧石为山"。[129]此外，周密在《癸辛杂识》里记述，吴兴叶氏石林，在卞山之阳，万石环之。乃山中有石隐于土者，皆穿剔伎出，久之一山皆玲珑空洞，或曰，此乃假山之真者，可称为最大天然假山。[130]总之，上述区分乃涉及了赏石的边界问题。

在中国古代园林和建筑中，"石"是不可或缺的组成部分。比如，石勾栏、石柱、假石山、石门楼、石塔、石阶、石檐、石墙、石缸、石子路、石梁桥、石浮雕等。原因就在于，一方面石头材质的耐久，另一方面使得园林、建筑仿佛像隐藏在自然中，看起来似一幅优美的画卷。可见，石头被人们所选择和利用，取决于人们想要的是何种表达及其功用。就此而言，人们认识中国赏石，也必须把它放在园林、建筑整个环境和介质中去，放到宗教信仰和风尚习俗的文化中去，放在不同阶层和欣赏群体的精神世界中去，才会获得富有启发性的理解。

其四，关于士流、寒士们的宅院赏石，需要联系士流和寒士的秉性和命运才能够获得洞见。这也在提醒人们，赏玩石头的动机值得去重视。而在这一点上，士流与帝侯赏石之间倒有着显著的区别。

北宋理学家程颐言："《蛊》之上九曰：'不事王侯，高尚其事。'《象》曰：'不事王侯，志可则也。'《传》曰：士之自高尚，亦非一道：有怀抱道德，不偶于时，而高洁自守者；有知止足之道，退而自保者；有量能度分，安于不求知者；有清介自守，不屑天下之事，独洁其身者。所处虽有得失小大之殊，皆自高尚其事者也。《象》所谓'志可则'者，进退合道者也。"[131]哲学家牟宗三认为："在魏晋时代出现的名士，他们的境界虽不算很高，但有真实性，在他们的生命中似乎必然要如此。站在儒家的立场来看，并由人生的最终境界来看，名士的背后苍凉得很，都代有浓厚的悲剧性。"[132]作为园院的装饰性和点缀性物品，士流们欣赏奇石，显然与帝侯、皇子、皇妃等宫苑奇石充斥的富贵、安逸、奢侈和荒淫的享乐主义色彩的赏石文化承载意义截然不同，而拥有着特定的闲情雅致与精神寄托的内涵。这里，奇石作为原初的、大自然的真实存在，也不仅只是装饰性和点缀性的显现，不仅具有摆设的功能性，而且是一种安慰物和倾诉物了；奇石不只是一种抽象的符号，更是由士流们的精神所主导的艺术生命体。

客观地说，任何园宅都不能够被视为未经雕琢的大自然，而大自然的石头放置在园宅中就成了一种调和，迎合了人们的客观感知及自然秩序的力量，似乎园宅看起来就是打扮得体与未染尘嚣的大自然了。古代士流们把园林或宅院视为第二自然，替自己的精神创造一种环境，这对奇石的呈现有重要的启示。

人们完全可以相信，园林是中国赏石呈现的最早见证人。奇石作为与人工园宅相对，却属于共存和共生的一种存在物，被士流们有目的存储了自然的形而上真理，寄予了私人雅趣，甚至赋予了私人"怪癖"——如白居易就自称"山水病癖"——包容的空间。简言之，赏石与士流和寒士们的品性尤为顺适，倘若进一步论及奇石的功用，除了欣赏之外，自然深寓劝诫之意（图10）。

图10 ［明］卞文瑜 《一梧轩屋图》
北京故宫博物院

姑举两例史料以作补充：

（1）唐代史学家李延寿在《南史》里记述："勉（徐勉）虽居显职，不营产业，家无蓄积，俸禄分赡亲族之贫乏者。""中年聊于东田开营小园者，非存播艺以要利，政欲穿池种树，少寄情赏。又以郊际闲旷，终可为宅，傥获悬车致事，实欲歌哭于斯。慧日、十住等既应营昏，又须住止。吾清明门宅无相容处，所以尔者，亦复有以。前割西边施宣武寺，既失西厢，不复方幅，意亦谓此逆旅舍尔，何事须华。常恨时人谓是我宅。古往今来，豪富继踵，高门甲第,连闼洞房,宛其死矣,定是谁室?但不能不为培塿之山,聚石移果,杂以花卉,以娱休沐,用托性灵。""虽云人外,城阙密迩,韦生欲之,亦雅有情趣。追述此事,非有吝心,盖是事意所至尔。忆谢灵运山家诗云:'中为天地物,今成鄙夫有。'吾此园有之二十载,今为天地物,物之于我,相校几何哉。此直所余,今以分汝营小田舍,亲累既多,理亦须此。且释氏之教,以财物谓之外命。外典亦称'何以聚人曰财'。况汝常情,安得忘此。"[133]

（2）清代画家郑板桥在题画竹石跋中写道:"十笏茅斋,一方天井,修竹数竿,石笋数尺,其地无多,其费亦无多也。而风中雨中有声,日中月中有影,诗中酒中有情,闲中闷中有伴,非惟我爱竹石,即竹石亦爱我也。彼千金万金造园亭,或游宦四方,终其身不能归享。而吾辈欲游名山大川,又一时不得即往,何如一室小景,有情有味,历久弥新乎?"[134]

总之,对于中国赏石在历史上的呈现这个问题的考察,必须牢牢地把握独立的大自然的石头作为欣赏或赏玩的对象这个严格的界定,同时,在史料上要摈除神话传说和小说传奇等的记述,而尽量去遵循或依凭正史等的史料——史学上亦存在一种"以诗证史"的观点。更重要的是,还必须注意到各种论述之间的历史唯物主义的照应性。

综上所述,可以得出以下六点基本结论:

其一,中国赏石呈现于约公元3世纪。这个论断所依据的就是如上道学与魏晋玄学、天人合一观念、山水文化、隐逸哲学、帝侯奢侈和士族文化及园林文化等几个方面与赏石交织关系的叙述。从严格意义上说,中国赏石的呈现是多种因素的合力所致。

其二,赏石最初主要属于文人和士大夫的雅趣艺术,而非庶民的艺术。赏石同诗文、书法和绘画一道,成为高清之士的雅玩。这就犹如明代画家董其昌诗所言:"怪石与枯槎,相将度岁华。凤团虽贮好,只吃赵州茶。"[135]这个观点也可以从中国美术史中得以瞥见——魏晋以前,并无士大夫美术。

其三,赏石的发生不是出于必需,而是文人心灵的体现。对于古代文人们来说,赏石虽属生活里的偶然小事,却有不可小觑的影响力。此外,皇室和贵族与文人们赏石承载的意义迥然不同:前者出于奢靡,以满足奢侈之心理,获萎靡之满足;后者出于高雅趣味,以自观省,获心灵之安慰。从表面上看,中国赏石的呈现似乎是个怪胎,但这种情形,却又像英国艺术家罗斯金所说的:"每个民族的恶习或美德,都已载入它们的艺术中。"[136]不过,中国赏石乃发生于中国社会最为动荡的历史时期,赏石的发生与社会的变化,以及思想观念的改变有着某种程度的联系。

其四，随着清谈文化和山水画艺术，尤其园林艺术的出现，不断催生彰显自然主义、神秘主义、理想主义和象征主义等特征的赏石活动在中国江南地区的呈现。史实已表明，中国赏石的呈现，文化地理因素在发生着重要作用（图11至图14）。

其五，中国赏石最初呈现于园苑，石种品类主要是以出产江南地区的太湖石等造型石为主，并且，有些奇石的价格高昂。例如，建筑家童寯就记述："明末'湖石热'曾达到高潮。鉴赏家们为那些由专家肯定的石头付出惊人的价格。"[137] 今人之所以把太湖石等石

图11 《玉玲珑》　太湖石
　　　供置上海豫园

图12 《绉云峰》　英德石
　　　供置杭州江南名石苑

图13 《冠云峰》　太湖石
供置苏州留园

图14 《瑞云峰》　太湖石
供置苏州市第十中学

种称为传统石,理由就在于它们是中国赏石最初呈现的主体。

其六,在审美意义上,以老庄哲学的自然观和宇宙观为基础,以魏晋玄学的玄幽和佛禅的空寂为基调,文人们的自由思想和坚定人格使得赏石富有简淡、玄远、孤寂和士气的意味,奠定了中国赏石的主要美学意境。

毫无疑问,上述结论彼此之间也存在一定的逻辑关系,而其中的端绪始终被中国古代的赏石主体"文人们"所牵引着。

二 古代文人赏石传统

法国社会学家孔德曾说过一句著名的话:"不应当从人出发给人类下定义,相反的,应当从人类出发来给人下定义。"[138]可以认为,对于赏石不应当从奇石出发给赏石活动下定义,而应当从赏石群体出发来给赏石以理解。前文探索了中国赏石的最初源头和决定性思想因素,倘若进一步验证对它们认识的正确性,并引申出对一些具有普遍性问题的认识——尤其赏石艺术的审美问题的认识,就应当去探寻古代赏石群体的精神世界,而非仅限于那些外部环境。接下来,将讨论古代的赏石群体,以揭示赏石作为一种艺术活动而展现出的文人心灵自由的深层动因。

(一)古代赏石群体:帝侯、士大夫与文人雅士

迄今为止,联系到我们所处的时代,赏石的命运似乎一向不佳。尤其,研究中国古代赏石面对的最大困难在于,基本没有早于宋代的奇石留存于世间,人们不能够从实物资料的角度,或者像实证考古那样的方式去认识它,更无法像中国的其他主流艺术门类一样,对中国古代赏石的演变风格进行全面的研究。这就会导致一个坏的后果:通常以假想去论证推测,陷入了主观循环论的怪圈,出现了许多似是而非的赏石论点。客观上,这也间接影响了赏石与古董、古玩和书画等艺术门类的社会影响力。这当属最大的遗憾,自然为另外的话题。

中国赏石源于何人呢?

存在一种隐蔽的说法,认为当值古代文人雅士和士大夫们赏玩石头时,民间已有大量人群在赏玩了。这种说法能否站得住脚呢?或者准确地说,赏石在历史上的出现是源自民间力量,还是文人雅士和士大夫们的独属"专利"呢?这是个尚待深究的问题。

假使古代有大量赏石人群的存在,而只把赏石的认识限定在文人赏石,界定为文人赏石,这既会形成局限,又会使所得到的解释显得不妥当了。因此,有必要澄清一点,这里假定古代赏石的受众肯定不局限于文人雅士和士大夫们这个群体——比如,明代黄省曾在《吴风录》里记述,士大夫固然有财力兴建园林,然"闾阎下户亦饰小山盆岛为玩"[139],对于

园林、盆景皆如此，作为同类的事物，赏玩石头当属亦然。反之，即便古代赏石群体主要是文人雅士和士大夫们，并且，已知部分保留下来的遗存奇石也全部来自这个群体，人们也必须要去追问，其他的社会群体所赏玩的奇石是尚未挖掘出来，还是几乎全部遗失掉了呢？

这里，有必要列举几个相反的例子，以便引起人们去思考对于赏石起源的一些不靠谱的、风马牛不相及的认识。例如，赏石活动发生在远古的石器时代，雨花石在石器时代就已经被赏玩，云云。几乎肯定地说，它们完全出于不谈学术的今人之口吻，而与历史的实际情形极为不相符合。

最好的例子莫过于，1955年在南京北阴阳营遗址出土的随葬品中，发现了几十枚雨花石，多含在死者口中，或放在陶罐里，这些雨花石是距今约五六千年前新石器时代中期的遗石。人们会疑问道，这些雨花石是用来赏玩的吗？又应该如何解释这个现象呢？事实上，这会涉及对远古风俗的认识。比如，荷兰历史学家格罗特曾对这类风俗给予过解释，他认为金、玉、石是非常坚固的物质，它们是天界的象征，"而天界又是坚不可摧、永恒不灭的。""金和玉（还有珍珠）等能保证那些吞了它们的人的生命力；换句话说，这些物质能增强吞它们的人的灵魂，与天一样，灵魂属'阳'，所以，金、玉、珍珠可以防止死者尸体腐化，有利于他们转生。"不但如此，"道家及医学权威断言，吞了金、玉、珍珠使人不仅可以延年益寿，而且保证死后身体继续存在，免于腐化，因吞食这些物质而成为长生不死的'仙人'，可以在死后继续利用自己的身体，甚至能使身体也升入长生不死的天国。"[140]相信，面对这样的解释，前面的疑问基本豁然解开了。也就是说，原始思维并不等于现代人的胡乱演绎。关于这一点，法国社会学家列维－布留尔也曾强调："神话、葬礼仪式、土地崇拜仪式、感应巫术不像是为了合理解释的需要而产生的：它们是原始人对集体需要、对集体情感的回答，在他们那里，这些需要和情感要比出于所谓合理解释的需要威严得多、

强大得多、深刻得多。"[141]总之,如《左传》里所言,"国之大事,在祀与戎",石头于祭祀的出现,只是在祭祀文化中扮演了一个微小的角色,它凸显着宗教功能。

依据已知史料来看,就奇石的初始赏玩来说,赏石的圈子着实窄得多。这或许与古代文士们的小圈子文化传统有关。例如,人们都知道,魏晋时期有"竹林七贤":嵇康、阮籍、山涛、向秀、刘伶、王戎、阮咸七贤,聚于竹林,日以酣饮为事,唐代孙位画有《高逸图卷》;唐代有"饮中八仙":李白、贺知章、李适之、王琎、崔宗之、苏晋、张旭、焦遂,杜甫的诗作有《饮中八仙歌》;宋代有"西园雅集十六人":苏东坡、王晋卿、蔡天启、李端叔、苏子由、黄鲁直、晁无咎、张文潜、郑靖老、秦少游、陈碧虚、王仲至、圆通大师、刘巨济、李伯时、米元章,李伯时作有《西园雅集图》,米元章书记其上,等等。此外,古代文士们的小圈子文化常与伎乐、宴饮、宴游、宴集等雅道活动相联系(图15)。

值得注意的是,这些文士的小圈子文化中多有赏物活动,赏石自然包含其间。正似宋代诗人黄庭坚所言:"气类莺求友,精诚石望夫。"[142]因此,奇石也被后人称为"雅石",这个称呼确有一定的道理,也是有一定的渊源。其实,早在《诗经》里,就有风、雅、颂之谓,其中,"颂,是祭祀祖先的时候用;风、雅用于交际;雅,用于高贵的客人;风,多半是抒情的。"[143]有鉴于此,基本可以认定古代的赏石群体起初仅限于文人雅士、士大夫和帝侯们,而庶民(普通大众)则无足轻重。中国赏石不是庶民创造出来的,而是印刻有文人群体特征的艺术,它既不为庶民服务,也不反映庶民的精神风貌(图16)。

本文乃倾向于转求古代赏石呈现的内在证据上。在古代社会里,文士们属于上层社会,赏石是有品位的上层社会人群消费的生活艺术和奢侈艺术,并非市民阶层的世俗艺术和民间艺术。反过来说,赏石成为市民阶层的民间艺术,也是由前者衍生出来的。关于这一点,完全能够从古典赏石的皱、漏、瘦、透、丑的相石认知,品读出社会精英与庶民之间的

图15 [宋]马远 《西园雅集图》 美国纳尔逊—阿特金斯美术馆

图16　佚名　《乞巧图》
美国大都会艺术博物馆

审美偏好差别，也折射出文人品位与庶民审美趣味判若霄壤。

古代文人雅士和士大夫们通常富有才华，兼备深厚的文学和艺术修养。他们常将哲理和艺术创作结合在一起，艺术作品有着至深、至玄之思。同时，他们所欣赏的艺术类型和品位观念与普通人也迥然有别。令人笃信不疑的是，奇石成为古代文人雅士和士大夫们的赏玩之物，赏石成了文人趣味、文人审美、文人意识、文人思维、文人精神状态和文人道德观念所主导的艺术活动。这种现象也间接印证了清代文学家张潮的说辞："立品须发乎宋人之道学，涉世须参以晋代之风流。"[144]可以说，古代赏石作为一种艺术现象，属于文人的艺术、僧侣的艺术、士流的艺术、士大夫的艺术、帝王的艺术，承载着与庶民截然不同的艺术品位。

文人雅士和士大夫们是古代极为特殊的群体，他们有着自己鲜明的个性，有着自己不同的信仰，有着自己奉行的人生哲学，有着属于自己特殊领域上的成就。耐人寻味的是，他们却拥有一种集体性格和气质。然而，他们为什么会有喜欢奇石的倾向呢？赏石仅表达文人的风流、士大夫的风雅，还是寓意特定人群的人格象征，抑或蕴含更多社会表现的可能呢？文人墨客与帝侯将相所偏爱的奇石风格又有何不同呢？总体上，这些问题会导向对古代赏石风格的认识。

诚然，如古代思想家庄子所言："其美者自美，吾不知其美也，其恶者自恶，吾不知其恶也。"[145]赏石的审美无疑受制于不同社会阶层的人格理想和审美态度。不同社会阶层欣赏奇石各怀有不同的动机,也就很难判断各自的审美效果。并且,哲学和宗教思想因素在不同社会阶层对奇石的接受中,极有可能与艺术的欣赏相等同。不妨这样说,古代不同人群和社会阶层之间对赏石有着鲜明的微妙认识,凸显着不同的赏石感觉,乃至呈现出不同的审美趣味、审美意识和审美格调。倘若论及其中的一些微妙的差别,情形也许是这样的:

其一,文士们——主要指职业文人——通常把皱、漏、瘦、透、丑,视为赏石审美的理想形态,以顺天性之理,通幽明之故,尽事物之情,示开物成务之道。[146] 在某种程度上,它们意喻非理性、非逻辑性,暗示对固有秩序的反判,对形式强制的反抗,对心灵自由的追求。奇石作为玩味之物,致使文士们流连忘返,赏其寓意,玩其触动,而获得真性的隐喻和反讽意义。

其二,僧尼、方士和道仙们通常把奇石奉为长生不老的信物。他们所秉持的神秘主义的冥想与追求长生不老的妄想,使得赏石更加蒙上一层神秘的面纱,涂上一抹幻觉的色彩。这从唐代史学家房玄龄在《晋书》里的一段记述可略见:"康(嵇康)又遇王烈,共入山,烈尝得石髓如饴,即自服半,余半与康,皆凝而为石。"[147] 这则史料虽为虚构,却反映出这些人持有一种特殊的人生态度,幻想从厌世走向超世,实施的方法就是"揣摩道家炼丹延年驾鹤升仙的传说"[148]。此正应了清代文学家张潮之所言:"寻乐境,乃学仙;避苦趣,乃学佛。"[149] 又似唐代诗人王维诗中所写道的:"种田生白玉,泥灶化丹砂。谷静泉逾响,山深日易斜。御羹和石髓,香饭进胡麻。大道今无外,长生讵有涯?还瞻九霄上,来往五云车。"[150] 这些人的赏石活动,以通往仙境和幻境为追求,似乎才是他们内心的真正向往。

其三,贵族士大夫们通常把奇石视为可卧、可游、可思和可诉之物,作为排遣压力与失落的"醒酒石"。赏石无形中呈现出反思和感伤的倾向,赋予了苦闷和清醒的象征。例如,唐代宰相李德裕平泉别墅里就有一块"醒酒石"。对此,明代史学家张岱写道:"唐李文饶(李德裕)于平泉庄,聚天下珍木怪石,有醒酒石,尤所钟爱。其嘱子孙曰:'以平泉庄一木一石与人者,非吾子孙也。'后其孙延古守祖训,与张全义争此石,卒为所杀。"[151]

其四,帝侯们出于奢靡的享受,对天赋神权的迷恋,借奇石的神秘,陈仪告虔,赋予特定的宗教色彩。他们往往把奇石视为天馈威神的符号,神性庄严的体现,皇家气魄的展现,维城磐石的稳定,永保隆平及不可侵犯的象征。例如,南朝陈后主就有"石封三品"的传说。宋代罗大经在《鹤林玉露》里记述:"秦朝松封大夫,陈朝石封三品。……荆公《三品石》云:'草没苔侵弃道周,误恩三品竟何酬?国亡今日顽无耻,似为当年不与谋。'"[152]

严格地说,上述对赏石群体的四类划分显得并不科学,因为古代"文士们"本就是个含糊的称谓,或者极可能也掉进了某种意图谬误的陷阱。这就像奥地利艺术史家李格尔所持的观点:"尽管学术表面上有其独立的客观性,但分析结论的学术取向却是从当代的知识氛围中来的,美术史家不可能有效地超越同时代艺术欲求的特征。"[153]尽管如此,对于这些不同的赏石认识却略表明,在古代不同社会身份和阶层群体的赏石活动中,因意图的不同,奇石被赋予各式不同的意义,即使这些意义不能够完全彼此截然分开。同时,从另一个侧面也告诉人们,能够唤醒沉默石头的人,非平庸人也(图17)。[154]

本文乃使用"文人赏石"这个简洁概念,来聚焦于古代文人雅士、僧侣、贵族士大夫和帝侯将相们的赏石活动。这是本书的一个基本界定。总体上,文人意识是独立的,在享有"文人""诗人""艺术家""艺术哲学家"等多重角色的文人们头脑里,奇石渺小而伟大,简单而深刻,视为一种完满的幻象,赏石成了自己内心追求的意趣,既在表现自己,又在自己表现,洋溢着自己的心境与自然的情调之间融洽的感觉。这就恰似清初画家龚贤所言:"不必以丘壑为丘壑,一木一石,其中自具丘壑。说之大奇,此说甚近。"[155]文人们在赏石活动中寻求着隐蔽的情感,感悟着某种潜在的、非真实的东西,赏石有了感官的色彩,有了艺术的玩味,有了审美的趣味,成为他们所希求与表达的艺术。在这种艺术活动中,自然感受与宗教情绪,象征与隐喻,非理性与非逻辑,似乎共同构成了一种超验的艺术存在。

从纯粹的艺术观点来看,文人们总是喜欢从审美的态度来看待事物。十分相似的是,赏石作为文人们的艺术活动,从中仿佛看到了一种不同于以往的艺术创作的表达方式,捕捉到了一种另类艺术的原初的自为状态,品味到了一种别致的美,莫名地激发出了审美灵

图17 [五代]周文矩 《琉璃堂人物图》 美国大都会艺术博物馆

感,似乎从中体味到了"艺术不可学"的审美逻辑,以及"我不知道是什么"的审美体验。总之,文人们通过对奇石的艺术玩味,获得了某种审美的满足,也表达出对某种艺术风格的偏爱和欣赏。

在文人们的心灵里,奇石作为一种纯粹的、独立的、自在的、原初的和真实的存在,在自然主义观念的支配下,在理想主义精神的追求下,在想象力的作用下,在感知力的促使下,在欣赏艺术美感之时,仿佛进入了一个内心梦想的世界、一个精神享受的世界、一个心灵静谧的世界、一个审美陶醉的世界。赏石作为文人的艺术和审美活动,反映着文人们的独立意识,饱含着一种追求自由的倾向,呈露秉物游心的审美体验。不难理解,文人赏石与文人艺术所追求的旨趣密切相关。于是,这种源于自然主义、立足宗教体验和满足欣赏的赏石活动,便成了文人们的一种特殊的审美偏好。从根本上说,赏石活动是古代文人们亲近自然、追寻自由、欣赏艺术之美的艺术活动。[156]文人们成了沉默石头的觉醒者。

为了方便论述,有必要再聚焦于古代文人赏石群体的细分上:古代的帝侯、贵族士大夫与文人雅士。在历史上,它们的准确表述是"王、公、卿、大夫、士"[157]。这里重点讨论"士",因为只有对"士"有深入的认识,才能够真正触及古代文人赏石的核心精神内涵。

古代的士阶层发源地在政府衙门,这与中国"学而优则仕"的历史大传统有关。[158]历史学家钱穆认为:"就中国历史大传统而言,政治与社会常融合为一。上下之间并无大隔阂,其主要关联则正在'士'之一流品。'士'是社会的主要中心,亦是政府之组成分子。中国向称耕读传家,农村子弟,勤习经书,再经选举或考试,便能踏进政府,参与国事。故'士'之流品,乃是结合政治社会使之成为上下一体之核心。"[159]欲理解古代"士之流品",必须偏重于对中国古代的考试制度的考察。

钱穆认为:"在中国政治史上,唐代始有考试制度,汉代则为察举制度,均由官办。唐杜佑《通典》……次章论选举,但实际则由汉代察举下逮唐代之科举考试。可见考试由察举来。察举之目的在甄拔贤才,俾能出任政府官职,处理政事。但察举非由民选,后因有流弊,唐以后始改行考试。"[160]《礼·射义》有言:"诸侯岁献贡士于天子。"[161]这是历史文献中"贡士"之称的源头。于此,宋代欧阳修认为:"唐制取士之科,多因隋旧。其大略有二:由学校曰生徒,由州县曰乡贡,皆升于有司而进退之;其科目,有秀才,有明经,有进士。"[162]历史学家张荫麟认为:"唐朝进士及第后,如想出仕,还要经吏部再定期考选。'吏部之选,十不及一',因此,许多及第的进士等到头白也得不到一官。宋朝的进士,一经及第,即行授职,名次高的可以得到通判、知县或其他同等级官职。"[163]英国史家李约瑟进一步指明:"晚清和明代一样,考题限于正统的文学和哲学,以八股文作答。但更早的时候,考试内容会涉及具体的管理、政治、经济问题,而在唐、宋等朝代则会涉及天文学、工程学、医学等技术类科目。"[164]事实上,宋代的科举扩大,加剧了文人党争,而失落的文人自然会将自然经验的结晶推至艺术中心。这对于人们理解中国赏石在宋代达到高峰,提供了一个视角。

进一步地,余英时先生认为,士与宗族的结合,便产生了中国历史上著名的"士族"。[165]魏晋南北朝承接两汉士族的兴起,士族达于全盛时期,于是就有了"名士风流"的说辞。例如,东晋王恭说:"工孝伯言,名士不必须奇才,但使常得无事,痛饮酒,熟读《离骚》,便可称名士。"[166]这段话实则是针对假名士说的,而"真名士自风流"。哲学家冯友兰即认为,真名士、真风流的人,必有玄心,必有洞见,必有妙赏,必有深情。[167]此外,魏晋的士族都有自己的土地和家产,因为官衔乃是古代士人获得社会地位和获取财富的重要纽带。总之,士大夫们并非职业文人,但富有学养,嗜好经书,舞文弄墨,文学修养才为士大夫身份的真正标志。

除了士流之外,要谈到帝侯了。权力才是帝侯们的标签。对于帝侯们来说,皇宫里的奇石作为园苑的衬景,既是奢侈的体现,也在表现皇家神秘的威严,甚至视为帝侯尊严的护符。同时,玩味奇石成了他们摆脱世俗事务烦扰的一种心境的体现,一种业余生活的细微体现,仅此而已。这里,值得借鉴的是匈牙利艺术史家阿诺尔德·豪泽尔所持的观点:"对于古希腊的统治阶层及其哲学家[168],'充足的闲暇'是美和善产生的前提——闲暇是一种财富,有了它人们才觉得生活有意义。有闲之人才能获得智慧,获得内在自由,才能主宰和享受生活。显然,这种生活理想有赖于食利者阶层的生活方式。"[169]不难理解,帝侯们赏玩石头成了安闲、奢侈,甚至极端享乐的标志,完全出于世俗功利之外。

至于那些纯粹的职业文人,这里的"文人"通常有着特定的所指。正如章太炎先生所认为:"《汉书·贾谊传》称贾谊'善属文',文乃出。……西汉所称为'文人',并非专指行文而言,必其人学问渊博,为人所推重,才可算文人的。"[170]古代的许多文人们多把生活和自然视为一回事,优游江湖,居无定所,以四海为家。譬如,唐代诗人崔颢就有诗言:"日暮乡关何处是,烟波江上使人愁。"[171]这些文人在社会群体中是孤独的、忧郁的,但他们哀而不伤,只谈风月,逃避现实。他们还会依自己的品性去安排生活,把独立理解为无拘无束和自视清高,他们的艺术活动往往局限于特定的小圈子里。于此,文学家鲁迅曾在1915

年写下了如下文字:"于浩歌狂热之际中寒,于天上看见深渊,于一切眼中看见无所有,于无所希望中得救。"文人们对时代精神的反叛,以及所持有的道德思维方式,极容易使自己变成理想主义者。

然而,这并不等于说古代文人雅士和士大夫们都像犬儒主义者——意指把最低限度的欲求定为"善"的人。比如,古希腊哲学家第欧根尼曾生动地描绘过犬儒主义者的行头:"一根野橄榄树的粗棍子,一件没有下装的褴褛的夹外衣,夜里也当被子使用,一个装生活必需品的讨饭袋和一只取水用的杯子。"[172]他们并非不关心政治,不关心社会发展,在社会混乱时蒙头大睡。相反,中国古代的文人雅士和士大夫们一直以来,精神兴趣脱离不了政治。诚如明代思想家洪应明所言:"居轩冕之中,不可无山林的气味;处林泉之下,须怀廊庙的经纶。"[173]他们常怀有深深的忧患和悲悯意识,并不甘做一个隐士——情怀不尽曰"隐",而是要做一个觉者。

实际上,正如傅雷先生所认为:"彻底牺牲现实的结果是艺术,把幻想和现实融合得恰到好处亦是艺术;惟有彻底牺牲幻想的结果是一片空虚。艺术是幻想的现实,是永恒不朽的现实,是千万人歌哭与共的现实。"[174]对于部分文人雅士和士大夫来说,他们骨子里藏着高贵、单纯和浪漫,通过文学和艺术的创作,通过艺术活动,把自己的艺术作品变成知识和道德,用另一种方式对异化的世界说话,有时干脆在自己的梦幻世界中对着真实的世界而倾诉。这就似《孔雀东南飞》里的描写:"孔雀东南飞,五里一徘徊。""徘徊庭树下,自挂东南枝。"又似唐代诗人杜牧诗歌所言:"江雨霏霏江草齐,六朝如梦鸟空啼。无情最是台城柳,依旧烟笼十里堤!"[175]同样,唐代诗人杜甫也有类似的诗歌咏怀:"国破山河在,城春草木深。感时花溅泪,恨别鸟惊心。"[176]关于这一点,在南唐后主李煜身上就得到了体现,他在被俘入汴的途中,作词曰:

帘外雨潺潺,春意阑珊。罗衾不耐五更寒。梦里不知身是客,一晌贪欢。

独自莫凭栏!无限江山,别时容易见时难。流水落花春去也,天上人间![177]

因为他们晓得,自己的理想不可能在现实世界中实现,而现实世界也不可能简单地转化为理想世界。这亦如北宋诗人苏轼在诗歌中所倾诉的,"欲开还闭""梦随风万里"。[178]因此,他们会不约而同地转向各式艺术。

赏石作为文人雅士和士大夫们的艺术活动,隐含着他们独善其身的道德理想,并在

精神世界里完善自己人格的思想倾向。例如，唐代的白居易、王维、杜甫，宋代的苏轼、黄庭坚、欧阳修等文人赏石家们，都崇仰佛教的"净土"，甚至宋元时期的文人赏石家米芾和倪瓒都有"洁癖"。它们都在告诉人们，在一个文明的社会和世界里，人更应该重视精神的清洁，去拥有属于自己的一片理想乐园。这可以借用日本美学家今道友信的话说："艺术是为了使精神回到人本身，恢复人本来的美而存在的。"[179]

对于文人雅士和士大夫们来说，清醒则意味着失去纯真，令人矛盾的是，清醒也意味着"像自然一样"存在纯真的可能（图18）。例如，东晋诗人陶渊明有诗曰："一士长独醉，一夫终年醒。"[180]唐代诗人李白有诗言："古来圣贤皆寂寞，惟有饮者留其名。"[181]唐代诗人郑谷有诗言："相看临远水，独自上孤舟。"[182]元代画家管道昇词云："人生贵极是王侯，浮利浮名不自由。争得似，一扁舟，弄月吟风归去休。"[183]在中国赏石文化史上，那些有思想的文人赏石家是痛苦的，他们会为芸芸众生和世间万物而痛苦；那些有才情的文人赏石家是孤寂的，他们会因缺少志同道合的朋友而孤寂；那些有志向的文人赏石家是悲情

图18　[元]吴镇
　　　《渔父图》
　　　北京故宫博物院

的，他们会因理想不能实现而悲情。这些痛苦、孤寂、悲情时常萦怀在心头，于是，在自己深感庸俗卑鄙的世界中，为了寻找到一丝精神安慰，就把牢骚、惆怅、嗟叹和幽怨倾诉给了奇石，赏石也转换为生命的吟哦。这种情形，颇似德国哲学家叔本华所作的譬喻："神话让克洛诺斯吞食和消化石头，并不是没有原因和意义的，因为那完全是难以消化的悲伤、愤怒、损失和受到的侮辱，惟独时间才可以消化得掉。"[184]

很自然地，赏石成了文人雅士和士大夫们的心灵情感慰藉，仿佛迷失在自己的世界里，乃至沉溺于奇石的幻相，在孤寂中梦幻冥想，恣意放纵，如醉如癫，若睡若呓（图19）。正像明代画家担当诗所言："玲珑一片石，今古有谁怜？自入我怀袖，人颠物也颠。"[185]赏石成了一种不介沾染的表现，一种逃脱离群的表现，拥有了一种孤寂之美。这正像清代画家金农诗中所写："小艇空江，一人清彻骨，恍游冰阙，弄此古时月。管领秋光，平分秋色。便坐到天明，不归也得。"[186]

图19　《渔隐图》　长江石　12×10×5厘米　张素荣藏

唐朝诗人李商隐诗言："世间花叶不相伦,花入金盆叶作尘。惟有绿荷红菡萏,卷舒开合任天真。此花此叶常相映,翠减红衰愁杀人。"[187]同时,德国哲学家海德格尔认为,宁要保持着黑暗的光明,不要单纯的一片光明,一千个太阳是缺乏诗意的,只有深深地潜入黑暗中的诗人才能真正理解光明。[188]总之,奇石拥有无拘无束的自然形相——形相,这个词原是哲学概念,有着"被看到形"的意思,文中对于观赏石的形相的使用,意指观赏石的形式和意蕴。同时,奇石呈现耐人寻味的艺术风格,内含深刻的宗教意味,尤其象征意味,成了文人雅士和士大夫们心灵的避难所。事实上,如果非得说古代的文人赏石透出消极性和内卷化,而这种消极性和内卷化则通过奇石的形相被真实地、以边缘态度而展现了出来,并且,文人雅士和士大夫们将它们转换为意想不到的美和令人惊异的美,透过它们而吐露了自身的秘密。

(二)文人赏石特征

中国古代赏石史乃是一部文人赏石史。古代赏石是文人们的宗教情绪和审美感觉的自觉追求。文人们使得赏石之美与道德之美相媾和。概言之,古代文人赏石的基本特征鲜明地体现为如下五个方面:

其一,古代赏石作为文人性情的表达和心境的体现,同文学、书法、诗歌和绘画等一道,成了古代文人艺术生活的组成部分。从根本上说,古代赏石属于文人雅士和士大夫们的闲情逸致,表达一种情怀和意趣,体现一种特定的精神观念和人生境界。只有洞悉古代文士们的风骨和品格,才能够认识中国赏石的发生和发展,体味古代赏石所依附的人生性,所附着的文人性。

其二,古代文人们多才多艺,通常既是诗人,又是艺术家,富有哲学素养。他们尤偏好黄老之学,脱略世故,默会风雅,幽闲淡泊,超然物外。只有在古代哲学观念下,才能够领悟到古代文人赏石的内涵。反之,如果脱离哲学思想来谈论古代赏石,所获得的认识必是空泛的,就不会真正理解属于文人的这项艺术活动。尤其,古代赏石蕴含禅释道等哲学观念,孕有一番宗教精神。

其三,古代赏石与绘画、文学和园林等艺术形式存在紧密联系,可以视为传统艺术中的艺术。然而,古代赏石不仅依托于别的艺术而存在,还为多种艺术的融合,既体现了自己别具一格的艺术特性,又拥有与主流艺术相互交融的浑融性。古代赏石作为文人的艺术活动,体现着文心和文魂,成为一种纯粹的艺术,深富独立文化母题意义及原始艺术意味。客观而论,如果否认这种艺术的存在,实为艺术史上的一大疏忽。反之,只有把古代赏石置于文人们所处时代的整体艺术氛围之中去观照,才会获得艺术和美学上的真正理解(图20、图21)。

图20 《砚台》 戈壁泥石 19.5×12.5×3厘米 刘振宇藏

图21 《石境天书》 戈壁石 30×17×2厘米 黄盛良藏

其四，古代赏石呈现于汉末、魏晋南朝时期，在随后近两千年的历史长河里，赏石活动起起伏伏，但文人赏石传统几乎绵延不断。中国赏石文化发展史告诉人们，往往在社会混乱动荡，政治稍形黑暗，思想观念大碰撞，文化艺术多元发展，文人独盛的历史时期，赏石会随之而兴盛。这也生动诠释了古代赏石作为一种文化现象、艺术现象和美学现象的存在。

其五，古代文人们通过心灵化在赏石体验过程中沉思冥想，陶冶性情；通过审美化在赏石审美过程中表达对美的感知；通过精神化赋予奇石以形而上的美。在特定意义上，古代赏石是一种艺术同化，开辟出了新的美学领域，表达着特定的美学观念，已臻于至高的美学境界。

如果对上述古代文人赏石特征的阐释基本正确，那么遵照上述理解，文人赏石意识就不仅仅在于对奇石形相的追寻，还倾注在赏石背后所隐藏的意义。不难理解，赏石在文人们的心灵里涤荡，陶冶坚强意志和高尚心灵，成了一种反省与反思的方式。

（三）何谓"文人石"

英国哲学家培根说："尚待定名之物，从一种形态转到另一种形态，从不存在转到存在，犹如汹涌不平的海面从透明中生出白色，正为科学分析提供了有利条件。"[189]这被用来加以欣赏的石头，在不同时代被人们赋予不同的称呼，也拥有别样的意义。在古代，它们被称为"奇石"。顾名思义，奇石突出了石头非同寻常，因新奇性和怪诞性而被人们所欣赏。到了当代，它们被称为"观赏石"。观赏石则有许多不同的解释，比如，"观赏石是从大自然中被人们有目的地发现，引发人们的感悟，天然形成而具有唯一性和稀缺性，供人们赏玩的、有一定艺术表现的独立石质艺术品，是大自然留给人类的珍贵遗产"。[190]

自古以来，用来描述奇石的词汇几乎不胜枚举。诸如：（1）"顽石"。南朝高僧竺道生有"生公说法，顽石点头"的传说。（2）"幽石"。南朝诗人谢灵运诗言："白云抱幽石，绿筿媚清涟。"[191]（3）"片石"。唐代文学家权德舆诗言："小松已负干霄状，片石皆疑缩地来。"[192]唐代诗人白居易诗言："削成青玉片，截断碧云根。"[193]（4）"白石"。唐代诗人王维诗言："荆溪白石出，天寒红叶稀。山路元无雨，空翠湿人衣。"[194]（5）"水石"。南唐诗人李中诗言："公署静眠思水石，古屏闲展看潇湘。"[195]清代画家石涛画跋诗言："几番水石丛中住,花色香留魂梦间。"[196](6)"苍石"。宋代诗人黄庭坚诗言:"苏仙漱墨作苍石,应解种花开此诗。"[197](7)"金石"。宋代诗人黄庭坚诗言:"金石不随波,松竹知岁寒。冥此芸芸境,回向自心观。"[198](8)"怪石"。南宋诗人方回诗言:"其下怪石卧狻猊,突兀嶙崒凝冰澌。"[199]元代画家倪瓒画题言:"霜木棱棱瘦,风筠冉冉青。古藤云叶净,怪石鲜痕浸。"[200](9)"铁石"。元代画家倪瓒题画诗言:"十竹已安居,忍穷如铁石。写赠一枝花,清供无人摘。"[201](10)"石丈"。明代画家沈周诗言:"石丈有芳姿,此君无俗气。其中佳趣多,容我自来去。"[202](11)"柱石"。禅宗有言:"孤峰迥秀,不挂烟萝。片月行空,白云自在。"[203]细细品味这些言论,不难体会到它们多与"文"相关。

赏石成为古代文人的一种艺术活动,又应该如何通过它去揣摩文人们的心灵隐微呢?应该如何通过它去探究文人们的共同心理呢?一言以蔽之,如何进一步理解文人赏石所蕴涵的"文"呢?

大体倾向上,奇石在古代文人们的生活里,作为一种玩好和雅趣,赏石活动魅惑的表面却带有隐喻色彩和触动心灵的魅力。必须认清的是,这里的"玩好"和"雅趣",并不是如今人所说的玩耍和娱乐,而需要在文人的语境之下去理解,就像宋代画家李公麟在晚年对求其画的人所感叹:"吾为画,如骚人赋诗,吟咏情性而已,奈何世人不察,徒欲供玩好耶!"[204]反而,在古代文人们的心灵里,奇怪只是幻相,就像可见的东西存在于看不见的东西里面一样。文人们通过奇石隐约的和虚设的幻相,似乎进入了精神恍惚的心理状态,抒发着别具一格的情绪,毕竟天作不工,奇石是上天的偶然产物,有无拘无束的造型和图案,有自在自为的意韵和风采,似乎也在表达着一种自由的风格和不受约束的艺术观念。总之,奇石不假造作,沉稳厚重,透出不拘一格的风韵,这些都与文人们的气息相媾和,从而赏石活动使得文人的独特审美以表达,在感性和理性的认识之间,在虚无和含混的想象之间,奋力地摆脱某种束缚而神游石间。

古代文人们把奇石作为欣赏与享受的艺术对象,在赏玩过程中表达着复杂的情感和哲学的沉思,使得审美快感与哲理领悟混杂在一起,无形地,奇石成了可以寄托和满足的对象,被赋予了一种形而上的理想美。无论是最初的园林庭院独立置景欣赏石,还是后来的书房案头供石,在文人们的潜意识里,它们都是深邃的、向善的,含藏着大自然的崇高,几近于神圣。文人们在赏石的审美沉思中,无忧无虑地获得陶醉,不管身在异乡,身为异客,归去来兮,总能够在似大自然的怀抱中求得安慰,寻得自由的彼岸(图22)。文人们对奇石的欣赏,通常沉浸于想象和梦幻之中,"以神遇而不以目视"[205],像风一般地自由飘

图22 《梦回故园》　长江石　15×12×4厘米　刘家顺藏

荡。可以说,文人赏石极富文化内涵,阳春白雪,曲高和寡,而游离于大众审美的边缘。

　　古代文人们的审美与世俗不合,他们在纵显艺术才华之时,所从事的艺术活动多少都带着反思和反省意味。不妨这样说,赏石实现着文人们依据自己的心境及艺术观念与大自然石头的"合作",乃至把赏石视作不安定和混乱社会里一种宗教修身的手段及独处时怡然自适的一种心象呈现,即便来说,赏石作为一种艺术活动,在文人们的艺术生活里仅占据着微小的分量。德国哲学家黑格尔认为:"从整体上看,艺术乃是社会最真实的表情。"[206]毫不夸张地说,在文人们的心灵世界里,赏石不是无谓的消遣,不是闲暇无事的陪伴，不是游戏性的，而是对于真切而现实的人生有着极为微妙的价值。文人们赏石以自己的心灵体验大自然的真实，奉守对永恒的、本然的、和谐的自然秩序的遵从，对理想主义的追求，并借助这一理想展示自己的精神独立。正可谓"泉石膏肓，烟霞痼疾"[207]，这也揭示了为何奇石会让文人墨客们痴迷、发狂或成癫，引得竞折腰了——如有宋代书画家米芾拜石，以及元代画家柯九思跪拜奇石等事情的发生。[208]

在中国赏石文化发展史上，古代赏石的精髓恰浓缩在了"文人石"的概念上。据考证，这个概念的雏形极可能是由宋代书画家黄庭坚始提出来的。[209]然而，文人石却不容易理解，犹如苏轼对文人绘画的认识那般，"画山何必山中人，田歌自古非知田"。[210]

从艺术和美学方面来理解，文人石大略有如下六点基本内涵：

其一，按字面来看，文人石就是文人雅士和士大夫所赏玩的石头，而在深层次上，可以理解为奇石有着被文人雅士和士大夫所欣赏的精神气质，满足了文人的艺术趣味，引发情思。前文已述，在古代社会里，称得上文人的是兼具人品、才情、学问和思想于一身之人，文人石自然可以喻为一种特定群体精神的象征了。同时，反观西方研究者把中国古代赏石称为"文人石"，其道理也不言自明了。

其二，在特定意义上，文人石所内含的赏石美学精神才是重要的。中国古代文人通常认为自然、朦胧、含蓄、内敛、简单的东西才能够经得起欣赏，这种审美取向的背后隐含着文人习性、道教禅宗和哲学意味。譬如清代沈朝初《忆江南》词所云："苏州好，小树种山塘。半寸青松虬干古，一拳文石藓苔苍。盆里画潇湘。"[211]

其三，文人石与文化色彩、文学意味和文人精神，尤其与文人的艺术追求和审美取向密切相关。文人赏石终究是一种观念艺术的表达——在某种程度上，大多数艺术都是观念性的。正如画家陈师曾所说："盖艺术之为物，以人感人，以精神相应者也。有此感想，有此精神，然后才能感人而能自感也。""文人又其个性优美、感想高尚者也；其平日之所修养品格，迥出于庸众之上，故其于艺术也，所发表抒写者，自能引人入胜，悠然起澹远幽微之思，而脱离一切尘垢之念。然则观文人之画，识文人之趣味，感文人之感者，虽关于艺术之观念浅深不同，而多少必含有文人之思想。"[212]

其四，文人石突显的是文人意识。借用朱良志先生的话说："文人意识在一定程度上是非从属的、执拗的意识，一种独守寂寞的意识。艺术是永远追求性灵清洁的里程。"[213]德国哲学家叔本华也表达过类似的思想："从普遍来说，与天才为伴的忧郁却因为生存意欲越是得到了智力的照明，就越是清晰地看到了自己的悲惨景况。在禀赋极高的人身上经常可见忧郁的心境。""由于意欲不断地一再坚持对智力原初的控制,智力在遇到不妙的个人境遇时,会更容易挣脱意欲的控制,因为智力巴不得背弃逆境,在某种程度上得到放松。这时候,智力就会以最大的能量投向陌生的外在世界,因而更容易变得纯粹客观。优越的个人处境则产生恰恰相反的作用。"[214] 正是这种清冷、疏离、执拗和忧郁的文人意识,促使文人们试图对所处的时代纷扰去挣脱,对自己生活痛楚去突围,对自己心灵世界去隐忍,对永恒真理去追求,并在艺术的观照氛围下,在逃避中去体味对现实的触摸感(图23)。可以说,文人意识奠定了文人赏石与艺术和美学之间的深刻联系,文人赏石在解放赏玩石头的文人们,也在拓展艺术和美学的领域。

图23　常玉　《孤独的小象》　台北故宫博物院

其五,文人石是文人雅士和士大夫们赏石观念的结晶。美学家朱光潜认为:"凡是文艺都是根据现实世界而铸成另一超现实的意象世界,所以,它一方面是现实人生的返照,另一方面也是现实人生的超脱。"[215] 引文中的"超现实",可以借用法国诗人安德烈·布勒东的诗意语言予以特定的解释:"梦幻和现实,这两种看似完全相反的疆域的命运,都已成为完全的现实,如果非要说的话,那是一种超现实。"[216] 文人赏石中有相,相外之相,皆人文也。文人赏石观念自主地把文人的独立精神与天地间的奇石融合起来,把自然的客观法则与自己的感悟融合起来,给予赏石活动以特定的精神属性和人文属性。

其六,文人石体现的是一种纯粹艺术上的美学观念表达。美学家朱光潜就认为:"因为艺术是情趣的表现,而情趣的根源就在人生;反之,离开艺术也便无所谓人生,因为凡是创造和欣赏都是艺术的活动。"[217]文人赏石追求的是天人合一之境与物我两忘之感,即如唐代画家张璪之所言:"外师造化,中得心源。"文人赏石更多的是对人的生命意义和生活态度的表达,也意味着与凡尘俗世相脱离。

只要仔细审查上述文人石的要旨,就会体会到古代文人赏石代表的是一种文人意识、一种艺术体验及一种独特审美。若脱离了这样的认识,奇石这个存在物就与自然界的其他事物一样,只是属于自然的断片了。

三 古代文人艺术与赏石:文人画与文人石

前文分别探讨了赏石起源的外部环境,以及古代赏石群体的精神世界,在某种程度上,这意味着赏石发生的必然性。本文试图从艺术史的角度去认识赏石与主流艺术形式,尤其与绘画之间的密切联系,进一步地去体会赏石发生的充分性。在此基础上,依据宽泛的视角去考察古代文人赏石所渗透出的审美观念。

(一)文人画与文人石

中国赏石源于何参照呢?

文人石与文人画可谓同宗同源,起码在精神层面是融通的。若要理解这个观点,需要了解文人画的一些历史时代背景。

公元220年,东汉灭亡以后,中国经历了300多年最混乱的历史时期。随着正统儒教失去感召力,文人们纷纷转向佛教和道教作为精神寄托。他们通过谈玄、赋诗、弹琴、作画和赏石等艺术活动,表达个人的思想与情感。与此相关,美国艺术史家巫鸿认为:"这种新的精神取向和知识兴趣对艺术发展具有极为重要的意义,甚至把中国艺术史在宏观意义上划分为两个阶段。……无论是商周铜器还是汉代壁画,现今称之为'艺术'的这些作品,都是为了适应人们日常生活的需要或宗教、政治目的而创作的。它们由无名工匠们通过集体劳作完成,其题材与风格的变化首先取决于广泛的社会思想的变迁而非不同的个人喜好。这种情况在公元3—4世纪发生了变化:受过教育的艺术家登上了历史舞台,艺术开始具备个体精神与风格;艺术鉴赏家和评论家随即出现;收藏绘画也在王室和社会名流中成为时尚。卷轴画的出现使绘画不再依附于实用建筑和器物,成为一门独立的艺术。"[218]

在中国绘画史上,人物画出现的最早(图24)。魏晋朝人物画达到了较高水平,这时的山水基本为人物画的背景。对此,散文家朱自清认为:"东晋以来士大夫渐渐知道欣赏

图24　画像石屏风　　苏州虎丘黑松林三国墓葬出土

山水，这就是风景，也就是'江山之胜'。但是在画里山水还只是人物的背景，《世说新语》记顾恺之画谢鲲在岩石里，就是一个例证。"[219] 山水画在魏晋时期开始奠基。唐代画论家张彦远认为，隋唐以前的绘画中山水尚处于原始阶段，"或水不容泛，或人大于山。率皆附以树石，映带其地。列植之状，则若伸臂布指。"[220] 同时，高尔泰先生认为："士大夫从事绘画始于魏晋南北朝。而一开始，他们的创作就具有三种倾向：题材由神怪人物转向山水竹石；技法由金碧重彩转向水墨渲淡；风格由严谨的装饰性转向抽象的抒情写意。"[221] 到了唐末宋初，山水画逐渐隆盛起来，成了文人画的主要表现形式。

唐代画论家张彦远说过："吴道玄者，天付劲豪，幼抱神奥，往往于佛寺画壁，纵以怪石崩滩，若可扪酌，又于蜀道写貌山水，由是山水之变，始于吴，成于二李（李将军、李中书）。"[222] 宋人有言："画人物则今不如古，画山水古不如今。"宋代画论家郭若虚则说："或问近代至艺，与古人何如？答曰：近方古多不及，而过亦有之。若论佛道人物，士女牛马，则近不及古。若论山水林石、花竹禽鱼，则古不及近。"[223] 绘画史上的这个转变实与古代文人对传统文化的认识转型相关。更确切地说，这个转变与中国绘画所追求的生命精神有关（图25）。例如，朱良志先生就认为："山水画可以说是潜在的人物画，人物画是人的'形体的艺术'，山水画是人的'心灵的艺术'。""由重人物到重山水，是人们由外在世界趋向内心世界，反映了画家对生命体验的重视。""由重人物到重山水的过渡时期，正是庄

图25　[隋]展子虔　《游春图》　北京故宫博物院

禅哲学流布之时,'澄怀观道''目击道存',进而以画体道,成了画家孜孜追求的目标。"[224]

唐代本属于壁画的时代,但出现的水墨画,却标志着中国绘画在形式上有了重大突破。从此,文人画逐渐独成一宗。日本汉学家青木正儿就写道:"文人画的渊源虽然极其古远,然而在唐代以前,尚无仅因绘画者是文人士大夫,就将文人画作为一种画风的意识。"[225]朱良志先生认为:"古今演绎'文人画'之义多矣,最关键的一点,就是一己真心之发明。"[226]这里,试举一例,来理解"文人画"之多义吧。元代画家赵孟頫(赵子昂)与钱选(钱舜举)有过一段对话。赵子昂问:"如何是士夫画?"钱舜举答:"隶家画也。"赵子昂曰:"然。观之王维、李成、徐熙、李伯时,皆士夫之高尚,所画盖与物传神,尽其妙也。近世作士夫画者,其谬甚矣。"对于"隶家",日本汉学家青木正儿作了考证,认为"隶"和"利""戾"是相通的,"隶家"是门外汉之意,于是"士夫画就是非职业的绘画","而'士夫画'换一种说法也就是'文人画'。"[227]北宋文人画家苏轼则直言:"余尝论画,以为人禽宫室器用皆有常形。至于山石竹木、水波烟云,虽无常形,而有常理。常形之失,人皆知之。常理之不当,虽晓画者有不知……"[228]总体而言,文人画是文人意识的产物,是文人思想性情的表达。文人画与文人石,皆常形常理共生,属文人墨客和士大夫之享有。

在文人画家们的艺术世界里,奇石常与荷花、梅、竹、菊、松、菖蒲、兰花、梧桐、芭蕉、枯木等相伴随出现,使得画作呈现出古淡优雅、冷逸幽深的意境。这盖是因绘画者的品格与奇石的品性相结合的结果。进一步地说,这个现象反映出了什么呢?这里,引用一则史料来稍作发散性思考吧。据科学家竺可桢记述,南宋浙江金华地区的吕祖谦做了"物候"实测工作,所记录的是基于南宋淳熙七年至八年(公元1180—1181年)金华(婺州)一带花卉的资料。他写道:"载有腊梅、桃、李、梅、杏、紫荆、海棠、兰、竹、豆蓼、芙蓉、莲、菊、蜀葵、萱草等二十四种植物开花结果的物候,以及春莺初到、秋虫初鸣的时间,这是世界上最早凭实际观测而得的物候记录。"并且,他还联系到"二十四番花信风",进而认为"花信风的编制是我国南方士大夫有闲阶级的一种游戏作品"[229]。

在顶级文人艺术家的绘画中,奇石还可以与有的动物相混搭。例如,清代画家八大山人就画有《猫石图》《鸟石图》《鱼石图》等(图26)。这也凸显了文人画对"神""妙"的境界追求。对此,清初画家吴历尤其指出了文人画的游戏与枯淡的特点:"画之游戏、枯淡,乃士夫一脉,游戏者不遗法度,枯淡者一树一石无不腴润。"[230]文中的"游戏",乃指"性灵之游戏",而"一石",也并非完全是"奇石"。[231] 此外,清代画家唐岱曾言:"画树石一次就完,树无蓊蔚葱茂之姿,石无坚硬苍润之态,徒成枯树呆石矣。"[232]

不难看出,文人石与文人画有着深层的勾连,乃至文人石与文人画同宗同源。在学理上,这是从发生的角度阐释两者的关系。所谓发生,意指两者既有哲学思想的同源性,又有时间的同步性,还有主体的同一性。分而述之:(1)文人石和文人画均主要是在道禅哲学思想的影响下而诞生。(2)文人石和文人画都源自唐代,至宋代达到顶峰,它们作为历史时代的反映,承载着悠久的文人传统。(3)文人石和文人画均被文人墨客和士大夫们所青睐,体现情趣高雅之致。毫不夸张地说,文人石与文人画在体悟上相通互感,乃为一家旨尔。

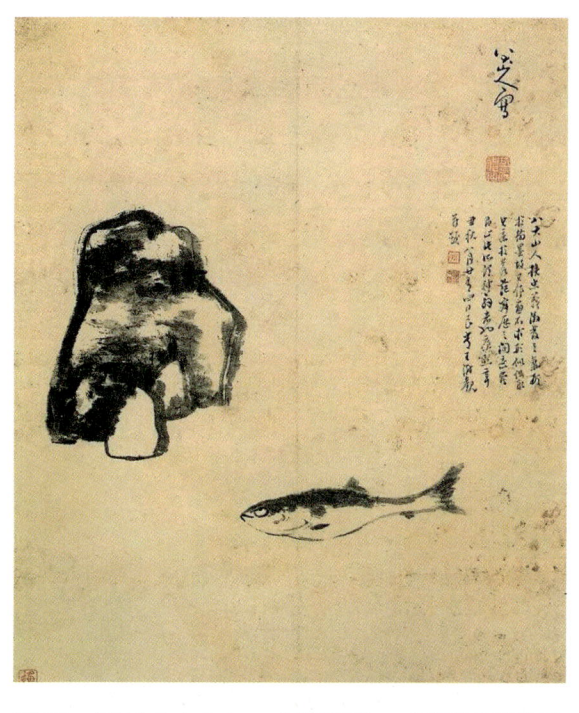

图26 [清]八大山人 《鱼石图》 北京故宫博物院

进一步追问,又如何理解文人画呢?简言之,"按照苏东坡、米芾和文同及其他画家的艺术观念,文人画中的一切全是由画家的个性事先决定了的,理想的文人画应当将高尚道德与丰富学识结合在一起。"[233] 中国的文人画艺术通常超越形式,执着于反常规"意象"的创作,从而新奇、高古、枯淡和清冷等构成了其底色。美学家宗白华就认为:"文人画的最高境界,乃是玉的境界。"[234] 若把文人画与文人石结合在一起来看,它们都兼具一个重要的特点——净化。这个净化,可以借用德国哲学家叔本华的话说,在实在能够进入审美的领域之前,它必须得到净化,进入到非实在的领域之中去,并且,因此而进入到一个排除了意志的激动的领域之中去。[235] 在净化的世界中,文人们寄托着自己的灵魂,譬如朱良志先生所写道的:"文人绘画是灵魂的独白,而不是逞奇斗艳的工具。"[236] 又譬如清代画家戴熙题画诗所言:"问:'奇古荒怪,何以为画之正宗?'曰:'画逸事也。'"[237]

总之,在文人绘画艺术的背景下,去认识古代赏石活动才能拨云见日,才会把握住文人赏石的真谛。

(二)绘画理论对文人赏石的影响

绘画始终是窥视古代文人赏石的最重要窗口,它甚至比园林还重要。比如,宋代画论家邓椿言:"画者,文之极也。"[238]南朝画家王微言:"岂独运诸指掌,亦以明神降之,此画之情也。"[239]宋代画家郭熙言:"画之致思,须百虑不干,神盘意豁。老杜诗所谓'五日画一水,十日画一石。能事不受相促迫,王宰始肯留真迹',斯言当矣。"[240]宋代画论家郭若虚言:"书画发于情思。"[241]文人赏石同样体现的是文人情思之致,并且,同文人画一样,文人赏石饱含着净化与觉悟。

例如,2020年在河南安阳发现一面石刻画像屏风,就显弥足珍贵(图27)。此屏风出

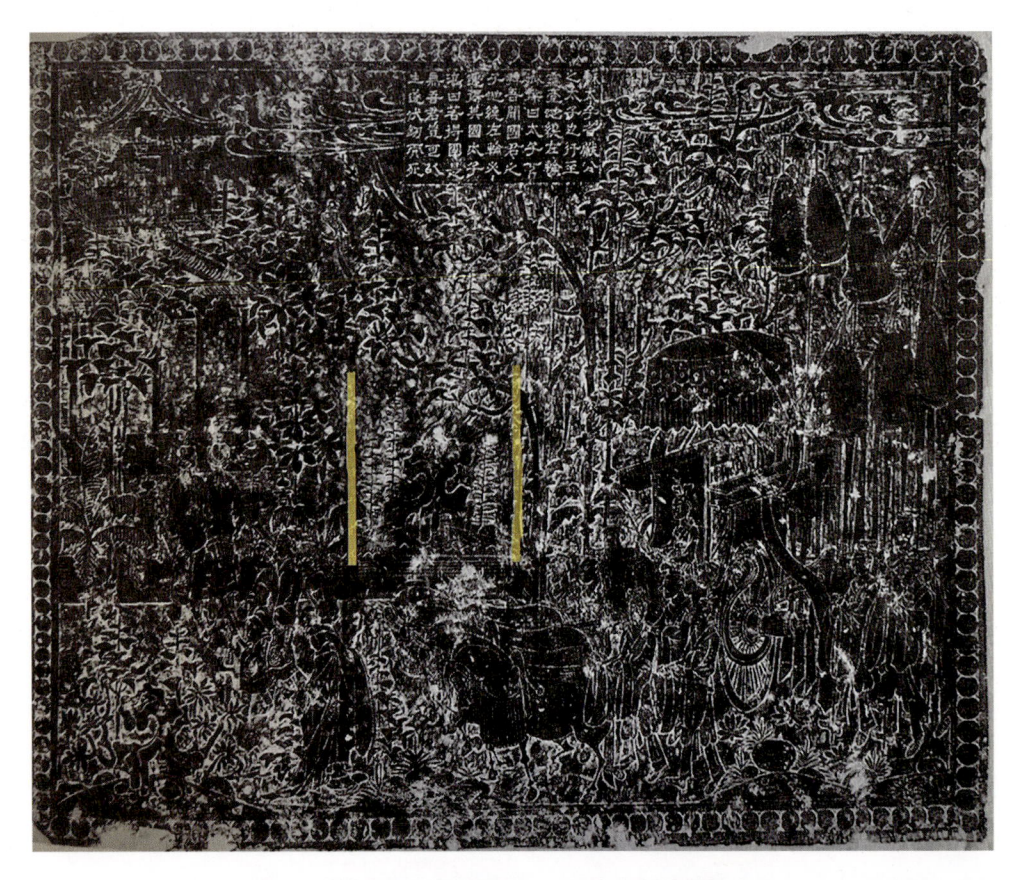

图27 [隋]石刻画像屏风　　河南安阳麴氏墓出土

土于隋开皇十年（公元591年）去世的麴庆和夫人的合葬墓，发现时立在围屏石棺床前方。于此，美国艺术史家巫鸿写道："屏风的前后两面均以阴线雕刻整幅画面，正面图像根据题记可知描绘的是东周时期晋献太子的孝行故事。……但是，麴庆墓石屏上的这幅画展示出以往未曾见过的艺术表现的新局面。画面右下角刻绘仆从拥簇、环以仪仗的驷马高车，左轮上缠绕着一条巨蛇，指示出叙事画的关键情节。太子本人立于车前做致敬沉思状。一簇花草和一尊奇石标志处于他身后的画面前沿，远处则是层层树木、围栏、楼台和流云。"[242]事实上，屏风本于周代之"扆"，春秋时始有屏风之名，见诸史传。

在唐代诗歌中，咏屏障画之诗颇多。唐代始有石屏，其中，有的石屏为人工绘画，有的为天然石画，这当需审慎辨析之。尤其，这种天然

图28 ［明］杜堇 《陶穀赠词图》 大英博物馆

石画的案上石屏可视为文房石的一种。例如，明代画家杜堇所画《陶穀赠词图》，案上石屏即为一幅天然石画（图28）。这种石画既可装之于屏榻几桌之中，又可嵌之于楹联壁匾之上。于此，日本艺术史家大村西崖有着一段详细的描述：

  又有就石之原形，不假雕琢，而成天然之图画者，尤可宝贵，故唐代诗人元微之及僧无闷，有咏"山林石屏"之句，宋欧阳修亦有用"山松石屏"入诗，苏东坡诗亦多"月石风林砚屏"等字，陶穀之《清异录》，亦曾言"玉罗汉石屏"，其名

贵可想见矣。此等石多产于虢州之朱阳县，而明州奉化县之石，亦有寒林烟雾朦胧之状，浓墨点染高林之态。安徽无为军之石屏，亦与此相似。明陈眉公最爱之，常见如董、巨所画之石屏，名曰"江山晓思"。李日华亦有荆、关、董、巨之想，而爱大理石屏，即阮元所称"石画"是也。晚明以来，始见于世，其产地在云南大理府之点苍山，故以名焉。[243]

明代画家董其昌言："士大夫当穷工极妍，师友造化。"[244]明代画家唐寅言："画一树一石，当逸墨撇脱，有士人家风，才多便入画工之流矣。"[245]清代画家戴熙言："物有定形，石无定形。有形者有似，无形者无似，无似何画？画其神耳！"[246]清代画家沈宗骞言："二米（米芾、米友仁）岂大理石屏风哉？何今人之不善学米也。"[247]绘画理论对文人赏石有着重要影响（图29）。准确地说，古代文人赏石的相石之法，有很大部分与画石之法相关，许多证据可以支撑这个论断。

其一，绘画理论与赏石理论有很多相同之处。在绘画理论中，描述奇石的语言通常有透、漏、玲珑、苍润、瘦、皴（皱）、古、巧和拙等。例如，明代画家董其昌言："昔人评石之奇，曰透、曰漏，吾以知画石之诀，亦尽是矣。赵文敏常为飞白石，又常为卷云石，又为马牙钩石，此三种足尽石之变。"[248]明代画家龚贤言："玲珑石宜在水边，近日文、沈图中多画此。玲珑石多置于书屋酒亭旁。大丘大壑中，不宜著此。"[249]清代画家唐岱言："用墨要浓淡相宜，干湿得当，不滞不枯，使石上苍润之气欲吐。"[250]清代画论家周亮工言："北宋人千丘万壑，无一笔不减，元人枯枝瘦石，无一笔不繁。"[251]清代画家沈宗骞言："依石之纹理而为之，谓之皴。皴者皱也，言石之皮多皱也。"[252]清代画家汤贻汾言："石虽同而各境，不徒关小大之形；石既别而殊情，亦不外阴阳之理。故石法虽在乎皴，而不皴亦得

图29　[宋]米友仁　《云山图卷》　美国克利夫兰美术馆

为石。"[253]

其二,画石之法与赏石之法有很多共通的东西——画理与石理相通。以皴法为例,在绘画史上,针对唐代画家张璪有一段记载:"张璪……其画松石,特出古今,能以手握双管,一时齐下,一为生枝,一作枯枝,气傲烟霞,势凌风雨,槎枒之形,鳞皴之状,随意纵横,应手间出。"[254]宋代画家郭若虚曾言:"画山石者……皴淡(描皴并以淡墨晕染)即生窊凸之形,每留素以成云,或借地以为雪,其破墨之功,尤为难也。"[255]其中,文中的"皴淡"指的是用墨之法。明代画家张岱在《绘事发微》中,就单列章节讨论"皴法"。[256]此外,清代画家石涛对"皴法"亦有详尽描述,尽管出于讽意:"或石或土,徒写其石与土,此方隅之皴也,非山川自具之皴也。如山川自具之皴,则有峰名各异,体奇面生,具状不等,故皴法自别。有卷云皴、劈斧皴、披麻皴、解索皴、鬼面皴、骷髅皴、乱柴皴、芝麻皴、金碧皴、玉屑皴、弹窝皴、矾头皴、没骨皴,皆是皴也……"[257]总之,清代画家郑板桥在谈画石之法时言:"……画石亦然,有横块、有竖块、有方块、有圆块、有欹斜侧块。何以入人之目?毕竟有皴法以见层次,有空白以见平整,空白之外又皴,然后大包小,小包大,构成全局,尤在用笔用墨用水之妙,所谓一块元气结而石成矣。"[258]

其三,画石与赏石在精神上亦相通。郑板桥云:"欲学云林画石头,愧他笔墨太轻柔。而今老去心知意,只向精神淡处求。"[259]郑板桥画竹又云:"盖竹之体,瘦劲孤高,枝枝傲雪,节节干霄,有似乎士君子豪气凌云,不为俗屈,故板桥画竹,不特为竹写神,亦为竹写生。瘦劲孤高,是其神也;豪迈凌云,是其生也;依于石而不囿于石,是其节也;落于色相,而不滞于梗概,是其品也。"[260]再如,宋代画家王晋卿的《烟江叠嶂图》,以状方氏庄之太湖石(图30),宋代诗人范成大诗咏道:"太湖嵌根藏洞宫,槎牙石生蘸沦中。波涛投隙漱且啮,岁久缺罅深重重。"[261]

图30 [宋]王晋卿 《烟江叠嶂图》 上海博物馆

其四，画科与画石相互从属。奇石较早就进入画科之中，且多属山水。在画史上，"松石""竹石""荷石""蕉石""柏石"等，一直以来都是文人绘画中的"山水树石"画的主要题材。而"树石"（自然也包含奇石）也成了文人绘画的"山水"的重要科目。例如，唐代画家张彦远在《历代名画记》中，曾提到一位士人拥有公元8世纪画家张璪所作的一套"松石幛"，在士人去世后，其妻将这些画染练为衣里，经抢救后"惟得两幅，双柏一石在焉"。[262] 同时，日本艺术史家大村西崖则记述："中唐画师……道芬高峻，郑町淡雅，项容顽涩，梁洽美秀，吴恬好绘险之顽石，蓊郁之重云，王默师项容，醉后辄以发渍墨而画松石。"[263] 此外，宋代苏轼写有《墨花》诗，其序文写道："世多以墨画山水竹石人物者，未有以画花者也。汴人尹白能之。"[264]

至于绘画的专门分科，唐代始分人物、山水、杂画三种。例如，人物有佛像、仕女、鞍马；山水有松石；杂画有花鸟等。宋代郭若虚则分人物、山水、花鸟、杂画四门。[265] 宋代画论家邓椿在《画继》中，就把219位画家置于仙佛鬼神、人物传写、山水竹石、花竹翎毛、畜兽虫鱼、屋木舟车、蔬果药草和小景杂画八门之内。[266] 总之，画的分科诸说，虽然互有不同，但"树石"多属山水。

其五，画石之法与赏石之法出自同理。例如，皱、漏、瘦、透的奇石形态，多与"线条""点面""水墨"有密切的关系，似乎与中国书画重视线条、点面和水墨的运用，以形成所谓的"肌理"效果有一定程度的联系。诚如园林艺术家陈从周所言："坐对石峰，透漏俱备，而皴法之明快，线条之飞俊，虽静犹动。"[267] 而经历大自然造化的皱、漏、瘦、透的奇石肌理则更入画质，这样的肌理又有着象征或联想的意味。进一步地理解，单纯就"线"的艺术，李泽厚先生曾谈道："中国之所以讲究'线'的艺术，正因为这'线'是生命的运动和运动的生命。因此，中国美学一向重视的不是静态的对象、实体和外貌，而是对象的内在功能、结构和关系；而这种功能、结构和关系，归根到底又来自与被决定于动态的生命。"[268]

其六，画石之法中的经营位置与赏石的摆放亦可相互参照。例如，宋代画家郭熙言："水有流水，石有磐石。水有瀑布，石有怪石。瀑布练飞于林表，怪石常蹲于路隅。"[269] 此外，清代文学家张潮的话语，既可以运用于画石，又适用于摆放石头。他写道："梅边之石宜古，松下之石宜拙，竹旁之石宜瘦，盆内之石宜巧。"[270]

概而言之，画石之法众多，赏石之法亦然。这里，引述日本艺术史家大村西崖所列"写石二十六法"，以便窥见赏石法之斑斓：

飞白：无色用于竹兰之上；云母：中等；山字：大青石；太湖：大黑石；盘陀；石笋：上尖下大；佛座：大石；鬼面、骷髅、狮子：必为大石；卧虎：必为大石；羊肚：白色之小石，立于竹蒲盆中；马牙：勾描；马鞍：半大石；鹅子：小碎石；鹰座：大石；蚰蛤：小石；牡蛎：如云母；虾蟆、弹窝：大石；浆脑：白粉点出之小石，亦置盆上；笔架：如山势；插剑：如细长之剑；坡脚：乱石；灵碑：青黑色，用于仕女竹木之上；勾勒：白描。[271]

清代画家恽格对画石之法与玩石之法的相通，曾作过点题："董宗伯（董其昌）云画石之法，曰瘦、透、漏，看石亦然，即以玩石法画石乃得之。"[272] 总之，从上述所引史料来看，古代相石之法的皱、漏、瘦、透、丑，在宋、明、清三代已经获得广泛的认可。同时，宋、明、清的画家和画论家们通过绘画理论也间接地传播着古代相石之法的精髓。不难理解，中国古代文人赏石所渗透的相石之法，与各主流艺术形式，尤其与文人绘画中的绘画理论相互所借，有着千丝万缕的联系。更准确地说，绘画理论与相石之法在历史上互相渗透、相互影响；绘画与赏石互为表里，彼此补充。两者存在一种互为因果的联动关系。这种具体而微的联动，逐渐发展成为中国赏石文化史里以诗情画意品石的一条核心线索。并且，奇石进入画题，从表面看来是绘画的题材问题，但实际上与古代赏石的风格不可分割，从而构成了中国赏石文化发展史上非常重要的方面。

最后，可以得出两点基本认识：（1）若参照文人绘画来看，文人赏石在审美意义上就并非是完全独立的了。（2）在某种意义上，文人绘画构成了理解文人赏石的审美基础（图31）。

图31 ［五代］卫贤　《梁伯鸾图》
北京故宫博物院

（三）绘画与奇石的题铭

在石头上镌刻文字，周代称之为石文。完整之古物者，则有石鼓。据日本艺术史家大村西崖记述："石鼓在唐时，韩愈辈已考证为有名之物。据多数学者之研究，谓系宣王巡狩岐阳，由史籀作颂纪功者，故又称为'猎碣'云。此种石刻文字，谓之籀文，与古文异体，春秋战国时之铜器款识，间有用此文者。其石之剥泐虽甚，然尚多可识之字。"[273]

诚然，中国古代人也习惯在日用的金属器皿上刻铸文字，或是纪事，或是铭功，或是警诫，被称作"金"。此外，把文字铭刻在碑碣上，或是墓志上，被称作"石"。[274]"金石文字"就是这么演变来的。

本文乃关注的是奇石的题铭，即刻在奇石身上（亦有刻在石头底座之上）的文字。关于在奇石身上镌刻文字的现象，仅列举五则相关的史料记载：

（1）唐代诗人白居易为唐朝宰相牛僧孺写了著名的《太湖石记》散文。文中写道："石有大小……每品有上中下，各刻于石阴：曰牛氏石甲之上，丙之中，乙之下。噫！是石也，千百载后散在天壤之内，转徙隐见，谁复知之？欲使将来与我同好者，睹斯石，览斯文，知公嗜石之自。会昌三年（公元843年）五月癸丑记。"[275]

（2）据《旧唐书·李德裕传》记载："东都于伊阙南置平泉别墅，清流翠篠，树石幽奇。初未仕时，讲学其中。及从官藩服，出将入相，三十年不复重游，而题寄歌诗，皆铭之于石。今有《花木记》《歌诗篇录》二石存焉。"李德裕对自己的石头倍加珍爱，很多奇石上刻有"有道"二字。[276]同时，《唐语林》卷七云："平泉庄周围十余里，台榭百余所，四方奇花异草与松石，靡不置其后。石上皆刻'支遁'二字，后为人取去。……怪石名品甚众，各为洛阳城族有力者取去。有礼星石、狮子石，好事者传玩之（礼星石，纵广一丈，厚尺余，上有斗极之象；狮子石，高三四尺，孔窍千万，递相迤贯，如狮子，首尾眼鼻皆全）。"[277]

（3）宋徽宗在《祥龙石图》里记述："太湖石上生长出一植物，石身刻有'祥龙'二字。"[278]（图32）

（4）宋代苏轼于元祐八年（公元1093年），寻得雪浪石。据国家图书馆藏苏轼《雪浪石盆铭》的清拓本记录："予于中山后圃得黑石，白脉，如蜀孙位、孙知微所画，石间奔流，尽水之变。又得白石曲阳，为大盆以盛之，激水其上，名其室曰雪浪斋云。'尽水之变蜀两孙，与不传者归九原。异哉驳石雪浪翻，石中乃有此理存。玉井芙蓉丈八盆，伏流飞空漱

图32 [宋]宋徽宗 《祥龙石图》 北京故宫博物院

其根。东坡作铭岂多言,四月辛酉绍圣元'。"实际上,苏轼将它镌刻于雪浪石盆的口沿之上,此铭才被后人称为雪浪石盆铭。[279]

(5)国家文物局晋宏逵在丁文父主编的《御苑赏石》里记述:"御花园的赏石中,绛雪轩前木变石(编号御二十)镌刻了乾隆御制诗。此外,在紫禁城御花园的清漪园里,有镌刻乾隆御题'青芝岫'观赏石。"[280]

毋庸赘言,奇石题铭在古代乃是一种可见的现象。如何理解这种现象的发生呢?这是文中所关注的焦点。本文尝试从文人绘画里去找寻几丝线索。

通常,古代文人画以"诗文""书法""绘画"三者合一为宗旨和精粹,三者均出色视为最理想的作品,被称为"三绝"(图33)。这种思想伴随着题画诗文的发展逐渐固定下来。

图33　[明]沈周　《空林积雨图》　北京故宫博物院

对此，日本汉学家青木正儿曾写道："大体对题画诗文进行区分，有画赞、题画诗、题画记、画跋四种。前两者是韵文，后两者是散文。画赞以画像上所题'像赞'为主，包括其他模仿像赞的作品，题画诗则是题写在一般画作上的诗，画赞与题画诗既有画者自题的情况，也有别人为其题写的。题画记是画者自己表明作画的缘起等内容的题记，而画跋是别人在观赏绘画作品时的品评、称扬作品和作者的题跋。这四种之中，画赞是最早产生的，战国时代已经这样做，历经汉魏至六朝时期已经相当盛行；之后兴起的是题画诗，六朝时期渐渐开始，唐代以来非常流行；题画记也是六朝开始可以见到的，唐朝时流行起来，至宋以后达到隆盛；而画跋则是唐朝起可见其端绪，宋代以后成为主流。这些题画诗文都是北宋中期到末期之间，因苏东坡、黄山谷等人的大力提倡而开始兴盛的。""到了明代中叶以后，好事之徒将所见古人名迹中的像赞、题记、题画诗、画跋等抄录编辑以供画迹鉴识之用，称之为书画录。"[281] 日本艺术史家大村西崖亦写道："考古代画家，鲜有自行题跋者，盖工于绘画之士,不尽学人,亦有专门之画工,不解诗文,或书法亦甚拙劣,乃于画成之后,于树间石隙或画隅,作蝇头小字之署名,以便藏拙。自元章、东坡辈以文人而兼画师,于是长篇题跋,如龙点睛,非此不足生色,此又艺苑之创举也。"[282]

顺此逻辑,人们是否可以去猜想,奇石题铭更近似于"印章"呢?事实上,印章为镌刊之一,与书画相关。例如,日本艺术史家大村西崖认为:"斋堂馆阁之印,始于五代,盛行于宋,传于后世。又刻成语于印,为后世玩赏印章之滥觞者,乃贾似道于所藏书画中,押'贤者而后乐之'之印也。作者押印于书画之款识,亦始于宋代,苏、米、徽宗、赵子固等,乃其元祖。东坡之《松竹图》中,有苏轼之印。"[283] 米芾在《书史》中曾言:"画可摹,书可临而不可摹,惟印不可伪作,作者必异。"从而将书、画、印并列为统一的艺术形式。

就赏石活动中的奇石题铭来说,能否把它们与上述的"题画诗文印"相联系,并视为两者随之而出现与兴盛起来的呢?并依此作为对古石的鉴识之用呢?这是一个严肃的学术问题。无论如何,古人喜欢为奇石题铭,既为石之征证,又患其千载寂寥吧!无疑,它从一个侧面反映出古人对古石的重视与喜爱。例如,明代造园家计成曾写道,对于太湖石,园主为自抬声望,附庸风雅,"慕闻虚名,钻求旧石"。[284] 由是,也不难理解今天的人们对古石所追捧的理由了。然而,人们也决不能任性推之,认为奇石上刻有文字,便均是古石之依据了。实际上,古石的鉴赏是一门深奥的学问,涉及对奇石的底座、包浆、款识、石种品类、文人的收藏喜好、文献记载、奇石的传承,以及中国赏石文化的沿革等诸多因素的综合衡量。

综上所述,中国赏石的发生、发展与演变的思想根源和哲学基础,以及赏石与绘画等主流艺术形式间的巧妙结合,勾连耦合,互为补充,互为因果,这些已基本明晰,并经过一些正史等史料的较确切证实,它们为认识古代文人赏石的美学观念奠定了基础。不妨得出如下认识:古代赏石作为文人的艺术活动,尤其作为传统艺术中的艺术,始终与哲学、宗教、园林、文学、诗歌,尤其与文人绘画具有极为密切的关系,故而认识中国赏石艺术的美学方面,必须紧紧围绕它们而进行(图34至图42)。

图34 [宋]米万钟　所绘奇石　私人收藏

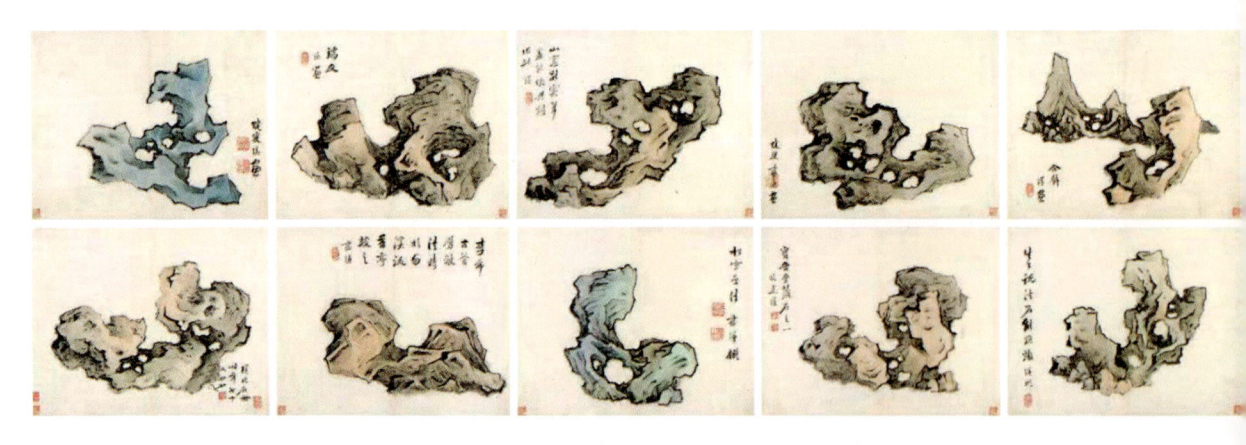

图35 [明]蓝瑛　所绘奇石　私人收藏

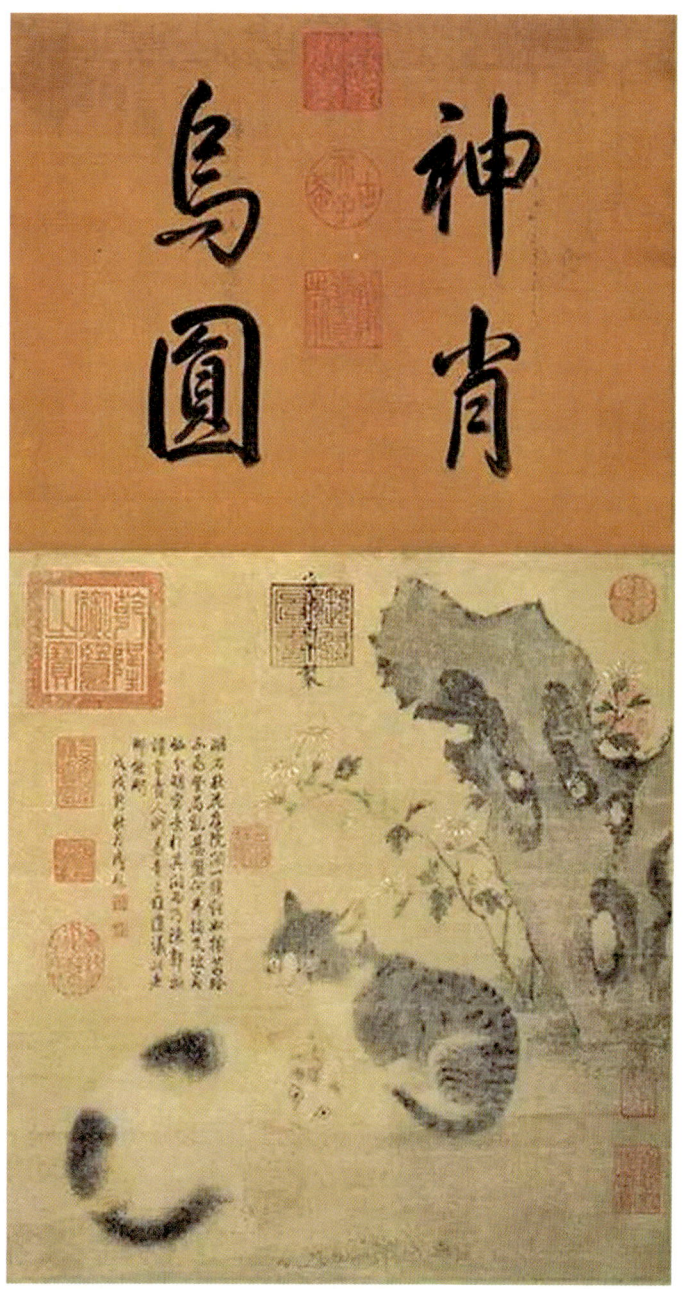

图36 ［宋］蔡肇 《仁寿图》 台北故宫博物院　　图37 ［明］宣宗 《花下狸奴图》 台北故宫博物院

图38 [明]陈洪绶 《荷石图》 台北故宫博物院

图39 [明]徐渭 《蕉石图》 瑞典斯德哥尔摩东方博物馆

图40 [明]文徵明 《古柏图》 美国纳尔逊—阿特金斯美术馆

图41 [明]唐寅 《杂卉烂春图》 台北故宫博物院   图42 [明]陈淳 《榴花湖石图》 私人收藏

第二章　古代文人赏石家的美学观念略述

前一章,把古代"文人雅士和士大夫"作为文人赏石的主体,认识了"文人石"的概貌及渗透的美学思想。这一章乃聚焦于中国古代赏石文化史上的十位重要代表性文人赏石家的赏石美学观念。

古代文人赏石家们被人们所耳熟能详,主要在于他们的文学和艺术成就,赏石仅可视为他们艺术生活的小事,多用来打发无聊时光。然而,文人赏石家们却开辟中国赏石之先河,传承赏石精神于后世,他们的赏石思想多可考据。古代文人赏石家们的赏石思想带有自己原创性的成分,多多少少都反映出一些赏石美学观念。不过,古代文人赏石家们对赏石的许多思想观点,除了极个别的之外,不能认为它们都是严格意义上的赏石理论或学说,绝大部分只能视为赏石观念——毕竟,观念与理论或学说的分量相差甚远。

中国赏石自汉末、魏晋南北朝以降,经久不衰,赏石文化的发展成就以唐、宋为高峰。尤其,唐代以白居易为巨擘,至宋,则以苏轼和米芾为转关,他们三人是中国古代赏石文化史上的关键人物,更堪称中国赏石兴盛时期的卓绝人物。这里言说唐、宋赏石为"高峰",意味着有定性的意味,而定性的主要依据之一就在于这两个朝代的文人赏石家们在赏石理论上的贡献。中国赏石文化的孕育和发展经历了漫长的历史过程,总体上,中国赏石并没有沿着进化论观念演进,而是各社会文化时期的产物,并且,中国古代文人赏石的审美形式与文人赏石家们的思想观念的创造有着紧密的联系。总之,古代赏石作为文人艺术,凝聚于不同的历史和文化语境中,体现了不同文人赏石家们的审美思想,它们是由文人赏石家们各自的人生形态及当时的社会习俗所决定的。只有深入理解那些久负盛名的文人赏石家们,才能够更加深入地理解中国赏石艺术的美学观念,因为人们需要明白,赏石观念本身就是赏石历史事实这个道理。

一　白居易："适意而已"

白居易（公元772—846年），中唐时代诗人，以文章出名，堪称诗文全才（图43）。

图43　[明]陈洪绶　《南生鲁四乐图·白居易像》　瑞士苏黎世瑞特保格博物馆

白居易晚年在《太湖石记》散文里写道：

　　古之达人，皆有所嗜。玄晏先生嗜书，嵇中散嗜琴，靖节先生嗜酒，今丞相奇章公（牛僧孺）嗜石。石无文无声，无臭无味，与三物不同，而公嗜之，何也？众皆怪之，吾独知之。昔故友李生名约有云：苟适吾志，其用则多。诚哉是言，适意而已。公之所嗜，可知之矣。[1]

文中，白居易提出了"适意而已"的赏石理论观念，成为中国古代文人赏石精神的最初先声。而"适意而已"的赏石理论观念的提出，需要人们把它放在中国赏石呈现之初的历史大背景下，才会获得真正的理解。

(一) 中隐思想

作为官僚文人，白居易首创的中隐思想，原本为"闲适"观念在官场上的表述，而不能简单地理解为"避世"思想。事实上，"闲适"的精神宗师，可以追溯到老子、庄子，追溯到道家隐士，比如，"逍遥游"就可视为闲适精神的要义。白居易极有可能是继老庄之后第一个提出"闲适"思想之人。不可忽略的是，他在诗歌的分类中，亦有"闲适诗"之说法。

白居易一生被贬逐两次。第一次是在元和十年（公元815年），因在宰相武元衡遇刺身亡案中越职言事，被贬为江州司马。第二次被贬发生在唐穆宗时期，因上书论政事触怒权贵，被贬为忠州刺史。白居易通过诗歌表达自己被贬的忧郁之情。他曾写道："我从去年辞帝京，谪居卧病浔阳城。浔阳地僻无音乐，终岁不闻丝竹声。住近湓江地低湿，黄芦苦竹绕宅生。其间旦暮闻何物？杜鹃啼血猿哀鸣。春江花朝秋月夜，往往取酒还独倾。"[2] 当白居易被贬谪江州任司马之后，于元和十三年（公元818年），他在《江州司马厅记》里写道：

> ……莅之者，进不课其能，退不殿其不能，才不才一也。若有人蓄器贮用，急于兼济者居之，虽一日不乐。若有人养志忘名，安于独善者处之，虽终身无闷。官不官，系于时也。适不适，在乎人也。江州，左匡庐，右江、湖，土高气清，富有佳境。刺史，守土臣，不可远观游；群吏，执事官，不敢自暇佚。惟司马，绰绰可以从容于山水诗酒间。由是郡南楼、山北楼、水湓亭、百花亭、风篁、石岩、瀑布、庐宫、源潭洞、东西二林寺，泉石松雪，司马尽有之矣。苟有志于吏隐者，舍此官何求焉？[3]

白居易曾言："至于讽谕者，意激而言质；闲适者，思淡而词迂。"[4] 北宋诗人苏轼就极为慕赞白居易的闲适思想，有诗曰："微生偶脱风波地，晚岁犹存铁石心。定是香山老居士，世缘终浅道根深。"[5] 白居易首创的中隐思想，成为中国赏石的思想底色，对中国赏石影响巨大。

(二) "怪且丑"之石丑观念

白居易诗言："苍然二片石，厥状怪且丑。"[6] 白居易赏石之"怪且丑"，虽然为描述太湖石的自然形态所使用,但已经潜在地有了"石丑"的观念。

(三)适意

白居易修佛学。他在诗文中写道:"自从苦学空门法,销尽平生种种心。"[7]"吾学空门非学仙,恐君此说是虚传。海山不是吾归处,归即应归兜率天。"[8]"欲悟色空为佛事,故栽芳树在僧家。细看便是华严偈,方便风开智慧花。"[9]"以心中眼,观心外相。从何而有,从何而丧?观之又观,则辩真妄。"[10]"惟真常在,为妄所蒙。真妄苟辩,觉生其中。不离妄有,而得真空。"[11]"环寺多清流、苍石、短松、瘦竹,寺中惟板屋木器。"[12]

白居易喜欢造园。他有诗言:"天供闲日月,人借好园林。"[13]事实上,白居易的赏石活动与他的园子密切相关,如南园、庐山草堂、东坡园和履道里园池。对此,朱良志先生写道:"元和六年(公元811年),居易因母丧退居陕西下邽的紫兰村,造南园。元和十二年(公元817年),被贬江州司马,建庐山草堂。元和十四年(公元819年),迁忠州刺史,营造东坡园。长庆四年(公元824年),由杭归洛,在洛阳香山营建履道里园池。"[14]

(1)关于池上园,白居易诗中写道:"雇人栽菡萏,买石造潺湲。"[15]"灵鹤怪石,紫菱白莲。皆吾所好,尽在我前。时引一杯,或吟一篇。"[16]

(2)关于履道里园池,白居易诗中写道:"归来嵩洛下,闭户何僩然。静扫林下地,闲疏池畔泉。伊流狭似带,洛石大如拳。谁教明月下,为我声溅溅。"[17]该园里有山客赠送给他的"磐石"。他诗中言:"客从山来,遗我磐石。圆平腻滑,广袤六尺。质凝云白,文拆烟碧,莓苔有斑,麋鹿其迹。置之竹下,风扫露滴。坐待禅僧,眠留醉客。清泠可爱,支体甚适。便是白家,夏天床席。"[18]

(3)白居易曾在官舍内凿一小池,其诗中写道:"帘下开小池,盈盈水方积。中底铺白沙,四隅甃青石。勿言不深广,但取幽人适。"[19]

白居易在中国江南地区有着丰富的人生经历,他的园苑里的奇石有些就是由他亲自带回洛阳的。不难体会,赏石间接地体现了白居易的佛家隐逸心境和造园的审美趣味,正如他在诗歌中所言:"苍然古苔石,清浅平水流。"[20]"莫轻两片青苔石,一夜潺湲直万金。"[21]赏石成了白居易在超然中"适合己意"的自我沉吟,正似《左传》里所言:"愿吾爱之,不吾叛也。"[22]白居易赏石所透出的适意思想,有着超脱性,可谓"适不适,在乎人也"。实际上,"适意"赏石思想有着重要的影响力和传播力,至今仍在影响着赏玩石头的人们。

因此，白居易的《太湖石记》一文，显得非常重要：

> 公为司徒，保厘河洛，治家无珍产，奉身无长物。惟东城置一第，南郭营一墅。精葺宫宇，慎择宾客。道不苟合，居常寡徒。游息之时，与石为伍。石有族聚，太湖为甲，罗浮、天竺之徒次焉。今公之所嗜者甲也。先是，公之僚吏多镇守江湖，知公之心，惟石是好。乃钩深致远，献瑰纳奇。四五年间，累累而至。公于此物，独不谦让。东第南墅，列而置之。富哉石乎，厥状非一。有盘拗秀出如灵丘鲜云者，有端俨挺立如真官神人者，有缜润削成如珪瓒者，有廉棱锐刿如剑戟者。又有如虬如凤，若跧若动；将翔将踊，如鬼如兽；若行若骤，将攫将斗者。风烈雨晦之夕，洞穴开颏，若欲云歔雷，嶷嶷然有可望而畏之者。烟霁景丽之旦，岩㟧霭，若拂岚扑黛，霭霭然有可狎而玩之者。昏晓之交，名状不可。撮要而言，则三山五岳，百洞千壑，覼缕簇缩，尽在其中。百仞一拳，千里一瞬，坐而得之。此其所以为公适意之用也。
>
> 尝与公迫视熟察，相顾而言，岂造物者有意于其间乎？将胚浑凝结，偶然而成功乎？然而自一成不变以来，不知几千万年。或委海隅，或沦湖底，高者仅数仞，重者殆千钧。一旦不鞭而来，无胫而至，争奇骋怪，为公眼中之物。公又待之如宾友，视之如贤哲，重之如宝玉，爱之如儿孙。不知精意有所召也，将尤物有所归耶？孰为而来耶？必有以也。[23]

通过这段文字，不难理解白居易的"适意"赏石思想所透出的对人生的态度。肖鹰先生认为："'闲适人生'确是'兼济天下'的文人士大夫的另一面目，这面目展现为美学，是对功利人生的补充超越——它以超功利的闲情逸致灌注于人生的自由灵动，本质上是一种由我及物、由物及心的'达'——达至人生于世的自然自在。"[24]闲适人生，不是具体的生活原则，但微妙而深刻，启迪心胸开阔的人面对生活的信心，如即便面对空亭，亦能让人产生悠然澹远之心（图44），正可谓"天风起长林，万影弄秋色。幽人期不来，空亭倚萝薜"[25]。

白居易信守的闲适人生哲学所浸入的神闲适意的心境，在一定程度上倾注于对园子和奇石的情感之中，正犹如他在诗中所言："何以销烦暑，端居一院中。眼前无长物，窗下有清风。热散由心静，凉生为室空。此时身自得，难更与人同。"[26]亦犹如明代画家唐寅诗

图44 《望梅亭》 长江石 22×18×8厘米 黄永超藏

所言:"深院料应花似霰,长门愁锁日如年。凭谁对却闲桃李,说与悲欢石上缘。"[27]

(四)等级观念

白居易在《太湖石记》里,显现了他对奇石的等级观念的认识:

> 石有大小,其数四等,以甲、乙、丙、丁品之。每品有上中下,各刻于石阴:曰牛氏石甲之上,丙之中,乙之下。[28]

关于白居易对奇石等级观念的见解，顺延前文所述，尝试从另一个角度切入理解，它是否受到了中国六朝时代和唐代的书论、画论中的品等论的影响呢？比如，日本美学家今道友信就认为："品等论在书法中确立下来，是在六朝时代。随后在画论上也创立了这种评价。它就是六世纪初叶谢赫所写的《古画品录》。""初唐李嗣真的《书后品》，就有居于三品九等之上的'逸品'。又以画论而言，谢赫极高地评价陆探微，写道'极之上'，称其'当推第一等'，近似于暗含超越通常品等的'极上品'之说。"[29]此外，唐代画论家朱景玄在《唐朝名画录》里，将绘画分类为"神、妙、能"，并把王维列于"妙"品，比吴道子低了一个档次。[30]于此，日本艺术史家大村西崖略述道："唐代画品之述作，有沙门彦悰之《后画录》、御史大夫李嗣真之《后画品》、朱景玄之《唐朝名画录》等，相继而出。品画，谢赫有第一品至第六品，李嗣真以上中下之三品，更分上中下为九品，张爱宾仿之，至朱景玄，始分神、妙、能、逸之四品，后世皆袭用之。"[31]这是中国赏石文化史里值得去探讨的品石问题。而对于当代的赏石活动而言，白居易赏石的等级观念，可以理解为观赏石的分层观念，即假如把不同品类的观赏石作为一个整体去看，在相互比较的基础上，观赏石的差别便会显现了。赏石的等级观念启迪今人，对于观赏石的追求不在于数量——那种纯粹对观赏石的数量追求几乎是没有意义的，而重在对观赏石品质的追求，贵在赏石水准的体现，以及对观赏石等级的重视。

总之，白居易的"适意而已"的赏石观念，确可视为中国赏石呈现于汉末、魏晋南北朝的开篇宣言，又可视为古代文人雅士和士大夫们赏石的心灵独白，拥有了深层的隐喻意义。

二　王维："石看三面"

王维（公元701—761年），字摩诘，太原祁人。唐代诗人、音乐家、画家，被赞誉为文人画始祖。

王维曾言："石看三面，路看两头，树看顶头，水看风脚。此是法也。"[32] "山分八面，石有三方，闲云切忌芝草样。"[33]

这是王维的画论。唐代画论家朱景玄言："王维画山水松石，踪似吴生（吴道子），而风致标格特出。"[34]明代画家董其昌言："右丞山水入神品。昔人所评'云峰石色，迥出天机，笔意纵横，参乎造化'，李唐一人而已。"[35]这自然包含王维对石头（奇石）的欣赏。

（一）石头画题

王维的一生，仕途多遇挫折，并不得志，几度思欲退隐。这主要与名相张九龄的被贬和宗室奸相李林甫上台有牵连，又与安禄山之乱等政治环境有关。

王维年少时，就有诗名，十九岁中进士。开元九年（公元721年），王维被贬为济州司仓参军。他在诗中言："井邑傅岩上，客亭云雾间。高城眺落日，极浦映苍山。岸火孤舟宿，渔家夕鸟还。寂寞天地暮，心与广川闲。"[36]年轻的王维对大自然抒发着自己的感怀。在被贬途中，王维诗言："浩然出东林，发我遗世意。惠连素清赏，夙语尘外事。"[37]诗中已经显露王维的"遗世"思想。

张九龄执政后，王维擢右拾遗，历监察御史。天宝末年（公元756年），给事中。累为尚书右丞。王维有高致，信佛理。随着仕途的起落，王维身在朝廷，心在田野，在蓝田辋川购置别业——原属宋之问别圃[38]，游息其中，过着一种亦官亦隐的生活。王维在《辋川集》并序中写道："余别业在辋川山谷，其游止有孟城坳、华子冈、文杏馆、斤竹岭、鹿柴、木兰柴、茱萸泮、宫槐陌、临湖亭、南垞、欹湖、柳浪、栾家濑、金屑泉、白石滩、北垞、竹里馆、辛夷坞、漆园、椒园等，与裴迪闲暇，各赋绝句云尔。"[39]《旧唐书》里的《王维传》则记载："晚年长斋，不衣文彩，得宋之问蓝田别墅，在辋口，辋水周于舍下，别涨竹洲花坞，与道友裴迪浮舟往来，弹琴赋诗，啸咏终日。"[40]

王维的"遗世"思想，使得自己倾心于佛教，或者说因倾心于佛教，才有了"遗世"思想。这是很难辨别的因果关系。总之，王维习佛四十年，对佛教的情愫尤重。《旧唐书》里就记载："在京师日饭十数名僧，以玄谈为乐。斋中无所有，惟茶铛、药臼、经案、绳床而已。退朝之后，焚香独坐，以禅诵为事。"[41]因此，王维的诗文禅意浓重，有着寂静、幽深的境界。比如，"人闲桂花落，夜静春山空。月出惊山鸟，时鸣春涧中。"[42]"泉声咽危石，日色冷青松。"[43]等等，均呈现出佛教的离俗出世思想，体现着一种隐士追求欣赏大自然的雅致。

王维诗言："一生几许伤心事，不向空门何处销。"[44]"不知香积寺，数里入云峰。"[45]"君问穷通理，渔歌入浦深。"[46]人世间不缺悲剧，不缺喜剧，也不缺考验人性的各种社会底色，但人世间总还需要一点别的东西。这种东西是虚无缥缈的，又是令人神往的，如同王维的诗歌一样，虽无声却如诗似画。哲学家牟宗三认为："唐朝时，儒家没有精彩，佛教不相干，剩下两个'能表现大唐盛世，文物灿烂'的因素是英雄与诗，诗靠天才，也是生命。"[47]王维是一位真正伟大的天才，他的伟大体现在诗歌中对社会现实、人性和生命的形而上的考究与超越，也体现在他的美学思想中，正如王维自己在这段记述中所体现的澄明：

雨霁则云收，天碧，薄雾霏微，山添翠润，日近斜晖；早景则千山欲晓，雾霭微微，朦胧残月，气色昏迷；晚景则山衔红日，帆卷江渚，路行人急，半掩柴扉。春景则雾锁烟笼，长烟引素，水如蓝染，山色渐青。夏景则古木蔽天，绿水无波，穿云瀑布，近水幽亭。秋景则天如水色，簇簇幽林，雁鸿秋水，芦鸟沙汀。冬景则借地为雪，樵者负薪，渔舟倚岸，水浅沙平。[48]

王维诗言："宿世谬词客，前身应画师。"[49]宋代诗人苏轼则言："味摩诘之诗，诗中有画；观摩诘之画，画中有诗。其诗曰'蓝溪白石出，玉山红叶稀。山路元无雨，空翠湿人衣'。"[50]均道出了王维诗画的最重要特点。清代画家王原祁就认为："画法与诗文相通，必有书卷气，而后可以言画。右丞诗中有画，画中有诗，唐宋以来悉宗之，若不知其源流，则与贩夫牧竖何异也？"[51]画家徐悲鸿亦认为："直到大诗人王维出世，才建立了新的中国画派，作法以水墨为主，倡'画中有诗，诗中有画'，成为后世文人画的鼻祖，也完全摆脱了印度作风的束缚。"[52]实际上，王维深于禅理，固有如是诗画矣（图45）。

王维的诗作中罕见地呈现出对奇石的描写："画楼吹笛妓，金碗酒家胡。锦石称贞女，青松学大夫。"[53]诗中的"锦石"，据陈铁民先生在《王维集校注》里考证："锦石，谓石之有锦文者。亦用为石之美称。温子昇《捣衣诗》：'长安城中秋夜长，佳人锦石捣流黄。'此言山池中有石，状如贞女峡之贞女。"[54]王维虽然画石与赏石，然则，我仅能够考察到王维画石的史料，远多于赏石的史料记载。于是，值得珍视的就有唐末学者冯贽的记述："王维以黄磁斗贮兰蕙，养以绮石，累年弥盛。"[55]

考察王维年谱可知，王维一生辗转于长安、济州、洛阳、岭南、陕西、南阳郡等地。王维于开元二十九年（公元741年），即王维四十一岁时，隐居于终南山——陕西太白山附近，但时间并不长。[56]陈铁民先生在《王维集校注》里指出："王维的隐居辋川，是一种亦官亦

图45 ［唐］王维（传） 《雪溪图》 台北故宫博物院

隐，而隐居终南时的情况则非如此。为'终日无心长自闲'。"[57]综上所言，王维的生活轨迹基本是在中国的北方，人们能否从中管窥王维赏石活动罕少的原因呢？反之，是否也在间接地印证着中国赏石呈现在中国的江南呢？

无论如何，石头进入画题，在唐代时已经较为普遍。比如，唐代诗人杜甫曾诗言："十日画一水，五日画一石。能事不受相促迫，王宰始肯留真迹。"[58]

（二）整体性欣赏

按照王维的说法，画石之法在于"石看三面""石有三方"。依现在的眼光看，是否蕴含着对奇石的"统一性""整体性"欣赏的领悟呢（图46）？然以一管窥之，不难印证画石

图46 《云岫洞天》　太湖石　66×90×45厘米　祁伟峰藏

与欣赏奇石在源头上不可截然分开。比如,清代画家恽南田曾言:"石谷子(王翚)云:画石欲灵活,忌板刻。用笔飞舞不滞,则灵活矣。"[59]

总之,王维曾言:"妙语不在多言。"[60]王维对赏石的话语只有三两处,但"石看三面""石有三方",却隐含着丰富的赏石美学思想,成了中国赏石美学发展史上的一个重要环节,成了中国赏石与绘画自始就存在紧密联系的最生动注释。

三 苏轼:"石丑而文"

苏轼(公元1037—1101年),北宋诗人、散文家、画家,尤喜谈琴。苏轼因反对新法,导致宋神宗的不满。宋徽宗也曾下诏禁毁其著作(图47)。

宋代罗大经在《鹤林玉露》里写道:

> 东坡赞文与可(文同)梅竹石云:"梅寒而秀,竹瘦而寿,石丑而文,是为三益之友。"[61]

苏轼把梅竹石并称"三益之友",并点题了"石丑而文"。当然,它是有上下文语境的。苏轼在中国赏石文化史上第一次提出了石丑的理论,更精确地说,提出了"石丑而文"的深邃赏石理论思想。而这个赏石理论思想既可视为北宋文官当政的缩影,又可视为中国文人赏石在宋代日臻成熟的体现。

(一)"怪石供"之供石观念

苏轼喜爱佛理,对佛学有极深的修养。他在诗中写道:"《楞严》在床头,妙偈时仰读。返流归照性,独立遗所瞩。"[62] "为闻庐岳多真隐,故就高人断宿攀。已喜禅心无别语,尚嫌剃发有诗斑。异同更莫疑三语,物我终当付八还。到后与君开北户,举头三十六青山。"[63]他在《读坛经》里说道:"近读六祖《坛经》,指说法、报、化三身,使人心开目明。然尚少一喻,试以喻眼:见是法身,能见是报身,所见是化身。……此喻既立,三身愈明。如此是否?"[64]苏轼对于佛教的深刻感知,让他结识了不少遁入空门的朋友。苏轼亦喜欢与道士交往。比如,他在《赠邵道士》里写道:"耳如芭蕉,心如莲花,百节疏通,万窍玲珑。来时一,去时八万四千。此

图47 [元]赵孟頫
《苏东坡小像》
台北故宫博物院

义出《楞严》，世未有知之者也。元符三年（公元1100年）九月二十一日，书赠都峤邵道士。"⁶⁵是故，苏轼有着人生超脱的极高智慧。

苏轼作为书画家，曾创作过包括那幅著名的《枯木怪石图》等绘画。画作凸显了石之怪。据朱良志先生考证：

> 苏轼的绘画在题材上的一个重要特点是，除了间有墨竹之作外，其传世的作品主要为枯木和怪石。今藏于北京故宫博物院的《枯木怪石图》，可以代表其作品的基本面貌。上海博物馆藏《枯木竹石图卷》，后有柯九思、周伯温的题跋，一般也认为是苏轼的作品。这符合画史上对苏轼的记载。画史上多有苏轼好枯木怪石、自成一体的说法。稍晚于苏轼的邓椿在《画继》卷三中将苏轼列在"轩冕才贤"类，说其"所作枯木，枝干虬屈无端倪。石皴亦奇怪，如其胸中盘郁也"。同卷又载："米元章自湖南从事过黄州，初见公，酒酣，贴观音纸壁上，起作两行，枯树、怪石各一，以赠之。"《春渚纪闻》卷七亦载："东坡先生、山谷道人、秦太虚七丈每为人乞书，酒酣笔倦，东坡则多作枯木拳石，以塞人意。"⁶⁶

元代画论家汤垕对苏轼的画作，作了如下评价：

> 东坡先生，文章翰墨，照耀千古，复能留心于墨戏，作墨竹……枢木、奇石，时出新意，……见墨竹凡十四卷，大抵写意，不求形似。⁶⁷

苏轼提出了"怪石供"的赏石思想。一个"供"字，彰显出苏轼的重要赏石美学观念。苏轼被贬黄州后（图48），在《赤壁洞穴》里写道："黄州守居之数百步为赤壁⁶⁸，或言即周瑜破曹公处，不知果是否？断崖壁立，江水深碧，二鹊巢其上，有二蛇，或见之。遇风浪静，辄乘小舟至其下，舍舟登岸，入徐公洞。非有洞穴也，但山崦深邃耳。《图经》云：'是徐邈不知何时人，非魏之徐邈也。'岸多细石，往往有温莹如玉者，深浅红黄之色，或细纹如人手指螺纹也。既数游，得二百七十枚，大者如枣栗，小者如芡实，又得一古铜盆盛之，注水粲然。有一枚如虎豹首，有口鼻眼处，以为群石之长。"⁶⁹文中所述的湖北黄州奇石，应该是长江中上游的雨花石。

图48　[宋]乔仲常　　《后赤壁赋图》　　美国纳尔逊—阿特金斯美术馆

苏轼创作过两篇《怪石供》。《前怪石供》记述了他从黄州齐安江上得各色似玉美石二百九十八枚[70]，盛于古铜盘，以净水注石为供，作为案头摆设。他在该文结尾处写道："使自今以往，山僧野人，欲供禅师，而力不能办衣服饮食卧具者，皆得以净水注石为供，盖自苏子瞻始。时元丰五年（公元1082年）五月，黄州东坡雪堂书。"[71]关于这一点，是否在启示人们，关于供石的赏石思想不仅仅适用于传统石的石种品类呢？

苏轼有诗言："烦君纸上影，照我胸中山。山中亦何有，木老土石顽。""我心空无物，斯文定何间。君看古井水，万象自往还。"[72]奇石不是形而下之器，而是蕴涵着形而上之道，天下奇石并无神功圣化，却使得文人们的心灵荡去尘染，视为心中的圣洁之物，物化在一个浪漫的真实世界里。苏轼把奇石作之供，如水中之镜一样，体现着中国艺术观念中的重要思想。明代书画家李日华即言："色声香味，俱作清供。石丈无心，独我受用。"[73]作为文人的清供，奇石浸有太古之风致，涵有晋唐之意味，散发魏晋之风流，犹如一幅幅文人画一样，展现古拙美和意象美，彰显古代文人赏石家们的高古趣尚以及喜好古雅的习气。

苏轼拥有"仇池石"，还有未曾拥有的心中"壶中九华石"——明代赏石家林有麟在《素园石谱》里记述了"壶中九华"。对于这块奇石的题名，就会让人浮想联翩。朱良志先生说过："在中国艺术家看来，人的心灵也可以说是一个'壶'，世界的无边风云都可以纳入这'壶'中，如八大山人所说的'从来石上云，乍谓壶中起'。山石草木，云卷云舒，都从我心灵的'壶'中而起，故叫作壶纳天地。"[74]唐代诗人杜甫咏王宰所画山水诗句时亦

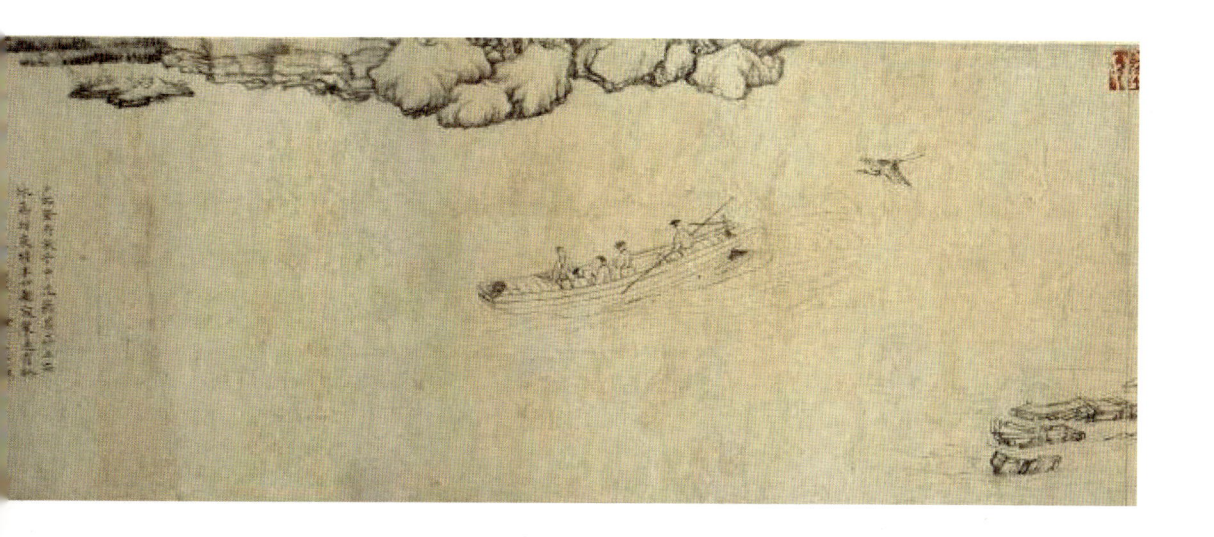

言:"壮哉昆仑方壶图,挂君高堂之素壁。"[75]不难揣测,苏轼为何会为一块顽石咏赋"壶中九华"诗歌了,也让人们体味到今藏于上海博物馆的"小方壶石"题名的真正寓意了。[76]

苏轼创作过《北海十二石记》,文中写道:"登州下临大海,目力所及,沙门、鼍矶、牵牛、大竹、小竹凡五岛。惟沙门最近,兀然焦枯。其余皆紫翠绝,出没涛中。真神仙所宅也。上生石芝、草木皆奇玮,多不识名者。又多美石,五采斑斓,或作金色。熙宁己酉岁,李天章师中为登守,吴子野往从之游。时解贰卿致政退居于登,使人入诸岛取石,得十二株,皆秀色粲然。适有舶在岸下,将转海至潮。子野请于解公,尽得十二石以归,置所居岁寒堂下。近世好事能致石者多矣,未有取北海而置南海者也!元祐八年(公元1093年)八月十五日,东坡居士苏轼记。"[77]

苏轼还对奇石的声音有过思量。他创作了《石钟山记》,载唐代李渤记曰:"得双石于潭上,扣而聆之,南声函胡,北音清越,桴止响腾,余韵徐歇。自以为得之矣。然是说也,余尤疑之。石之铿然有声者,所在皆是也,而此独以钟名,何哉?"[78]苏轼对奇石声音的质疑,难道不正是他自己"内心声音"的自由选择吗?

苏轼写有咏石屏诗歌:"霏霏点轻素,渺渺开重阴。风花乱紫翠,雪外有烟林。雪近势方壮,林远意殊深。会有无事人,支颐识此心。"[79]这首诗盖创作于元祐元年(公元1086年),时黄庭坚在馆中。[80]山谷同赋诗一首:"翠屏临研滴,明窗玩寸阴。意境可千里,摇落江上林。百醉歌舞罢,四郊风雪深。将军貂狐暖,士卒多苦心。"[81]人们可以想象,时49岁的苏轼与41岁的黄庭坚两位好友,面对一块石屏赋诗咏歌的情境。

总之,苏轼的"怪石供"观念,彰显出赏石赏的是"时时一开眼,见此云月眼自明"的淡然[82],"山高月小,水落石出"[83]的开悟,"君看岸边苍石上,古来篙眼如蜂窠。但应此心无所住,造物虽驶如吾何"[84]的感叹,以及"雪沫乳花浮午盏,蓼茸蒿笋试春盘。人间有味是清欢"[85]的喟然(图49)。

图49 [宋]苏轼 《黄州寒食帖》 台北故宫博物院

(二)石丑而文

苏轼有诗言:"天公水墨自奇绝,瘦竹枯松写残月。梦回疏影在东窗,惊怪霜枝连夜发。生成变坏一弹指,乃知造物初无物。"[86]这种诗意的哲学观,可视为苏轼自己对"石丑而文"的生动解释。

从常理上说,人们对新奇事物存在渴望的情绪,必然会导致丑的出现。因而,在生活中有丑的事物,在艺术中有丑的呈现。然则,为什么人们会喜欢一种丑的艺术形象呢?现实中丑的东西,能够变成艺术上的美吗?这是个充满争议的美学问题。例如,法国诗人波德莱尔就认为:"丑恶经过艺术的表现化而为美,带有韵律和节奏的痛苦使精神充满了一种平静的快乐,这是艺术的奇妙特权之一。"[87]在艺术作品中,往往会不受节制地出现一些充满丑与恶、丑与不安的描写或表现。或许,艺术家们不是在肯定它们,而是希望人们通过它们,去反衬现实中的卑下、低贱和丑恶,去追求彼岸的善良、美好和光明吧!

关于"丑",意大利美学家翁贝托·艾柯曾区分过"丑本身""形式之丑""艺术上的丑"三个概念。[88]同时,德国美学家马克斯·德索就认为:"丑是一种基本的审美概念,是其他审美概念中的一种,而主要问题是要把它放在什么位置上。"[89]通常,丑看起来好像是坏的,却会因具有更高的审美价值而优于坏的。总之,当丑在进入文人赏石领域之后,文人赏石家们通过奇石的丑而揭示着丑的本质,而非简单地呈现奇石的丑的自然形态。

苏轼的"石丑而文",既涉及赏石的美丑问题,又涉及赏石的文气之论。苏轼作为文人画的领袖,曾直截了当地提出过反"形似"的绘画理论,比如"论画以形似,见于儿童邻""边鸾雀写生,赵昌花传神"[90]。对此,北宋文人孔武仲曾将苏轼的"枯木怪石"与赵昌的"花鸟"作过比较:"赵昌丹青最细腻,直与春色争豪华。公今好尚何太癖,曾载木车出岷巴。轻肥欲与世为戒,未许木叶胜枯槎。万物流形若泫露,百岁俄惊眼如车。"[91]苏轼的反形似绘画理论一直以来在挥引着文人画的方向。不难理解,苏轼的"石丑而文"的赏石理论思想,乃与他的整体艺术观的反常规倾向基本一致。

从艺术的功能上来理解,在丑的观念中却有着某种积极的东西。在一定程度上,可理解为丑是美的替代物或对立物,而不能简单地视为只是美的反面。[92]比如,宋代诗人黄庭坚即言:"丑石反成妍"[93];明代思想家洪应明亦言:"有妍必有丑为之对"[94]。从这个观点来看,苏轼的石丑而文的赏石理论思想,既是一种审美形态,又是一种审美观念,还是一种精神的产物。因此,苏轼所指的"石丑",并非与"石美"相对应,而是与"而文"相应和。

实际上,在这个世界上,只有文人艺术家才会说出属于人生全体的那个真实,告诉人们一个真实的世界。在这个世界上,除了美好,还有丑恶的存在;除了快乐,还有痛苦的存在;除了和谐,还有罪恶的存在;除了纯洁,还有肮脏的存在;除了真诚,还有欺骗的存在。因此,人们要正视这个平凡的世界。在文学上,法国小说家福楼拜就曾深刻地写道,人生的理想莫过于"和寻常市民一样过生活,和半神人一样用心思"[95]。苏轼几乎用尽一生诠释了它。

仔细考察苏轼创作的枯木怪石画题(图50),以及怪石供等思想,不难发现,苏轼的石"丑",实则包含着石"怪"的含义。关于这一点,在古代画论和画录中,亦不难发现用"怪"来描述石头的言辞,而远多于"奇"。

苏轼的"石丑而文",在一定意义上,反映出中国艺术哲学的深邃思想。犹如苏轼自己所言:"外枯而中膏,似淡而实美""绚烂之极,归于平淡"[96]。同样,叶朗先生说过:"在中国美学史上,人们对于'美'和'丑'的对立,并不看得那么严重,并不看得那么绝对。人们认为,无论是自然物,还是艺术作品,最重要的并不在于'美'或'丑',而在于要有'生意',要表现宇宙的生命力。这种'生意',这种宇宙的生命力,就是'一气运化'。所以,

图50　[宋]苏轼　《枯木怪石图》　北京故宫博物院

在中国古典美学中,'美'与'丑'并不是最高的范畴,而是属于较低层次的范畴。一个自然物、一个艺术品,只要有'生意',只要它充分表现了宇宙一气运化的生命力,那么,丑的东西也可以得到人们的欣赏和喜爱,丑也可以成为美,甚至越丑越美。"[97]此外,艺术史中还有一种观点,认为恐惧才是丑的最深根源。比如,法国哲学家巴尔迪纳·圣吉宏即认为:"形态学上的丑可以被抵消,被不寻常的'优雅'所净化;或通过'惊惧'将其上升到崇高。"[98]苏轼经历过黄州、惠州、儋州的人生颠簸,同大多数文人们一样,使得自己蜕变成了真正的诗人、文学家和画家,进而引发"石丑而文"的畅怀。

德国哲学家康德曾认为:"艺术的特长是能把自然中可憎厌的东西变成美。"[99]用丑来描述事物,在中国文人艺术中并不鲜见。比如,明代画家沈周有诗言:"盛时忽忽到衰时,一一芳枝变丑枝。感旧最关前度客,怆亡休唱后庭词。"[100]不难窥见,"石丑而文"中的"文"字,包含了太多的内涵。正如苏轼在诗中所使用反喻手法表达的:"寂寂东坡一病翁,白须萧散满霜风。小儿误喜朱颜在,一笑那知是酒红。"[101]

许倬云先生曾这样评价苏轼:"一生负盛名,入仕之初,即被社会公认是宰相之材,但仕运不顺,除了一度担任'知制诰'的学士(皇帝的秘书),终生在贬逐之中,甚至,最后远贬琼崖。若在别的朝代,他大可辞职高蹈,像陶渊明一样,不再宦海沉浮。然而,宋代士大夫未有如此的自由。是以,宋代儒生出身的士大夫,虽受空前绝后的优遇,却也是依附政府的豢养。"[102]苏轼在经历了生活的极端苦闷和煎熬后,把自己的智慧与情感融成一片,酿在了对奇石的情感之中,也寓于"丑"的高深之中。这从苏轼对于欧阳修喜爱的一块石屏所题诗中可以获得直接的体会:"何人遗公石屏风,上有水墨希微踪。不画长林与巨植,独画峨嵋山西雪岭上万岁不老之孤松。崖崩涧绝可望不可到,孤烟落日相溟濛。含风偃蹇得真态,刻画始信天有工。我恐毕宏韦偃死葬虢山下,骨可朽烂心难穷。神机巧思无所发,化为烟霏沦石中。古来画师非俗士,摹写物像略与诗人同。愿公作诗慰不遇,无使二子含愤泣幽宫。"[103]对于苏轼的"石丑而文",明代画家董其昌的话语就写得较为深刻:"物有尤物,如人有异人,若夫苏子瞻之仇池,米元章之砚山,可抑其身价,与他山之石等,则相取桓圭衮裳足矣,何必皋、夔?将取长矛大戟足矣,何必韩、白哉?岂直石之不幸而已?米、苏二公,为石兄作卞和泣,意不在石也。"[104]

完全可以说,苏轼的"石丑而文"的赏石理论思想,突显了他对生命困境的超脱,也沾有宿命论的色彩(图51)。正像苏轼自己在诗中所写道的:"缺月挂疏桐,漏断人初静。

图51 《孤禽图》　　长江石　　12×12×6厘米　　王毅高藏

谁见幽人独往来,缥缈孤鸿影。惊起却回头,有恨无人省。拣尽寒枝不肯栖,寂寞沙洲冷。"[105]

从审美层面上看,艺术中的丑,尤为艺术家有意识地所表达。德国美学家马克斯·德索即认为:"一般说来,丑如果突然出现,就会含义深长。所以,倘若艺术家们有意识地提高表达力,他们就必定会从那些感官上的满足和审美方面的愉快转移开来。尤其是当他们要揭示不属于现实世界的领域时,就必须回避美的,而代之以丑的那些无言贫瘠的形式。一切种类的美——严格的形式美、欢快的色彩美、悦耳音乐的和谐美——都是花费了极大的精力去炫耀其外部,所以,就没有任何余力去表现其内部了。人们都认为它们就像这个世界的孩子一样,那是它们的权利,是它们合适的目的。然而,如果艺术家欲表达自己心中深深的思念,表现内心最深处、最属于精神的东西,那么,丑与优雅一起便提供了表达的合适方式。"[106] 之所以引用这段长话,除了它有利于更加深入地理解作为文人艺术家苏轼的"石丑而文"赏石理论思想的深层根源以外,主要意图乃在于,它能够使人们联想到后文将要论述的米芾的相石之法"皱、漏、瘦、透"的某种合理性,使人们洞悉到"丑"出现于中国赏石文化史中所拥有的深邃美学意义。

苏轼的"怪石供"和"石丑而文"的赏石理论思想,使得"供""丑""文"在赏石领域里享有了至高的地位,代表了文人赏石家们对赏石的深沉思考,吐露了古代文人赏石的精髓,点题了中国赏石艺术精神。这对于中国赏石艺术有无量的启发,无声地引发赏玩石头人们心灵的涤荡。因此,苏轼堪称中国古代文人赏石精神世界里最早、最亮的那盏明灯了。

四 黄庭坚:"文石"

黄庭坚(公元1045—1105年),号山谷道人。北宋诗人、书画家,位居"苏门四学士"之首。

黄庭坚提出了"文石"概念。黄庭坚于宋哲宗绍圣四年(公元1097年)途经四川泸州时,获得知州王献可赠送的江石一枚,他即兴创作了《戏答王居士送文石》诗歌:

南极一星天九秋,自埋光影落江流。是公至乐山中物,乞与衰翁似暗投。"[107]

北宋文人任渊在《山谷诗集注》里,对此诗作注:"按《晋书·天文志》曰:老人一星在弧南,一曰南极,常以秋分之旦见于景,春分之夕而没于丁。此借用,以言星陨为石也。《文选》谢灵运诗言:心契九秋干。李善注引古乐府,有历九秋妾薄相行。"[108]可见,"文石"名称的出现已有千年历史了。

(一)"文石"概念

黄庭坚与苏轼终生交好,二人并称"苏黄"。黄庭坚诗中言:"老来抱璞向涪翁,东坡元是知音者。"[109]在苏轼病逝后,黄庭坚仍托物思人,情感至深。他曾在一首超长的诗序中写道:"湖口人李正臣蓄异石九峰,东坡先生名曰'壶中九华',并为作诗,后八年自海外归湖口,石已为好事者所取,乃和前篇以为笑,实建中靖国元年四月十六日,明年当崇宁之元五月二十日,庭坚系舟湖口,李正臣持此诗来,石既不可复见,东坡亦下世矣,感叹不足,因次前韵。有人夜半持山去,顿觉浮岚暖翠空。试问安排华屋处,何如零落乱云中。能回赵璧人安在,已入南柯梦不通。赖有霜钟难席卷,袖椎来听响玲珑。"[110]

黄庭坚深悟禅道。他有诗言:"八方去求道,渺渺困多蹊。归来坐虚室,夕阳在吾西。"[111]他深爱赏石,其诗中写道:"子瞻画丛竹怪石,伯时增前坡牧儿骑牛,甚有意态,戏咏。野次小峥嵘,幽篁相倚绿。阿童三尺棰,御此老觳觫。石吾甚爱之,勿遣牛砺角。牛砺角尚可,牛斗残我竹。"[112]"山阿有人著薜荔,庭下缚虎眠莓苔。手磨心语知许事,曾见汉唐池馆来。"[113]"造物成形妙画工,地形咫尺远连空,蛟鼍出没三万顷,云雨纵横十二峰。清坐使人无俗气,闲来当暑起清风。诸山落木萧萧夜,醉梦江湖一叶中。"[114]

黄庭坚曾接受过黄友益赠送的石屏——石画。石画在古代河南虢山、浙江奉化、安徽无为和云南大理点苍山有产。其诗中言:"石似沧江落日明,鸬鹚乌鹊满沙汀。小儿骨相能文字,乞与斑斑作研屏。"[115]值得指出的是,诗题中的"四弟"指的是黄友益——字益修,侍御史昭之第三子。[116]黄庭坚为他写过约两首五言诗:"霜晚菊未花,节物亦可嘉。欣欣登高侣,畏雨占暮霞。"[117]"令节不把酒,新诗徒拜嘉。颇忆宋玉赋,登高气成霞。"[118]黄庭坚的赏石逸事,似乎在告诉人们,古代赏玩石头的著名文人雅士甚多,这需要深入到史料中去挖掘,正如这位黄友益一样。

　　黄庭坚在诗歌中数次提及"石友"一词。比如,"省中岑寂坐云窗,忽有归鸿拂建章。珍重多情惟石友,琢磨佳句问潜郎。"[119] "将发沔鄂间,尽醉竹林酒。二三石友辈,未肯弃老朽。"[120] "春风春雨花经眼,江北江南水拍天。欲解铜章行问道,定知石友许忘年。"[121] "垂空青幕六,一一排风开。石友常思我,预知子能来。"[122] 不难看出,诗歌中"珍重多情惟石友""二三石友辈""定知石友许忘年""石友常思我",间接地道出了黄庭坚对文石的理解。此外,明代画家陈继儒曾言:"怪石为实友,名琴为和友,好书为益友,奇画为观友。"[123] 无论是以奇石为友,还是以赏石人为友,"石友"在社会生活中是个多么美妙的称呼啊!

　　黄庭坚的一生与四川有着重要交集。据刘尚荣在《黄庭坚诗集注》里考证:"黄庭坚于绍圣二年(公元1095年)以元祐党人贬涪州(今四川涪陵)别驾,黔州(今四川彭水)安置;后移戎州(今四川宜宾)。"[124] 有理由去推测,前引黄庭坚诗歌中的"文石",极可能是长江画面石。黄庭坚的"文石"概念,成了中国古代赏石的点题之述。[125] 清代画家吴历曾言:"文以达吾心。"[126] 唐代诗人白居易亦言,石以"适吾意"。由此可见,文人墨客和帝侯将相们长久以来在开创与传承着文人赏石的文脉(图52),"文石"也在统领着中国赏石艺术的审美精神。

图52　[明]沈周　《湖石芭蕉图》　青岛市博物馆

(二)赏石迈入文人艺术范畴

黄庭坚的"文石"概念,称得上中国赏石文化史上非常罕见的创造。黄庭坚诗言:"胸中明玉石,仕路困风沙。尚有平生酒,秋原洒菊花。"[127] "文石"可视作观念性的,它为古代赏石迈入文人艺术范畴留下了鲜明印迹,此足见黄庭坚的睿智与卓见(图53)。

图53 《绣花鞋》　玛瑙　6×3×2厘米　李国树藏

总之,"文石"对于理解中国赏石的美学性质提供了根本认识,深有思致在焉。古代赏石作为文人艺术,尤其观念艺术,而文人画和文人石才是理解中国赏石艺术的审美思想的两把乖巧的钥匙(图54)。

图54 《秋荷图》 长江石 27×22×16厘米 曹天友藏

五 米芾:"皱、漏、瘦、透"

米芾(公元1051—1107年),字元章。北宋书画家,尤以能书闻名,喜蓄书画,米芾的书画深受宋徽宗喜爱,并言米南宫不拘礼法,破格遇之。时有"米颠"之称(图55)。

米芾在中国赏石文化史上堪称最著名的文人赏石家,乃因他提出了"相石四法"的赏石审美理论学说。[128]关于米芾的相石之法,最早、最可信的史料记载如下:

(1)宋代渔阳公在《渔阳公石谱》里记述:

　　元章相石之法有四语焉,曰秀、曰瘦、曰雅、曰透,四者虽不能尽石之美,亦庶几云。[129]

(2)清代郑板桥在《题画·石》跋中写道:

　　米元章论石,曰瘦、曰绉(通皱)、曰漏、曰透,可谓尽石之妙矣。东坡又曰:"石文而丑。"[130]一丑字则石之千态万状,皆从此出。彼元章但知好之为好,而不知陋劣之中有至好也。东坡胸次,其造化之炉冶乎![131]

(一)"皱、漏、瘦、透"之赏石审美学说

米芾有自己的研山园,园中有海岳庵、宜之堂、抱云坐、小万有、鹏云万里楼和映览等诸景。明代史学家张岱在《夜航船》里,叙述有关"宝玩部"的"玩器"内容时,记述了米芾的一桩趣事:

图55 [明]陈洪绶 《米芾拜石图》
　　　　　　　　　　　　　　　　私人收藏

　　灵壁石:米元章守涟水,地接灵壁[132],蓄石甚富,一一品目,入玩则终日不出。杨次公为廉访,规之曰:"朝廷以千里郡付公,那得终日弄石!"米径前,于左袖中取一石,嵌空玲珑,峰峦洞穴皆具,色极青润,宛转翻落,以云杨曰:"此石何如?"杨殊不顾。乃纳之袖,又出一石,叠峰层峦,奇巧又胜,又纳之袖。最后出一石,尽天画神镂之巧,顾杨曰:"如此那得不爱?"杨忽曰:"非独公爱,我亦爱也!"即就米手攫得之,径登车去。[133]

米芾在中国赏石文化史上提出了最重要的"皱、漏、瘦、透"的"相石之法"。然而,米

芾为何把人们俗说的赏石称为"相石"呢？这恐怕与当时谈论绘画的使用语相关。比如，宋代画家郭熙在《林泉高致》里言："画亦有相法，李成子孙昌盛，其山脚地面皆浑厚阔大，上秀而下丰，人之有后之相也。非必论相，兼理当如此故也。"[134]

本书把米芾的皱、漏、瘦、透的相石之法的表述，定性为赏石审美理论学说，原因乃在于，他发现了当时流行的奇石（今人所谓的传统石）的共同特征，并借以皱、漏、瘦、透欣赏之。然而，米芾并没有解释过这个赏石审美学说，这也间接影响了它发挥"学说"的功能，但却并未使其历史影响力减色；反之，也不能够因为米芾没有解释过自己的赏石审美学说，就推论"皱、漏、瘦、透"并非由米芾所提出。

米芾的赏石审美理论学说，几乎成了主宰中国赏石历史的整条主线，影响着中国赏石艺术的发展进程。可以认为，米芾是决定千余年来中国赏石精神的关键人物之一，或仅次于东坡矣。米芾的赏石审美理论学说从诞生至今，乃至对未来中国赏石艺术及赏石艺术美学的发展都会产生极为重要的影响。

其实，早在米芾提出皱、漏、瘦、透的相石之法之前，对皱、漏、瘦、透的奇石形态的描述，前朝已经出现了。例如：

（1）唐代宰相牛僧孺在诗中写道："胚浑何时结，嵌空此日成。掀蹲龙虎斗，挟怪鬼神惊。带雨新水静，轻敲碎玉鸣。㩙叉锋刃簇，缕络钓丝萦。近水摇奇冷，依松助澹清。通身鳞甲隐，透穴洞天明。丑凸隆胡准，深凹刻兕觥。"[135]

（2）唐代画论家张彦远在描绘唐代以前山水画时，写道："群峰之势，若钿饰，犀栉，或水不容泛，或人大于山。""石则务于雕透，如冰澌斧刃；绘树则刷脉镂叶，多栖梧宛柳，功倍愈拙，不胜其色。"[136]

（3）稍年长米芾六岁的黄庭坚在诗中言："松含风雨石骨瘦，法窟寂寥僧定时。李侯有句不肯吐，淡墨写出无声诗。"[137]"霜落瘦石骨，水涨腐溪毛。"[138]这里稍微引申一下，诗中"石骨瘦"与"寂寥僧"并用，可以显见古代文人赏石的皱、漏、瘦、透、丑，本以象征性来加以理解。这自然要建立在对诗歌本身的领悟基础之上。

如何来理解米芾提出的皱、漏、瘦、透的赏石审美理论学说呢？

朱良志先生认为："宋代文人画就带有某种'排斥情感因素'……"[139]画家徐悲鸿则认为："米芾的画，烟云幻变，点染自然，无须勾描轮廓，不啻法国近代印象主义的作品。而米芾生在公元11世纪，即已有此创见，早于欧洲印象派的产生达几百年，也可以算得奇迹了。"[140]奇石的皱、漏、瘦、透，其参差多态，本可以用一个"怪"字来形容，奇石往往又称为"怪石",也算自然的事情。事实上,翻阅古代画论等文献,会发现"怪石"之谓,倒多于"奇石",而"怪"又是中国文人艺术(尤其文人绘画)的一种超越形式的方式,因为它不可重复,不可比较,并且超出常规。

米芾所提出的皱、漏、瘦、透,既是一种赏石的形式论,又是一种赏石审美论。其中的类似解释,可以借由圣·托马斯的话说:"美实际上属形式因。"[141]因此,人们对米芾的赏石审美理论学说的注意力,必须从表面的形式转向内在意义的关注之上,因其审美意义不在于图解式的东西,而在于体现了一种反叛关系。这里的反叛关系,有着两层含义:(1)返回自然,与社会疏离。(2)回归自我,与自己和解。这种双重反叛关系,均隐藏在奇石的皱、漏、瘦、透的自然形态中,并在这种赏石的形式诱发下,引发人们对赏石审美的形而上思考。这就像意大利哲学家佩雷逊所说:"形式及其概念,都是由积极的智力活动所发现,都是沉思的对象。"[142]

奇石的皱、漏、瘦、透,表达出古代文人赏石是一种抽象的艺术。或许在米芾的心里,最抽象的艺术可能是最高尚的艺术,犹如他创作的山水画一样。这就似唐代诗人李白的诗所言:"我欲因之梦吴越,一夜飞度镜湖月。湖月照我影。送我至剡溪。""半壁见海日,空中闻天鸡。千岩万转路不定,迷花倚石忽已暝。"[143]那些拥有皱、漏、瘦、透形态的奇石,可以使人神游其间,也在契合中国哲学"以空纳有"的深刻思想。这就正如古代思想家庄子所言:"乘天地之正,而御六气之辩,以游无穷"[144]"上与造物者游"[145]"浮游,不知所求"[146],从而实现精神上的自由超脱。

米芾的相石之法呈现出的模棱两可及闪烁不定的言辞,或许是有意为之,而以举重若轻的叙述,诱导人们去推敲其言下之意吧。奇石作为一种空间艺术元素,若进一步地论及奇石的皱、漏、瘦、透,其中的"漏""透",倒有着"通孔"的意味,似乎透过"圆圈"的形式在显现。化用哲学语言来表述,通孔往往是限制,通过这个限制却表现出一个观念,又因为观念具有普遍性,也就能从限制中见出了无限和真实;圆圈则是代表周而复始的图形,周而复始又是自然界中至为普遍的形式。总之,"通孔"表现的是原理。德国哲学家叔本华曾经表达过类似的洞察:"自然界的一切都是一个周而复始的过程,从天体的运转一直到生物体的死生都是如此。在永不休止、囊括一切的时间长河中,某一持续的存在,亦即大自然,也只有以此方式才得以成为可能。"[147]还可以揣测,它们极可能与"墙"为古代园林里不可或缺的事物密切相关,因为"漏""透"都需要背景作映衬。至于其中的"瘦",宋代文学家苏辙有诗言:"溪深龟鱼骄,石瘦椿楠劲。借子木兰船,宽我芒鞋病。"[148]同时,明代思想家洪应明有言："莺花茂而山浓谷艳，总是乾坤之幻境；水木落而石瘦崖枯，才见天地之真吾"[149]，它们可以算是注脚了。同时，这个"瘦"字，是否与中国古代的书法相关呢？这个猜测也不无道理，乃因中国书法是一种崇尚"瘦"的艺术。终究，还是清代文学家李渔写得深刻："言山石之美者，俱在透、漏、瘦三字；此通于彼，彼通于此，若有路可行，所谓透也；石上有眼，四面玲珑，所谓漏也；壁立当空，孤峙无倚，所谓瘦也。"[150] 而对于"皱"的理解，实则更多地与绘画中的石头画题相关。通常，"皱"外指石皮之皱，内指阴阳之理，它更加符合中国水墨画的用墨之法，突显石之老境。譬如，清代造园家张涟即有言："学画……久之，而悟曰：画之皱涩向背，独不可通之为叠石乎，画之起伏波折，独不可通之为堆土乎。"[151]

总之，奇石的皱、漏、瘦、透，顽强地显示自身，似乎又有着一种令人不满的欠缺，从而要求克服某种障碍，也就会让人产生一种希求，从而达到某种满足，令人们的精神超越真实的世界，使得人们沐浴在绝对存在之光的自由状态，呈现出一种纯粹的形式美（图56）。

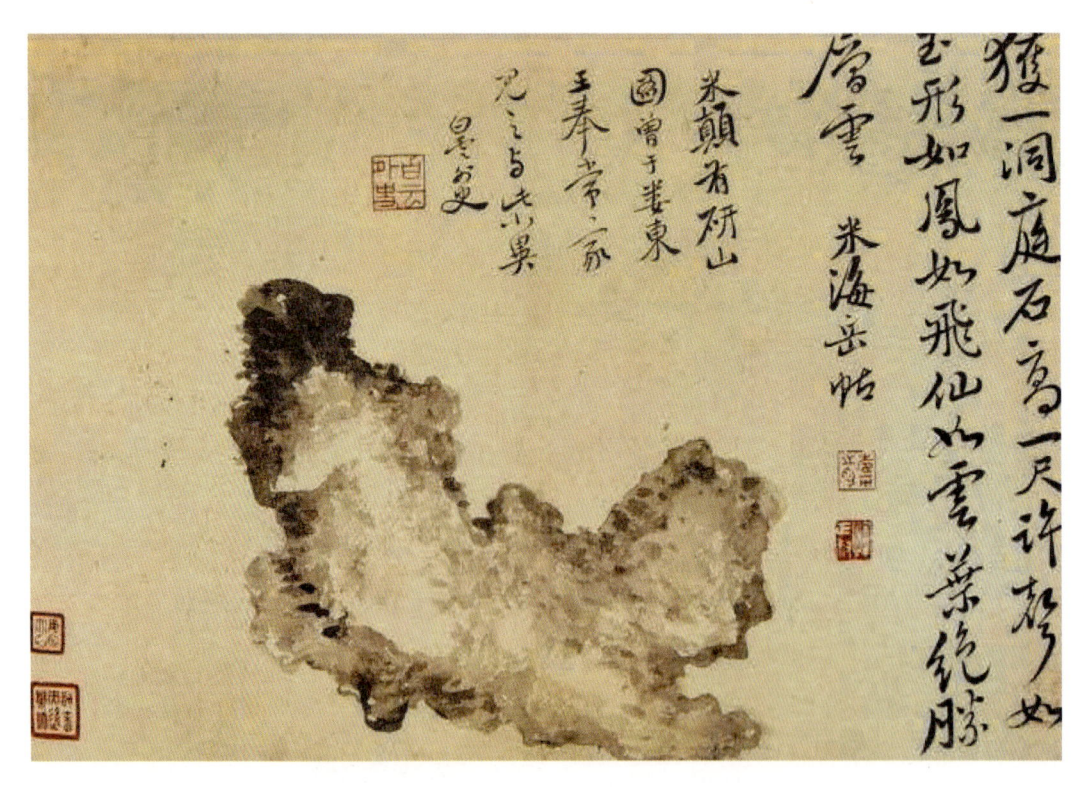

图56 ［清］恽南田 《砚山石图》 私人收藏

(二)"皱、漏、瘦、透"源于何石种?

米芾所提出的皱、漏、瘦、透的赏石审美理论学说,究竟是依据什么石种提炼出来的呢?

前文已述,米芾与苏轼在黄州初相识。"米元章自湖南从事过黄州,初见公(苏轼),酒酣,贴观音纸壁上,起作两行,枯树、怪石各一,以赠之。"[152] 米芾与苏轼在杭州也有过交集,英国艺术史家苏立文写道:"公元1081年,米芾在杭州结识苏东坡,他们常常彻夜长谈,身边堆满了纸卷和酒坛,兴之所至,奋笔疾书,一夜下来作品无数,以至于磨墨的书童忍不住困倦打盹。"[153] 他俩是否一起谈及如何赏玩石头,便不得而知了。

明代史学家张岱曾记述:"米元章守涟水,地接灵壁,蓄石甚富,一一品目,入玩则终日不出。"[154] 米芾晚年定居润州(今江苏镇江)。宋代文学家赵希鹄记述:"米南宫多游江湖间,每卜居,必据山水明秀处。其初本不能作画,后以目所见,日渐摹仿之,遂得天趣。"[155] 明代画家董其昌则言:"米南宫,襄阳人,自言从潇湘得画境,已隐京口南徐。江上诸山,绝类三湘奇境。"[156] 想必,米芾只有在风景迷人的江南镇江,才创作出有自己独特艺术风格的米家山水,亦如宋代词人辛弃疾所言:"何处望神州,满眼风光北固楼。"[157](图57)关于这一点,米芾似乎也有自述,他在《画史》中曾这样评价董源的绘画风

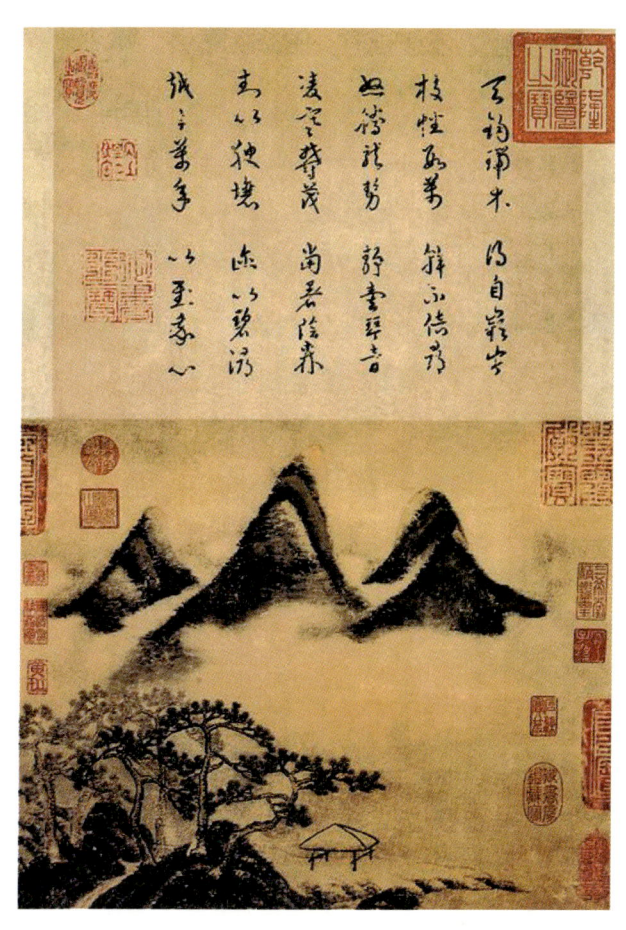

图57 [宋]米芾(传) 《春山瑞松图》
台北故宫博物院

格:"董源平淡天真多,唐无此品,在毕宏上,近世神品,格高无与比也。峰峦出没,云雾显晦,不装巧趣,皆得天真。岚色郁苍,枝干劲挺,咸有生意。溪桥渔浦,洲渚掩映,一片江南也。"[158]

可以合理地推测,依照现在对传统石资源的占有,以及对它们的认识,米芾的皱、漏、瘦、透的相石之法,主要依靠的是太湖石、英石、灵璧石等传统石种而提炼出来的,因为任何单一的传统石种在外表自然形态上,都不具备皱、漏、瘦、透的整一性特征——事实上,不同石种的审美特征不能够完全统一,甚至还会相互排斥。对此,建筑家童寯即认为:"顽石有一奇即可入画,兼数美者,如太湖石之透、漏,英石之瘦、皱,尤为可贵。"[159]反过来说,常言的"四大传统石"因具有共同的自然形态,并且有特定的规律可循,更加符合米芾提出的相石之法。总之,这或许与米芾在中国江南盛产传统石地区的生活经历、绘画艺术创作及赏石雅好密切相关。那么,这是否又可以表明,古代赏石的皱、漏、瘦、透,既取决于真宰,又取决于欣赏者呢?

无论如何,理解传统石的皱、漏、瘦、透的相石之法,除了所蕴含的哲学、美学和精神因素之外,不能忽视它们当时的栖息环境——园林和宫苑,而这种具有空间形态的奇石适宜于远观。更准确地说,米芾提出的皱、漏、瘦、透的相石之法与传统石是有机共生的,倘若把它们机械地套用在所有品类石种的赏玩之中,就会水土不服。这就如同英国文学家柯勒律治所持的观点:"在我们将预定的形式强加在任何给定的材料之上,而非必然来自材料的属性时,形式就是机械的……与此不同,有机形式是天生的;它在自身从内部发展时形成,并且,它的发展的完满与外在形式的完善是一回事。"[160]

最后,有必要提及米芾的文房石"宝晋斋砚山"和"海岳庵砚山",此二砚山图形至今犹传。二砚山早年为南唐李煜所拥有,后归米芾。实际上,此二砚山为李后主命歙州砚官李少微所制作,为尾石砚,以供文房之清玩。但必须指出的是,砚山或砚台并非严格意义上的"奇石",这在研究古代赏石时是需要厘清的。

(三)相石四法抑或相石六法?

至于古代相石法表述之差异,即"秀、雅、瘦、透"与"皱、漏、瘦、透"的说辞之不同,已经成为中国古代赏石的一桩公案。[161]那么,米芾究竟是提出了合并同类项式的"皱、漏、瘦、透、雅、秀"的相石六法,还是人们惯常认为的"皱、漏、瘦、透"的相石四法呢?对于这个假想,还需要赏石史料进一步证实。

凭常理推测，米芾之所以能够提出皱、漏、瘦、透的相石四法，恐怕有如下缘由：（1）米芾对赏石痴迷，曾对奇石称"兄"道"丈"，乃至被人称为"米癫"。反之，诚如清代文学家张潮所言："石以米颠为知己。""一与之订，千秋不移。"[162]（2）米芾拥有丰富的江南人生经历，使得他有机会接触到今人所说的传统石，尤其太湖石、灵璧石和英石等。（3）米芾对诗书画的精通和蓄藏的喜好与相石之法的提出密切相关。众所周知，米芾在宋徽宗朝曾任书画学博士——"博士"在古代是官名，战国时期就有。[163]同时，米芾著有《画史》，还是宋代文人画的领袖之一，并且，他的山水画尤以描绘枯木竹石为特色。更不可忽视的是，古代文人们对赏石的认识多来自诗歌和绘画。因此，米芾的相石之法极可能是在众多诗书画的知识素材中，兼容并蓄，加以体悟而提炼出的结果。然而，米芾的相石之法究竟有多少成分来源于诗书画，也着实是一件无法确切判明的事情，但却极大地引发人们去反思，相石之法与宋代山水画中究竟有多少意涵的契合之处？

米芾提炼出了古典赏石的审美形式，这种审美形式本质上可理解为人化了的自然的情感形式。毫不夸张地说，米芾的赏石审美理论学说，几乎形成了对古典赏石的绝对统治地位，但它却仅仅局限于特定的石种范围之内。

六　宋徽宗："天道观念"

宋徽宗（在位时间公元1101—1125年），北宋第八位皇帝，因崇奉道教，被称为"道君皇帝"。宋徽宗在书法、绘画和诗歌等方面，给世人留下深刻印象。在中国赏石文化史上，宋徽宗的名字与御苑赏石密不可分。

公元1122年，宋徽宗写了一篇文章以纪念艮岳的建成。南宋史学家王明清的《挥麈后录》卷二有如下记述：

朕万机之余，徐步一到，不知崇高贵富之荣，而膝山赴壑，穷深探险，绿叶朱苞，华阁飞升，玩心怿志，与神合契，遂忘尘俗之缤纷，而飘然有凌云之志，终可乐也。

(一) 天启与御苑赏石

奇石作为大自然的原始符号,不同赏玩群体的审美情趣决定其形相取向,并且与它们所处环境也息息相关。明代造园家计成言:"掇石须知占天。"[164]帝侯们的御苑赏石追求奇石的寓意吉祥,强调与整个御苑环境相协调,以呈现敦厚中和的情调,更要符合上天的意志。同时,古代赏石的皱、漏、瘦、透、丑,单纯从这些形态看可能是另类的,而一旦把它们安放在整个园林文化的系统中去考察,就拥有了某种特定的审美意义。意大利文艺复兴诗人但丁的下列诗句,几乎蕴涵了类似的逻辑:

> 无论什么事物相互间
> 皆遵循着一种秩序;
> 这种秩序就是
> 使宇宙和上帝相似的形式。
>
> ——但丁:《神曲·天堂篇》[165]

帝侯们的御苑赏石颇有几分神秘天启的蕴意。然则,与其说它们拥有神秘的性质,倒不如说具有宗教的性质。比如,德国哲学家黑格尔就认为:"中国人有一个国家的宗教,这就是皇帝的宗教、士大夫的宗教。这个宗教尊敬以天为最高的力量,特别与以隆重的仪式庆祝一年的季节的典礼相联系。可以说,这种自然宗教的特点是这样的:皇帝居最高的地位,为自然的主宰,举凡一切与自然力量有关联的事物,都是从他出发。"[166]同时,章太炎先生认为:"祀天地社稷,古代人君确是遵行;然自天子以下,就没有与祭的身分。"[167]因此,帝侯们的御苑赏石追求奇石的寓意吉祥就完全可以理解了。这种寓意吉祥尤其与皇权有着关联,这从许多文学作品中可窥见一斑。例如,《易传》在阐释乾卦时,数次提到了龙的形象,"飞龙在天""入于渊""见于田"。[168]宋代诗人黄庭坚则诗言:"风枝雨叶瘠土竹,龙蹲虎踞苍藓石。"[169]唐代诗人李白亦诗言:"龙蟠虎踞帝王州。"[170]事实上,在中国传统文化里,龙腾云驾雾的出现是天降祥瑞,象征风调雨顺,预示着繁荣和福祉,这背后有着更深的寓意,正像清代文学家张潮所说的:"蛟、龙、麟、凤之属,近于儒者也。"[171]反之,祥瑞图腾自然成了帝侯们追求赋予奇石理想形相的某种意象(图58)。

图58 《龙首》 灵璧石 18×15×38厘米 周磊藏

  奇石蕴含天地造化，彰显神秘中的神秘，含藏力量中的力量。德国哲学家黑格尔曾认为："我们发现在东方艺术起源时，精神还不是独立自由的，而是还要从自然事物中去找绝对，因此把自然事物本身看作具有神性的。"[172]这是黑格尔从艺术的观点来看自然事物的。明代思想家王船山曾言："天与人异形离质，而所继者惟道也。"[173]在封建社会中，帝侯们通常相信"彤云素灵之瑞，基于应物之初"的神道[174]，往往把一些物象视为祥瑞，如五色云、连枝树、龙像、飞马、凤凰和灵石等（图59）。尤其，奇石会给人以自然的奇特与和谐

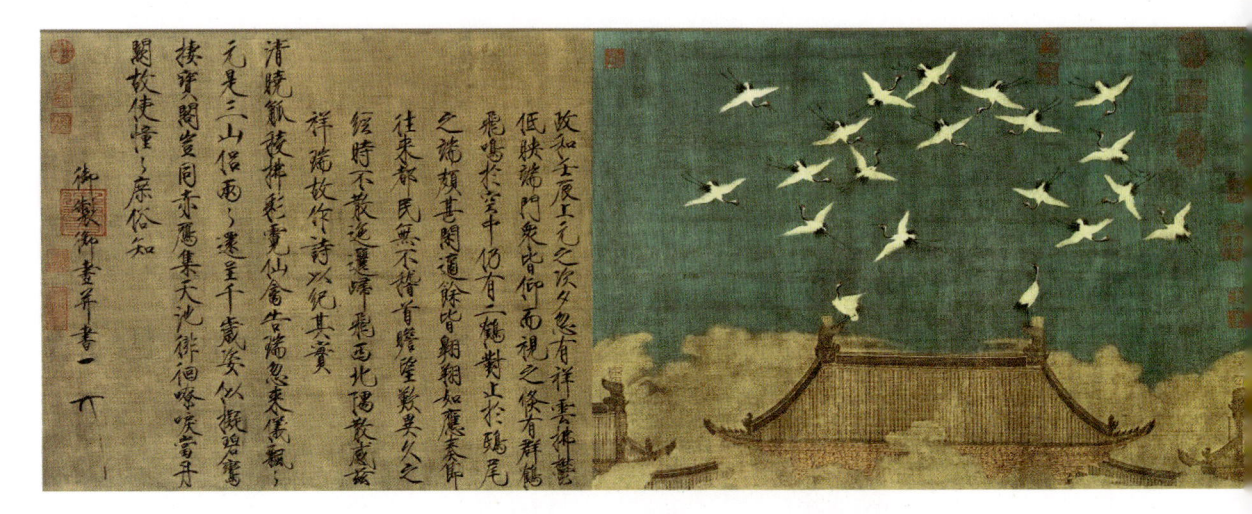

图59 [宋]宋徽宗 《瑞鹤图》 辽宁省博物馆

的美感,并相信来自神灵的反映——代表着崇高和壮美。赏石无形地同幻想联系在一起了,同宗教启示联系在一起了,甚至同"皇权法天道而行"联系在一起了。总之,上天的神圣性和宗教性在帝侯们的赏石活动中占据着重要地位,作为自号"天下一人"的文人皇帝徽宗,也没有逃离这个法则之外。

帝侯们的御苑赏石通常有着自己文化与艺术上的解释。比如,美学家宗白华就认为:"中国人感到宇宙全体是大生命流动,其本身就是节奏与和谐。人类社会生活里的礼和乐是反射着天地的节奏与和谐。一切艺术境界都根基于此。但西洋文艺自希腊以来所富有的悲剧精神,在中国艺术里却得不到充分的发挥,又往往被拒绝和闪躲。人性由剧烈的内心矛盾才能掘发出的深度,往往被浓挚的和谐愿望所淹没。固然,中国人心灵里并不缺乏雍穆和平大海似的幽深,然而由心灵的冒险,不怕悲剧,从窥探宇宙人生的危岩雪岭,而为莎士比亚的悲剧、贝多芬的乐曲,这却是西洋人生波澜壮阔的造诣。"[175]宗白华的话语虽略显偏颇,但一方面可以用来解释古代不同阶层对赏石有着不同微妙认识的思想根源,另一方面,也道出了中西方艺术的些许迥别。这些精微的区别在赏石中的认识倒是值得人们去深思的,并且,依此更能够彰显出中国赏石所具有的独特的艺术和美学意义。

宋代理学家程颐言:"圣人'修己以敬','以安百姓','笃恭而天下平'。惟上下一于恭敬,则天地自位,万物自育,气无不和,四灵何有不至,此'体信达顺'之道。聪明睿知皆由是出,以此事天飨帝。"[176]宋徽宗赏石与画石,莫过于那方"万岁之石"了,即人们所熟知的、被编入《宣和睿览集》的《祥龙石图》。对于宋徽宗画石，明代画家董其昌曾写道："道君皇帝，以积墨写石，凡有六品，后敷文学士小米跋于海岳庵中，不似人间钩勒法也。然石田翁则云：'画石须用皴，如写大山，则隽永有味。'汉阳先生嗜石，不减米颠，生平画石甚多，独此卷悉摹宣和所藏。宣和一生宝石皆为（阙）'骑辇入黄沙，白草此石出'。"[177]宋徽宗还创作过一首《怪石诗》，也是他的瘦金体书法作品（图60）。

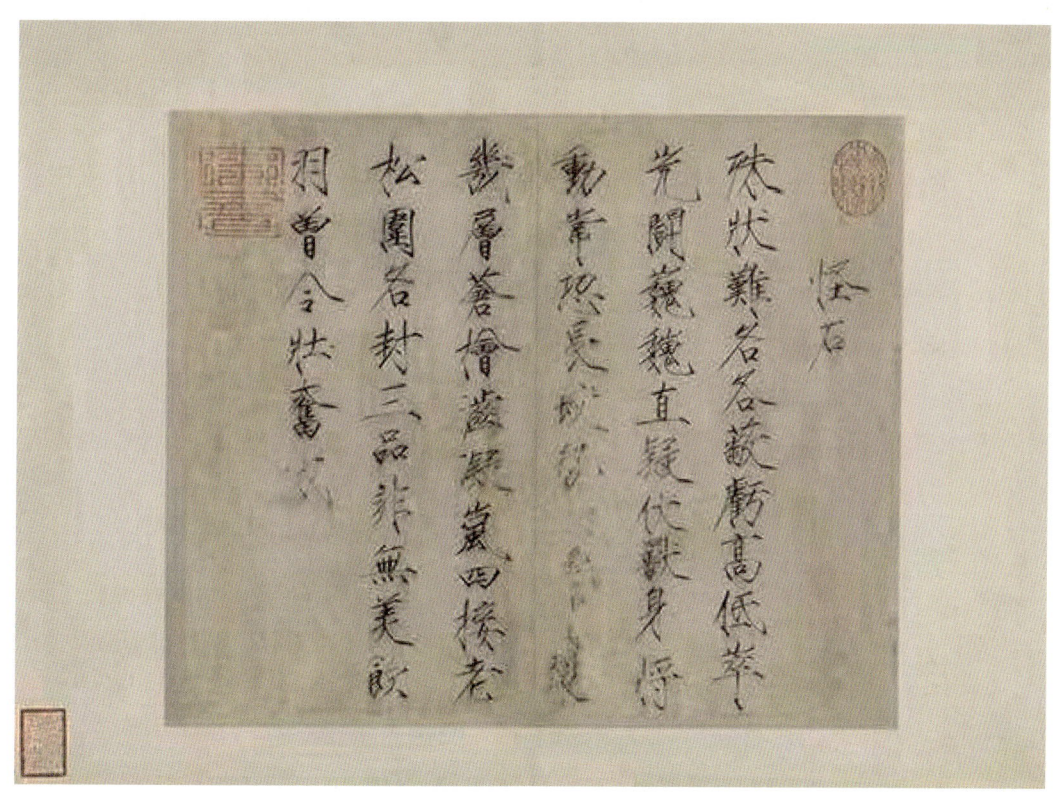

图60　[宋]宋徽宗　《怪石诗》　台北故宫博物院

（二）道教与御苑赏石

谈到宋徽宗赏石，就不能不再次提到道教。道教在宋代走向了大众化与世俗化（图61）。许倬云先生就认为："唐代道教是李氏皇室推崇的国教。入宋以后，太宗、真宗、徽宗都信仰道教。太宗年号'太平兴国'，真宗年号'大中祥符'，都透露出道教的气息。"[178]

图61　[宋]武宗元(传)　《朝元仙仗图》　私人收藏

在中国赏石文化史上，宋徽宗几乎可以与御苑赏石画上等号。宋徽宗的御苑赏石是中国园林赏石不可逾越的丰碑，为中国园林文化留下了丰厚遗产。众所周知，宋徽宗曾修建艮岳（"华阳宫"）——《易经》里，《艮》卦取象于山，故"艮为山"。艮岳里有无数鬼斧神工般的奇石，这些奇石多是太湖石和灵璧石。对此，建筑家童寯写道："宋朝'艮岳'，是历史上规模最大的湖石山。石料采自苏州洞庭东山，由'花石纲'经运河舟载北达汴京。为搜求湖石，官府除召募潜水捞取，又强夺民间旧石，甚至不惜骚扰闾阎，道路侧目，激起民众起义反抗，太湖石也因此身价十倍。"[179]

据蜀僧祖秀在《华阳宫记》里记述："政和初，天子命作寿山艮岳于禁城之东陬，诏阉人董其役。舟以载石，舆以辇土，驱散军万人，筑冈阜，高十余仞。增以太湖、灵璧之石，雄拔峭峙，功夺天造。石皆激怒抵触，若跧若啮，牙角口鼻，首尾爪距，千态万状，殚奇尽怪。"[180]这些奇石是通过大运河运至艮岳的。宋徽宗把其中的一块奇石赐名"神运石"，视为珍奇灵石。实际上，隋代时，隋炀帝开凿大运河，即把南方之富，包括太湖石通过运河运至隋都长安的"西苑"等地。无疑，运输这些硕大笨重的奇石需要一定的交通条件，而据历史学家张荫麟记述："经唐、五代以来的经营，通渠四达，又有大运河以通长江。宋朝统一后，交通上的人为限制扫除了。"[181]

宋徽宗对于艮岳，曾盛赞言："夫天不人不因，人不天不成，信矣。朕履万乘之尊，居九重之奥，而有山间林下之逸，澡溉肺腑，发明耳目。"[182]有理由认为，作为一个"道君皇帝"，宋徽宗的艮岳赏石与道教有着密不可分的联系。对于宋徽宗的艮岳和花石纲的批评和诟病，历代史学家们多出于政治哲学或道德主义的动机，而非出于纯粹的艺术和审美的考虑，此处不再赘述。[183]

宋徽宗的御苑赏石,在美学意义上透着崇高。对于崇高这一重要赏石美学范畴,可以借用法国思想家爱尔维修的一句解释:"崇高,这是给我们以更强烈印象的东西,但这种印象中总是夹杂着一定的尊敬感或敬畏感。比如,天空的高远、海洋的辽阔、火山的喷发都以其规模的宏大令我们感到害怕和肃然起敬,因为害怕、恐惧总是同力量和威势概念联系在一起。"[184]又类似德国哲学家康德所写道的:"真正的崇高必须到作出判断的那个人的心灵中去探求,而不应该到自然的对象中去探求,关于自然对象的判断只不过是给他的这种心境找个理由罢了。"[185]简言之,诚如德国美学家席勒所认为,崇高是"某件事物使我们感受到我们的局限,但同时使我们觉得是独立于一切限制之外的"[186]。又恰如朗吉弩斯所认为,崇高的主要使命是启发灵感,而不是单纯的取悦:它必须使我们摆脱旧的感知和思考方式,并向我们传递一个全新的热情,点燃我们的生命。[187]因此,赏石所透出的崇高,可以理解为构成人们有限的理解力与大自然的无限性之间的一个桥梁。不言而喻,宋徽宗推崇的御苑赏石,崇尚的是奇石的形式所呈现出的天启精神,崇尚的是自己的道教情怀。

这恐怕就是宋徽宗推崇御苑赏石的真正初衷吧。人们是否能够去揣测,奇石在宋徽宗的心坎里,有着如美梦中的瓷器那般所涵有的一抹淡蓝的天青色——"雨过天青云破处,这般颜色作将来"[188]?

七 陆游:"石不能言最可人"

宋代诗人陆游在《闲居自述》诗中说:

自许山翁懒是真,纷纷外物岂关身。花如解语应多事,石不能言最可人。净扫明窗凭素几,闲穿密竹岸乌巾。残年自有青天管,便是无锥也未贫。[189]

(一)言无言

南朝梁代文学家刘勰言:"情在词外曰'隐',状溢目前曰'秀'。"[190]近代人俞大纲评清代朱疆村词说:"疆村词境隐秀,其高处嵯峨萧瑟,仿佛白石。"[191]奇石是值得玩味的东西,会让人感到"语少意足,有无穷之味"[192],给人一种精绝不刊之言。

古代思想家孔子曰:"子曰:'予欲无言!'子贡曰:'夫子不言,则小子何述焉?'子曰:'天何言哉。四时行焉,百物生焉,天何言哉!'"[193]孔子所言天者,乃性体之名,无言者形容其寂也。"石不能言最可人",意指奇石是奥秘的、沉默的、无声的、不语的,可诠释为"石自解说";反之,奇石的欣赏者自心契会,犹如老子的"言无言""万物并作,吾以观其复"一般[194],有着"言有尽而意无穷"的妙蕴[195],以及禅宗里的"游戏三昧"的超脱。美国诗人阿奇伯尔德·麦克利什下边的诗歌,可以作个注脚(图62):

图62 《太湖灵韵》　古太湖石　80×50×32厘米　张庆利藏

> 诗应该让人感觉到,不作声响
> 像一只圆形的水果,
> 默默无言;
> 像握在手中品玩的那枚古老的勋章,
> 沉静不语;
> 像长满青苔的窗台上那块,
> 棱角磨得浑圆的石头。
>
> ——阿奇伯尔德·麦克利什:《诗艺》[196]

宋代诗人欧阳修有诗句:"泪眼问花花不语,乱红飞过秋千去。"[197]这句诗与陆游的"花如解语应多事,石不能言最可人",有着异曲同工之妙意。若把这两首诗歌联系起来解读,自有庄子以来,超脱的中国艺术观念里所强调的缄默无言的侧面。唐代诗人司空图曾言:"不著一字,尽得风流。语不涉难,已不堪忧。是有真宰,与之沉浮"[198],便是这个意思。

(二)不立文字

陆游的"石不能言最可人"的智慧,同唐代高僧慧能的"不立文字"的思想,都有中国哲学和宗教的"缘起性空""不舍不著"的禅性意味。明代画家唐寅在一首题画诗中,亦表达了同样的思想:"乾坤之间皆旅寄,人耶物耶有何异。……摘花卷画见石丈,请证无言第一义。"[199]反过来理解,奇石倘若视为可思、可感、可触、可视的"艺术其物",也不能够由此使人陷入"与语言无关的""无法表达的""无法认识的""认识被锁在石头里"等思想困境之中,或者对之退避三舍;倘若把赏石视作一种艺术体验,视作一种审美体验,就需要心法去识、去观、去悟、去思。

奇石属于自然界里的一种完全内向的事物。古希腊哲学家普罗提诺曾认为:"如果问自然界,它是怎样从事生产活动的,假若它愿意听和说,那它就会回答道:'较为合适的办法是不问问题,而是沉默静听,犹如我本身就是静默的一样。'""世界上出现的一切,均是我在静默中所看到的我的幻象,而这种幻象造成了我的特征:出于幻象,也热爱幻象,并依靠我内在的、能看到幻象的官能去创造幻象。数学家从自己的幻象中引出数字,但我却不会引出任何东西,我只是静观着,物质世界的各种形体就逐一形成了,好像从我的观照中自然而然掉落下来的。"[200] 反之，人们是否可以说，只有通过"静观"与"观照"，才会使得自然界产生之物的奇石的幻象得到一定程度的清晰呢？

实际上，"石不能言最可人"，颇有禅家意味，并非说奇石不能够被言说，人们对奇石失语，而是说奇石中隐蔽着无尽的东西供人们去无穷地玩味，它暗藏着一种态度。换言之，奇石纵妙不可言，赏石中所深藏的，及未能说出来的意蕴、精神和意义是无限的，也是说不尽的，乃至无须去言说。这就像法国哲学家庞蒂所说过的一句意味深长的话语："沉默的存在自身最终显示出它自己的意义"。[201] 更像英国哲学家维特根斯坦所说："感到神秘，又不能表达的，是提供了与所能表达的有意义的东西相对立的背景。"[202] 奇石显现的外在形相，只是无限的、无穷世界的微小部分，赋予了欣赏者以无限想象的空间。在此意义上，赏石就成了有限的感性世界通向无限的自由世界的一条途径。

散文家朱自清曾富有趣味地说："禅家是'离言说'的，他们要将嘴挂在墙上。但是禅家却最能够活用语言。"[203] 如果非得尝试替陆游的"石不能言最可人"作个注释，明代画家徐渭的一副楹联，应该是比较合宜的："世上假形骸凭人捏塑，本来真面目由我主张。"[204] 抑或像法国诗人波德莱尔的诗歌所描述的："啊，人呀，我是美的，像石头的梦……"[205]

然而，清代画家恽格曾言："春山如笑，夏山如怒，秋山如妆，冬山如睡，四山之意，山不能言，人能言之。"[206] 德国哲学家海德格尔亦言："语言是存在之家。"如果时光可以流转千年，作为宋代文人赏石家的陆游穿越于当代的赏石艺术，他能否认同德国哲学家黑格尔的如下之所言呢："冲动和需要还没有得到满足，以无声的方式挣扎着要通过艺术把自己变成观照的对象，使内在生活成为形象，通过外在关联的形象去意识到自己的内在生活以及一般的内在生活。"[207]

总之，明代画家文徵明称赞唐寅画言："曾参石上三生话，更占山中一榻云。"[208] 陆游的"石不能言最可人"的赏石美学思想，生动地体现了中国赏石与道禅哲学之间的深刻关联。亦如庄子所言："大辩不言"[209]，它们均体现出妙悟者不在多言的智慧（图

图63　[元]曹知白　《石岸古松图》
私人收藏

63)，显露出沉默的事物所隐蔽的意义。这或许与陆游生活的时代密切相关，就像清代诗人赵翼的诗歌所表达的一样，"国家不幸诗家幸,赋到沧桑句便工"[210]。

八 文震亨："石令人古"

明代赏石家文震亨在《长物志》里言：

> 石令人古，水令人远。园林水石最不可无，要须回环峭拔，安插得宜，一峰则太华千寻，一勺则江湖万里。[211]

（一）古之不变性

美学家王国维曾提出过一种"古雅"美。赏石亦为"古雅"。

明代画家顾大典在描述他的"谐赏园"时曾写道："无伟丽之观、雕彩之饰、珍奇之玩，而惟木石为最古。"[212]朱良志先生认为："这里的'古'，不是想起过去的事，而是强调石的不变性。中国人常以石来表示永恒不变的意思，人的生命短暂而易变，人与石头相对视，如一瞬之对永恒，突出人对生命价值的颖悟。"[213]正是通过赏石之古，道出了人世间的生生灭灭的永恒话题，引发人们的思古之幽情（图64），所谓"此事真复乐，聊用忘华簪。遥遥望白云，怀古一何深"[214]，便是此道理。

（二）古之老境

"石令人古"，突显了大自然奇石的老境，而时间性和历史感又蕴涵于奇石的老境之间。在艺术上，任何寻常事物成为审美对象都有时间性，并且，历史感也会增加一物之美，正如人们对文物之美的欣赏一样。人们对于奇石，一方面欣赏它们的形相之美，另一方面欣赏它们由于时间积淀而拥有的老境之美。

石之老境，透出顽强的疏远性，更适合于静观。而"静观"美学，一向代表着一种优

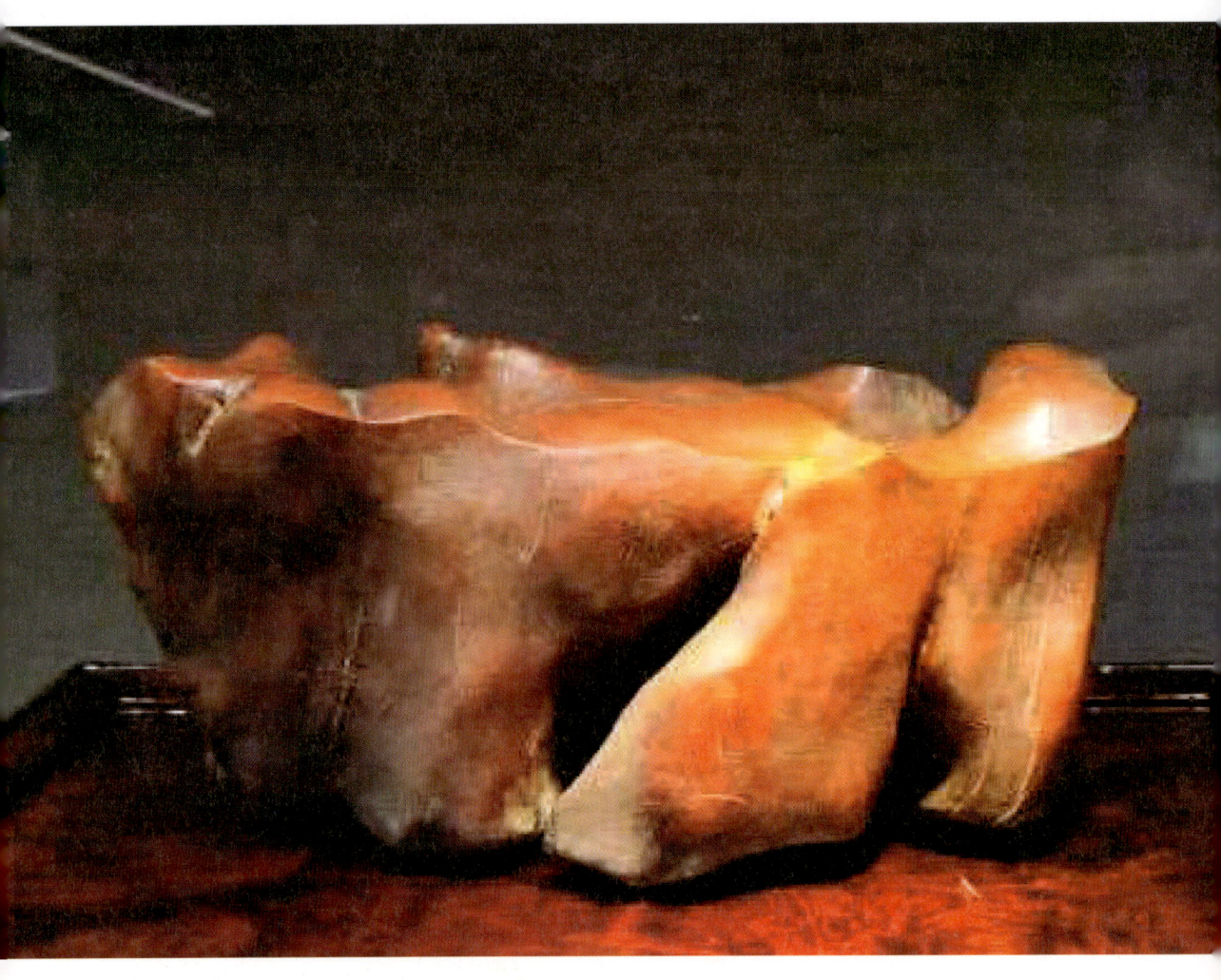

图64 《无题》　灵璧石　尺寸不详　胡宇藏

雅、超脱和隐逸的审美传统。赏石乃属静观美学,这种赏石审美传统是由古代文人雅士和士大夫这个赏石群体浸泡出来的,饱含着文人雅士和大夫们的气息,成了文人赏石的厚重感的生动体现。

总之,唐代诗人杜甫诗言:"石古细路行人稀。"[215]"石令人古",道出了文人们在落寞里与奇石相处,触摸那宛若天开的浑然感和混沌感,体味当下的真实生命感觉,而意与古会。文震亨的"石令人古",点破了文人赏石最突出的审美特性,而对于今人来说,赏石艺术是否需要复活古代文人之心灵呢(图65)?

九　乾隆："石宜实也而函虚"

在紫禁城御花园的清漪园里，存有一块镌刻乾隆御题"青芝岫"的观赏石，乾隆帝题诗曰：

> 米万钟大石记云：房山有石长三丈，广七尺，色青而润，欲置之勺园，仅达良乡，工力竭而止。今其石仍在，命移置万寿山之乐寿堂，名之曰青芝岫，而系以诗：我闻莫厘缥缈，乃在洞庭中。湖山秀气之所钟，爱生奇石窍玲珑。石宜实也而函虚，此理诚难穷。谁云南北物性殊燥湿，此亦有之殆或过之无不及……[216]

题诗中，乾隆帝提出了"石宜实也而函虚"的赏石思想，这个思想暗含着对赏石理论思考的最初萌芽，也是对赏石理论思考的发微，这是需要引起重视的。

（一）实相与虚相

中国赏石是在特定的文化、思想和人群中诞生的。尤其在文人画背景的衬托下，文人赏石家们对赏石的认识与众不同。文人赏石主要在于悦心而非悦目，对奇石的欣赏重于精神而非求于形似。在某种意义上，乾隆帝提出的"石宜实也而函虚"，可以理解为中国赏石文化史上重要的赏石理论思考精髓之一。

图65　［明］陈洪绶　《梅花山鸟图》
台北故宫博物院

实际上,乾隆帝已经从"虚"与"实"的形而上思维去理解赏石了。"石宜实也而函虚",既有实相,又有虚相,透过奇石的"相",诱发人们去思考何为真实的世界。明末清初画家八大山人曾说:"画者东西影",文人赏石呈现的东西,便是真实世界的影子。可以认为,在文人们的赏石世界中,玩味影与真、真与幻之间。文人品性的"虚"与奇石自性的"实",相生相容,使得文人石像文人画一样,虚实相济,形意相合。

(二)实相无相

奇石是实在的,这是从实体性而言及的,也触及了实相。然则,明末清初画家八大山人言:"实相无相一粒莲花子,吁嗟世界莲花里。"[217]明代思想家王阳明言:"你未看此花时,此花与汝心同归于寂;你来看此花时,则此花颜色一时明白起来:便知此花不在你的心外。"[218]宋代诗人黄庭坚则诗言:"因知幻物出无象。"[219]对于文人赏石来说,从实相、无相,过渡为空观,显现了"实相无相"的禅宗智慧。

"实相无相"犹如一层面纱,使得文人赏石充满了迷人的审美特性。这种譬喻,类似美国美学家吉尔伯特所持的观点:"这种面纱有成为一种独立的美学范畴的趋势。""在文艺复兴时期的思想家们的观念中,面纱最终变成了'优雅'的审美特性,而且,在神秘主义者对待起面纱作用的象征物的态度中,就存在着这种变化的征兆。圣·维克托派的雨格说道,使神秘主义者们不能直接发现某种观念的那种外在的和可见的符号,却激发了他们的能动性,并以自己的存在唤起了他们沉睡的心灵。当心灵从使其沉沦的睡眠中醒悟了以后,它就把自己的视线盯在这种被真理照耀的、透明的面纱上,并试图更为自由自在地静观这种面纱的美和光辉。"[220]可以说,赏石中的实与虚,皆取决于欣赏者,取决于欣赏者的审美感觉的深度和审美经验的广度。

"石宜实也而函虚",倾注的是人们用心灵专注于实相,从而在觉悟中达到平静,因为在禅宗思想里,实相并没有语言,所谓"于相离相,于空离空",不能通过理性达于理解。或许,德国思想家歌德下边的几行格言短句,表达的也是这个意思(图66):

> 心内亦空,心外亦空
> 是因为心内之物即是心外之物也。
>
> ——歌德:《上帝与世界》的演讲

图66 《灵虚壑》　灵璧石　35×20×18厘米　朱旭藏

总之，乾隆帝提出的"石宜实也而函虚"，暗含着对赏石理论思考的最初萌芽，虽走出了一小步，却意义非凡。

十　张轮远："形、质、色、纹"

民国时期赏石家张轮远著有《万石斋灵岩大理石谱》，鉴赏灵岩石（雨花石）和大理石画，分列四科"形、质、色、纹"。他写道：

> 灵岩石千奇万变，无穷无尽。好之者，人人各异其目的，因之不能无所偏，欲求一个正确客观之标准颇难。但就灵岩石之为物论之，不外石之形、石之质、石之色、石之文（通"纹"），四者而已。而此四者，均非泛泛言之，必有一定之客观上美好特点，然后始可以显其长。若四者均相称，方为完美之石子。[221]

在宽泛意义上，赏石的"形、质、色、纹"与"皱、漏、瘦、透"一样，均属于赏石审美理论，而与"适意而已"和"石丑而文"的赏石理论思想相比较，高下立判，还不在一个层次上。

（一）赏石之角度

张轮远提出的形、质、色、纹，无疑是从赏石的角度而述的，"至其玄奥之境，奇异之态，则非文辞言语所可形容，好之者各依其所爱，以意会之可也。"[222] 即便它也可以视为赏石审美理论。

在民国时期，赏石活动坊间曾流行"南许北张天津王"之说，分指许问石、张轮远、王猩酋，当时号称"石坛三杰"，主要赏玩雨花石。其中，张轮远明确提出了从形、质、色、纹的赏石角度来赏玩雨花石和大理石画。然追溯赏石文献史料，早在宋代的石谱和石文中，从形、质、色、纹、声等角度去欣赏奇石，已是一种较为普遍的现象。[223] 虽然有理由去说，运用"形、质、色、纹"去赏玩奇石，可以称得上对中国赏石文化史中赏石认识的真正继承，但反过来说，它就算不上开创性，缺乏原创的力量，缺失理论的穿透力了。不过，它却揭示了一个重要的学术史实，即从形、质、色、纹的角度去欣赏奇石，在民国时期的张轮远就以著述方式被明确提出来了，而并非属于当代人的创造。

（二）延展性

在中国艺术史上，有一种观点认为，从唐末到宋末，即约公元900年至1279年，以"拟真"和"自然主义幻想"相结合的绘画艺术达到了终极成就，此后的绘画艺术就走向了另外一个方向，即中国画脱离了空寂的画风，而转向了追求精雕细琢。赏石同期基本亦然。

就奇石或观赏石的欣赏来说，皱、漏、瘦、透，犹如南北东西，一定之位也；形、质、色、纹，犹如前后左右，无定之位也。换言之，从形、质、色、纹的赏石角度，去欣赏奇石或观赏石有着延展性和广延性，不同的人从中会解读出不同的艺术形相、不同的意象（图67）。然而，这种赏石角度的表述，仅流于表面化，没有创造出崭新的赏石审美形式，没有隐含多少赏石的审美思想，缺少了赏石家的理论原创性，从中国赏石文化发展史的角度来看，它依旧是宋代赏石家杜绾《云林石谱》的产儿罢了。[224] 因此，它自然也不会放射出赏石理论价值的光辉。

图67 《平步青云》　彩陶石　48×30×33厘米　黄笠藏

第三章　古代文人赏石的美学风格：象征

从艺术史和美学史的角度论，赏石风格与时代的历史语境之间有着什么关系呢？赏石风格与赏石家们的美学观念之间有着什么关系呢？这两个问题所蕴含的核心逻辑在于，对于不同历史阶段的赏石风格嬗变的认识，有助于解释不同历史阶段的赏石形式背后的美学观念；同时，不同历史阶段的赏石家们（包括古代的文人赏石家和当代的赏石艺术家）所主导的赏石美学观念，也影响着不同历史阶段的赏石风格的嬗变。

本章运用形式分析方法，聚焦于对古代文人赏石的形式所呈现的美学风格的思考，将注意力放在古代文人赏石的形式的象征精神的讨论上。

一　古代文人赏石的形式美

（一）古代赏石与古典赏石概念之区别

有必要先正确认识"古代赏石"与"古典赏石"的概念区别。中国古代史通常是以王朝的兴衰划分的断代史，如先秦史、秦汉史、魏晋南北朝史、隋唐史、宋史、元史、明史、清史等。古代赏石史特指自汉末、魏晋南北朝赏石以降，至民国时期的赏石历史。如果依据赏石主体和艺术范畴来界定，古代赏石群体主要是士大夫和文人雅士，古代赏石属于士大夫和文人的艺术活动。

古代赏石被视为一种"不可思议""令人惊奇""匪夷所思"的艺术活动。这里需要对艺术作个基本解释。"艺术"在艺术史上本是一个模糊的、宽泛的和不断演变的概念。日本美学家今道友信就认为，西方古代没有用一个词来总称艺术的习惯，而汉字的"艺术"

这个总结性的词,出现得更早一些。他写道:"从公元4世纪《汉书》时代,艺术已开始使用。此后,日本也开始使用这个包括了音乐、绘画、雕塑、文艺、戏剧、建筑、书法、园林、花道、茶道等一切的词汇,在这一点上,中国和日本的思维方式是相同的。"[1]朱良志先生则认为:"在中国古代,琴棋书画诗乐舞等,本来就不像今天被称为所谓'艺术',它们就是人的生活的延伸。"[2]在此意义上,人们不必纠缠古代赏石究竟是不是属于艺术的概念,就如同去追问绘画是不是古人的艺术活动一样。总之,赏石是文人生活的组成部分,用现在的眼光看,无疑属于古代文人的艺术活动。

事实上,古代赏石作为文人的艺术活动,惯常被诗歌、文学、绘画和园林等主流艺术形式作为"隐喻""讽喻""语言""题材"对象化所使用,尤其被文学和诗词所引用,被富有浪漫想象力的画家所描绘,而自身却没有形成独立的艺术类型。总体上,古代赏石是附属于主流艺术形式之中的艺术构成,可视为艺术中的艺术。这里,有必要先作个预设:一种艺术活动、一种艺术类型,甚至一件艺术作品的身份,往往存在于它们的风格之中,然而有些风格是被许多时代的艺术家们所共同接受的,而有些风格则是个人的。

古典赏石意指古代赏石呈现出的风格。然而,"古典"一词却有多种不同的意义,尤其有着古人留下的、公认的、值得效仿的传统法则,已经形成惯例之意,还意味着顶峰和杰出的典范之意,等等。对此,瑞士艺术史家沃尔夫林认为:"'古典'这个词听起来有点令人打寒噤。我们会觉得它把人们从生机勃勃的光明世界拖到令人窒息的房间中,那里居住的不是健康热情的人们,而只是影子。'古典艺术'似乎永远是死灭的、古老的,是学院派的产物,是学识而非生活的成果,而我们对生动的、现实的及可触摸到的东西的期待却是那么迫切。"[3]有针对地,文中所谓的"古典",特指对奇石(观赏石)这一事物的欣赏类型。

在艺术史上,"古典"与"浪漫"相对应,它们通常指涉于艺术风格,而其中的"古典",则有一定的象征性。比如,德国哲学家黑格尔认为:"'象征'无论就它的概念来说,还是就它在历史上出现的次第来说,都是艺术的开始。因此,它只应看作艺术前的艺术,主要起源于东方,经过许多转变、改革和调和,才达到理想的真正实现,即古典型艺术。"[4]在此意义上,古典赏石乃是古代文人对奇石的欣赏风格——往往是想象的、幻想的、诗情的、画意的。古典赏石中的传统石的突出特色是对形式美的追求与赞许,突显形式美的象征意味,而这种象征意味尤凸显在精神上。

美国美学家比厄斯利认为:"在美学能够在一个特定的文化中出现之前,某些对象当然并非必然会被该文化区分开来,以作为专门的审美对象——仅与这种兴趣联系在一起。但是,至少必须存在某种类似审美兴趣的东西,某种专属于某些对象而不是其他对象的东西。"[5]就此观点来说,人们即便说古代赏石作为一种艺术活动,或者作为一种雅趣活动,但并非要脱离它的历史语境,去暗指它就是古代文人所视为的专门审美对象。于是,对于古典赏石称谓的理解,就像人们对待艺术史中的古典与浪漫一样,都是艺术史家们理解它们的方式。然而,人们却很难相信,古代文人们拥有一种像对待艺术品的审美态度那样去欣赏奇石,即便是有,这种吸引力的兴趣也会很模糊,因为在较早的赏石史料中,尚未发现古代文人们面对自己欣赏的奇石时,发出类似"这是一件无与伦比的作品"之感叹的相关历史文献记载。

总之,古代赏石的概念主要是依据断代史的划分而来,而古典赏石作为古代赏石呈现的风格,通常是赏石史家们对它的理解与描述,以及反思与概括的研究性认识。特别指出的是,艺术史研究中的朝代分期绝没有政治史的朝代分期那么重要。因此,人们对中国赏石和赏石艺术的审美认识,不能严格地按照编年史的顺序来讨论。这是本书中极为重要的方法论。瑞典艺术史家喜仁龙就持有类似的观点:"艺术发展在某种程度上会受到政治变迁的影响,但艺术有自己的发展方式,不受政治的干扰与妨碍。"[6]例如,现藏于中国台北故宫博物院的"东坡肉",就可视为一个富有启发意义的事例(图68)。"东坡肉"奇石在清代即便入藏清宫内府,当时也非属艺术品,而现今却成了台北故宫博物院的镇馆之宝之一。但理解的关键乃在于,中国赏石和赏石艺术的风格的存在与嬗变均与它们所处的精神领域密不可分。同样,法国艺术史家福西永认为:"每种风格的存在都经历了若干时期和若干阶段,但这并不是说风格分期和人类历史的断代是一回事。……形式遵循着它们自己的规则——即内在于形式本身的规则,更确切地说,是内在于它们身处其中的,并以它们为中心的精神领域的规则。"[7]完全可以说,古典赏石风格体现的是古代文人赏石家们的艺术意志。

(二)古代文人赏石的生命:形式美

如何来欣赏怪诞的奇石呢?这恐怕也是历朝历代文人赏石家们所面对的问题。

回顾中国赏石文化发展史,古代文人赏石家们的思想观念在统摄赏石标准。这里所谓的赏石标准,仅可理解为被后人所赋予的一种说辞。准确地表述,古代赏石的"皱、漏、

图68 《东坡肉》　玛瑙　5.7×6.6×5.3厘米　台北故宫博物院

瘦、透、丑"，本是宋代米芾的赏石审美理论"皱、漏、瘦、透"的"相石之法"，与宋代苏轼的赏石理论思想"石丑而文"的合并项，但米芾和苏轼从未说过，它们就是赏石的"标准"；同样，民国时期张轮远的"石形"论、"石质"论、"石色"论和"石纹"论，几乎是古代赏石的形、质、色、纹、声的翻版，但张轮远也没有说过，它就是赏石的"标准"。[8]简言之，这些都是后人对它们的说法，甚至被莫名地规定为"赏石标准"。这当属基本的学理解释。至于现在人们所坚持的"赏石标准"，实则含有两层意思：（1）不自觉的，即不自觉地接受传统。（2）自觉的，即有意识地去创造赏石标准。[9]

在逻辑层面上，对于人们所习惯称呼的古代赏石标准的认识，不能僭越于赏石的思想观念之上。同时，对于赏石的思想观念的理解，也必须置于赏石的不同历史发展阶段之中，尤其偏重于历史上的文人赏石家们的不同赏石思想观念。更重要的是，所谓的赏石标准均涉及赏石的审美形式，涉及由其衍化出来的赏石风格以及体现出的赏石精神，而它们才是古代文人赏石活动的精粹之所在。

依据中国赏石史料来看,古代赏石的石种品类主要是以太湖石、灵璧石、昆石和英石等为主,它们习惯被统称为传统石。自然地,对于传统石的欣赏,皱、漏、瘦、透、丑就逐步地衍化成了古代赏石标准。但古代赏石标准真正来讲,乃是一个不确定的名称,与其说是标准,倒不如说是赏石观念的体现。

古代赏石的皱、漏、瘦、透、丑,作为古代文人赏石的审美反映的抽象形式,既是对奇石的自然形态的描述,也是文人赏石家们心灵的展现,体现着深刻的精神性,被视为了审美元素的显现或审美的要求。准确地描述,它们作为形式要素,构成了某种风格,呈现了风格化特征,凸显了形式问题,视作了审美观念的形式符号,这倒与西方艺术里的古典抽象艺术颇有几分相似(图69)。显然,上述审美元素或审美要求不在于人们通常所理解的"完美",相反,"不完美"造就了至美。

在艺术哲学上,这种赏石的美学观念与中国无量哲学观念有一定关系,犹如北宋理学家程颐所言:"《易》中只是言反覆、往来、上下。"[10]可以说,不同石种品类之间的形式关系,以及同类石种里不同奇石的形式关系,都被浓缩到皱、漏、瘦、透、丑里了,这些共同的形式要素在形成风格的基础上,甚至构成了宇宙万物的隐喻,反映宇宙万物的真相,反射现实中普遍的和本质的东西,从而对人们生发启示,帮助人们更好地认识社会客观现实。并且,正是因为这些形式是抽象的,才会符合特定的石种品类,适应宇宙的自然规律,适合特定群体的思想意识、审美格调和精神表达。

图69 [法]马塞尔·杜尚 《走下楼梯的裸女》 美国费城艺术博物馆

奇石的自然形态千变万化，完全属于听命大自然的现象，但文人赏石家们却通过对其特定形式的提炼，并以抽象的方式来表达赏石的旨趣，从而无限沧桑尽在其中。诚然，这就像奥地利艺术史家德沃夏克所认为："形式目标在某种程度上必定要服从于共同的精神内容。"[11]于是可言，适于文人赏石家们的赏石形式，决定着特定的赏石精神内涵，就像寓言一样。

对于奇石的形式，表面上看是奇石整个外貌或自然组织结构，而一旦成为形式问题，就变得复杂了。关于形式问题，美国美学家菲舍尔认为："形式乃是罩在物质上的斗篷。"[12]朱良志先生认为："形神问题不是一个形式美感的问题，而是关乎心灵的问题。"[13]德国艺术史家弗里德伦德尔则认为："形式更多地诉诸理解。"[14]欣赏奇石的皱、漏、瘦、透、丑，并非直观的东西，而是抽象的形式表达，蕴含着特定的抽象美学观念，承载着文人们丰富的感情张力，只有从感官的心灵世界才能够触及，并值得细细地品味。若化作哲学语言来说，它们被视为了一种净化出来的本质的形式，其意义在于，启示人们多一种看待生存世界的方式，多一些理解艺术世界的方式，告诉人们不断变化的道理。这正是文人们内心所喜好的，满足文人的审美趣味，契合文人的审美文化，否则，就多了世俗性和庸俗性，也就提不起文人的兴趣。

在艺术层面上，形式有自己特定的和独立的意义。比如，美学家宗白华认为："艺术有'形式'的结构，如数量的比例（建筑）、色彩的和谐（绘画）、音律的节奏（音乐），使平凡的现实超入美境。但是，这'形式'里面，深深地启示了精神的意义、生命的境界和心灵的幽韵。"[15]同时，奥地利美学史家里格尔认为，形式发展的动因是内在的艺术意识。[16]再如，古罗马思想家圣·奥古斯丁认为，超越艺术家精神的是寓于智慧之中的永恒的数[17]，美和存在物的本质都寓于数中。[18]美国美学家吉尔伯特进而认为，美是形式和谐这个审美原则，就变成了宇宙学、宗教活动及人类思维的原则。[19]此外，意大利哲学家佩雷逊认为，形式及其概念都是由积极的智力活动所发现的，都是思索的对象。[20]综上，从审美意义上说，欣赏奇石的皱、漏、瘦、透、丑，它们非具逼真性，亦非现实的再现，而是一种真实的"曲影"，甚至是一种"歪曲"，欣赏它们的妙意乃在于形式高于内容，观念的意蕴压倒形式的完美，给人以"横看成岭侧成峰"的想象，给人以意味深长的感觉，指引到一种意蕴，而这种意蕴呈现了影子美及暗示美。它们乃是象征性艺术，具有抽象的理想性，也具有一定的暧昧性。正可谓"象者文也"[21]，它们似乎展示一种超凡的模式，表达某种韵律、某种朦胧感、某种生机运动的观念，显现一种内在的生气、灵魂、风骨和精神，不再理睬规则，不受规则的约束,而这些正迎合了文人雅士和士大夫们的出世心态。

《易传》有言:"形而上者谓之道,形而下者谓之器。"[22]同中国如此深奥的思想相比,西方对美在形式上的认识倒显得干净利落(图70)。比如,古罗马思想家圣·奥古斯丁认为:"美是各部分之间的比例得当,加上色彩的赏心悦目。"德国哲学家阿尔伯特认为:"美是优雅的匀称。"意大利哲学家伯纳瓦图拉认为:"美是可数的均衡。"古罗马哲学家圣·托马斯认为:"美有三个要素:完整性、均衡性和鲜明性。"[23]德国哲学家康德的观点则具有代表性,他提出了纯粹的"美的形式说","要觉得某物是善的,我任何时候都必须知道对象应当是怎样一个东西,也就是必须拥有关于这个对象的概念。而要觉得它是美的,我并不需要这样做。花、自由的素描、无意图地互相缠绕、名为卷叶饰的线条,它们没有任何含义,不依赖于任何确定的概念,但却令人喜欢。"[24]针对康德的观点,也在不断地衍化着,像奥地利艺术史家李格尔就提出了形式背后的"艺术意志论",等等。[25]

图70 [法]保罗·塞尚 《大浴女》 美国费城艺术博物馆

总之，在艺术的世界里，古代文人赏石的形式美，将人们带入了一个只存在于想象中的世界、一个跃动中的世界，仿佛物理世界的规律和社会世界的秩序不再起作用，发生作用的乃是人们内心的法则，而从属于另一种真实，映照出超自然的世界。

在审美层面上，欣赏奇石的皱、漏、瘦、透、丑，并不是简单欣赏这些外在形式，而是品味形式所附着的形而上观念，乃因这些观念体现为形式的纯化。通常来说，奇石的皱、漏、瘦、透、丑，这些形式的一般特征容易直觉，是适意的、合宜的或吸引人的，但在一定意义上，却又不完全是美的。然而，文人赏石家们正是通过抽象思维把它们从形式中抽出，在超然和纯然中沉浸于审美的沉思，吸吮着奇石的骨髓。对此，可以借用德国美学家莫里茨·盖格尔的话，来获得一种合理的美学解释："一旦我们在审美态度中涉及的不是某种特殊的实在，那么，实在的表层就变成了重要的东西。这种孤立就存在于这种事物本身之中——美的东西是由孤立造成的；人们把它从实在中抽象出来；它使我们的目光能够超越真实的日常生活实在，看到那从审美的角度来看有意味的东西。"[26]

奇石的皱、漏、瘦、透、丑，它们的幻相所带来的是难以形容的心醉神迷，以至令人伤感，而伤感之余又使得惊喜变得愈加强烈。当文人赏石家们从奇石的自然形态中抽出美的观念的典型之时，预示着文人赏石家们已经是赏石艺术哲学家了。这里的"典型"，可以借用英国哲学家维特根斯坦的说法："典型应该清晰地显示它的本来面目，这样它就表现了全部探讨的特征，决定了探讨的形式。"[27]反过来理解，这种赏石的抽象形式便成了文人赏石家们主观体验的自由表达，所透出的艺术理想和艺术精神征服了审美形式，呈现出高度风格化和理想化特征，体现了美学与哲学统一体的性质。

在中国赏石文化发展的主要历程中，皱、漏、瘦、透、丑，逐渐走向了赏石的程式化，乃至今天仍在主宰着人们对传统石的审美。令人遗憾的是，人们已然淡化了对古代文人赏石的形式存在的内隐和外显意义的认识——"形式表示事物的本质"[28]，进而陷入了公式化之中，忽视了特定欣赏者的主观感受。不得不指出，古代文人赏石的"本质形式"与当代赏石的"形式主义"在学理上却保持着远在天边似的距离，呈现着自己的内在生命力。不过，当代赏石活动的形式主义的极端表现——标准化，已经开始变得声名狼藉。这是众所周知的事实，而不是皇帝的新衣了，此处不再赘述。

在所有艺术中，审美往往具有相对性。同时，各式艺术也在不断地自求解放。这两种力量在艺术史上均在发生规律性的历史作用。英国艺术史家达娜·阿诺德即认为："在艺术史上，审美准则通常与艺术的'传统'价值联系在一起，但不是惟一联系。"[29]随着赏石群体的逐步扩大，以及奇石品种的不断出现，赏石的审美观念也发生着变化，更因为艺术趣味和审美趣味都有时代的易变性。对于一部分赏玩群体来说，传统石的皱、漏、瘦、透、丑，显得过于庄重，过于抽象，过于枯燥，与自己所表达的真挚情感不相容，便尝试从不同角度去欣赏奇石了。不可避免地，古代文人赏石的皱、漏、瘦、透、丑，往昔那种唯我独尊的局面也逐渐被打破了，即便它们永远不会完全消弭或泯灭。在一定程度上，从形、质、色、纹、声的视角来欣赏奇石，意味着欣赏者的个性在试图主宰赏石这门艺术了，并且，从这些角度来欣赏奇石，不同的人会获得不同的艺术形相，奇石会显现出不同的艺术表现性，极富开放性和个性化。然而，古代文人们从形、质、色、纹、声的角度来赏石，仅是潜在的表象，而以诗情画意来欣赏奇石（尤其画面石）才是主要呈现与追求。

毫不夸张地说，在绝大部分赏石人群的心里，古典赏石风格不再被视为刻意和乐意追求的了。于是，赏石的新风格逐渐转向了普通文化阶层的浪漫审美追求。这预示着新的赏石艺术趣味的诞生，以及新的赏石观念的诞生，也意味着不同欣赏者在赏石活动中的艺术欣赏和审美感觉出现了隔阂与冲突。这里，可以借用美国心理学家威廉·詹姆斯的话来理解这种现象："复杂的暗示，回忆和联想的唤醒，用那些别致的忧郁和神秘来激荡人们，凡此种种，为艺术品赋予了浪漫主义。而古典主义则将这些效果嗤之以鼻，认为那是粗鄙和庸俗的，他们崇尚那种由视觉和听觉所带来的赤裸裸的美，没有修饰的美。浪漫主义者的想法却恰恰相反，他们认为，这种直接来自于感官的美似乎太过干涩、单薄。"[30]

但客观而言，无论皱、漏、瘦、透、丑，抑或形、质、色、纹、声，在中国赏石文化发展史上，它们相互交织在一起，不能够被截然分离。反之，如果仅把它们视为彼此独立的，或视作某个历史时期的产物，就是对中国赏石文化发展史的误读，而忽略了中国赏石文化发展的连续性。具体而言：（1）假如把皱、漏、瘦、透、丑与形、质、色、纹、声摆放在同一个历史平面去平视，前者仅限于传统石品类，而后者所涵盖的石种非常宽泛。平心而论，由米芾和苏轼所提出的前者，对赏石的认识极为深刻，而后者相较黯然。（2）假如把皱、漏、瘦、透、丑与形、质、色、纹、声摆放在同一条历史线去纵观，从宋代杜绾《云林石谱》、明代林有麟《素园石谱》和清代诸九鼎《惕庵石谱》的叙述中，便可认识到前者在守成，而后者在创新。

对于中国赏石文化史，应该运用历史哲学的视野去审视，即从历史的、哲学的和精神的层面去认识中国赏石文化发展中的艺术和美学等问题。因此，人们决不能提及古代赏石，就理所当然地联想到皱、漏、瘦、透、丑，还存在着另一种赏石审美的角度——形、质、色、纹、声，这两者并存与并行着。不可否认的是，两者运用于赏石活动之中，所导致的赏石形式和赏石风格会出现不同,所导致的赏石的审美表现会不同,也呈现出不同的赏石审美风格。归根结底,这是由赏石观念与赏石风格密切联系的特性所决定的。这种情形,就如同有人喜欢吟诵荷马史诗,有人喜看儿童剧一样,均是由不同的审美情趣所致;又如同德国哲学家尼采所持的观点:"对于他人来说是形式的东西,对于艺术家来说却是内容。"[31] 可以说,所有艺术中的形式永远不会消除,但人们应该摆脱对形式的一味固守,更应该深刻地领会形式背后所蕴含的精神,以及形式所孕育的生命力。当这种认识被赏玩石头的人们所觉察,就会自觉地转向对赏石的艺术观念和审美观念的关注之上。

在赏石的实践层面上,任何赏石的客观标准都代替不了赏石观念所蕴含的艺术和美学要求,而一旦所谓的赏石标准形成程式化,就会不可避免地抹杀众多审美经验,也会忽视不同赏石群体的心理感受。从现象学上来说,标准往往是对理性的诉诸,意味着向单一的发展和退化的过程,它本质上是一种异化,扼杀的是多样性、个性化和自由性,而任何理念和观念都带有普遍倾向和普遍表现。

总之,古代文人赏石显现出的是形式的生命——形式美(图71)。完全可以说,中国古代文人赏石家们在约公元3世纪,就通过奇石显现出了对抽象形式美的欣赏,传统石被视为了一种类似抽象雕塑艺术的艺术,这在世界艺术史上尤为引人注目。

二　古代文人赏石的美学观念

联系前文已述,不难得出一个基本认识:赏石的形式与赏石的观念之间存在密切关系。接下来聚焦于古代文人赏石的形式背后观念的讨论,并且以美学观念为切入点。

大自然的奇石是纯然物质的东西,当被古代文人们有意识地提升到精神领域,就形成了赏石与身心的关系问题,附着在赏石上的审美价值就涌现了出来。

古代文人们赏石既满足了亲近大自然的渴望,又满足了提升精神生活的愿望,无论承载的是宗教意识,还是审美意识,所体现的精神性问题远比形式问题更加重要,或者说形式问题契合的正是精神问题。自然,赏石就成了一种手段,也成了一种目的,发挥着特定的精神作用。正如前文所述,古代的所谓赏石标准涉及赏石的形式问题。对于形式的美

中国赏石艺术美学要义

图71 《虚伫》　灵璧石　32×20×18厘米　金保铜藏

学理解，日本美学家今道友信认为，不管怎样重视形式，如果不将人的感情体验转向形式意识，那么形式是不会产生的。[32]同时，美学家蒋孔阳认为，中国艺术是重品的艺术，如绘画中的"梅兰竹菊"四君子就深受人们的喜爱，皆因把它们视作人格的象征。[33]这实际与"物可以比君子之德"的中国哲学传统有关。[34]同样，古代文人们通过对奇石形式美的欣赏，表达缥缈的幻想与心中的理想，奇石的独特属性与文人的品性相暗和，无形地将赏石引导到审美上了。不难理解，古代文人赏石渗透的美学观念乃是一种形而上学的观念。

奇石的皱、漏、瘦、透、丑，既是大自然的标本，又是理想的抽象形态，它们从文人的心灵生发出来，以不凡的呈现触动文人们的精神品性，古代赏石作为文人的艺术活动，而别具一格。同样，德国哲学家沃林格认为，艺术不是单纯形式的自我发展，而是由于人的内部冲动而出现的形式提示，是由于意志的抽象与感情的移入而产生的现实感。[35]古代文人所崇奉的赏石形式表面看起来简单，而对奇石的认识却极为深刻。古代文人赏石家们通常是画家、诗人、艺术家，更接近哲学家，他们会以诗情画意来品读奇石，赏石成了文人们的私语。

清代文学家郑观应言："夫道，弥纶宇宙，涵盖古今，成人成物，生天生地，岂后天形器之学所可等量而观！然《易》独以形上形下发明之者，非举小不足以见大，非践迹不足以穷神。"[36]皱、漏、瘦、透、丑，成了文人们赋予奇石欣赏的本质形式，含藏特定的精神气息——自由与美的精神。德国哲学家费希特曾作过类似的解释：我们所认识的物体并不是物体的本来面目，而是被我们所感觉到的样子，我们感知到的是处于物的作用下的心灵状态，而不是自在之物。[37]作为文人赏石观念的幻影，奇石的本质形式似乎在表达迷茫、洞明、空灵、勿媚和出世，表达无限寄托、不拘一格、顽强抵抗、脱略秩序和超越现实等。总之，它们透出鲜明的宗哲特征、独特的美学意蕴及深刻的精神意味。

古代文人们作为特殊的群体与自我的主体，以奇石为艺术媒介，在赏石活动中契合自然与精神于一体，在想象的世界中回复自身之内，将奇石这个欣赏对象陶铸为理想美。古代文人们的赏石观念仿佛现代人们崇拜废墟一样，充满遁世的企图，而"废墟激活的往昔是一个整体，饱含了对昙花一现的世俗权力及脆弱的人类成就的沉思"[38]。文人们在对大自然融合的渴望之中，在奇石怪异形象的吸引之下，用如幻的目光打量着它们，置入清供，在玩味与陶醉中自我消解，视为精神的再生。同那些恢宏的御苑环境相比，奇石可能就像一些渺小的儿童游戏的道具，但对于文人们来说，奇石却可以追溯为单纯的灵魂，而这个灵魂自身却包裹着一个更高的理想世界，因为"人之所以为人的艺术"，就在于这份童真和单纯,甚至执拗和倔强。

　　几乎再无须指明,古代文人们把赏石视作一种清玩和清供,而顺其自然地归属于文人雅趣的范围。不过,对于这种雅趣的认识,如果单纯应用趣味去解释就会显得贫乏。相反,清玩和清供,倒直接地指向了文人们的纯朴心境,满足着文人们的口味,体现着文人们的内心生活,袒露着文人们的心声,可以说,这种雅趣的蕴意是多元的,又是隐蔽的。然而,无论古代文人赏石多么多元和隐蔽,它都发生在具体历史语境当中,尤其为文人的艺术观念和美学观念所主导下的一种艺术和审美的存在(图72)。这就诚如清代画家程正揆题画诗所言:"空谷无人无我,浮云自卷自舒。极目洪蒙彼岸,曲肱天地吾庐。"[39]

图72　《慈云广被》　　灵璧石　　70×60×50厘米　　王占东藏

总之,如同美国哲学家杜威所譬喻的:"有一些艺术是通过赋予事物以意义的方式来形成对象的,而思维与此艺术是站在同一个行列里。"[40]古代赏石活动的皱、漏、瘦、透、丑,深刻地揭示了古代文人赏石的深层美学观念。

三 古典赏石的象征意味

如何来深入地理解古代文人赏石的美学观念呢?古代文人赏石风格所蕴含的美学观念的性质是什么呢?

前文已指出,古代文人赏石偏重的是形式——本质的形式。这里,可以用俄国思想家列宁的话,对"本质的形式"作个简单的理解。他写道:"形式是本质的。本质是有形式的。不论怎样,形式都还是以本质为转移的。"[41]古代文人赏石的本质形式,似乎也间接地验证了德国美学史家墨尔曼的说辞:"古代艺术的原理便是形式。"[42]

在语义上,"形式"一词,往往与"内容"和"意蕴"相对应。古代文人赏石形成的皱、漏、瘦、透、丑,作为一种赏石的形式表达,呈现象征性。它很难用准确的语言来描述,也很难把其所富含意义完满地表达出来。这就像德国哲学家黑格尔所认为,象征"呈现给感性观照"以某种更广泛、更普遍的意义。[43]因此,它理应理解为古典赏石风格。

近两千年来的中国赏石文化发展史,中国赏石风格展现出的始终是一个自由的领域,其中隐藏着一条鲜为人知的秘密线索:以诗情画意欣赏奇石。同时,中国赏石风格的演变,呈现不同时代的起承转合的特点。总之,古典赏石风格的形成,并不是突然之间发生的事情,而是经历了一个断续的和间歇的漫长过程,起初是怯生生的,随着时间的流逝而逐渐成熟。

古典赏石风格的成型却有着某种逻辑的必然性。往往越是看似简单的事物,象征性越强,隐喻意味越深,奇石即是此类事物。在古代文人们的心灵里,奇石并非单纯的存在物,而在本质上呈现鲜明的象征性。首先,需要理解何谓"存在物"。它可以用英国哲学家怀特海的话来解释:"'存在物'是拉丁语'事物'的单纯对应词。只是出于技术的考察才对两词作了随意的区分。所有思想都必然是关于事物的思想。""存在物是在自然的复合体中作为关联物而显露出来的。""思想在它自身之前放置了纯粹的目标,即我们所称的存在物,思维通过表达它们的相互关系来表述它们。"[44]其次,需要理解何谓"象征性"。

它可以用德国美学家立普斯的话来理解：象征意味着在一个被感知的东西中，有另一个东西，而且是一个精神的东西。这个精神的东西在这个被感知的东西中"被一同把握到"或"被一同体验到"[45]。此外，德国艺术史家弗里德伦德尔的话可视为其补充："象征是一种符号，它通过惯例、习惯，或者直接通过它的形式和色彩，唤起它无法明确表达的一些观念。象征中的可见物代表着某种不可见的事物，正如字母代表着发音。"[46]总之，通晓了存在物和象征性的基本内涵，就愈发明白文人赏石超越了存在与现实的浅层关联，逐渐呈现出的赏石风格化。而赏石一旦形成风格化特征，其象征意义就愈强烈，象征力量就愈大。因此，古代文人赏石的"皱、漏、瘦、透、丑"，虽为简短几个字，却有无数解释的可能性，乃因其为美学与哲学的统一体。[47]这或许就是古代文人雅士和士大夫们倾向以诗情画意去欣赏奇石的深层动因了。

奥地利艺术史家德沃夏克认为，要理解任何一个时期的艺术，关键是要了解这个时期的精神史。[48]同时，德国艺术史家沃尔夫林认为，精神史并不是个人的精神史，而是时代精神客观地表现为形式时的精神史。[49]在此意义上，古典赏石风格非属个体性的，而是集体性的，更是时代性的。不难理解，忠实自然，重在感觉，倾向感性，体现精神，才是古代文人赏石家们所追求的赏石理想，并凝聚于"文石"的概念之下。于是可以说，古代赏石活动是文人的一种艺术追求，反映了文人的精神特质。反过来说，古代赏石是受制于欣赏者的文化水准、艺术修养和思想观念的艺术活动（图73）。

一般来说，按照波兰社会学家奥索夫斯基的观点："象征艺术总是'理想主义'的艺术或'神秘'的艺术。"[50]一

图73　佚名　《雪竹图》　上海博物馆

切艺术中的形式从来不是为了形式而单纯存在。古代文人赏石的形式有着象征意味,富有隐秘的意义。准确地理解,古代赏石活动的独立自足性在于文人的精神性与大自然石头形相的相互渗透;古代赏石活动的象征意味为文人们的审美情感标示出的独特价值。简言之,古代赏石活动的形式乃将大自然石头的奇妙与文人们的理想统一了起来。

古典赏石风格的象征有某种超越性的东西,呈现某种意象,隐含某种理想化的特性。在一定程度上,可以理解为对永不安分社会的映照,反映着文人们的生活理想和社会理想。概而言之,古典赏石风格的象征性是现实与理想的杂糅。于是,文人们欣赏奇石的皱、漏、瘦、透、丑,在精神家园里,或愿景自己的生活方式,或在表达对失落的理想的感伤,等等。此外,这样的奇石形相还会传递出令人感到奇怪的念头,这种念头又与自己的情绪和心境相对照,既有朦胧感,又有毁灭感;既有静默的忧伤意味,又有宿命的消极体现。这就有点似悲剧的功能,正像古希腊哲学家亚里士多德所认为,悲剧的功用在于引起怜悯与恐惧的感情,使这种感情得到宣泄或净化,抑或使得这种感情得到陶冶,借此获得心理的平衡,这样,人的心理就恢复了健康。

德国美学家马克斯·德索认为:"美是直观形式中的绝对,是有限中的无限,是特定表象中的观念。"[51] 古典赏石风格的象征有着隐晦性,似乎透出文人们隐蔽的心灵冲突和人格分裂:一方面逃避社会,一方面渴望生活;一方面受制现实,一方面消极反抗;一方面欲言又止,一方面含沙射影;一方面极端悲观,一方面乐天主义。这种冲突和分裂却告诉了人们,"天下事情是个什么样子"的道理。这就如同英国诗人劳伦斯·比尼恩所持有的观点:"单单是秩序,以及对秩序的顺从,永远也不会使人的精神完全满足。在那种精神里,欲望经常隐藏起来,经常受到压抑,然而却一直持续不断,超越自己;它变得面目皆非,它逃避,它扩张,它创造。在某种意义上,这是对自身命运的对抗。而这种欲望可以通过渴望摆脱日常生活那种桎梏人的环境这样一种形式表现出来;这就是象征精神。在行动的天地里激发为冒险而冒险的精神,而在想象的领域里则渴求着美:它醉心于怪异的、遥远的、奇迹般的、不能达到的东西。或者它采取一种有力而又持久的形式,一心想超越自身的局限,使自己与外界存在物同化,最后它达到升华而与宇宙精神、与无所不在的生命精神合而为一。"[52]

在古代社会的充满混乱的现实中,文人们往往怀有忧郁和忧患的生活观和世界观。对于文人们来说,自然的和真实的石头容易使他们与现实相隔绝,为自己的心灵和信仰服务,赏石成了他们的艺术体验和生命感受。这就极似元代画家倪瓒诗中所言:"戚欣从妄起,心寂合自然。当识太虚体,心随形影迁。"[53] 总之,欣赏奇石成了文人们心灵的微妙回响。

古代文人们的内心向来都是一幅幅理想的画卷,因为他们是"文人"。文人们赏石拥有反思的情调,似乎在表达某种摆脱喧嚣的祈望,"否定"和"伤感"成为文人赏石的主要特征,颇具几分悲剧色彩和悲剧精神。这就如同德国哲学家叔本华所说:"悲剧给予我们的快感有别于我们对优美的感受,而应该属于感受崇高、壮美时的愉悦。悲剧带来的这种愉悦,的确就是最高一级的崇高感、壮美感,因为一如我们面对大自然的壮美景色时,会不再全神贯注于意欲的利益,而转持直观的态度。""能够使悲剧性的东西——无论其以何种形式出现——沾上对崇高、壮美的特有倾向,就是能让观者油然生发出这样一种认识:这一世界、这一人生不能够给予我们真正的满足,这不值得我们对其如此依依不舍。悲剧的精神就在这里。"[54] 实际上,所有伟大的艺术多少都会孕有这种特征。比如,日本美学家今道友信就写道:"的确,在艺术中散发着自我肯定的自由气息。而且,艺术常常以违反现存秩序的强烈反抗的姿态出现,使希望从义务及强制中获得自由。"[55]

决不可否认,古代文人赏石确实含有一种消极的批判性的心理态度和思维方式,正像美国艺术史家欧文·潘诺夫斯基所作的相关解释:"笛卡尔……提出了'我思故我在',意味着人类头脑只接受针对其自身活动产生的意识,而不再接受其他任何预设的前提,这就要求建立一套新的思维系统,这一系统完全独立于无理性的事实和教条化的信仰。有意思的是,笛卡尔本人曾写过一封信,描述了自己在阿姆斯特丹的处境,信中流露出一丝轻浮与伤感,然而这种负面情绪却在一种绝妙的沉默与自嘲中得以转化。"[56] 正是通过赏石活动,文人们感受自然,享受自然,在宁静、疏离、沉默与绝望之间,渗出几丝渺茫,以及些许不合时宜的希望,这种感受与大自然石头的本色相叠加,陡增了无以言说的意味。

纵观中国赏石文化发展史,喜好赏石活动的文人们多深受佛道禅文化的影响,不乏有的文人赏石家对佛道禅哲学有着深刻的领悟。他们一方面通过赏石深化自己的宗教体验,另一方面有意识地通过奇石的怪异,来衬托扭曲的社会现实与隐藏的理想对立。于是,在同大自然奇石的亲密接触中,舒缓自己的痛苦感受,摆脱自己的疲乏困窘,纯化自己的高旷之心。事实上,这就正如道家思想所主张的,文人们并非简单地在赏石活动中找寻远离烦扰的避难所,而是渴望自身与赏石所体现的宇宙精神合一。

姑且,举一个独特的例子来理解吧。朱良志先生说过:"中国人心目中的乌鸦并不是一种吉祥的鸟,古人就有见乌鸦哀鸣会遭殃的说法。但对艺术家和诗人来说,乌鸦又是他们喜欢表现的对象。""这些神秘的鸟儿,引发了艺术家和诗人的无限遐思。它们远足,寻觅，不做雕梁画栋客，多徘徊在寒林冷濑，飞得再远，仍然不忘回到旧时枝。这些都折射出艺术家和诗人的精神世界。"⁵⁷同样，在很多文学作品里，也有类似事物的描写。愈发地，人们能够理解赏石在文人们的心灵里所含有的特定象征意味了。然而，人们也不能任性地引申这种象征意味，比如，认为文人们赏石产生了病态的心理，患上了精神空虚的饥渴症，抑或突显了精神的孱弱，等等。相反，通过视觉的欣赏与心灵的寄托的紧密连接，文人们的赏石活动却给社会带回了沉思的果实。

作为文人的一种艺术活动，古代文人赏石不仅呈现出特定的风格，尤隐含一番宗教色彩。这种宗教色彩，极为类似德国哲学家西美尔之所言："宗教生活又一次创造了世界，整个存在处于一种特殊的情调中，是按照纯粹理念，与根据其他范畴所建立的世界图景完全不相交叉、不相矛盾的。"⁵⁸古代文人们通常富有卓绝的审美力和艺术鉴赏力，面对奇石的怪异的造型和变幻的画面，会联想到飞舞的书法、凝重的雕塑和多彩的绘画，徜徉在浪漫的诗歌海洋里，陶醉于充满节奏和旋律的音乐中，经历着一次次视觉和想象的颤动，熨平孤独和落寞的心灵。实际上，古人所谓"人性不相远"是有道理的，并且世界上的任何艺术虚构，都能够在复杂的文化系统中变成自由和幸福的源泉。

那么，古代文人赏石所透出的究竟是享乐还是感伤？反理性的表达还是感性的表露？反映的是客观自然世界还是自我世界？唯美还是丑陋？如果不理解古代文人赏石的美学思想观念的根源，不理解古代文人们的精神世界，不理解古代文人赏石为自然与艺术结合的胎物，不理解古代文人赏石是理想倾向与象征意味混合的产物，不理解古代文人赏石是观念化的，就不能准确理解古典赏石风格，更无法领悟到文人赏石的复杂性（图74）。这就仿佛法国诗人查尔斯·莫里斯所说："我们的表达是梦境的象征，我们的梦境又是思想的象征。"⁵⁹

对于古代文人们来说，奇石有着非限定的形式，成了一种心灵的抽象品。这就诚如明代思想家洪应明所言："谭山林之乐者，未必真得山林之趣；厌名利之谭者，未必尽忘名利之情。"⁶⁰赏石活动体现为文人的心灵活动与纯粹艺术上的欣赏，杂然并

图74 ［法］奥迪隆·雷东
《闭着的眼睛》
法国巴黎奥赛博物馆

存。追根究底，古代文人们的赏石活动所追求的是对自己的和解，因而在美学层面上，在审美感觉中就展现了审美幻想和艺术想象。假如否定赏石活动是古代文人的审美幻想和艺术想象，就是以精神割裂来否定文人赏石活动的自主性。因此，古代赏石的审美观念完全可以描述为文人们的一种主观视觉、一种审美感觉。

日本美学家今道友信认为："在东方，美虽然是联系着人们难以企及的憧憬来思考的，但是，由于把在现实中不能达到的东西，在艺术世界上象征化，并牢牢地抓住，所以它是依靠净化贪恋而成的。只有这样来看，才能说明自古以来艺术是精神净化之道的观点，即'艺道'传统。"[61]古代文人赏石并没有脱离"艺道"的传统。正是在此意义上，有的西方学者在20世纪80年代，把中国文人赏石纳入西方视野中的抽象雕塑艺术，虽然遗憾地脱离了中国的文化语境，却并非空穴来风。总之，古典赏石风格乃是一种象征的隐喻或反讽，而隐喻或反讽使得赏石风格提高至不流于庸俗的艺术和美学境界。[62]

最后，有必要简单介绍下西方的象征主义艺术的基本特征，以便更好地理解中国古典赏石风格的象征性。在总体上，象征主义试图摆脱理性思维的桎梏，超越可见的、理性的世界，以达到纯粹观念的世界。[63]例如，法国诗人缪塞就认为："象征主义……意味着一切能搅乱和干扰灵魂的东西。此外，象征主义还意味着怪异和神秘，人们可以从中感知到另类世界、恐惧和厄运。"[64]相互比照，不难理解古典赏石风格呈现出的神秘性、寓意性、崇高性和壮美性等象征性，实为自然主义和理想主义相结合的产物。同时，这种古典赏石风格又因自然特性而在摆脱旧有艺术的范畴，不服从于其他艺术的范畴，最终，彰显了独特的形而上的赏石美学观念。

总之，按照德国美学家马克斯·德索的说法："确实，人们可以冒险作出断言，美的事物的象征性语言从这样一个事实——像我们自己在说话但又与我们所说的不同这样一个事实中，获取了无尽的魅力。"[65]可以说，古代文人们已经把赏石置于艺术中极高的位置，甚至置于云根之端，在云端盛开着最为纯粹的孤寂之花。

四 古典赏石的美学遗产

人们能够从古代文人赏石的形式美、古代文人赏石的美学观念和古典赏石的象征性中感悟到什么呢？古典赏石留给人们什么启示呢？

前文已述，在古代文人赏石观念主导下的古典赏石风格，带有一种普遍的象征与隐喻的特征，这种特征体现了文人赏石观念与所赋予的赏石形式之间的和谐一致，或者说其意义与形式互融一体。反之，如果单纯从普遍的形式角度去理解古典赏石，那种做法是不完备的；那种仅对古典赏石作精神性的理解的做法，也是不充分的。实际上，对于古代文人赏石美学上的理解，需要把形式分析与精神分析两者相结合，并且，还要把这种结合置于特定的历史语境之中，才能够认识到其内涵和价值。

英国文学家柯勒律治认为："所有真实的形式都是有机的，……形式只不过是一种有意义的外表，是每个事物表述言说的外观相貌，它提供了有关事物隐秘本质的切实证据。"[66]同时，英国哲学家亚当·斯密认为："任何形式的实用性，它适合于为这一形式所指定的有益的目的，明显地会得到我们的赞许，不论风俗如何，它都是美的。"[67]古代文人赏石的形式美，显然并不是从自然的实在中复制出来的，也就很难找到实在的对应物，相反，古代文人赏石却是反实在的——一种彻底的抽象观念的表达。这种赏石形式看似笨拙的，甚至似丑陋的，又与人们在一般意义上理解的"美"完全不同，但潜入了一种自在自为的孤立状态，所暗喻或讽喻出一种普遍意义，恰恰回环了文人们的心境，体现了文人们的精神原则，复演了文人们的艺术意志。于是，欣赏奇石的皱、漏、瘦、透、丑的抽象形式，就与精神性的实在内化了，并且，精神的实在性又透过这些形式表现了出来。可以说，古典赏石风格之美决不限于奇石的实在形体，而是从于文人们的梦想与现实而生出的象征之美也。因此，在审美意义上，古代赏石活动反映了古代文人们的纯化的、净化的和反思的美学意识。

清代画家石涛言："或云东坡成戈字，多用病笔。又云腕着笔卧，故左秀而右枯，是画家侧笔渴笔说也。西施捧心，颦病处，妍媚百出，但不愿邻家效之。"[68]诚如石涛之言，古代文人们赏石追求的是一个梦境，憧憬着与真、美、善为一，但对于他们来说，这似乎又是一个永久的奢望，难免这个梦境中的奢望就会无形地透出些许悲剧色彩。的确，古代文人赏石就像文人绘画一样，无声地涤荡着人的心灵（图75）。

如果人们非得要说古代文人们的赏石活动乃是一种游戏，德国哲学家尼采的话，就可视作一个注脚了。他写道："虽然我们面对的课题是十分重大的，但我仍想不出有比游戏更好的其他方法。"[69]此外，古希腊哲学家柏拉图也说过："因为人是作为神的游戏工具而被创造出来的，所以，人必须是一边游戏，一边生存的。"[70]但是，这并非人们把古代文人

图75 《看人间》　　长江石　　8×12×5厘米　　李国树藏

赏石的本质形式的象征性，变成形式的游戏，甚至歪曲地去理解形式的本质的理由，因为"游戏"的指涉毕竟大不相同。

总之，古代文人赏石所涉及的既是实在，又是精神；既是形式，又是内容。而赏石精神就存在于其间。古代文人赏石的精髓不在于对奇石的形相作统一的观察，而是要在抽象形式中使得精神修炼以纯化。人们大可明了，古典赏石风格的出现，乃是一种文化现象、社会现象、审美现象和精神现象，而不是单纯的视觉现象了。的确，历史就是人，风格就是人。古代赏石活动作为文人之趣味，凝聚了文人的精神性，散发出文雅脱俗之气。于是可言，雅致、高洁、宁静、孤寂和文气，则成为古代文人们留下的隐性的赏石美学精神遗产了。

第四章　当代赏石艺术的美学风格：浪漫

中国赏石的美学风格从古代文人赏石的"象征"转向当代赏石艺术的"浪漫"，乃是一个逐渐生成的过程。对于这个生成过程的认识，既是一种倒推，又是一种展望。借用法国艺术史家福西永的话说，一个时代的艺术，既包含当下出现的风格，也包含过去幸存下来的风格，以及将来早熟的风格。[1]

笔者试图把中国赏石的美学风格划分为两个历史阶段，并提炼出如下特征：(1)古代文人赏石重视审美形式的抽象表达，体现为群体性的，属于文人雅士和士大夫们群体的观念艺术，在审美上呈现象征性，突显形式美中的隐喻意义。(2)当代赏石艺术是赏石艺术家对观赏石的审美观照，体现赏石艺术家的个性化审美，突显意象美中的浪漫气息，体现为个体性的，属于赏石艺术家的自由艺术。不难看出，这两个历史阶段的赏石审美特征，揭示着从赏石的形式论，至赏石的审美经验论的变迁。

本章乃聚焦于对当代赏石艺术的美学风格发展问题的讨论，以进一步地理解赏石观念和赏石理论如何影响，乃至决定赏石风格的变化。

一　大众赏石的"像什么"

当代赏石活动呈现出大众赏石的面貌。这里的"大众"，不是指人群范围有多广，也不是正人君子的对立面，而是被理解为对赏石认识外行的大众。这是本文值得注意的界定。客观地说，当代大众对观赏石的欣赏水平并不高，都在追逐雅俗共赏的时尚潮流，因为他们相信，赏石的雅俗共赏是正确的，也是应当的。自然地，就非像古典赏石风格那样的大俗大雅，低级趣味却避免不了，赏石几乎成了供大众赏玩的娱乐艺术。这里，言及大众赏石含有低级趣味的成分,一方面是与文人赏石传统相较而言,另一方面,也是与高雅的主流艺术相对而言的。

从赏石现象上来观察,大众赏石突出体现为对纯粹享乐的追求,把赏石目的视为了单纯的娱乐,赏石活动变成了惊讶和逗乐的行为,观赏石成了游戏的仆人,赏石世俗化了。同时,大众赏石倾向于追求"像什么",尤其像个"什么东西"。"像什么"则成了观赏石的集体表象,在这种集体表象下,人们只关注它们是什么,而很少去思考这些观赏石意味着什么。可以认为,追求"像什么"为大众审美的表现,不能说它不是审美,但仅是平常人喜欢的形式。这样说,我并不觉得是冒昧和冒犯——只能说是我观念的冒险。

每一代人在世界上所看到的都是与自己意趣相投的东西,这些东西所具有的共同特征被视作了视觉审美的准则。现在的绝大部分观赏石,如像动物与组合的小动物一样植入了昂贵的、花哨的底座,被赏石大众卖力地在各种场合吆喝与炫耀。他们与那些石头一样,都形成了一种固定的模式。从心理层面分析,祛除人们的赏石动机并不仅有"苦和乐"的心理学不论,"像什么"的赏石思维把对观赏石欣赏的感官大众化了。反之,那种主张对赏石的审美趣味的追求,则完全不同于像游戏似地所获得的低级快感。不用怀疑,与两千多年来所形成的文人赏石传统相比,并与当代赏石艺术理念的启蒙相比,大众赏石推高了赏石热情,但大众赏石与不断接近追求赏石精神内涵和艺术欣赏却形成了疏离。

"像什么"的观赏石的决定要素为逼真性和直接性。只是,这里的"逼真"指向的是实物或形状,借用奥地利艺术史家德沃夏克的话说:"'逼真'这一术语被理解为要求对事物外观做客观的描绘,对外形进行复制。"[2]而"直接"则被形象地描述为"一眼货"——只需一瞥,就会塞满人的注意力,但此处的"一瞥",倒不是那种美人看天才的眼睛所含的深情一瞥。一言以蔽之,栩栩如生这个字眼被赏玩石头的人们所反复使用。比如,人们通常会拿着一块石头,映着太阳的光线去找寻石头身上的"眼睛",就是最生动的写照。从逻辑上讲,它是实证的或写实的,仅关涉简单的常识,至多是简单的审美事实,透着一定实在论的论调。

实际上,生活真实和艺术真实一直以来都是个大命题。对于赏石里的"像什么"和"逼真性"存在很多争论,通常会涉及对艺术的认识、艺术风格的偏爱以及对事物美的不同判断等。当人们应用客观和辩证的眼界去分析,并放置在艺术的领域去审视,就会发现:

其一,逼真的观赏石看起来生动活泼,当第一眼看时,确实会令人感到惊奇。然而,当每天面对这块观赏石时,或者所看到的观赏石均为千篇一律的同质类型时,就不会再有惊奇感了,反而带给人以审美疲劳,使人感觉到乏味。在某种程度上,对于逼真性的观赏石,很难确定"逼真"与"惊奇"的长久界线。

其二,在审美上,"像什么"不是想象,而是直接的参照,谈不上感性认识。通常,衡量观赏石的"像什么",仅满足表象的真,仅为赤裸的内容,是在用实证眼光而非审美方式赏石。如果一定要说它属于联想,那也是近似儿童的表象联想。观赏石"像什么",虽然贴近日常生活,却无法反映艺术所追求的深层生命和灵魂内涵,更无法反映艺术家心中的想象世界。这里,可以引用德国美学家马克斯·德索的一句话,作个简单的解释:"真正的艺术家总坚持认为,艺术品的意义并不与它所反映给我们的有关真实的原理的数目和它偶然的联系成正比。"[3]毫不夸张地说,一味追求"像什么"的赏石认知,仅是一种低级的认知观。

其三,从欣赏方式来说,追求"像什么"更多体现的是认识,而不是审美。众所周知,艺术中的审美绝不等同于认识,因为审美不是仅为了获得某种确定的知识,而追求的是意蕴和风格,甚至荒诞和歪曲,等等。追求"像什么"的赏石方式,反而在赏石艺术理念下,却谈不上为恰当的审美方式。

其四,在艺术上,如果一幅绘画或一件雕塑"像什么东西",意味着创造它们的艺术家是在模仿他所看到的东西,这个东西基本被大家所熟知,或者能够被认识;如果一幅绘画或一件雕塑"不像什么东西",则意味着创造它们的艺术家不想模仿现实世界里的事物。不管哪种情形,它们都是艺术家心智的外化,都是艺术家动机的体现。然而,艺术总体上是对自然的模仿,而不是对自然的抄袭,更不是对实在的复制;艺术与忠实没有必然联系,艺术仅是对自然和实在的利用与转化,往往是欺骗人的虚假意象。这就正如意大利作家巴第努齐所说:"一切艺术都应是出于虚构,但却像是真实的。"[4]又犹如德国美学家马克斯·德索所说:"毫无疑问,作为艺术家的人强烈地争取获得真实,可是,另一方面又渴求非真实。要求艺术家对真实同时忠实又不忠实,这恐怕在逻辑上行不通。"[5]对于赏石活动来说,如果人们有意识地去发现"像什么东西"的观赏石,则意味着他们在追求普通人的共同理解;如果人们有意识地去发现"不像什么东西"的观赏石,则意味着他们不再刻意去追求普通人的理解。这种情形可以理解为通俗。更重要的是,"像什么东西",通常指涉的是生活中的普通事物——物品,而不是艺术家所追求的"像什么东西""不像什么东西",更不是艺术家所追求的"像什么东西""不像什么东西"的结果——艺术作品。

这种情形则可以理解为庸俗。举一个画面石的例子来理解吧。画面石里的呈现不只是视作形状,而需视作是绘画的或绘画性的,而不仅仅是实在的。化作哲学的语言,人们必须要去区分"艺术性"与"物性"⁶。就赏石活动的现实情形来看,当代赏石风格里的"像什么",有着一种天真般的孩子气,而与古典赏石风格的象征,以及与当代赏石艺术的浪漫,不可同日而语。

其五,在语义上,"像什么"惯常会用"似""如""好像"之类的显喻词来表示;反之,隐喻的范围和形式却是无穷尽的,犹如古典赏石风格呈现的那样。在此意义上,追求"像什么"的赏石思维和赏石行为,可视为对古老的古典赏石风格的理解产生偏差而酿成的。进一步地说,古典赏石风格属于高度形式化,而当代赏石艺术的风格呈现的是浪漫气息,它们均使得观赏石的形相呈现非具象化,有着无尽的多样性,而在多样性中又蕴藏着古代文人赏石家们和当代赏石艺术家们丰富的情感表达,充满着幻相的感性与莫测的神秘性。

其六,"像什么"的观赏石,呈现的是直观的新奇,浅显易懂,虽然符合普通人的理解,却不能够令艺术家满意。嗟乎!奉行技巧主义的赏石思维和赏石行为已经成为赏石艺术道路上的一弊也。清代画家汪绎辰曾言:"真识相触,如镜取影。"⁷倘若赏石活动不能够专注于艺术和美学,就成了纯粹的游戏,甚至连智力游戏都称不上,观赏石也就像永远长不大的孩子。因此,赏石艺术会毫不迁就地反对过度追求"像什么"的唯理智的论调——即使它现在多么地光彩照人,多么地追随者众多。

其七,对于"像什么"观赏石的过度追求,除了惯性和积习以外,艺术修养的缺乏才是这种赏石思维和赏石方式的深层根源。德国哲学家康德认为:"尽管审美判断追求普遍有效性,但它不能像人们理解逻辑判断一样得到认证。"⁸在根本上,人们需要抛弃那种对观赏石的欣赏仅仅基于体验的观念,以及建立在此观念上的对赏石趣味和享乐的表面追求。

其八,"像什么"的赏石思维和赏石行为无形地把观赏石作为审美对象贬低到日常生活的领域之中了。退一步说,任何艺术形象都可以视为"像什么",但艺术上的"像什么"与普通常识的"像什么"完全不能相提并论,并且,艺术上的形似终究逊于神似。亦同斯理,在赏石艺术中,人们必须摆脱那种过度追求观赏石"像什么东西"或"像什么物品"的思维和意识,同时,对"像什么"的理解也不能太过狭隘,而应该在对艺术和美学理解的基础上,去追求观赏石物象的艺术性和神似,去追求在艺术上已经存在的某个事物的相似,去追求在"艺术类性"和"类艺术"概念发生作用下的吻合或巧合,在试图辨识与欣赏观赏石的形状、形式和内容时,把形状、形式和内容一并放置到一个没有定论的艺术语境之中。反之,人们如果把所有的关注点都放到了追求赏石的具象极致化艺术,那么,就几乎等同于把最宝贵的东西都丢弃掉了。[9]形象地说,过度追求"像什么"的玩石人永远是儿童,但永远是没有保证金的儿童。

其九,对于那些酷似"像什么"的观赏石,赏石艺术也给它们留予了重要位置——具象极致化艺术。这可视为当代赏石活动在特定历史时期呈现的特色,也可能会被历史铭记,但符合具象极致化艺术的观赏石,毕竟万里挑一。如果人们都去追求在那种类型里的"万里挑一"的话,就等同于把赏石艺术里的绝大部分观赏石抛弃掉了。

其十,在赏石活动中,通常体现为以日常生活的思维为一方,以现实的艺术反映为另一方,两者虽为不同的方向,却存在着密切联系。从深层逻辑上说,现实的艺术会激发欣赏者感受到观赏石的艺术形相的丰富性,而这种体验越深刻,就越容易将这种激发转化为艺术的东西;反之,观赏石艺术品通过它的激发反映,使人们感受到赏石艺术的新现实,丰富和开阔了人们的视野,并成为日常生活和艺术生活的一部分。因此,人们对日常生活的观察和艺术知识的把握,会增加人们对新事物的感受能力,增强对赏石艺术的认知能力。

还需要进一步地去思考,大多数人为什么会喜欢"像什么"的观赏石呢?这或许与中国人的思维方式相关。例如,荷兰历史学家格罗特就认为:"在中国人那里,像与存在物的联想不论在物质上或精神上都真正变成了同一。特别是逼真的画像或者雕塑像乃是有生命的实体的另一个'我',乃是原型的灵魂之所寓,不但如此,它还是原型自身……这个如此生动的联想实际上就是中国的偶像崇拜和灵物崇拜的基础。"[10]如是,那些像什么的观赏石与它的原型一样是有生命的,这样的观赏石从自己的原型那里借来了它们的生命力,赏玩石头的人们似乎发现了活的存在物!人们不会怀疑格罗特的上述心理学解释的某种合理性,但这种像什么的思维方式,在实际的情形中却更像儿童们对相似性的认知,从而在相像中感到惊奇及获得游戏般的体验,这才是现实的解释;而在学理上,对自然的实证主义的遵循乃是获得其解释的最深根源。

这里,很有必要对"趣味"一词给予界定。"趣味"通常可以指有趣的品味,吸引人的感觉,等等。实际上,趣味涵盖的范围非常广泛。然而,当运用"趣味"这个词,去赞赏合乎美学的东西，合乎美的感觉，则持有另一种特殊的含义了。诸如，南朝文学家郦道元状自然景致时言："良多趣味。"[11]明代文学家袁宏道言："夫诗以趣为主。"[12]清代文学家吴乔言："子瞻（苏轼）云：'诗以奇趣为宗，反常合道为趣。'此语最善。"[13]因此，在特定语境之下，使用"趣味"这个词时，应该附加上"审美"或"艺术"的前缀，使得"趣味"限定在"审美趣味"或"艺术趣味"，以不至于该词由于语境不同，而词意不同。这是本文的一个重要界定，当然，这个界定并不是新鲜发明。例如，德国学者施莱格尔在讨论"趣味"时，就写道："'有趣的'这个领域只可能自我毁灭，因此，也是一个过渡性的品味危机。不过，它面临的两个可能的灾难非常不一样：艺术基本上是导向审美的能量，品味则会不断地渐渐对旧有的刺激麻木，因此会不断要求更多刺激，愈来愈强、愈来愈浓烈的刺激——它会迫不及待地从辛辣够味的东西转向惊异叫绝的东西。"[14]然而，不得不再次强调，古代文人们也是把赏石视作"趣味"，但古代文人们把那个趣味视为"雅趣"，暗含着"艺术趣味"和"审美趣味"之意，因为他们都是极具文学和艺术等修养的文人！令人遗憾的是，当代人们却陷入了简单的和表面的趣味之中，尤其在人们对观赏石的过度追求"像什么"的态势下，对那些古怪的、有趣的"东西"的偏爱下，不再有什么观赏石"美不美"的问题，而只有"像不像"的问题了；与此同时，"像"排斥了美，并在美的反噬下，美被"像"消散于无形之中了。总之，就让我说出真相吧！对观赏石"像什么"的追求，满足着大众的趣味，仅此而已；对观赏石"像什么"的追求，大众赏石使然。

综上所述，那些"像什么"的观赏石，绝不是当代赏石艺术的全貌，绝不是平庸之辈天真且固执地坚持的全部。赏石艺术有充足的理由，对于"像什么"的观赏石不再亲善了，虽然它对绝大多数普通人来说，永远是合宜的。这就正像英国美学家李斯托威尔所认为："在自然中，谈到创造性的想象所产生的各种事物，一定是纯粹的拟人观。另外，不能忽视创作过程中的许多契机，这些契机都与观照的经验没有任何相应之处。"[15]同时，也像法国艺术史家福西永所认为："一件艺术作品的时代不一定就是流行趣味的时代。"[16]在赏石活动实践中，随着赏石艺术理念的启蒙，人们不会绝对地喜欢那些"像什么"的观赏石了，它们甚至在整体印象上已经变得让人厌倦了，就如同奥地利艺术史家奥托·帕希特所说："当人们觉得发现了风格变化中有某种方向感时，没有人会认为发展的主体是在有意追求一个目标。"[17]这亦反映了庸俗与知性的背反。

清代画家石涛言："识拘于似则不广，故君子惟借古以开今也。"[18] 前文已述，古代文人赏石的高度形式化不可能表现出惊人的实在风格，并且，风格化愈严格、愈鲜明，形式愈蕴含无限的意义，所致的艺术实在也就退得离人们愈远。时过境迁，人们需要认识到，在继承古典赏石的美学遗产基础上，全然通过古典赏石来评判当代大众赏石水平是不公平的，并且，断然否定具有具象极致化特性的观赏石的艺术性，也是不客观的。反而，对于某些石种如戈壁石来说，赏石艺术中的具象极致化也会令人印象深刻，带有鲜明的时代烙印，并具有极强的艺术吸引力，透着本真，不可能被置之度外（图76）。但终究还需要铭记一点，纵观中国赏石文化发展史，当代的时间之流仅是历史长河的一瞬间，人们更应该站在大历史的视野中，去理性看待已经出现或未来将要出现的各种赏石风格以及赏石风格的转换。

图76 《岁月》　玛瑙　8.5×8×6.9厘米　赵立云藏

在古希腊阿波罗庙的残柱顶上,刻有一句"勿过度"的哲理格言,这句格言本是希腊人的中庸精神的标识,它同样也适用于当今赏玩石头的人们对"像什么"的追求。事实上,大自然是自由的、无拘无束的,所出产的观赏石是原始的、高度分化的,呈现多样性,带给人们的是多样性愉悦,尤其体现为艺术愉悦和审美愉悦,更多唤起的是那些富有思想和艺术修养的人们的心灵。在根本上,古代的文人赏石与当代的赏石艺术在"艺术要求"上有着显见的关联,而与那些对具象化的一味追求却迥然有别。本质上,中国赏石风格的演变表现为一种对观赏石的观看方式,相较于另一种对观赏石的观看方式哪个更受欢迎,更符合时代的审美趣味,更符合不同的艺术意志。理性地说,认识和见证到这一点,终将是今后那些抒写中国赏石文化发展史的赏石史家们的特权了。

二 赏石艺术理念的萌发与运用

毋庸讳言,拘于标准,囿于形式,好骛新奇,过度追求具象,这些已经成为当代赏石的实况与倾向的弊端矣。

由于欣赏的习惯,人们并不愿意去改变在赏石经验上的某种程式化。但是,赏石必须朝向高级的方向去发展,必须吸引新的群体的参与,这就需要变革和自觉。与此相关,匈牙利艺术史家阿诺尔德·豪泽尔说得很清楚:"单纯的革新愿望在风格转变中所起的作用微乎其微,而且一种审美传统越古老、越发达,就越是难以产生变化的欲望。因此,一种新的风格如果不面向新的公众,就很难站得住脚。"[19] 作为全新的概念,"赏石艺术"于2014年成为国家级非物质文化遗产,赏石艺术在法理上获得了名义席位,这是值得唤起人们注意的划时代事件。它预示着当代赏石出现了新的导向,呈现了裂变和升华。从逻辑上讲,运用新的赏石理念和艺术形式导入对观赏石的欣赏,必然会产生新的赏石美学观念,产生新的赏石美学风格。

赏石艺术有着文化连续性和历史延展性。这个断语隐含一个基本假设:艺术有着生成性,表现为某物在确定的时期是艺术品而在其他时期则不是。赏石艺术确是时间中的艺术,这实则是针对"石头何时成为艺术"这一问题的理论回答。[20] 意大利美学家克罗齐说过:"不仅是野蛮人的艺术,就其为艺术而言,并不比文明人的艺术逊色,只要它真正能表现野蛮人的印象,而且每个人乃至每个人心灵生活中的每一顷刻,都各有它的艺术世界。"[21] 自从中国赏石活动发生以来,赏石与艺术就相互依存,到了我们正置身其中的现时代,赏石艺术将会逐渐发展成为一种新的艺术形式。在这个渐进乃至突变的过程中,人们决不能遗忘古代文人们留下来的赏石精神和赏石美学遗产,否则,将会预示当代赏石处于贫困和飘摇之中,甚至处于衰落之中。

然而,现在的人们所专注的是观赏石的市场价值,而不是文化、艺术和美学;更关心当下,而不是往昔和将来。尤其,人们对中国赏石的过去,几乎一片朦胧。这里,有必要对古代文人赏石的精神遗产总结一句话:古典赏石风格留给人们的是对艺术的沉思,是对美的观念的不同诠释。而当代的赏石艺术理念的追求在于,重新燃起古代文人赏石的精神传统,又突显鲜明的当今时代特色,以便使得赏石艺术成为一种趋向审美沉思的艺术形式。当代赏石艺术正在宣告:赏石艺术是观照转化的艺术!赏石艺术是审美化!赏石艺术是审美的沉思!观赏石美在意象!

毫无疑问,每个时代的人们都不会以同样的方式去看待古代艺术。这显现着一个普遍认识,即当代赏玩石头的人们在潜意识中隐藏着追求"古风"的欲望,但在每个人心中却有着不同的赏石映像。然则,如果所赏玩的观赏石拥有古风气息的话,那一定需要今人所具备的赏石修养更接近于古代的文人们。反之,如果今人仅限于从古代的赏石图典中去"临摹"奇石的图像,按图索骥般地去搜寻观赏石,看似驾轻就熟,就认为自己在模仿古人,却没有抓住古典赏石的精髓,也谈不上对当代赏石的艺术风格产生有益的影响。是以,人们能否说,当几乎所有人都在追求同一种赏石风格之时,赏石艺术恰恰要回避它?

不管中国赏石的趋势如何发展变化,人们都在赏石体验中享受独特的情趣,尤其享受艺术趣味和审美趣味。赏石的不同艺术和美学理论会衍生出不同的审美原则,准确理解这些审美原则,并通过个人的赏石体验不断地去验证它,并且清楚地了解这些审美原则运用到赏石之中的不同方式,而不是以某种方式绝对地坚守它,服从于它,这乃因为当代的赏石艺术是自由的,又是自主的。因此,值得再次明确的是,娱乐的并不是审美的,娱乐与艺术相左;技术的并不是审美的,技术与艺术相左;功利的并不是审美的,功利与艺术相左;真实的并不是审美的,真实与艺术相左;趣味的并不是审美的,趣味与艺术相左;诸如此类。人们还没有充分理由断言,当前赏石似乎出现了一种衰落的迹象。

当代赏石活动正处于流派峰起、新旧更替、进退汇合的漩涡之中。然而,从中国赏石文化发展的历史进程来看,从古代文人赏石到当代赏石艺术,从古代文人赏石家到当代赏石艺术家,从古典赏石的象征性到当代赏石艺术的浪漫气息,再到赏石艺术与主流艺术相对话、相接轨,这些都不是简单的线性回归,而是在更高层次上的复归与超越。如同所有的艺术一样,赏石活动也在演绎着一个周而复始的关于艺术的故事。实际上,当代赏石艺术理念是对古代文人赏石传统的继承与发展,尤其体现在对传统文人赏石精神的重新拾掇。诚然,也许在每种赏石风格中,都会体现出某种程度上的多样化的赏石家们的个人风格及传统,因为在艺术中的某一类型超越原初阶段及成熟阶段,并使得过去成为明显的前现代方面之前,古典风格不会出现,就如同只有篆书在日常使用中被隶书所取代时,篆书这种书法体才会成为古典形式一样。然而,赏石艺术似魔幻的盒子,打开它难;更不可小觑的是,于今天来说尤似潘多拉魔盒,打开之后将会更难。客观上,在这个历史性的转折过程中,赏石艺术必然会引发巨大阵痛,在阵痛中实现对当今赏石活动的陈腐价值观和既得利益的无情淘汰。

赏石艺术并非小道,必有可观者焉,而常人追求形似耳——"形似"即似形。在词源上,"形似"是在六朝前期的《世说新语》里,关于人的容貌问题开始使用的一个词语。[22]《易传》有言:"见乃谓之象,形乃谓之器。"[23]基于同样的理由,假如赏石活动所涉对象都是"柴、米、油、盐、酱、醋、茶",没有"白水煮苦瓜",谈何赏石艺术呢!谈何高雅艺术呢!从深层上看,古代文人赏石是文人幻想表达的抽象形式,当代大众赏石的"像什么"只不过是大众的表面审美,而赏石艺术理念则适合于艺术的表现方式,因为"只有理念才是长驻的,时间只是观念而已"。[24]准确地描述,古代文人赏石的"皱、漏、瘦、透、丑"及"形、质、色、纹、声",这些已不再适应新的时代要求,它们也涵盖不了当代的所有赏石观念。相反,只有赏石艺术理念,才能够正确指导当代的赏石实践,只有赏石艺术自由,才是从文人赏石传统正脉里引出的那泓清泉。然而,不得不承认,这个赏石观念的转变仅靠些许人是不可能促成的,甚至一代人或几代人也难以实现。

无论如何,在中国赏石发展的充满曲折的道路上,人们需要坚持在理念上来提升如何欣赏观赏石的方式,这种方式不只是取决于古代文人赏石的纯粹形式观念,也不只是取决于当代大众赏石的逼真观念,而是取决于当代赏石艺术的艺术观念。实际上,赏石艺术理念为一种观念论,它拥有自己的工具箱和逻辑链条:把常识转交给想象力去处理,把想象力转交给记忆力,把记忆力转交给审美经验,把审美经验转交给知解力,把知解力转交给艺术和美学知识,等等。简言之,这个复杂的系统发生过程,就是对观赏石的审美化过程,而只有审美化才会摆脱常识性。如果赏石活动一直停留在蹈袭前人,或仅停留在消极地接纳常识这一初始端,就谈不上艺术和审美地赏石,谈不上赏石艺术了。

赏石艺术理念的要义乃在于,如何在赏石活动中应用正确的艺术欣赏方式和审美方式,如何使观赏石成为艺术观照和审美观照的对象,如何使观赏石获得更高层次的艺术生命力,如何使得观赏石转化为艺术品。这里,引述德国哲学家黑格尔所说的一句话,对于赏石艺术的理解就颇具现实意义:"理想在它自己的领域里,如果要提升到一个较高的阶段,就先须扫除阻碍它达到完善的那种缺陷。"[25]实践赏石艺术理念,当务之急在于克服过度追求"像什么"的赏石趣味,摈弃那些对所谓的赏石标准的羁绊,区分出赏石里的那些粗俗的东西,剔除掉赏石艺术中仅浮在表面的东西,从而在艺术审美的意识下,充分运用审美经验和想象力在赏石艺术中所发生的效力,以彻底揭开蒙在赏石艺术上的面纱(图77)。

总之,在中国赏石的主要历史发展进程中,从古代文人赏石重抽象化形式的象征表达,到20世纪80年代以来当代大众对具象化的过度追求,再到赏石艺术家对观赏石的审美观照,有着历史条件变化的痕迹,展现着奇石和观赏石欣赏者的心灵态度、审美趣味和艺术倾向的历史变化,也反映着不同历史时代的面貌(图78)。

图77 [意]拉斐尔 《披纱巾的少女》
意大利佛罗伦萨彼蒂美术馆

图78 [意]莫迪里阿尼 雕塑作品
私人收藏

三　赏石艺术：浪漫型艺术

当代赏石艺术正在迈入一个建立在审美化基础上的新的艺术形式独立的时代。从中国赏石主体的变化角度来看，从古代的文人赏石家转向当代的赏石艺术家，有着某种必然性。日本美学家今道友信就认为："人类对于物的思考方法是随着时代而变化的。但是，这并不意味着人的本质也会发生变化。"[26] 当代赏石艺术的最核心在于观照转化，涉及赏石艺术家的活动，转向以艺术和审美的眼光来观照观赏石，使得观赏石转化为艺术品。确切地说，赏石艺术理念正在敲打着新的赏石时代的大门。

然而，在深层次上，赏石艺术能否视为当代的一种艺术形式，观赏石能否成为艺术品，这些都需要理论上的解释。[27] 换言之，文中的探索不是以"艺术品的存在这一事实"作为假设前提，而是涉及"艺术为什么会存在"的主要逻辑，因为赏石艺术视为一种艺术形式和观赏石作为艺术品，还没有完全被当作既成事实来对待。但是，艺术有着时间性，赏石艺术乃可看作处于生成的过程之中。相类似地，美国哲学家斯蒂芬·戴维斯就持有一种观点："艺术中什么是可能的，取决于艺术过去是什么样的；什么样的艺术将是可能的，取决于现在的艺术是什么样的。确实如此，这不仅是因为艺术风格随着技术等的发展而发展，还因为艺术作品无论如何也得参照它们的前辈祖先，这种'参照'如果不是直接的，那也是间接的。"[28] 总之，就认识赏石艺术的审美风格而言，会涉及探求赏石艺术与赏石艺术美学相互作用的叙述，以及两者因果关系的说明等一系列基本的赏石理论问题。

观赏石是赏石人的作品。观赏石作品是赏石艺术家发现和感悟的产物，是赏石艺术家心灵的创造，也是赏石艺术家意图的表达。赏石艺术家们通过观赏石作品向一切欣赏者传达着某种独特的情感，传递着赏石艺术迥然不同的意义。同时，观赏石作品也在激发一切欣赏者的情感。完全可以说，赏石艺术作为审美活动，是高度主观化的、个性化的、情感化的和自由化的，可视为"浪漫的"。相应地，高尔泰先生就认为："审美活动是体验自由的活动，艺术创作活动是追求自由的活动。二者都是人的存在和本质，以及个体和整体相统一的活动。美与艺术的创作和欣赏，这是人类在自由的基础上，在差异、变化和多样性的基础上，实现人的存在和本质统一，以及个体和整体统一的一种途径。"[29] 不可忽视，赏石艺术的浪漫特性尤为建立在自由的基础之上。

德国思想家歌德认为:"在任何一件艺术作品中,不论是大作品还是小作品,以至最小的作品,一切都在于观念。"[30] 赏石艺术的根本观念在于找出并理解适合于这门艺术的是什么,而此观念又在决定着观看方式,在此基础上,人们再去认识观赏石美在哪里。因此,赏石艺术的启蒙需要艺术洞察力。这就犹如美国艺术家罗伊·利希滕斯坦所说:"有组织的洞察力就是艺术的全部"[31],而这种艺术洞察力必须经由审美经验而来。赏石艺术洞察力作为对观赏石独特的审美表现的认知,使得观赏石拥有了自己的艺术生命力,并使得观赏石这个外在的自然对象,在人们视之为审美对象之下,在有意识的艺术观照和审美观照之下,在发现、感悟、反省和心灵等共同作用之下,尤其在审美经验的外射之下,达于一个自由的浪漫的艺术境界。

古代文人赏石是往昔的艺术,而当代赏石艺术可视为现在的艺术和未来的艺术,那么,应该如何认识两者之间的传承关系呢?值得借鉴的是,德国哲学家尼采就认为:"对现代人来说,这种对过去的纪念性思索,这种对稀世之物和经典之物的沉思有什么用呢?伟大的事物存在过,因此也就是可能的,也就能再次成为可能。获得这种知识是有用的。"[32] 同时,德国艺术史家温克尔曼也认为,艺术作为历史知识的来源,能够让我们对过去的社会世界获得更充分的理解,从而对我们的当下有所教益。[33] 在此意义上,赏石艺术要坚持"贵能遵古不背时,今而不同弊"[34],这乃因为古代的文人赏石拥有最为内在的力量,突出体现为赏石精神的发轫,它是永远不会泯灭的,而当代的赏石艺术既是纪念性的,又是创新的起始点。这正像德国思想家歌德的诗句所表达的:

> 你们所说的时代精神
> 先生们,那不过是你们的精神
> 在那精神里面印了些时代的虚影。
>
> ——歌德

在观赏石不可避免地沦为娱乐和商品的现时代,赏石艺术的启蒙意义体现在,不再被真实所裹挟,在于使人感到一种全新的真实——能够认识真实,但已不再是一个真正的真实,在于避免平淡、直白、轻佻、鄙俗、俗意、迂腐和滥用习气,在于摆脱恶劣趣味,在于重视观赏石的意蕴、诗情、画意和美,在于从浪漫主义精神中,在稍形黑暗的现实里召唤出赏石艺术的浪漫气息,在于提高欣赏者的文学和艺术修养,等等(图79)。然而,赏石艺术的启

图79 《贵妃醉月》　　雨花石　　5.4×4.6厘米　　李玉清藏

蒙亦会产生让人难以评估的后果,会对极少数人形成一种解放,但对更多的人构成了一种破坏。

在整体意义上,赏石艺术可以理解为浪漫型的艺术。但必须解释的是,由此就可以说赏石艺术的审美风格呈现出浪漫气息了吗？或者说,赏石艺术的审美呈现浪漫气息,赏石艺术就是浪漫型艺术了吗？

这需要人们深入地理解艺术中的"浪漫"性。在艺术上,"浪漫的"与"古典的"相对应。总体来讲,浪漫是理性的反力量。古代文人赏石偏重本质形式,此本质形式呈现的并不是优美,而是皱、漏、瘦、透、丑,它们体现的是象征性;当代的赏石艺术则偏重内容意蕴,关注艺术形相,欣赏的是观赏石的艺术表现力,呈现浪漫性。

这里,还有必要理解西方艺术史上的"浪漫主义",以便更好地认识"浪漫"这个词语。"对许多人来说,浪漫主义是一种哲学和生活方式。"美国艺术史家奥克威尔克继续写道:"浪漫探索艺术方式从某种程度上使重点远离了主题的选择,因为如今任何主题似乎都可以似是而非地运用。"[35] 浪漫主义往往是唯心主义的心灵观的变体。例如,法国哲学家保罗·萨特在哲学上曾对浪漫主义作过界定:"浪漫主义在哲学中——如同在政治和文学中一样,是通过对综合精神、能力的观念、次序和等级的概念,伴随着生命主义生理学的唯灵主义而表现出来的。"[36] 这就如同德国哲学家诺瓦利斯所作的譬喻一样:"有着树林、景致、石头、图画的心灵是特殊的心灵。应当把景致看作是山林女神和山地女神。应当把景致当作一个形体。对特殊的心灵来说,景致乃是理想的形体。"[37] 如是,浪漫主义则蕴涵心灵和想象力在艺术领域的自由表达。[38]

通常,艺术上的浪漫主义表达的是对形式的相对不关心,对规则的蔑视,对情感的直觉,用德国哲学家黑格尔的话说:"浪漫展现的是自由的具体的精神境界。"[39] 此外,德国哲学家施莱格尔在文学中曾给浪漫下过定义:"浪漫是对不完整或不完美的表达,是努力认知无限的一种具体表现,这与古典主义艺术里形式完美而有限的本质正好相反。""当把崇高的意义赋予平凡之物,把神秘的表象赋予普通者,把陌生事物的特色赋予众人熟悉的事物,把无限的外观赋予有限,这就是在进行浪漫化的过程。"[40]

总的来说,浪漫主义艺术往往依赖感受和信仰创造出富有诗情画意的艺术,依靠的是自由和想象力的发挥,倾注的是内容意蕴和精神层面的东西,甚至转向了超验主义(图80)。若用哲学语言来描述,浪漫主义艺术乃是艺术中的主观化和个性化,蕴含对多样性和无限性的追求。于是,浪漫主义艺术才有着浪漫之美。对此,波兰美学家塔塔科维兹曾说过:"浪漫之美乃是激情之美、热情之美、想象之美;诗意、抒情之美;不合乎形式或规则的精神与无定形之美;奇异、无限、深刻、奥秘、象征、杂多之美;虚幻、渺茫、如诗如画之美;强力、冲突、受苦之美,乃至极具震撼之美。"[41]

更重要的是,在浪漫的主导下,艺术成了感觉和心灵的东西,艺术成了天才们的自由创造,而在艺术家的创造中,浪漫艺术的本质旨在激发感受和唤起想象。这是凭借本质主义的分析哲学观念来认识浪漫艺术的(图81)。

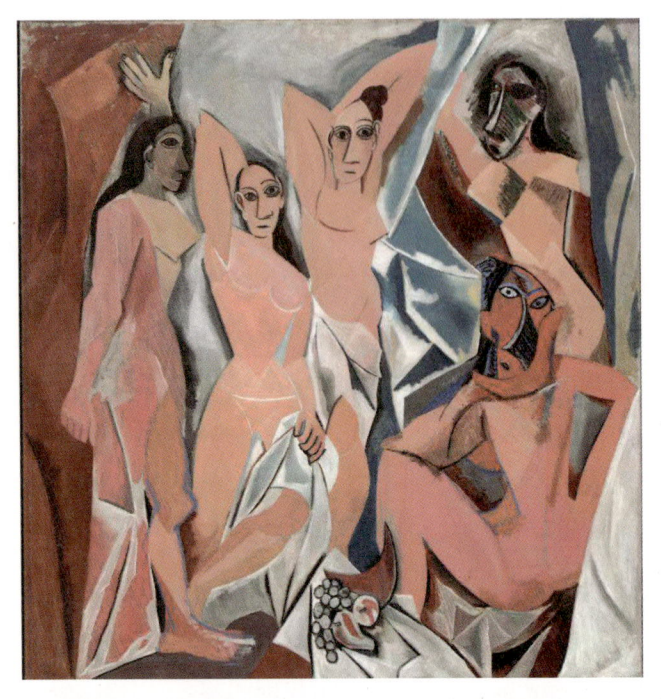

图80 ［西］毕加索
《亚威农少女》
美国纽约现代艺术博物馆

图81 ［法］乔治·修拉 《马戏团的巡演》 美国纽约大都会艺术博物馆

其一，关于感受。法国文学家维克多·雨果认为："到底诗人是一位什么样的人呢？是一个感受强烈，并用更具表现性的语言来表现他的感受的人。"[42]英国诗人雪莱也曾说，诗人是一个被人无意听到的夜莺，"他们坐在黑暗之中，用甜美的声音排遣自己的孤独"[43]。美国美学家比厄斯利说道："在浪漫派的艺术理论中，感受不仅是艺术的主要原因和最重要的效果；它也可能是一种知识的源泉"[44]。

其二，关于想象。英国文学家威廉·哈兹里特认为："这种对隐藏着的事物的类比关系直觉性的感知，或者正如人们所说，这种想象的本质，也许是比其他任何环境都更深地将天才特征的印记打在艺术产品之上，因为它是在无意识中起作用的，像自然……"[45]同时，法国诗人波德莱尔认为："想象仿佛是一种神性的官能，不使用哲学方法，它直接感知事物间的秘密而亲密的关系，以及它们的对应与类比。"[46]此外，德国哲学家叔本华则认为："不要把一切透过艺术作品的全部都给予了感官，而应该只是提供把想象力引往正确的途径所需要的；始终必须给想象力留下些许的，甚至最后要做的东西。"[47]

总之，对于浪漫艺术中的美，美国艺术家罗伯特·亨利写道："没有什么事物是美的。但所有事物都在等候富有感受力和想象力的心灵，只有心灵才能在观看事物的时候唤起人的愉悦情感。这就是美。"[48]综上所述，这些对于艺术中的浪漫的认识，无疑会有助于理解赏石艺术的审美风格的浪漫性。

对于赏石艺术的浪漫性，人们从中可以认识到赏石艺术审美的五方面特征：

其一，赏石艺术审美不只寻求实在，而是聚焦于观赏石的外观形相的欣赏，不只在乎形式，而是从形式走向了意蕴、心灵和精神之途。这就犹如南朝画论家谢赫所言："若拘以体物，则未见精粹；若取之象外，方厌膏腴，可谓微妙也。"[49]浪漫思想把赏石与艺术和审美拉到了一起，赏石艺术的审美逐渐走向了个性化，变得深刻和敏感，变成浪漫型艺术了。

其二，凭借赏石艺术的浪漫性，能够解释一些赏石现象。比如，在"像什么"那里，尽管极个别的观赏石可以达到极致，但却很难产生美学上的效果，甚至难以成为至高的艺术品。这是因为它们没有给想象力留下任何发挥的余地，想象力也无法参与其中，除了带给人以短暂的惊诧之感以外，不会留给心灵更多的东西。这种情形，颇似法国诗人波德莱尔所作的相关解释："务必不要混淆理性的幻影和想象的幻影，前者是方程式，后者是存在的东西和回忆。"[50]而赏石艺术似乎又回复到了中国赏石的出发点——哲学和宗教的影响，尤其道家思想的启迪，诚如刘小枫先生所写道的："中国浪漫精神当然要溯源到庄子……超形质而重精神，弃经世致用而倡逍遥抱一，离尘世而取内心，追求玄远的绝对，否弃资生的相对。"[51]

其三,赏石艺术的浪漫性,给欣赏者留下了空间,给赏石艺术家留下了空间,也给审美的沉思留下了空间。德国哲学家叔本华就认为:"只有在艺术品留下了某些我们无论对其如何琢磨都无法归纳为一个清晰概念的东西,我们才会对这艺术品所造成的印象感到相当的满足。"[52]对于观赏石的欣赏,尤其在对观赏石形相的审美观照中,需要哲学的、宗教的和文学的浪漫体验才能完成。

其四,赏石艺术的审美风格,不关涉于赏石的价值问题。赏石艺术的审美风格中的浪漫,作为风格本身就具有价值,因此,从浪漫的艺术风格角度来看,那些纯正的观赏石艺术品本身就是有价值的。同时,它更不关涉于赏石的标准问题,赏石艺术的审美风格中的浪漫,作为风格本身就是标准。在最宽泛的意义上,浪漫性就是赏石艺术的审美所呈现的风格的本质。

其五,在赏石艺术的浪漫审美气息下,观赏石艺术品呈现出自己的独特风格,拥有了自己的独立审美价值。自然而然地,那些高等级的观赏石艺术品相互之间就很难通过"整体风格"来比较了。于此,德国美学家莫里茨·盖格尔表达过类似的观点:"最出色的艺术作品根本不能被人们相互比较。任何一个最出色的艺术作品都通过它的'风格',通过它的价值模式表现了某种绝对。"[53]

完全可以说,只有在艺术哲学层面理解了浪漫主义艺术的本质特性,才会幡然领悟到赏石艺术的浪漫气息。然而,当代赏石艺术正处于形成过程中——新生的状态,还未淳化出完全成熟的风格。因此,赏石艺术作为一种新的艺术形式,把赏石艺术的美学风格严格描述为"浪漫",将会是一个引起争议的认识。这就正如法国精神分析学家雅克·拉康所认为:"一旦任何知识被构建,其中都有一种错误的维度,即忘记那个以新生形式出现的真理的创造功能。"[54]但反过来说,赏石艺术作为一种新的赏石理念,"浪漫"的繁殖力和张力,将会无可回避地促进赏石艺术的发展,激发赏石艺术家的浪漫审美的潜能。这种辩证的叙事恰是一种建构。

总之,赏石艺术是以各种艺术形式和艺术元素的融合为开端,以文人赏石传统的回归为依托,以复兴古典赏石精神为内在驱动力,逐渐成长为一种纯正的艺术现象,从而最终会形成一门新的独立艺术形式。在根本上,赏石艺术家和欣赏者的文化、艺术和美学修养将在赏石艺术审美风格形成中发生着效力。然而,人们终将不可忘记美国艺术史家乔治·库布勒的如下所言:"风格就像彩虹。它是一种由同时发生的某些自然状态来决定的知觉现象。""风格与对静态实体群的审视有关。一旦实体群重新回到时间流之中,风格也就消失了。"[55]更应该重视英国艺术史家达娜·阿诺德所说过的话:"如若以对猫、狗的艺术再现来讲述艺术史,依然是行得通的,但在过去两千年中,家养宠物并不是艺术家关注的焦点。"[56]

结语　赏石观念决定赏石风格

本编的四篇文字,讨论了中国赏石艺术的美学思想源泉及中国赏石风格的演变逻辑。值得指出的是,文中把中国赏石风格的演变的起止时间,界定为从约公元3世纪"古代文人赏石的呈现",至20世纪80年代以来"当代赏石艺术作为一种新的艺术形式的逐渐形成",近两千年的漫长赏石历史。同时,文中所说的"风格",大意趋向于美国艺术史家奥克威尔克在《艺术基础:理论与实践》中所作的界定:"风格标注于某个历史时期或艺术运动上的独特艺术个性和形式的主导倾向。风格也涉及艺术家个人对媒介的表现性应用并由此赋予他们的作品以个人特性。"

通过追溯和回望中国赏石文化发展史,会发现古代赏石融合了共同的文化因素,尤其表现为深受道禅哲学思想的影响;古代赏石的发生与文化地理有着根本联系;文人绘画理论对古代赏石影响深刻。古代赏石属于文人艺术的范畴,为文人们各自所处时代、艺术观念和生存哲学等影响下的结晶。透过赏石历史,不但能够领略文人赏石家们对奇石如何进行感受和欣赏,还反映出他们的特定赏石审美观念。当代赏石艺术为理念性的,乃是赏石艺术家主导的审美化活动。

从认识论角度看,中国赏石风格的发展趋势有特定的演变逻辑,呈现鲜明的时代风格:

其一,从美学层面上看,依照中国赏石历史的演变轨迹,古代文人赏石突出了赏石的本质形式,赏石的风格是象征的。古代文人赏石的象征性,脱胎于古代文人的深厚学养、高尚品格和所依托的高深哲学。当代赏石的"像什么"的追求,明显地有着娱乐化倾向,归属于普通大众的一般见识,只是一种特定历史时期的现象。当代赏石艺术的浪漫性,归因于赏石艺术家的创造,赏石艺术家承担着类似浪漫艺术中的"天才"角色,而当代赏石艺术的"浪漫美学风格"属于发生学意义上的——正在发生与将要发生,但时间必将会使风格呈现精致化和清晰化。

其二，从本质内涵上看，古代文人赏石的象征有着形而上学的特性，突出表现为本质的形式。当代赏石出现了对具象化的"像什么"的过度追求，仅是一种颇有局限性的普通经验主义的运用。当代赏石艺术的浪漫性，充分体现在赏石艺术家对艺术理念的追求，此理念在统筹着赏石艺术的媒介而实现精神化，乃属于赏石艺术家对艺术中的呈现、示现、再现和表现等知识的运用，体现为想象力和审美经验等发生的审美效力。

严格来说，把古代文人赏石风格与当代赏石艺术风格相区分，在学理上非常必要，否则，就不能清晰地理解中国赏石风格的变化方向。然而，实际的情形是古代文人们也赏玩画面石，当代人们仍然在赏玩传统石，在这个意义上，就可视为当代赏石艺术风格为象征与浪漫并存，以及当代赏石艺术为重形式美和意境美并存。但是，人们也不应习惯以古典赏石的方式来看待当代的赏石风格，也不能以现在的观看方式去看待古典赏石的风格，而需要以历史观辩证地认识到赏石风格之间的继承与发展，因为昨天，就是今天的历史。中国赏石的美学风格变化并无一刀两断式的分野。可以说，在中国赏石风格的历史演变发展进程中，它们的"发生""扬弃""聚合"的发展，均取决于文人赏石家和赏石艺术家的心灵，均接近于欣赏者的自由状态。总之，试图勾勒出中国赏石的美学风格的概貌及其形成与变化的原因，均会涉及不同的赏石主体，涉及不同的历史语境和不同的观念问题。

最终的结论是，在中国赏石的主要历史发展进程中，从古代文人赏石的象征性，到当代赏石艺术的浪漫性，生动地诠释了赏石观念是赏石风格发展的重要推动力，也在彰显着赏石观念与赏石风格之间具有不可磨灭的内在联系。并且，中国赏石风格的历史发展趋势逐渐从类型化走向了个性化，完全基于不同历史时代语境中的赏石主体所拥有的精神和观念。总之，它们都在揭示着历史上的人们对于特定赏石品类的偏好变化，显示着收藏品味的变迁，也揭示着中国赏石和赏石艺术与绘画和园林等主流艺术形式的密切关联。

乙编 赏石艺术的审美问题

乙编首图 [荷]伦勃朗 《摩西十诫》 德国柏林画廊

第五章　赏石审美意识的发生：中西方美学观念比较

傅雷先生曾言："东西艺术，技术形式既不同，所启发之境界复大异，所表白之心灵情操，又有民族性之差别为其基础……世惟有学殖湛深之士，方能知学问之无穷而常惴惴默默，惧一言之失有损乎学术尊严，亦惟有此惴惴默默之辈，方能孜孜矻矻，树百年之基。"[1] 从逻辑上讲，赏石艺术美学从属于艺术哲学和自然哲学两大思想家族。对于中西方的艺术和美学的一般理论，以及自然哲学的一般理论的比较解释，可以为人们认识中国赏石审美意识的发生提供一条途径，同时，这种跨文化的比较解释，也为探讨中国赏石艺术的审美问题提供一个瞰览，从而以不同角度来认识中国赏石艺术美学的独特性。这乃是本章所要讨论的。

一　中西方艺术观、美学观之比较

赏石的源头发生在中国，纯粹是中国的始发现象[2]，乃至今天的赏石艺术，亦可视为一种原创的艺术现象。但从地域上看，赏玩石头的现象却属于亚洲，除了中国以外，尤以东亚的日本和韩国最为盛行。出于行文方便，本文拟题"中西方"。

在讨论中国赏石艺术美学时，尝试着把中西方艺术观念和美学观念拿来比较是一个重要方面。理由在于：（1）艺术和美的观念往往隐含在哲学观之内，这是基于艺术哲学史而得出的基本认识，而赏石艺术属于艺术哲学，赏石艺术美学属于审美哲学。（2）深入理解中国人赏玩石头，而西方人不去赏玩石头这个历史现象，需要一种宽泛的视野。而从文化角度对这个现象进行比较，在拙著《中国当代赏石艺术纲要》里曾作过讨论。[3]

总之，应用比较艺术哲学观去探讨中国赏石艺术美学，能够对赏石艺术这个属于中国人的心灵艺术所富含的美学意味获得别样的领悟，这正似德国哲学家黑格尔所持的观点，历史研究的主题是各民族在不同的艺术中所呈现的不同观念、精神和心灵。[4]这是本书重要的方法论。

（一）中西方艺术观略述

哲学家牟宗三认为，中国文化自始着眼的重点是生命，关心生命的妥当安排，并以理性来调护，去润泽生命。[5]他写道："中国哲学的中心是所谓儒、释、道三教。其中，儒、道是土生的思想主流，佛教来自印度。而三教都是'生命的学问'，不是科学技术，而是道德宗教，重点落在人生的方向问题。几千年来中国的才智之士的全部聪明几乎都放在这方面。"[6]总的来说，中国哲学是人格化的、社会化的和伦理化的，它们均体现在人与物以及人与世界的关系之中。

在人与物，以及人与世界的关系上，中国哲学主张天人合一，万物一体。从天人合一和万物一体这个大哲学传统来理解，人与整个世界的关系是内在的、互动的，并且，人与整个世界相通、相融。对此，许倬云先生有着一段精辟的论述："中国文化的上层是知识分子以理性和逻辑思辨建构的宇宙论、知识论与伦理论。各家学派虽有异同，却无不以人间为其关怀的主题。同时，人间的秩序又叠合于宇宙秩序之中，成为套叠的复杂系统。于是，天地之间，凡百事物，都只在人间层次见到其意义。这一系统，正如国家的政治秩序一样是整合的，也是统一的。"[7]

关于中国传统艺术哲学方面的认识，这里只罗列六点主要梗概：

其一，中国艺术是生活世界的映照，是生命体系的构成，是体验世界的意趣。在最普遍意义上，艺术的价值在于生命体验。兹举两个例子来加以理解吧。《尚书·虞书》记述："夔曰：'於，予击石拊石，百兽率舞，庶尹允谐。'"[8]"八音之中，惟石最为难和。而乐之条理，以磬声终焉。我于石磬之大者，重敲之以发其声。石磬之小者，轻敲之以审其韵，但见其清越悠扬，而锵然可听，石声和矣。石声既和，则八音皆无不和，而乐之条理备矣。由是以其声之和，而动其气之和，故百兽闻之皆相率而抃舞，以其音之和，而动其心之和，故庶尹闻之，皆诚信而克谐，其感人动物之神如此，又孰非帝德之所致哉！"[9]石磬作为乐器进入中国人的艺术生活，最早尚有"泗滨浮磬"的记载。这自然是引申出来的另外话题。不过，这个关于石磬演奏的事例却告诉人们，"乐者，天地之和也"[10]。相应地，秦国相帮吕不韦亦言:"耳之情欲声,心不乐,五音在前弗听;目之情欲色,心不乐,五色在前弗视。"[11]这两个例子生动地说明,中国艺术是向内的,表现为在万物感通的前提下,以生命为中心,关注人的终极圆满和人生方向。用哲学家牟宗三的话说:"中国哲学,从它那个通孔所发展出来的主要课题是生命,就是我们所说的生命的学问。它是以生命为它的对象,主要的用心在于如何来调节我们的生命,来运转我们的生命,来安顿我们的生命。"[12]

其二,中国艺术讲究"意"字。"意境""意象""言外之意""意无穷"等,都是中国艺术所要传达的。比如,魏晋哲学家王弼言:"夫象者,出意者也。言者,明象者也。"[13]宋代苏轼对绘画的谈论,多是"形""神""理""意"等,这些词汇都带有哲学色彩,故他的绘画作品才会信笔作之,意似便已,"可谓得其情而尽其性矣"[14]。此外,元代画家倪瓒言:"爱此风林意,更起丘壑情。写图以闲咏,不在象与声。"[15]清代画论家布颜图言:"夫飞潜动植,灿然宇内者,意使然也。"[16]美学家宗白华认为:"艺术心灵的诞生,在人生忘我的一刹那,即美学上所谓'静照'。"[17]日本美学家今道友信则写道:"东方的艺术精神,表现在绘画方面超过对外界的忠实摹写的观点。发现、领悟宇宙深邃的情趣,或以悟得的认识先导而唤起的东西才纳入艺术,其价值在于艺术对人生占有的意义。"[18]总之,中国艺术家通常认为,"弦外之音""象外之旨""书不尽言""言不尽意",这些东西才会构成艺术的妙境,才会抒发出美学观念,但这种妙境和观念却需要人去静照和醒悟(图82)。所谓"江山无限景,都聚一亭中"[19],便是这个道理。

其三,中国艺术重"品"。中国艺术与道、易、释、禅、心的哲学和宗教传统相通。诗人顾城认为:"东方哲学倾向于'空''无',善于用直觉和意会以感知与表达。他们对于超乎人的理解力和表达力的事物——自然,享有特殊的兴趣。"[20]因此,欣赏中国艺术尤其文人艺术,虽言"气韵生动"[21],却全凭主观妙悟。对此,陈衡恪先生就认为,中国文人绘画"是性灵者也,思想者也,活动者也"[22]。唐代诗人王维亦认为:"艺术家必须表现自然之气。"[23]中国除了传统的文人绘画以外,还有辉煌的宗教艺术,如石窟雕塑和壁画艺术等,它们都深富哲学性和宗教性,理解它们需要靠品味。

其四,中国艺术追求"无为""静寂"的境界。傅雷先生即认为:"中国艺术具有与诗和伦理恰恰相同的使命。……故艺术家当排脱一切物质、外表、迅暂,而站在'真'的本体上,与神明保持着永恒的沟通。因此,中国艺术具有无人格性的、非现实的、绝对'无为'的境界。""中国的哲学与玄学却从未把'神明'人格化,使其成为'神',而且它排斥一切人类的热情,以期达到绝对静寂的境界。"[24]因此,中国艺术才有净化思想与颖悟妙谛的功能。

图82 《西楼暮雨》 长江石 14×10×5厘米 屈海林藏

其五，中国艺术重视从历史感中发现人的生命价值，于历史记忆中领悟人生。于是，中国艺术需要"颖悟"，并在大历史的视野中去颖悟。这就正如东晋诗人陶渊明诗所言："虽无纪历志，四时自成岁。"[25]因此，欣赏中国艺术需要文学修养和渊博的历史知识，同时，更需要把它们视为艺术家的自我创作的作品，从而能够在对艺术作品的灵机与妙悟的基础上，去理解艺术家的独特性灵和独立性。

其六，中国艺术崇奉以"天趣"为最高。中国艺术家信奉"虽由人作，宛自天开"的艺术语言与纲常。这个传统极可能是因为《易经》很早就影响到中国艺术的天体演化的本质和进路，随后，《道德经》《庄子》等又极大地影响到艺术家们对"天趣"的认识。比如，古代思想家庄子之所言："徒处无为，而物自化"[26]，便是写照。

总之，俄国艺术史家叶·查瓦茨卡娅曾认为："对于世界的理性认识和感性认识关系的理解，乃是各种哲学体系的中心问题。具有不同于俗情，诸如欢乐、愤恨、痛苦、同情、敌视等的真情——这是真正的圣哲、诗人和画家的天赋；按照庄子的传统，这种真情被理解为脱俗与顺应天性，嵇康认为这种真情有三个属性：无拘无束、热情洋溢与襟怀宽广。"[27]
同时，许倬云先生亦认为："儒、道、佛三家融合为中国普世秩序的中心思想，'人'是尊贵的，'人心'是宇宙万物观照与理解之所在。"[28] 可以说，中国艺术主要从伦理的、哲学的方向看待审美问题，多着眼于人与对象及世界的内在关系上（图83）。

图83 ［清］龚贤 《水墨山水册十五开》之一 美国纽约大都会艺术博物馆

接下来，将要认识西方的艺术哲学观念。哲学家牟宗三认为，西方哲学所关心的重点在自然。[29] 这里的"自然"，指的是关于外在对象的知识的学问，他写道："中国文化之开端，哲学观念之呈现，着眼点在生命，故中国文化所关心的是'生命'，而西方文化的重点，所关心的是'自然'或'外在的对象'。""当然，重点在生命，并不是说中国人对自然没有观念，不了解自然。而西方的重点在自然，这也并不是说，西方人不知道生命。"[30]

关于西方艺术哲学观念，大体可以概括为以下三个主要特点：

其一，西方艺术是向外的，突出表现为主客二分的知识论。人与世界的关系是外在的，是对象性的。哲学家牟宗三就认为："大体英美人的思想，都很重视原子性原则与外在关系。"[31] 这里所谓"原子性原则"，即指知识可以用分解的方式来表达，可以清清楚楚地分析出来。[32] 于是，人对艺术的认识需要桥梁或媒介，依赖以知识为中心来展开。

其二，西方艺术重理性，艺术成了认识、逻辑和科学演变的一个缩影。艺术突出表现为唯理的存在，体现为隐蔽的存在的澄明敞开（图84）。因此，艺术的价值多聚焦于宇宙论、范畴论和理念论等。其中，理念论尤指向唯心主义的神圣力量。诗人顾城就认为："西方人偏重于思辨和逻辑，重论证。他们认为'有'高于'无'，更愿意接受有限的和明晰的概念。他们在东方人放弃努力的方向上，建立起精确庞大的体系。他们出色地避免了个体面临无限时的绝境，在预设的上帝、理性和人之间架设了思辨逻辑的价键。在一定范围内，它不仅是合理的而且是非常有效的，即使出现了悖论，也可以由更复杂的系统来加以解决。"[33]

图84　[意]菲利皮诺·利皮　《圣母向圣伯尔纳显现》　意大利佛罗伦萨大修道院

其三，西方艺术与宗教、历史、政治、文化、风俗和人性的关系更为密切，并且，艺术有着直接性、整体性、叙事性、历史性和普世性的多维度特征（图85）。德国哲学家黑格尔就认为："贯穿着民族差异的多样性和数世纪演进历程的，一方面是普遍人性，另一方面是艺术性，这是共同的东西。因此，别的民族和时代意识也能了解与欣赏。在这双重的关系中，古希腊的诗永远受到不同民族的惊叹，永远被模仿，因其有纯粹人性的东西在内容和艺术形式方面达到最美的展示。"[34] 从艺术传统上理解，典型的是西方的古典主义美学尤其存在着一种题材等级上的划分，往往宗教高于历史，历史高于日常生活，人物高于风景，等等（图86）。比如，英国画家约翰·罗斯金就写道："风格的伟大或者渺小同主题所引起的兴趣和热情的崇高有直接关系。"[35]

图85 ［荷］伦勃朗 《浪子回头》 俄罗斯圣彼得堡艾尔米塔什博物馆

图86 ［法］尼古拉·普桑 《阿卡迪亚的牧人》 法国巴黎卢浮宫

总之,从通俗意义上来理解,西方艺术主要从自然哲学,以及从自然现象学的角度看待美的问题,而自然现象学则是一门研究自然客体是如何由意识所构造的学问。通过上述比较,不难发现中西方艺术观念之不同的深层原因,根底在于文化系统上的差异。这可以用哲学家牟宗三的话来作总结性的理解:西方的基本精神是"分解的尽理之精神",而分解由"智之观解";东方的基本精神则是"综合的尽理之精神",而综合由"圆而神"著之。[36]

(二)中西方美学观略述

大体上,东方人的思维是感性的,西方人的思维是理性的。傅雷先生就认为:"东方人与西方人的思想方式有基本分歧,东方人重综合,重归纳,重暗示,重含蓄;西方人则重分析,细微曲折,挖掘唯恐不尽,描写唯恐不周。"[37]正因为两者思维方式的不同,也在影响着各自的美学观念。

德国哲学家黑格尔认为:"在东方,未经分裂的、固定的、统一的、有实体性的东西总是起着主导作用,这样一种观照方式本来就是最真纯的,尽管它还不具有理想的自由。西方却不然,特别是在近代,出发点总是由无限(绝对真理)分裂出来的无限个别特殊的东西,由于这样把事物划分成为一些孤立的点,每种有限事物在意识中就获得一种独立性。尽管如此,有限事物毕竟还是逃不脱相对性的。对于东方人来说,没有什么东西是真正独立的,一切显得是偶然的东西都要还原到太一和绝对,都要在太一和绝对中找到它们的不变的中心和完备的形式。"[38]黑格尔的智识真地令人佩服,除了他所说的"东方不具有理想的自由",这一点出现偏差外,他把东方与西方的美学意识之差异,却表述得一清二楚(图87)。

图87 [法]勒菲弗尔
《真理女神》
法国巴黎奥赛博物馆

对于中西方美学观念的不同，高尔泰先生的观点显得颇为深刻："西方美学所强调的是美与真的统一，而中国美学所强调的则是美与善的统一。质言之，西方美学更多地把审美价值等同于科学价值，中国美学则更多地把审美价值等同于伦理价值。前者是'纯粹理性'的对象，后者则是'实践理性'的对象，它们都以情感为中介，不过，前者更多地导向外在的知识，后者更多地导向内在的意志。两者价值定向与价值标准不同，所以，对艺术的要求也不同。"[39] "西方哲学所使用的语言是经验科学的语言，即'形而下学'的语言。它首先是人们认识一事一物与一事一物之理的工具，它的功能是描述性的。所以，言能尽意而力求名实相应，力求反映的忠实性，摹仿的精确性，再现的验证性；与之相异，中国哲学所使用的语言是'形而上学'的语言。它主要是人们追溯万事万物本源的工具，它的功能是启示性和象征性的。"[40]

总之，假如可以概言，美学观念指涉于美是什么、美是如何产生的、美意味着什么，以及如何去欣赏美等问题，那么，中西方对这些问题在美学上的认识虽然没有一般意义上的图式，却有着不同的审美思考方式（图88）。这就譬如唐代高僧南泉普愿所说："世人看一朵花，如梦中而已"；[41] 又譬如法国画家保罗·塞尚所说："一幅画在它自身中，甚至包含了风景的味道。"[42]

图88 《偷窥的裸体》　大理石画
　　　27×15厘米　李国树藏

二　中西方自然观之比较

赏石艺术美学总体上关涉自然理论与心灵理论的综合。为了探索中国赏石艺术美学所隐藏的秘密，对中西方自然观作比较，显得尤为有益。

众所周知，西方的哲学史通常以古希腊为肇始，对西方自然观的认识，也应以古希腊为出发点。哲学家牟宗三认为:"希腊最早的那些哲学家都是自然哲学家。"[43]这里,可以用匈牙利艺术史家阿诺尔德·豪泽尔的话作为解释,并切入文中的主题。他写道:"从发展阶段看,造型艺术中与这种不带个人特征的宗教文学相呼应的是希腊人自古以来就供在神庙里的物神、石头和树桩,这些东西还不能算作雕塑,只是有一丁点儿人体造型的意味。它们同古老的符咒和祭祀歌曲一样,属于原始集体艺术:这是一个尚未出现阶级分化社会采用的非常粗糙、笨拙的艺术表达方式。"[44]在古希腊史前期,石头有着宗教色彩,被视为原始艺术的影子。而在中国的远古时期,石头也有唯灵论和原始物体论的意味,被视为原始艺术的雏形。在这一点上,东西方基本是相同的。

瑞典艺术史家喜仁龙则针对上述观点,作了进一步哲学上的解释:"自古以来,中国人就把自然视为一种既定力量和理性的存在,可以给人们带来某种启示。自然界彰显的各种'天象',向世人传达着某种信息,既可以给予人们以帮助,也可以向人们以示警。"[45]毫无疑问,石头作为自然世界呈现的一种影像,总会富有某种神秘主义色彩和某种艺术影子的标记。反之,用古希腊哲学家德谟克利特的话说:"一个卓越而如醉如痴的心灵,一旦领悟到神性实体的活动,便会产生充满诗意的幻想。"[46]总之,一切真正的哲学和艺术上的浪漫主义,必将会从自然界走向不可知世界(图89)。

图89 [荷]扬·凡·艾克 《接受圣痕的圣弗朗西斯》 意大利都灵萨巴达画廊

西方哲学从古希腊和古罗马开始,在整体上就呈现一个理性主义的传统。美学家宗白华认为:"希腊及西洋近代哲人倾向于拿逻辑的推理、数学的演绎以及物理学的考察去把握宇宙间质力推移的规律,一方面满足人们理智了解的需要,一方面引导西洋人去控制物力,发明机械,利用厚生。西洋思想最后所获得的是科学权力的秘密。""中国古代哲人却是拿'默而识之'的观照态度去体验宇宙间生生不已的节奏。"[47]同时,诗人顾城则认为:"一个存在是主观的还是客观的,在中国古代自然哲学家那里似乎没有划分的必要,进入自然哲学其趋向是物我合一,而不是判断、演绎、推理和证明。在自然之境中,思想是没有目的的,乃是一种自然现象。"[48]总之,考古学家张光直曾分别引用牟复礼和杜维明的话,说道:"真正中国的宇宙起源论是一种有机物性的程序的起源论,就是说整个宇宙的所有的组成部分都属于同一个有机的整体,而且它们全部以参与者的身份在一个自发自生的生命程序之中互相作用。""这个有机物性的程序呈示三个基本的主题:连续性、整体性和动力性。存在的所有形式从一个石子到天,都是一个连续体的组成部分……既然在这连续体之外一无所有,存在的链子便从不破断。在宇宙之中任何一对物事之间永远可以找到连锁关系。"他继而认为,中国古代的这种世界观,有人称之为"联系性的宇宙观",中国古代文明是一个连续性的文明。[49]

拿宗教为例来说吧。西方流行基督教,在中世纪,就存在一种基督教的创造理论,即神从无中创造出自然界的理论(图90)。[50]对此,哲学家牟宗三认为:"就西方宗教讲,自然是被造物,被上帝所创造的有限物属于自然,上帝是超自然,自然和超自然相对反。"[51]《箴言》亦有曰:"世上万物,皆为永恒之设,源于本初,与大地同在。上帝开创天地,万物俱备。他使天空浮云,他使泉水劲喷。转眼之间,造化万物,并给予它们忠告。"[52]实际上,世界上许多文化都把自然界的起源归结为一个先于世界而存在的神或不可知(图91)。例如,美国学者理查德·加纳罗就认为:"犹太教、基督教和伊斯兰教分享着一个共同的信念,即世界由一个全能的上帝所创造。"[53]

对于自然界,西方哲学总体上遵循的是自然哲学的认识范式。比如,自然界被视为由造物主或上帝创造的[54];自然界是自我运动的自然,凡是有生命的东西都具有某种灵魂[55];自然界关涉宇宙论、天文论和物理学,关注的是规则和规律[56];等等。在根本上,它们从自然科学来描述自然界,试图从因果规律上来说明自然客体作为实在的起源,并且,自然存在论又试图揭示这些自然客体的本质及范畴的结构,而去重点关注自然客体的实体和性质,等等。总之,这些认识范式试图使得自然界是可理解的。

图90 ［意］达·芬奇　《最后的晚餐》　意大利米兰慈悲圣马利亚教堂

图91 ［法］罗丹　《上帝之手》　法国巴黎罗丹博物馆

笔者需要找到一个合适的切入点，尤其要关注西方哲学对于宇宙论与艺术和美之间关系的认识上，才能避免泛泛而论。

举一个例子来理解吧。美国美学家吉尔伯特认为，美学是宇宙学的产物。他写道："那个拟人化的宇宙，恰恰为美学提供了一个形而上学的基础。因为这种关于世界的一般理论，使人与自然相互之间紧密联系起来，根据人的行为和价值来判断世界，这就为建立关于美和艺术的专门学科奠定了良好基础。这是由于美与艺术的理论，本身就天然倾向于这种拟人化。"[57]文中所说的"拟人化"，实际上指的是寓言化。关于这一点，古罗马思想家圣·奥古斯丁认为："这种方法是屡试不爽的：每当经文不能从字面上与生活的纯洁和信仰的真理联系起来时，它们也许就可以从其喻义上来解释……关于比喻的段落，必须遵守下面的规则：所读的东西必须在心中反复思索，直到找到了一种能促使'善'处于支配地位的阐释。"[58]毫无疑问，如果人们把这种"拟人化"视为审美构成的特性，那么，它就指向了情感激发，具有了趋于主观性的倾向。吉尔伯特进一步写道："美学史显示了宇宙学传统的意义和力量。如果我们想用形而上学的理论来解释人对美的感受性，就应该作这样的解释：世界就其本性来说，符合人类本性的感情需要。在古代的宇宙学里，正是这种同人的密切联系，构成了宇宙的一个鲜明特征。对于那些思想家来说，就像对于艺术家一样，宇宙是一个有生命的实体：'万物都充满着神灵'。"[59]此外，美国美学家比厄斯利认为："自然对象可被设想成是'在'，或者是'符号'，并且，阐释经文的方法也可被用来解读自然：毕竟，我们不能错过其精神的含义。"[60]对于这个事例的意义，匈牙利美学家卢卡奇一针见血地概括道："反映的非拟人化与拟人化原理的对立，对于我们起着决定性的作用。"[61]总之，上述美学认识使得自然转向了生命哲学（图92）。

西方哲学对于自然有着不同的哲学观认识基础，但总体倾向上，它们乃是以心理学为基础。比如，关于自然界的二元论，如形而上学的身与心、宇宙论的自然与上帝，以及认识论的理性主义与经验主义[62]；关于自然界的唯物主义、理性主义以及经验主义[63]；关于自然界的理性主义和唯心主义[64]；关于自然界的生物学的物质、生命以及心灵论[65]；等等。

这里只消罗列些大概。从上述哲学观的认识中，可以抽离出两个初步认识：（1）西方自然观是自然为心灵自足活动的副产品，总体上是功利主义的。（2）东方的自然观是自然与心灵的合一，及自然向心灵的转变运动，总体上是唯心主义的。

又应该如何来认识两者之优劣呢？历史上的哲学家们和美学家们都给出了自己的看法。例如，哲学家熊十力认为："西方哲学总将宇宙人生割裂，其谈宇宙，实是要给物理

图92 ［德］弗里德里希 《海边的僧侣》 德国柏林老国家艺术画廊

世界以一个说明,而其为说却不从反己体认得来,终本其析物之知,以构画而成一套理论。殊不知,人是官天地、府万物,如离开人生而纯从物理方面以解释宇宙,即其所说明之宇宙便成为无生命之宇宙,如何应理？"[66]哲学家牟宗三认为："只知科学知识者,或只是理智主义者,则于'实践主体'完全不能接触,视意与情为浮游无根之游魂,让其随风飘流而漫荡,故亦不敢正视人生宇宙也。此其所以为干枯、浅薄的理智主义,所以流入理智的唯物论之故也。"[67]同时,日本美学家今道友信认为："在西方,人为了要在道德上实现善,就要同人的其他追求一样,以反自然为必要的前提。于是,在一切文化领域里,不妨说哪儿都没有以自然为师的想法。"[68]此外,美学家朱光潜则认为："中国人似乎特别注意自然界事物的微妙关系和类似,对于它们的奇巧的凑合特别感兴趣……"[69]于是,不妨这样说,若从思辨和分析科学(包括审美)的角度看待自然,自然就变成了人的对象;若从功利的角度看待自然,自然就变成了人的利用对象。

正确的认识乃在于,应该辩证地看待两者的优劣性：它们可以互相借鉴,互相补充。比如,日本美学家今道友信就写道："将自然看作对象,仅就这点来说,东方倒与西方的观念相类似。然而，在将对象化的东西看作应该克服的不利条件，还是看作师法的典范，在这一点上，东方与西方应该说是有天壤之别的。而由于这天壤之别，就出现了伦理是反自然还是法自然的巨大差异。""必须承认，东西方关于自然的伦理观有着可以互补的地方。"[70]

在自然观对待审美的认识问题上，东西方在时间上也有着明显区别。叶朗先生认为："自然美的发现本来就是一个历史的过程，西方人从文艺复兴时期开始发现自然美，中国人从魏晋时期开始发现自然美。"[71] 画家徐悲鸿认为："……中国艺术的发展早于欧洲一千多年；当中国艺术已经达到成熟圆满的时期，欧洲的艺术还是萌芽襁褓之际。但仅有悠久的历史也不一定有光辉的成就，又好在中国地大物博，天赋甚厚，西有嵯峨接天的雪山，东临浩渺无涯的沧海，有荒凉悲壮的大漠长河，有绮丽清幽的名湖深谷，更有许多奇花异草，珍禽怪兽。艺术家沉浸于这样的自然环境，故其所产生的作品，不限于人群自我，而以宇宙万物为题材，大气磅礴，和谐生动，成为十足的自然主义者，这与欧洲文明的源泉的古希腊艺术，恰好是一个鲜明的对比：希腊艺术完全在表现人的活动，不及于'物'的情态，这种倾向的影响在西方既深且久，因此，欧洲至今仍少花鸟画家，而多人像画家。"[72] 徐悲鸿是从自然的地理因素剖析了中西绘画惯用题材的差异，同时，也指出了中国艺术家很早就是"十足的自然主义者"了。可以说，中国不仅有万物有灵论的倾向，乃至一草一木的背后，都有某种神性的生命，人与自然是同质的，因此，人便沉溺于自然之中。这种哲学传统使得人不可能把自然功利地对象化，而西方却非如此，甚至恰相反。上述观点，也直接成了有的赏石研究者，认为中国的传统赏石是抽象雕刻艺术，而远早于西方的雕刻艺术之原由。

假若把中国赏石和赏石艺术所透出的自然观与西方相比照，古代的希腊文化倒与之有些相契合。比如，德国哲学家黑格尔认为："希腊人曾把太阳、山岳、河流等看成独立的权威，当作神灵崇拜，凭着想象把它们提高到能够活动与运动，具有了意识和意志。这种想法使我们想象到一种仅属幻想的影像——无限地、普遍地予以生命和形象，却并无单纯的统一性。"[73] 苏联美学家奥夫相尼科夫认为："古代美学是古希腊和古罗马文化的一部分。众所周知，后者与比较古老的东方民族的文明相比，已达到了最高的发展阶段。"[74] 文学翻译家罗念生则认为："希腊人是人文主义的发现者，他们首先要求完全了解人类的行为和心理。他们的雕刻只注重人体，文学专描述人性……甚至他们的神也是人化了的，很富于人性。""希腊人不论做什么事情都想达到最美、最善、最理想的境界。从他们的文学与艺术里可以看出他们有很高的审美力。他们要求崇高、简单、正确、雄健、匀称与和谐。"[75]此外，德国哲学家黑格尔还认为："希腊人的世界观正处在一种中心，从这个中心上，美开始显示出它的真正生活和建立它的明朗王国；这种自由生活的中心不只是直接、自然地存在着，而是由精神观照产生出来，由艺术显示出来的。"[76]上述观点，对于人们理解中国赏石的发生和赏石艺术的审美亦提供了独特的视角。

日本美学家今道友信认为："中国古典哲学和希腊古典哲学大体上是处于相同的时代，都是以极高的水平发展下来的。"[77]"老子所形成的道教原型以及庄周在认识论上的虚无主义和以独特的修辞学意象为根据的'一论'的超存在论等，特别暗示着比亚里士多德的三段论法更有效、更深远的逻辑学的可能性。在中国，把这一时代称为诸子百家的时代，那是从公元前530年到公元前256年之间。这300年的时期，与古希腊优秀的哲学时代的时期完全相同。"[78]苏联美学家奥夫相尼科夫则认为："古代美学思想的鼎盛时期是在古希腊罗马时代，也就是公元前7世纪到公元前3世纪。"[79]对此，德国思想家恩格斯写道："在希腊人那里——正因为他们还没有进步到对自然界的解剖与分析——自然界还被当作一个整体而从总的方面来观察。自然现象的总联系还没有在细节方面得到证明，这种联系对希腊人来说是直接的直观的结果。""在希腊哲学的多种多样的形式中，差不多可以找到以后各种观点的胚胎和萌芽。"[80]恰巧，中国赏石文化的最早渊源，可以追溯到约公元前4世纪的道家思想产生的时期(图93)。[81]

到了文艺复兴时期，艺术思想和美学思想出现了根本性的变化。此时期，宇宙的秘密成了美的规律，真和美是一个东西了。美学家宗白华即认为："文艺复兴时代美学最重要的特点之一，就是同艺术实践的紧密联系，它不是抽象哲学的美学，而是具体的，旨在解决艺术若干具体问题的美学，从实践要求产生，为艺术实践服务，必须从这个观点来看文艺复兴时代的美学思想。"他举例道，"达·芬奇说，'不借助科学的光去实践的人，正像没有罗盘而出航的舵手一样'。"[82]我们知道，文艺复兴萌发于14世纪，明确开始于15世纪早期，结束于17世纪，大约持续了400多年。与此相关，美国艺术史家帕特里克·弗兰克曾概括道："文艺复兴思想持续影响至今，这些影响并不是只发生在西方国家，而是发生在全世界每个角落。在那里个人主义、现代科学和技术影响了人们的生活方式。在艺术领域，人们采用更加科学的新方法以追求具象的准确性。400多年来，由此产生的自然主义学说成为西方的传统。"[83]

对于熟悉西方哲学史、艺术史和美学史的人们来说，如果把文艺复兴时期作为西方思

图93 《小岱岳》　　乌蒙磬石　　82×38×35厘米　　黄盛良藏

想的一个分水岭,此前依赖古希腊的柏拉图、亚里士多德等人的古典自然哲学,普罗提诺等人的神秘主义以及圣·奥古斯丁等人为代表的中世纪神学的所谓古典的悠久传统,那么,从逻辑上讲,赏石活动在西方大概率也会出现。然而,随着文艺复兴后期理性主义哲学的兴起和科学精神获得统治地位,这种假设就被无情地泯灭掉了。反可证之,任何一种社会现象的产生,都不会依赖某种单一因素而普遍地产生。

这里,还有必要简单介绍下中西方园林艺术的发生和发展历程来作为事例,以便在实证角度上更好地理解上述观点。例如，建筑家童寯写道："东西方造园艺术胚胎时间虽有先后，但成长却在中国西汉，也正当罗马帝国公元前百年左右；两地同时，在罗马与长安规模宏伟的帝王御苑与私家园墅相继出现。后来，正当唐、宋园林蔚兴，中古的欧洲则除伊斯兰教园在西班牙放出异彩以外，仅仅在城堡中及修道院保留小块绿地，直到16世纪中叶，西方造园艺术才再放光芒。这时，非但意大利文艺复兴庄园达极盛年代，也正逢中国江南园林蔚然焕发；再加日本禅宗山水和文人庭，以至法国17世纪凡尔赛宫园在东西方先后出现；欧亚两大陆，各将造园艺术推至顶峰。"[84]

三 中西方艺术、美学和自然观念下的赏石审美意识之差异

　　前文已表明，赏石与哲学和文化有着根本的内在联系。然而，赏石与人种之间的关系，却较少有这方面的研究。宽泛地说，人种的区别可以是生理的、地域的、宗教和文化上的。在关涉赏石的语境下，本文把人种界定为西方人和东方人。

　　对于大自然的石头，在赏玩意义上，西方人和东方人有着近乎截然不同的态度。西方人赏玩石头主要是矿物晶体、陨石和古生物化石等。当然，人们也不能否认西方园林里就没有欣赏的石头。据建筑家童寯记述："文艺复兴时期，西方园林中没有石的安排。而惠特里（Thomas Whateley）于公元1770年所著《近世造园论》中，把土地、树木、水、石和建筑物作为造园素材，首次肯定石在西方园林中的艺术地位。"[85]但严格意义上说，在总体现象上，不能够说西方人是赏玩石头，而是对石头的客观认识，背后隐含着通过石头对自然界和宇宙的根源以及宇宙的秩序等方面的科学研究。东方人却把大自然的石头视为纯粹的欣赏对象，并把赏石作为一种艺术活动，从而蕴含特定的艺术和美学观念的表达。当然，这并非意味着中国人缺乏从科学的角度对待石头的研究，以及对矿物晶体的赏玩（图94）。例如，科学家竺可桢就曾针对陆游的"花如解语应多事，石不能言最可人"两句诗，写道："石头和花卉虽没有发声的语言，却有它们自己的一套结构组织来表达它们的本质。自然科学家的任务就在于了解这种本质，使石头和花卉能说出宇宙的秘密。……以石头而论，譬如化学家以同位素的方法，使石头说出自己的年龄；地球物理学家以地震波的方法，使岩石能表白自己离开地球表面的深度；地质学家和古生物学家以地层学的方法，初

图94 《中国皇后》　　菱锰矿　　宽约40厘米　　广西梧州出产

步摸清了地球表面即地壳里三四十亿年以来的石头历史。"[86]

如上文所述,这种赏石文化体验的界限是由东西方艺术哲学传统和风俗习惯所决定的。倘若从文化提纯的角度来看,涉及中国赏石的文化因素大致有以下四点:(1)赏石与自然崇拜和自然融合密切相关。(2)赏石与中国特定历史时期的哲学和宗教息息相关。(3)赏石与古代文人的观念和理想精神追求紧密相连。(4)赏石蕴含着中华民族的文化底蕴。[87]这就如同傅雷先生所作的譬喻:"拉斐尔之生于文艺复兴期之意大利,莫里哀之生于十七世纪之法兰西,亦犹橙橘橄林之遍于南国,事有必至,理有固然也。陶潜不生于西域,但丁不生于中土,形格势禁,事理、环境、民族性之所不容也。"[88]

于是,通过赏石这个媒介,亦可以对中西方艺术精神,尤其体现的美学观念有一个基本的比较认识:艺术和美的源泉在于人类的最深心灵,都以特殊的自然观和宇宙观为最深基础,正因为对待它们的态度不同,东西方的艺术精神和美学观念也有着不同的差异。反过来说,也正是这种差异,在某种程度上决定着不同的艺术形式。

一旦聚焦于这种艺术差异,并试图作出提炼,美学家宗白华的这段话,就写得颇具意味:

> 古代希腊人的心灵所反映的世界是一个宇宙。这就是一个圆满的、完成的、和谐的、秩序井然的宇宙。这宇宙有限而宁静。人体是这大宇宙中的小宇宙。它的和谐、秩序是这宇宙精神的反映。所以,古希腊大艺术家雕刻人体石像以为神的象征。他的哲学以"和谐"为美的原理。文艺复兴以来,近代人则视宇宙为无限的空间与无限的活动。人生是向着这无尽的世界作无尽的努力。所以,他们的艺术如"哥特式"的教堂高耸入太空,意向无尽。大画家伦勃朗所画画像皆是每一个心灵活跃的面貌,背负着苍茫无底的空间。歌德的《浮士德》是永不停息的前进追求。近代西洋文明心灵的符号可以说是"向着无尽的宇宙作无止境的奋勉"。[89]

> 中国艺术既不是以世界为有限的圆满的现实而崇拜模仿,也不是向无尽的世界作无尽的追求,烦闷苦恼,彷徨不安。它所表现的精神是一种"深沉静默地与这无限的自然、无限的太空浑然融化,体合为一"。它所启示的境界是静的,因为顺着自然法则运行的宇宙是虽动而静的,与自然精神合一的人生也是虽动而静的。它所描写的对象,山川、人物、花鸟、虫鱼,都充满着生命的动——气韵生动。但因为自然是顺法则的(老庄所谓道),画家是默契自然的,所以,画幅中潜存着一层深深的静寂。[90]

总之,画家徐悲鸿曾针对中国画与西方画作过比较:"中国画在美术上,有价值乎?曰:有! 有故足存在。与西方画同其价值乎? 曰:以物质之故略逊,然其趣异不必较。凡趣何存?存在于历史。西方画乃西方之文明物,中国画乃东方之文明物。所可较者,惟艺与术。然艺术复须借他种物质凭寄。"[91]中西方绘画如是,赏石和赏石艺术亦然。

(一) 释例:"李约瑟问题"的赏石解释

英国史学家李约瑟在《东西方的科学与社会》著作中,提出了"为什么现代科学没有在中国(或印度)文明中发展,而只在欧洲发展出来?""为什么从公元前2世纪到公元16世纪,在把人类的自然知识应用于实用目的方面,东亚文化要比西欧有效得多?"——被称为"李约瑟问题"。[92]

李约瑟认为:"中国古代道家思想家(公元前3、4世纪)虽然深刻而富有灵感,但或许因为他们非常不信任理性和逻辑的力量,所以未能发展出任何类似于自然法观念的东西。他们因为欣赏相对主义以及宇宙的博大精微,所以在未奠定牛顿式世界图景的基础之前,就在摸索一种爱因斯坦式的世界图景。科学沿着这条道路是不可能发展的。这并不是说宇宙万物的秩序'道',不遵守尺度和规则,而是道家往往把道看成理智所无法理解的东西。"[93]

"中国法家与儒家只对纯社会问题感兴趣,对于人周围的外在自然没有任何好奇心。法家全力强调实在法的重要性,那纯粹是立法者的意志,可以不顾普遍接受的道德,而且如果国家需要,还可以违反这些道德。但无论如何,法家的法都是精确而抽象地制定。而儒家则固守古代的风俗习惯和礼仪,包括世世代代的中国人本能地认为是正当的所有行为,比如孝道——这就是'礼',我们可以把它等同于自然法。此外,这种正当的行为须由家长式的地方官来教导,而不能强制。"[94]

最终,李约瑟写道:"中国道家虽然对自然深感兴趣,但并不信任理性与逻辑。墨家和名家完全相信理性与逻辑,但如果说他们对自然感兴趣,那只是出于实际的目的。法家和儒家则对自然丝毫不感兴趣。而在欧洲历史上,经验的自然观察者与理性主义思想家之间的鸿沟从未达到这种地步。正如英国哲学家怀特海所说,这也许是因为欧洲思想过分受制于一个至高造物主的观念,该造物主自身的合理性保证了其造物是理性的且可以理解的。无论人类现在的需求是什么,这样一个至高的上帝不可避免会是人格的。但这在中国思想中是看不到的。"[95]

有趣的是,"李约瑟问题"虽为宏大的学术问题,却在中国人对待石头的情形中得到了最生动的注脚(图95)。

图95 《龙龟》　沙漠漆　50×18×30厘米　张志强藏

（二）赏石现象：东亚地区的文化解释

世界上的各种优秀文化都有自己独立自主的外观,都有属于自己的解释,赏石文化亦然。赏石文化作为一种区域性（亚洲）共属的文化,虽然有着文化体验的国别界限,但也必然会有共同的解释。

日本美学家今道友信认为："日本以往由于其地理的条件,从西方接受了各种文化而成长起来。西部的印度、中国、朝鲜的大陆文化从远古时代就开始东渐,经过朝鲜半岛,由日本传到南大洋上的各个岛屿。""日本从印度、中国、朝鲜接受和摄取各种成分,与此前的本土固有文化融合,并试图予以再创造。"[96]"后来在日本得以发展的中国化的佛教、在此之前与儒教和道教等相联系的中国的传统、日本固有的传统以及在日本混合而成的文化,就是我所涉猎的东方。"[97]也就是说,中国古代的文化和中国化的佛教,尤其影响了日本文化（图96）。

图96　[宋]玉涧　《山市晴峦图》　日本东京出光美术馆

日本受中国文化的影响由来已久。许倬云先生曾写道："日本是另一个独立国，曾属于唐代册封体制圈内。南北朝时，日本与南朝的刘宋颇有来往。隋代开始有遣隋使来中国。日本大化革新（公元645年）以后，建立以唐制为模本的律令制度，组织了汉化的政府，派遣学生、学僧、工匠等来华学习，并且在中国文字基础上创制了'假名'作为拼音字母，是朝鲜半岛三国之外，一个深度汉化的国家。"[98] 同时，美国艺术史家帕特里克·弗兰克亦写道："公元7世纪，日本天皇圣德派使者到中国学习中华文明，这是日本初次借鉴外来文化。回国后，使者表示对中国文化的印象非常深刻。""禅宗于13世纪从中国传到日本，对日本艺术家产生了极大的影响（图97、图98）。禅宗主张通过禅修得道，得道无定时，随时都可能发生。日本艺术家在诗歌、书法、绘画、园林和插花里运用的自然直观技法都体现了禅宗对日本美学带来的巨大影响。"[99]

日本赏石活动的兴起，可能归功于室町时代（公元1336—1573年）的五山禅僧。从赏石的渊源上说，日本赏玩石头源于中国，约肇始于中国的宋代时期。例如，建筑家童寯认为："中国造园文艺，于六朝末期由高丽传入日本，掇山变为象征石组成枯山水，具佛教禅宗隐义，与我国假山之玲珑曲折异趣，可称为叠山艺术之一变。"[100] "……600多年后，日本又从南宋接受禅宗和啜茗风气，为后来室町时代的茶道、茶庭打下精神基础，而逐渐达到日本庭园全盛时期。宋、明两代山水画家作品被摹成日本水墨画，用作造庭底稿，通过石组手法，布置茶庭、枯山水。"[101] 日本人赏玩的石头，被他们习惯称为"水石"。

图97 [南宋]法常　《渔村夕照图》　日本根津美术馆

图98 [日]雪舟　《破墨山水图》
日本东京国立博物馆

　　世界艺术史表明，特定时期和地区的艺术，往往会通过文化传播的途径，超越国界而被纳入更广大的时空领域。以绘画为例来理解吧。美国艺术史家巫鸿记述："公元12世纪和13世纪绘画的另一种跨国交流发生在南宋和日本之间。此时不断发展的国际贸易和旅行渠道都为绘画在更大地理范围中的流动提供了条件。南宋绘画的一个重要的接受者是日本，一份重要的历史证据是收藏在京都大德寺的一套百幅《五百罗汉图》，由宁波画家林庭珪和周季常绘制。二人的活动时期大致在孝宗、光宗和宁宗年间（约公元1178—1200年），此时宋金之间的大规模军事对抗已经结束，日本与南宋的交往日益频繁，大批僧人和商贾来华，把许多佛像挂轴带回国，现仍收藏在日本公私机构之中。"[102]

此外，中国的佛教在宋元时期对日本影响很大，巫鸿写道："日本的镰仓时代（公元1185—1333年）是中日贸易的繁荣时期，大量中国陶瓷、织物和艺术品流入日本。日本禅宗和其他宗派的僧侣也纷纷前赴中国南部的古刹求取佛法，据统计，宋元时期前来中国游学的日本僧人多达250余人，中国赴日僧人也有10多名，不仅促进了佛法的流通，而且成为传播文化艺术的主要渠道。"[103]

人们能否去推测，宋代杜绾所撰写的中国第一部石谱《云林石谱》（成书于公元1133年），极可能通过书籍的文化传播途径，影响到了日本人赏玩石头的习惯？例如，日本京都附近的竜安寺（建于公元15世纪）有一个花园，坐落在禅僧聚集冥想的走廊前，花园内就随意散落了一些"散石"景观（图99）。无论如何，日本赏石似乎受道禅思想的影响更为深刻，更趋于追求内向，形成了内敛的赏石风格，从而与日本美学中的"物哀""幽玄""侘""寂"等风流之美相契合。

总之，只有从不同地区的不同文化的深层语境上去理解，才会认识到中国赏石审美意识的发生，认识到中国赏石成为中华民族独特美学现象的奥秘，体味到中国赏石作为中华优秀文化所延续的文化基因，所萃取的思想精华，所展现的精神魅力。

图99　石园（1480年初建）　日本京都竜安寺

第六章 赏石艺术的美学理论解释

美学家朱光潜在研究诗学时,曾写过一段话:"诗学在中国不甚发达的原因大概不外两种。一般诗人与读诗人常存一种偏见,以为诗的精微奥妙只可意会而不可言传,如经科学分析,则如七宝楼台,拆碎不成片段。此外,中国人的心理偏向重综合而不喜分析,长于直觉而短于逻辑思考。严谨的分析与逻辑的归纳恰是治诗学者所需要的方法。"[1]赏石艺术美学作为一个深奥的领域,朱光潜的话同样适合于它。

众所周知,只要有不同的艺术门类,就会有不同的艺术理论解释。赏石艺术作为一种艺术形式,讨论赏石艺术的审美问题,必然会涉及认识论。在哲学上,存在乃为一切认识的基础。对此,德国哲学家赫尔德认为:"存在同任何的理性判断都是联系在一起的。脱离了存在,任何的理性法则都是无法想象的。"并且,"我们的思维是通过感觉产生的。"[2]同时,德国哲学家叔本华认为:"我们所看到的美丽风景纯粹只是一种脑髓的现象。""面对大自然的美景,人的思考达到了最正确的程度。"[3]此外,法国哲学家勒福尔则认为:"所有的哲学难题都一定取决于对知觉的考察这一信念。"[4]单纯就石头而言,它无疑属于自然界的存在物。然而,对于观赏石却非如此简单地去断言,缘由类似于哲学家牟宗三所持的观点,存在界会因心体而出现不同的性体。在此意义上,观赏石的审美意义因人的心灵而铸成。这种观点基本形成了本章对于赏石艺术的审美的理论解释的逻辑前提。

一 人与自然物之关系

在一般意义上,"自然的"与"人工的"相对应。"自然"一词,除了指自然的事物以外,还指自然运行的力量及自然的法则,等等。大自然的石头,可以称为自然存在物。然而，日本美学家今道友信却指出："观念是存在者的真面目，即形式（形相）。""某东西趋于其之所以存在的可能性的根据是观念，并适合于其观念。"[5]对于观赏石这个表面看起来的自然存在物的美而言，与其说来自上天的恩赐，毋宁说来自人的认识。

（一）物化

物化涉及心与物的关系，强调的是人的主观性。这种美学理论是以外在的物质客体作为研究对象，不管这一物质客体是出于人工所为的艺术品，抑或是出于大自然中的有生命及无生命产品——自然物。

艺术、美与物性的关系，惯常被艺术家和哲学家们所关注。比如，清代画家方薰言："云霞荡胸襟，花竹怡性情，物本无心，何与人事？其所以相感者，必大有妙理。"[6]这个"大妙理"，可以借鉴法国哲学家巴特乌斯的观点来理解，他认为可以用两种方式来认识人与自然的关系：一是人可以把自然看作一种独立的存在，人与自然本身也就毫无关系。二是人可以把自然看作一种非独立的存在，把它看作同人有利害关系的东西，这样人就是富有审美趣味的了，而且，人同自然的联系不是通过智力，而是通过情感。[7]此外，日本哲学家西田几多郎则认为："美在某物或者为青色，或者为红的意义上，并不是指物的性质，倒是根据主观被赋予了的物的性质。审美判断被认为是感情的判断。"[8]大自然是无意识的，而人的心灵却是能动的。当大自然中无意识的东西变成形相的显现以及感觉到的一些东西，只能为人的审美活动；反过来说，大自然的存在物只有作为一种审美现象，才能够被人所认识。

在此意义上，赏石艺术美学转向了关注自然和自然形式的合目的性。观赏石作为欣赏者的审美对象，赏石艺术成了欣赏者的审美活动，在审美活动中，观赏石的形相以供欣赏者来观照。如果欣赏者应用审美想象和审美经验把这些形相用"艺术类性"表达出来，赏石艺术才算真正地走进了理想艺术的领域。归根结底，如果没有欣赏者——尤其赏石艺术家，大自然的石头就无法转化为观赏石艺术品，也无法转化为艺术美。这就正如意大利哲学家托马斯·阿奎那所说："只有人才能得到美的乐趣。"[9]

然则，在中国传统哲学中，却并非都能适合此种观点而衍生去认识赏石艺术的审美问题。比如，古代思想家庄子在《庄子·秋水》篇里有个著名的秋水精神，其核心思想为"以物为量"。顾名思义，以物为量，便解除了知识的分辨，物本是自在自足的世界，就是非物化。这里,有必要提及中国古代的一部奇书《周易》。《周易》成为儒家的经典,是在战国末期。同时期,阴阳家的学说盛行,儒家大概受了他们的影响,才研究起这部书来。那时,道家的学说也盛行,影响到了儒家。于是,儒家就在这两家学说的影响下,给《周易》作了新的解释,便是所谓《易传》。[10]实际上,《易传》与道家广泛持有这种"物自显象"的观念。于此,哲学家牟宗三就认为:"道家开艺术境界,它是采取观照的态度。在观照之中,人们达到逍遥的境界,一草一木也升上来而逍遥,也自足无待,道心与一草一木同时呈现。并非道心创造一草一木,而是两者同时呈现。"[11]这在中国诗歌里有着大量的反映,譬如,唐代诗人李白有诗言:"圣代复元古,垂衣贵清真。"[12]反之,如果从知识上来分辨,就是"以人为量"了。

试举一个例子,《禅林僧宝传》记载了法眼文益与他的老师地藏桂琛的一段对话:

(文益)业已成行,琛送之。问曰:"上座寻常说三界唯心",乃指庭下石曰:"此石在心内、在心外?"益曰:"在心内。"琛笑曰:"行脚人著甚来由,安块石在心头耶?"益无以对之,乃俱求决择。[13]

这段话的意思,就犹如明代画家文徵明所说的"吾自吾,竹亦自竹"一样,突出强调了物我关系是疏离的。它应和了中国传统艺术哲学里的一种根深蒂固的观点,即抛开对自然的知识态度,或者把自然当作一个纯粹的外在对象,而物我分离,才有可能真正体会到自然的无言、自然的独立,及朗然呈现之美。总之,在中国哲学上,物我关系可以视为天人关系的一个缩影(图100)。

中国哲学有着复杂性,天人合一与天人相分的思想也不能够截然分离,只是就某个哲学学派或哲学家来说,它们有着主导和非主导的区别,而非属于严格意义的

图100 [清]八大山人 《巨石微花图》
日本京都泉屋博古馆

二元论。然而,"以物为量"与"以人为量"的两者区分,仍需要在赏石艺术理论上得以厘清。后文在赏石艺术作为"呈现的艺术"的讨论中,这个问题尤将会有论述。

更重要的是,庄子还主张齐同物我,《齐物论》表达的就是这种学说。倘若联系到上文的秋水精神,可以理解为庄子学说的微妙之处。对于齐同物我,章太炎先生认为:"佛法中所谓平等,已把人与禽兽平等。庄子却更进一步,与物都平等了。仅是平等,他还以为未足;他以为'是非之心存焉',尚是不平等,必要去是非之心,才是平等。"[14] 相应地,庄子就有曰:"天地与我并生,而万物与我为一。"[15] 齐同物我的思想,深深地影响了中国的思想家们。比如,宋代思想家张载言:"民吾同胞,物吾与也。"[16] 宋代理学家朱熹言:"天地万物本吾一体。"[17] 在中国人的思维里,自然界的一切微小事物,如一花、一草、一木、一石,既各自独立,又与人有着紧密联系,它们被视为可唤起感觉和精神的事物。这是中国哲学的主要传统。

近代文学家钱锺书曾说:"象虽一著,然非止一性一能,遂不限于一功一效,故一事物之象可以孑立应多,守常处变。"[18] 这句话就彰显出中国艺术特别重视感觉。正如英国诗人比尼恩所认为:"在中国,纯风景画艺术没有得到发展,这里倒有对大地与人之间友好关系的深刻而持久的感觉。把现象世界看作是虚幻的,这种习惯太强固了。"[19] 在中国艺术中,物化可以理解为美学的体验境界,也是中国艺术家看待世界的方式。诚如古代思想家庄子所言:"久竹生青宁,青宁生程,程生马,马生人,人又反入于机。万物皆出于机,皆入于机。"[20] 在中国美学上,从物、物象、意象到意境的嬗变过程,均可视为物化的体现。这就诚如东晋学者孙放诗言:"巨细同一马,物化无常归。"[21] 又如宋代思想家程颢诗所言:"万物静观皆自得,四时佳兴与人同。道通天地有形外,思入风云变态中。"[22]

顺此逻辑,进一步来理解赏石艺术中的物化与审美化的关系。德国哲学家费希特就认为,什么物体可以赋予我们以快感呢?什么物体可以赋予我们以非快感呢?为什么在一些物体赋予我们以非快感时,而另一些物体却赋予我们以快感呢?要回答这些问题,就要指出这样一种规律:主宰着作为原因的外在物体与作为结果的快感之间的因果关系。[23] 事实上,大自然的石头在物化的世界中,也适合于审美化。反之,就犹如法国美学家杜夫海纳所说的:"某些时代、某些文化或某些个人对其他时代、其他文化或其他个人所珍爱的某些东西之所以无动于衷,如古典主义时代的人们对于田野与山陵,原因是他们没有真正地知觉到这些对象。""但是,对象也必须适合于审美化。"[24] 是故,人们对大自然石头的审美——无论称为"欣赏"或"创造",都与各种艺术活动一样,在揭示着人的社会活动的生成,因为所有的艺术活动均是社会发展的产物,均归属于人的本质的活动。

明代思想家王阳明说过:"天地万物与人原本一体,其发窍之最精处是人心一点灵明。"[25]中国人视大自然的石头有内在的生命力,尊崇原初的状态,经过心灵的灌注,融进了对自然和宇宙的认识,进而成为观赏石,并在赏玩体验过程中,凝固了生命的感受和情调,观赏石这个表面看似大自然的事物经过审美化而走进了心灵,心灵的东西也借助于观赏石显现了出来。此外,意大利艺术史家廖内洛·文杜里曾认为:"实际上,审美观念与艺术作品都被一种判断冲动、一种倾向和一种我们以趣味之名而熟知的感觉方式结合起来。"[26]不言而喻,人们的感觉方式决定着对观赏石这个审美对象的认识,而感觉方式或多或少都是由中国哲学里的艺术观念和文化传统所决定的。

南宋诗人戴复古诗言:"寄迹小园中,一心安淡薄。每坐竹间亭,不知近城郭。昨日看花开,今日见花落。静中观物化,妙处在一觉。委身以顺命,无忧亦无乐。"[27]总之,《左传》里言:"物生而后有象,象而后有滋。"[28]赏石艺术是从大自然的石头出发,赏造化,润心灵,融美感,互感通的物化与审美化的活动,而"从物出发""由象点化""由意生成"到"意象呈现",则形成了赏石艺术的审美化过程。

(二)人化

人化,意味着人的介入。大体上,"人化自然"与"自然人化"构成人化的两个方面。

中国哲学认为,人与天地万物合一,而蕴含着深刻的人化思想。然而,"人化自然"与"自然人化"二者在哲学传统里却各有渊源。李泽厚先生就认为:"道家和庄子提出了'人的自然化'命题,它与'礼乐'的传统和孔门仁学强调的'自然的人化',恰好既对立,又补充。"[29]

在总体倾向上,中国的先哲们对于物与心的看法,通常认为二者浑融不可分。比如,古代思想家孟子曰:"万物皆备于我矣,反身而诚,乐莫大焉。"[30]这句话意指,万物都不是离心而独立,故所谓我者,亦我与万物通为一体。再如,明代思想家王夫之言:"天不靳以其风日而为人和,物不靳以其情态而为人赏,无能取者不知有尔。'王在灵囿,麀鹿攸伏;王在灵沼,于牣鱼跃。'王适然而游,鹿适然而伏,鱼适然而跃,相取相得,未有违也。是以乐者,两间之固有也,然后人可取而得之。"[31]这句话则意指,境与心是不可分的完整体。总之,物与心彼此依赖。

赏石艺术主要体现的是人化的活动。德国美学家席勒认为:"事物的实在是事物的作品,事物的显现是人的作品。一个以显现为快乐的人,不再以他感受的事物为快乐,而是以他所产生的事物为快乐。"[32] "因为现实主义者听命于自然的必然性,而理想主义者则听命于理性的必然性,那么,它们之间就应当存在一种在自然的作用力和理性的作用力之间也可以见到的那种关系。"[33] 在此意义上,对于特定的人群来说,当大自然的石头拥有("奇石")"观赏石"之称谓时,它就有了自己的独立意义。观赏石作为大自然和人的心灵的双重存在物,在心与物的融合状态下,便进入了欣赏者的理想范围,成了欣赏的对象、占有的对象、享受的对象和反省的对象。观赏石虽是受动的,但在人与观赏石互动的关系中,变成了一种理想化的意蕴,灌注了人的生机。

对于观赏石的欣赏,突出体现在人化的审美化过程中。高尔泰先生就认为:"引起美感的条件,是一种人化了的东西。这种东西应该只把它看成一种可能性。这种可能性的形成,是人类漫长的历史性实践的结果。但它是否向现实性转移,却取决于许多偶然的机缘,例如,审美者过去的经验、知识和现在的心境等。"[34] 人们对观赏石的审美为人化的表现,只有欣赏者的审美才赋予观赏石以美感。随着中国赏石文化的深度发展,当代的观赏石欣赏者把赏石活动尤为审美化了,是以,赏石艺术则成为欣赏者的审美能力的展现。

举例而言,北宋理学家程颐言:"《视箴》曰:心兮本虚,应物无迹。操之有要,视为之则。蔽交于前,其中则迁;制之于外,以安其内。克己复礼,久而诚矣。《听箴》曰:人有秉彝,本乎天性。知诱物化,遂亡其正。卓彼先觉,知止有定,闲邪存诚,非礼勿听。"[35] "'不有躬,无攸利。'不立己,后虽向好事,犹为化物不得,以天下万物挠己。己立后,自能了当得天下万物。"[36] 这段话包含着重要的物化与人化的思想,可以进一步引发人们对赏石艺术的审美思考:

其一,赏石艺术是人化自然——所谓人化自然,指的是人要超出自身生物族群的局限,主动与整个自然事物和自然法则相呼应、相契合。这就必须要达到主观与客观的统一,这种统一是认识上的要求。它需要人的主观条件,即欣赏者践行赏石艺术的审美能力,而这种能力尤其体现为运用艺术和美学知识的能力。

其二,赏石艺术是自然人化——所谓自然人化,意指外在自然成为人类的。高尔泰先生就认为:"美的本质,就是自然之人化。自然人化的过程不仅是一个实践的过程,而且是一个感觉的过程。在感觉过程中,人化的对象是美的对象。"[37] 人被观赏石所吸引,观赏石承载人的心理感受,如移情等被人化了。

这里，有必要对艺术中的移情作个略述。通常来说，移情既是心理学问题，也是现象学问题。所谓移情，可以借用美国美学家吉尔伯特的话："移情的意思是人的感情、情绪和观点投射到无生命的物体中。"[38] "在移情的过程中，人把一种感情状态注入到某一对象中，并使这种感情状态与这一对象交融在一起，因而能洞察到该对象并塑造出它的形象。"[39] 同时，对于艺术领域中的移情，日本哲学家西田几多郎认为："在艺术上，我们是完全站在自由我的立场上的。外界已经不再是其手段，而是表现了。那个不可达到的深度并不是自然的深处，而是我们的深处。由此立场来看，所谓物质界也只不过是人格作用之一的知性作用的表现而已。对我而言，立足点并不是自然，而是伟大的人格。移情意味着达到了此立场。"[40] 对于移情的作用，德国美学家立普斯则认为："移情作用所指的不是一种身体感觉，而是把自己'感'到审美对象里面去。"[41] 总之，移情理论虽然复杂，却有助于人们去理解赏石艺术的审美。用德国哲学家胡塞尔的话说，移情作为主体间经验的基础，变成认识实存的外部世界的可能性条件。[42]

对于赏石艺术的审美，除了关注移情理论上的解释之外，德国哲学家黑格尔在《美学》里，有一句意味深长的话，也极富启示意味。他写道："艺术由之产生的那种普遍和绝对的需要，源自这样一个事实，即人是一种能思维的意识。也就是说，他从自身引出他之所是及任何其他事物之所是，并呈现于自己面前……作为一个自由主体，人这样做，旨在去除外部世界顽固的异质性，并在事物的形象中仅仅欣赏他自己的外在实现。"[43]

总之，在人化的概念下，人成了赏石艺术的中心，观赏石成了人的私语对象，观赏石透过人在说话，成为神奇的、感人的和美的事物了。这正像德国思想家马克思所说过的引人注目的话："人的感觉、感觉的人性，都是由于它的对象的存在，由于人化的自然界，才产生出来的。"[44] "因此，一方面为了使人的感觉变成人的感觉，另一方面，为了创造与人的本质和自然本质的全部丰富性相适应的人的感觉，无论从理论方面还是从实践方面来说，人的本质的对象化都是必要的。"[45] 反之，匈牙利美学家卢卡奇所说的一句话，就显得格外深刻："艺术形式把人提高到人的高度。"[46]

因此，无论是人化自然，还是自然人化，人化使得观赏石这一感知对象与欣赏者之间呈现关系性的特性，使得赏石艺术成了一种心物融合的艺术，从而赏石艺术在寻求艺术属性类型的基础上，便使得赏石艺术的审美追求成了一种理想美。这种理想美尤体现为赏石艺术家的个性化感受的美和想象的美、遵从艺术法则的美、运用审美经验的美，以及宗教般的美，而这些美都是观照出来的美（图101）。

图101 《人》 黄河石 22×26×5厘米 陈岩藏

二 人与审美对象之互动

  石头作为大自然的自发的和自为的存在物,是不依于人的意识的客观存在。用法国哲学家保罗·萨特的话说:"我们称自身规定自己实存的存在是自发的。换言之,自发的实存,就是自为地并通过自身实存。"[47]对此,哲学家牟宗三认为:"存在界的存在即是'物之在其自己'之存在,因为自由的无限心无执无著故。'物之在其自己'之概念是一个有价值意味的概念,不是一个事实之概念;它亦就是物之本来面目,物之实相。我们由自由的无限心开存在界成立一个本体界的存有论,亦曰执的存有论。人们对于自由无限心的意义与作用有一个清楚而明确的表象,则对于'物之在其自己'之真实意义,亦可有清楚而明确的表象,物之在其自己是一朗现,不是一隐晦的彼岸。"[48]牟宗三所言的"朗现",指的是"自由的无限心"。明白了这些道理,就不难理解人们期待观赏石是指向我们的,意在我们的,在自由的无限心的作用下,在知性的作用下,使得观赏石成为本体,从而朗现。尤其,在审美层面上,"自在"要成为"为人",就离不开人的审美意识。

同时,日本美学家今道友信认为:"无论什么样的艺术作品都有'物'的性质。"[49]但对于稍有常识的人来说,"物"却不能都认为是艺术作品。事实上,有的东西之所以具有艺术价值,或成为艺术品,仅仅在于被人的心灵和观念所把握,在于心灵的浸入,在于被审美化,并不在于它是物。可以认为,所有艺术作品的本质在于它超出"物"之存在的它处,而观赏石成为艺术品,在于它成了人们的审美对象,在于赏石艺术活动中的人们的心灵灌注。值得指出的是,把存在的东西变成关系,这实则是一种合目的论的哲学思维,也是审美化的一种表现,还是对艺术中的审美对象的扩展。

(一)审美化

法国美学家杜夫海纳曾抛出过一个著名问题:"艺术在种类上和历史上的差异,是否能让我们一般地讨论审美对象呢?"[50]此外,法国诗人加斯东·巴什拉曾写道:"在我们眼里,树木是一个整合对象:它通常是一件艺术作品。"[51]人们需要思考的核心问题是,对于大自然石头的审美化有什么根据呢?

其一,这涉及人们的审美态度。只有审美态度才能实现石头成为观赏石,观赏石成为审美对象的转换。相应地,法国美学家杜夫海纳认为:"自然之所以能从审美的角度去看,那是因为它能从文化的角度去看。"[52]照此逻辑,审美态度于石头身上的运用,还需要追溯中国赏石文化史,并在中国赏石文化史中找寻赏石审美的文化根脉——正如甲编所述。

其二,这涉及人们的审美趣味。只有审美趣味才能实现石头成为观赏石,观赏石成为审美对象的转换。德国哲学家黑格尔即认为:"审美趣味最坏的莫过于无意图之中又有明显的意图,无勉强的约束之中又有勉强的约束。"[53]反过来说,正确的审美趣味在于纯粹性,只有纯粹的审美趣味,才能完成对观赏石的审美欣赏。

人们还需要深入思考杜夫海纳上面所抛出的问题。实际上,杜夫海纳超越了人化的概念,从大自然事物的"自然""表现力"出发,来认识审美对象了。他继而写道:"自然可以具有审美吸引的创造性。……自然也可以变成审美对象。不管自然人化与否,只要它是具有表现力,又是自然的时候,它就成为审美对象。而且,只有当它是自然的,它才具有充分的表现力。"[54]在此意义上,观赏石产生于大自然,完全是自然的原型,有着丰富的表现力,成了人的审美对象,被人审美化了。据此,德国思想家歌德在一首诗中,显现了同样的思想:

> 我最后一次地说
> 自然既没有核也没有壳
> 你只需经常反省,
> 究竟你是核还是壳!
> ……
> 难道这自然之核
> 不就是在人的心中吗?
>
> ——歌德:《最终的劝告》

在特定意义上,正是源于人们的审美态度,源于人们的审美趣味,通过人对观赏石的审美化过程,使得赏石艺术成了一种艺术形式。对于此种逻辑关系,匈牙利美学家卢卡奇有相似的表述:"由于审美的对象在事先(即在成为艺术的对象以前)就是审美的对象了,在这些对象身上表现了人类活动的一种加工,由于审美主体的功能远不限于反映独立于意识的自在存在,而且有意识地反映为我们的存在,……每一艺术门类,最终每个艺术作品都获得了一种相对独立的存在。"实际上,这个观点是一个基本的美学问题,又是一个不可回避的历史问题。[55]

完全有理由去说,当自然成为审美对象之时,人们必须当现实的诗人;当观赏石成为审美对象之时,人们必须当现实的赏石艺术家,而诗人和赏石艺术家们无一例外地都是历史时代的产物(图102)。

图102 《朝元图》　　长江石　　23×15×6厘米　　王毅高藏

(二)审美对象论

德国哲学家黑格尔认为:"凡是自在的东西必定要成为人的对象,必定要进入人的意识,因而成为'为人'的存在。"[56]同时,德国艺术史家弗里德伦德尔认为:"存在的事物作为现象映入眼帘。心灵阐释现象,心灵由此推断物的存在并构建起物的幻象,从而制作成艺术品;在这个过程中,心灵不仅需要对对象做补充、填空和强调,而且还要对对象容忍、有耐心和做挑选。"[57]欣赏者的心灵铸成了观赏石的美的源泉,观赏石需要欣赏者的心灵来激活,而激活意味着创造。在此意义上,欣赏就是创造,这种创造尤为体现在赏石艺术家的心灵中。总之,把观赏石视为审美对象,进而赏石艺术家的创造心灵在赏石艺术的审美活动中体现出来。

德国哲学家叔本华认为:"当我们称一个对象为美的时候,意思是说这对象是我们审美静观的客体。"[58]对观赏石来说,只有审美静观,观赏石才有呈现、示现、表现或再现,才有艺术,才有美;倘若没有审美静观,观赏石则没有呈现、示现、表现或再现,就不会有艺术,不会有美。这实则是"主客二分"的思维逻辑使然。同时,清代画家石涛言:"天能授人以法,不能授人以功;天能授人以画,不能授人以变。人或弃法以伐功,人或离画以务变,是天之不在于人,虽有字画亦不传焉。天之授人也,因其可授而授之,亦有大知而大授,小知而小授也。"[59]这段话语,显示的是"天人合一"的体验逻辑。

上述"主客二分"与"天人合一"的思维逻辑与体验逻辑,能否合而为一,这对于赏石艺术的审美至关重要。如果说观赏石的美是在审美活动中生成的,那么,赏石艺术的审美活动既是一种主客二分的认识论,又是天人合一的体验论。同时,赏石艺术的合目的论则包含了认识论和体验论的审美过程的综合。准确地说,在把观赏石有目的的视为审美对象的基础上,通过欣赏者(尤其赏石艺术家)的观照转化,观赏石艺术品就拥有了审美意义,而这正体现在赏石艺术的发生过程之中,更体现在关系之中。

故而,可以认为观赏石的美既是主观的,又是客观的,赏石艺术的审美是主观与客观的统一。这种主观与客观的统一,生动体现在观赏石这个自然物与欣赏者之间的关系之中。而这种关系性逻辑的实现,依赖赏石艺术发生过程的观照转化机制。总之,这种关系性逻辑可以简单用高尔泰先生的话说:"美的本质,就是自然之人化。"[60]

实则,这个关系理论有着两方面认识论上的意义:(1)谈论赏石的体验,侧重于赏石过程的体验。(2)谈论赏石艺术,则侧重于如何去欣赏观赏石,如何去追寻观赏石的品质,以及如何使得观赏石成为艺术品。尤其,赏石艺术的审美对象论,专注于赏石艺术为审美的追求。这些认识论意义有助于进一步地解释人们生活中的许多赏石现象。

例如,作为大自然存在物的石头,成为欣赏的对象,既是自为的存在,又是为欣赏者的存在,借用法国美学家杜夫海纳的话说:"审美对象只是对真正的主体——进行感知的欣赏者——来说才是一个准主体。"[61]观赏石作为欣赏对象,成为欣赏者的主体,必然与欣赏者的经验相关联,而两者的关系决定了赏石活动会出现不同的思考维度,会产生不同的效果。假如把欣赏者的经验区分为日常生活经验和审美经验,那么,审美经验在主要程度上决定了观赏石是否具有艺术性,有着何种艺术性,以及这种艺术性能否达成主流艺术之间的共识等。事实上,欣赏者所拥有的不同日常生活经验或审美经验,正是它们赋予了赏石艺术的广度与深度(图103、图104)。

图103　《山人遗墨》　　海洋玉髓　　6.9×6.3×2.7厘米　　私人收藏

图104　[清]八大山人
　　　　《孤禽图》　私人收藏

杜夫海纳还认为："审美对象是以它想要成为什么和它不愿成为什么来界定的。"[62]在特定意义上，赏石艺术有自己严格的倾向性。这里，假设存在着一种情况：哲学家与艺术家拥有的不同思维方式，决定了审美的感觉与非审美的感觉之间的根本不同。比如，当哲学家在面对观赏石时，通常表达的是一种理解和领悟；当艺术家在面对观赏石时，通常运用审美经验对事物再现的发现和对纯粹表现的认知，体现为审美的观照。假使观赏石的欣赏者既为哲学家,又为艺术家,或者兼具哲学和艺术的双重素养,那么,赏石艺术既有了哲学的思考,又有了审美的观照,就成了一种艺术哲学,赏石艺术的审美就成了一种审美哲学。尤其,赏石艺术审美哲学相较于鉴赏心理,更加耐人寻味,因为对于某些人来说,他们与其说醉心于观赏石的美本身,倒不如说神往于如何认识赏石艺术审美这个奥妙的问题,而只有在此种理想情形下,欣赏者在赏石艺术中才会获得美的享受,这样的欣赏者才能成为真正意义上的赏石艺术家。不管这种假定是否为真,却充分表达了赏石艺术涉及的乃是艺术、美感与思想之间的相融性。

意大利美学家克罗齐认为:"审美的与理性的两种知识形式固然不同,却并不能完全分离脱节,像两种力异向牵引着一样。"[63]赏石艺术的审美之所以呈现复杂性,主要在于不能够把其中所包含的审美的与理性的东西区别开来——因为审美趣味是内在于感觉的,且感觉又是多种多样的、个体的和具体的,而理性则是一般的、典型的和单一的。实际上,观赏石作为人们观照的审美对象,从审美意义来说,它是审美哲学的,从而在哲学和美学领域相交汇,使得审美目的与审美趣味完善地结合在一起。于是,赏石艺术实为审美的沉思,而其他赏石目的则被审美目的大大消解掉了,这是赏石艺术所具有的最鲜明特点。

总之,观赏石成为审美对象,需要欣赏者来完成。欣赏者在被观赏石这个审美对象吸引之时,寓意大自然也被艺术所观照以唤来促进艺术。因此,当观赏石的欣赏者成为赏石艺术家的时候,赏石艺术这个涉及自然、自由和艺术的关系性的艺术形式,就获得了合理的解释。

(三)审美经验论

观赏石成为一种审美对象,需要依靠完美的艺术来加以审美观照。并且,在运用完美艺术观照的基础之上,赋予欣赏者心灵的滋润,观赏石才会达到理想中的美。这是赏石艺术中的审美经验的运用逻辑。

赏石艺术以审美经验作为出发点和立足点,审美经验则成了赏石艺术审美领域里最重要的概念之一。赏石艺术中的审美经验的运用,大致有如下六点基本特征:

其一,美学原理告诉人们,只有高级的感觉才会适合于审美经验。只有当一种高级的感觉运用于审美经验时,才会促使人们在赏石过程中通过回忆或联想,把观赏石的造型和画面与某种艺术形式、艺术元素或艺术形象,尤其与某些艺术作品意蕴的"契合""巧合""吻合"对应起来,以取得审美上的一致性,这是理解赏石艺术的审美的关键之所在。

其二,德国美学家莫里茨·盖格尔曾认为:"更加高级的感觉能够特别充分地适应审美经验。这既不是因为任何一种外在性,也不是因为特殊的'心理状态'。与此相反,这些更加高级的感觉之所以更适合审美经验,是因为它们是作为'为我而存在'的东西被给定的——促成审美态度,是因为它们使客观对象的外表,使对客观对象的表现有可能通过一种艺术方式而形成。"[64]可以确信,审美经验使得人们对观赏石的感觉有了高级性和纯粹性,相应地,在审美态度的促使下,运用审美经验所顿然获得的观赏石,才可能成为观赏石艺术品;反之,不运用审美经验,就很难欣赏观赏石的意象美。并且,在审美经验发生作用的基础上,那些理想性的观赏石艺术品才能够与主流艺术之间获得一定的共识。

其三,审美经验属于欣赏者个人心理的东西,它与纯粹客观化的事物不相等同。在语意上,审美经验意指一种经验性的内涵,它需要见过的事物,需要已经知道的事实。这就像法国美学家杜夫海纳所认为:"美学除了把握与文化之物既相左又相联系的自然之物以外,更主要的是把握根本,即审美经验本身的意义,这既包括构成审美经验的东西,又包括审美经验所构成的东西。"[65]从广义上来理解,审美经验既为已被经验的东西,又能够被经验的东西,以及那些构成经验的东西。因此,人们从审美经验中所获得的观察力、理解力和洞察力,更加有助于对赏石艺术审美的理解,这亦可以用杜夫海纳的比喻来形容了:"审美对象毋须照搬已经构成的现实,而是应该提供一道可以投射到给定物上的光。"[66]无疑,赏石艺术中的审美经验的运用是开放的。

其四,运用审美经验去欣赏观赏石,在某种程度上可以理解为哲学上的经验主义的运用。然而,波兰学者奥索斯基却认为:"美感经验之多变或许不亚于这些经验的对象之多变。"[67]正因为审美经验是流动的和多样的,导致审美经验不可能复制出一切观赏石艺术品。于是,对观赏石的审美欣赏,乃真正依靠的是心灵的高级感觉。在高级感觉发生作用下,在审美态度的促使下,观赏石的意象成了欣赏者的一种知觉和感觉的联想,即使这种联想可能是或然的。

其五,观赏石通常可以描述为"艺术的",可以描述为"美感的",但它们是两个不同的观念。总体上,艺术关涉事物能否激发人们的情感和想象的宽泛观念,而美感则是艺术品所直接具有和显现出来的属性——美的属性。对于赏石艺术来说,在观赏石成为一个艺术对象或美感对象之时,审美经验都会发生无形的作用,而欣赏观赏石的美感在两者之中就起绝对的支配作用了。

其六，赏石艺术中的审美经验的运用，通常印刻效应在发生着作用——所谓"印刻效应"，是指人们在认知过程中，最先输入的信息会产生最显著的影响。换言之，审美经验的运用多体现在对典型艺术的欣赏经验的参照或熏陶，以及偏重于如何参照艺术与审美领域中的"典范"。这里所指的典范，既可以是赏石艺术领域里的那些高等级的观赏石艺术品，又可以是主流艺术形式里的典范艺术作品，等等。在深层次上，赏石艺术孕有"类性"的观念，此观念在主导着与典范之间的联系，以便确定观赏石的"艺术身份"这一重要假定。

英国美学家李斯托威尔曾指出："只有我们用自己丰富而又旺盛的生命力把没有生命的东西生命化了，把非人的东西人化了，只有我们艺术同情的强度足以把自己的努力、感觉、感情和愿望，充塞到自然的伟大领域和艺术的更为伟大的领域中去，只有到了这时，美感经验的真正本质才能被抓住。"[68] 在根本上，审美经验决定着欣赏者的审美感觉和观赏石的审美形相，它取决于欣赏者的知识和修养。不难发现，观赏石在诗人的头脑里有了诗意，在画家的眼里有了画意，在艺术哲学家的思想里有了哲理情思，在赏石艺术家的心灵里有了审美的沉思。完全可以认为，正确运用审美经验，才是赏石艺术的恰当的欣赏方式。这就正如法国美学家杜夫海纳所持的观点："审美经验揭示了人类与世界最深刻和最亲密的关系。人类需要美，因为人类需要感到他自己存在于世界。"[69]

赏石艺术活动保持着人与自然相接触的最直接的关系，而这种关系又建立在同艺术和社会联系的感受之上。像所有艺术欣赏中的情形一样，赏石艺术中的审美经验的运用观念，直接影响到对观赏石的观看方式，也间接地决定着观赏石艺术品的品位。归根结底，知识和修养决定了观赏石的品质。与此相类似，彭锋先生就持有一种观点："对艺术作品可以有许多不同的欣赏方式，但只有一种是恰当的。这种恰当的欣赏方式必须能够揭示艺术作品所具有的审美性质和审美价值，由此在对艺术的审美欣赏中，必须有相关的知识，如艺术史的知识和艺术实践的经验。"[70] 据此，正像人们对于事物本质的理解有无数深度那样，赏石艺术家们这个群体之间也会存在一定的层级——而成为名副其实的赏石艺术家本来就是一件困难的事情。

举个事例来认识赏石艺术中的审美经验的运用吧。罗马尼亚雕塑家布朗库西的作品《吻》（图105），是他的抽象雕塑代表作，现为美国费城艺术馆的镇馆之宝。布朗库西曾说："简洁凝练并非艺术追求的最终目的，而是我们在探寻事物本质时必然会达到的一种状态。"[71] 观赏石作品《舞步》（图106），也是抽象的浅浮雕。相较于二者，必须要清楚的事实是，布朗库西开创了抽象雕塑之路，形成了自己的雕刻风格，进而影响到了雕塑史，因而他的代表作才能成为艺术至宝，而对于赏石艺术中的审美经验的运用，却不能拿两个东西去胡乱地比附，除了它们艺术风格的相似之外。总之，赏石艺术中的审美经验把观赏石的美呈现在欣赏者面前，体现着赏石艺术家心灵的创造，构建着所有观赏石欣赏者间的共鸣，实现着艺术间的共识。就艺术和美而言，永远是世界上最有争议的东西，而赏石艺术却展现着一种更高级的审美特性。这就正像德国美学家沃尔夫冈·韦尔施所认为："审美经验的基本原则不是将艺术看作某种封闭的东西，而是将其看作能够打开我们看待世界的方式，去拓展世界那令人陌生的面向。"[72]

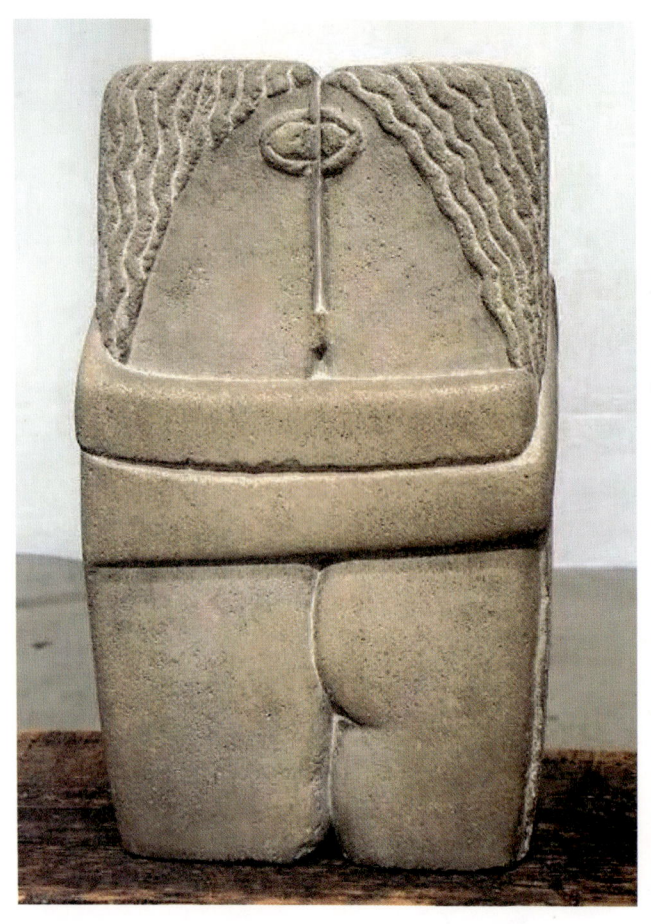

图105　[罗] 布朗库西　《吻》　美国费城艺术馆 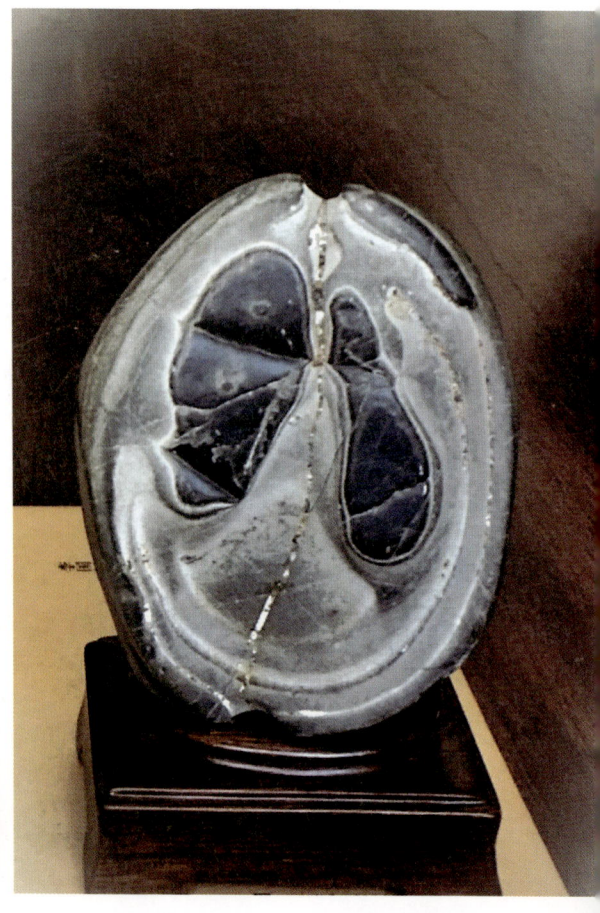　　　　图106　《舞步》　大湾石　9×12×6厘米　李国树藏

最后指出的是,观赏石作为审美对象,运用审美经验被审美化,并不意味着就是艺术品了。倘若把观赏石这个审美对象真正转化为艺术品,还需要人们深入理解赏石艺术的观照转化理论。[73]

三 赏石艺术:观照转化理论

开宗明义,赏石艺术的观照转化理论,既关涉人的合目的性活动原理,又关涉创造美的事物的关系原理。

文中多次引用哲学家牟宗三的观点,对于中西方文化之不同,他的观点总体可概括为:中国文化把握的是生命。西方文化生命的源泉之一的希腊,把握的是自然,他们运用心灵,表现心灵之光,是在观解自然上,自然是外在的客体,其为"对象"义甚显,而生命则是内在的,其为对象义甚微,并不如自然之显明。所以,中国人运用心灵是内向的,由内而向上翻;而西方则是向外的,由外而向上翻。就观解自然来说,其由外而向上翻,即在把握自然宇宙形成之理。其所观解的是自然,而能观解方面的"心灵之光"就是"智"。因为智是表现观解的最恰当的机能。[74]借助上述的观点背景,可以更好地理解赏石艺术的观照转化理论。大体上,该理论认为石头成为观赏石是人们有目的转化的结果,观赏石作为审美对象需要艺术和审美地观照,这种观照转化为一个系统化的过程。[75]其核心要义乃在于,赏石艺术家凭借审美能力,依靠心灵的创造完成对观赏石的审美感知,而观赏石作品在同它们的创造者之间形成了一种明确的欣赏关系。

《诗·小雅》有言:"他山之石,可以攻玉。"[76]在特定意义上,赏石艺术的观照转化理论融合了中西方艺术哲学思想而诞生,其中"观照""转化"词语,有着特定的语境色彩,既体现在赏石艺术的方法论上,又体现在赏石艺术的内在追求上,它们共同实现着石头的自然属性转换为艺术属性的机制,溶解在一个系统化的过程中。如果非得用一句简单的话来表述,那就是它们体现在欣赏关系之中。

在赏石艺术的观照转化机制发生过程中,在观赏石与赏石艺术家(欣赏者)的欣赏关系中,究竟隐含多少重内涵呢?大致来说,可以归结为以下五个论点:(1)赏石艺术中的观赏石是合目的性的产物,即石头成为观赏石是人们有目的转化的结果。(2)赏石艺术以欣赏为根本要求，需要从审美经验中去获得对观赏石的审美欣赏。(3)赏石艺术以遵奉自然的法则和变化无穷为根本，以符合艺术观念为法则，需要艺术地观照。(4)赏石艺术遵循用艺术观照自然，从而使自然转化为艺术的整体逻辑，以观照转化自然为目的，凭借以其他主流艺术形式为手段，运用艺术的一般形式对于观赏石的欣赏。(5)赏石艺术体现为社会、文化和历史发展的产物。它们在接下来的内容里将会有讨论。

（一）合目的性

赏石艺术中隐含的合目的性原理，存在于人们有目的的审美活动中，于是，把观赏石视作欣赏对象，能够生发什么样的审美价值呢？

人们首先需要思考，自然的概念与合目的性能够结合起来吗？这里，有必要例举德国哲学家康德所讲过的"砍削过的木头"的事例。他写道："如果我们在搜索一块沼泽地时，如有时发生的那样，找到一块被砍削过的木头，这时我们就不会说它是自然的产物，而会说它是艺术的产品；产生这产品的原因料想到了一个目的，产品的形式是应归功于这个目的的。"[77]康德认为，艺术的产品之所以不同于自然的作用，在于它承载了目的性活动，即使当初创作的特定目的已经不为人所知，或者人们无法去辨识与知道。同时，奥地利艺术史家李格尔对于艺术曾提出过一种目的论的方法，即"将艺术作品视为是一种明确的、有目的性的艺术意志的产物"[78]。李格尔在界定"艺术意志"时指出："决定这种冲动的至少是一种不知之物，可能永远是一种不可知之物：所有我们能确定的东西就是艺术意志。"[79]李格尔的观点，言外之意在于所有艺术都怀有意图性或目的性。

然而，客观的现实是，石头毕竟属于大自然的事物。通常，人们对于大自然事物的考察，往往有两种不同的方式：(1)按照外在的必然性来考察。这种必然性基于偶然的机缘，主要根据自然的原因（如因果规律性）去认识。(2)合目的性的考察。合目的性的考察方式有着倾向性，往往借助特定的倾向性达成目的，同时也超出了那些常识性的见解。总之，这两种不同的考察方式依托两个基本的概念：必然性的概念与目的性的概念。

大自然产生的东西乃是自然的造化品，显示不出自己的目的性，或者说自然事物本身必须被视为自身目的，因此，对于大自然的现象人们要接受事实。然而，大自然的事物却最不容易为人们所理解，因为神秘叵测。然而，在人类历史上，人们却在不断地尝试去认识大自然，认识大自然的事物，使之成为清晰的对象。这些认识通常包括：思维与存在的关系、精神与自然的关系、偶然事物与经验事实的关系、事物目的论与美学的关系，等等。总之，人们渴望世间万物与人的理性和感性之间相联系，使之成为理想的对象。这个观念构成了感性哲学的起源，也构成了美学的起源。

看见一个东西的存在，乃是一回事；说一个东西存在于意识之中，则是另一回事。从认识方面来说，外在事物虽然并不依赖人的意识，或者说它是无意识的，但人的意识可以认识外在事物。对此，德国哲学家马克思在论及人的劳动的性质时，就写道："我们要考察的是专属于人的劳动。蜘蛛的活动与织工的活动相似，蜜蜂建筑蜂房的本领使人间的许多建筑师感到惭愧。但是，最蹩脚的建筑师从一开始就比最灵巧的蜜蜂高明的地方，是他在用蜂蜡建筑蜂房以前，已经在自己的头脑中把它建成了。劳动过程结束时得到的结果，在这个过程开始时就已经在劳动者的表象中存在着，即已经观念地存在着。他不仅使自然物发生形式变化，同时他还在自然物中实现自己的目的，这个目的是他所知道的，是作为规律决定着他的活动的方式和方法的，他必须使他的意志服从这个目的。"[80]同时，古希腊哲学家亚里士多德亦认为，人是具有理性的动物，人的行为是有思想的行为。[81]石头虽是大自然生产的，而观赏石却因观照的目的而诞生，观赏石艺术品则是人们有目的转化的结果。因此，赏石艺术的核心乃在于，必须依靠目的论来使这种"天人合一"的艺术——准确地说，自然物转化为人为艺术——获得某种合理的解释。因此，合于目的性就构成了赏石艺术的审美化的最根本、最核心，在此基础上，人们才能言及赏石艺术的审美是心物融合的美学现象。

在哲学意义上，目的的概念属于思维的范畴。目的论则在于把存在物转变成一个被思维的东西，尽管思维中包含着各种主观附会。石头成为观赏石，离不开人的目的性，离不开它对人的主观符合。同时，人们认识外在事物依靠的是知识——即便英国哲学家罗素曾说："全部人类知识都是不确定的、不精确的和不全面的。"[82]不消说，赏石艺术是人们在对观赏石静观之下的知识的运用。更重要的是，根据德国哲学家康德的观点，人们通过直观理解力那样的事物得以直观自然的目的的话，那就已经不是单纯的自然了，而必须是一种艺术品。至于其中的原因，类似日本哲学家西田几多郎所持的观点："思考自然背后的合目的作用的时候，那就已经不是自然了，而必须当作精神实在。它必须属于建立在比自然更高一层次的立场的对象界。"[83]在此意义上，石头成为观赏石，就不再是单纯的自然了，必须是一种艺术品，必须属于审美的范畴，必须当作精神实在，必须属于赏石艺术家心灵的创造对象（图107）。

法国美学家杜夫海纳认为："几乎敢这样说，在我们不断的静观之下，最顽固的东西最后也带有人的目光烙印，或者说天空模仿风景画家，大海模仿诗人。只要现实适合于人的目光，它就适合于艺术。当给现实打上人的标记的行动受到审美准则的启发或模拟审美准则的时候，则更是如此。因此，如果说艺术能使我们进入现实，或至少进入现实的情感方面，那是因为它多少有助于这个现实的建立。"[84] 杜夫海纳的观点对于赏石艺术的审美可谓掷地有声。当观赏石一旦进入审美价值的范畴，人就赋予了它以新的意义，并且，因为这种外在的目的性，观赏石的审美价值才被人以心灵不断地创造出来。这也正像英国美学家克莱夫·贝尔所持的观点："艺术的自为合目的性的形式，才是有意味的形式。"[85] 同时，还符合德国美学家莫里茨·盖格尔的观点："只有一个事物对于主体来说具有意味，它才是有价值的。也许作为不同的价值类型，如金钱的价值、收藏家所收集的东西的价值，以及一幅绘画具有的审美价值是大不相同的，但是，正是它们对于一个主体或一些主体来说所具有的意味，体现了它们作为不同的价值所具有的特征。"[86] 综上之述，则不难理解，"观赏石"的称呼，本身就隐含着特定的目的性，即这些石头是用来欣赏的。

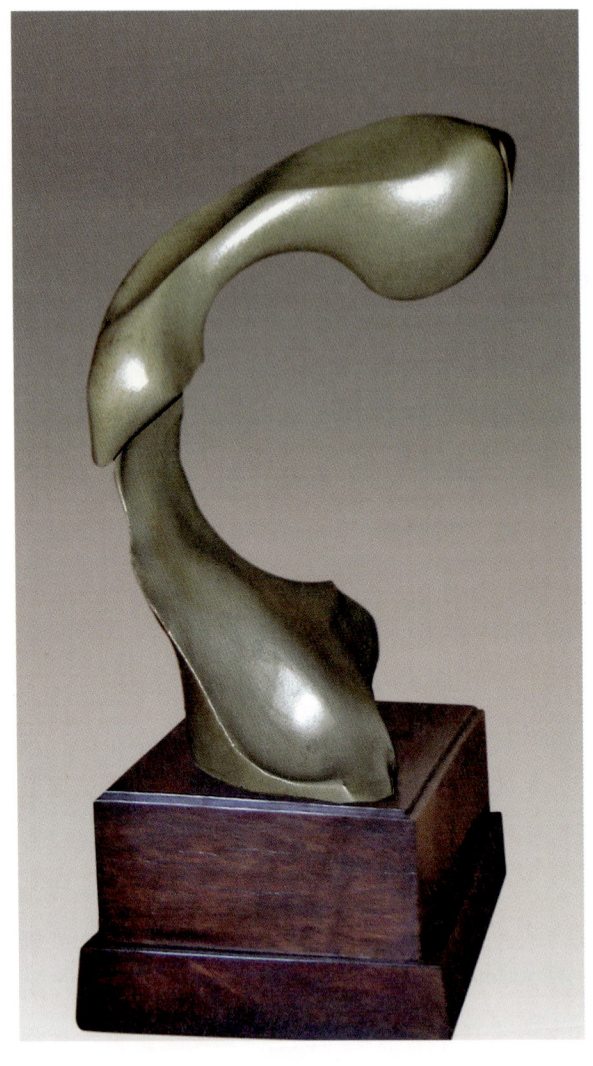

图107 《摩尔少女》　摩尔石　90×50×55厘米
刘建军藏

总之，诚如德国哲学家费希特所认为的，物的合目的性支持物的美。从审美层面上说，观赏石只有在人们的审美目的作用下，才呈现美。

（二）观照转化理论

前文已述，观赏石作为欣赏的对象是合目的性的体现与结果。美国心理学家威廉·詹姆斯曾持有一种观点："自然物质本身虽然很难通过自身的作用转换成伦理形式，但是更容易转换成美学形式，转换成科学形式将会相对容易和完整。这种转换将永远不会结束，这种感知也永远不会消失。"[87]中国赏石被老庄哲学和佛教禅宗所激活，但对于观赏石的欣赏，却以不同的方式而跃出，这就形成了赏石的基本方式问题——通常指人们所说的赏石方法和赏石理念，也形成了对观赏石的欣赏转换为美学形式的问题。

对于自然物质转换成美学形式的思考，有必要先考察美学中存在的一个核心问题：自然美（艺术美除外）是人把它引到自然物品上的显现吗？这个问题会涉及观照万物的态度。比如，德国美学家孟德尔松认为，在大自然中充满了完善，充满多样化的统一；它能通过感觉被认识，所以也是美的基础。他总结道："美是人类的现象。"[88]高尔泰先生则认为："人类的自由愈是发展，自然界对于人就愈是广阔，对象世界的价值结构及其象征符号就愈是多样。一种符号的含义愈丰富，同时也就愈需要人以一种更多维的能力来把握它。于是，随着人类从自然进化的领域解放出来而进入历史进化的领域，美感就产生了。而随之那个作为超越于单一的实用需要的、非功利的、自由的，即'人的'符号信号——'美'也就因此出现了。"[89]实际上，赏石艺术在特定意义上表现为"与物为宜""求物比之"，就像中国传统文人艺术长期所信奉的一样。那么，观赏石是如何在"与物为宜""求物比之"的发生过程中而实现美的转换的呢？

就中国赏石的初始和主要发展历程来看，古代文人赏石成了文人艺术独特表达的精神活动，而赏石活动依然在不断地向前演进。进入当今时代，赏石的性质发生了变化，突出表现为奇石演化为观赏石，以及赏玩奇石到赏石艺术的转变。同时，赏石研究领域也出现了新的理论，例如赏石艺术的观照转化理论——美的转换理论。

关于赏石艺术的观照转化理论，我在拙著《中国当代赏石艺术纲要》里进行过详尽的讨论，兹列主旨段落如下：

> 在用艺术观照自然，从而使自然转化为艺术的整体逻辑之下，赏石艺术的

发生过程如下：石头（大自然的存在物）→被赏石艺术家有目的地视为审美对象→艺术地观照→运用发现和感悟的能力→应用审美经验→转化为观赏石→激发情感和唤起想象→观赏石艺术品→表现性和再现性→与主流艺术中的造型艺术、雕塑和绘画相交融→欣赏者与观赏石的互动→赏石艺术精神→赏石艺术家通过观赏石艺术品向欣赏者所表达的东西。在这个过程中，石头就从"物的自然"转化成"心的自然"，进而成了"艺术的自然"，而"转化"就生动地体现在人与石头的互动关系之中。人与石头之间的互动并非盲目的，而是有目的的，同时又是在主流艺术的土壤中进行的。[90]

从上述的"赏石艺术的发生过程"来理解，从石头成为观赏石，从观赏石转化为艺术品，这个过程由于欣赏者审美意识的参与，是审美心理发生作用的过程，又是审美经验运用的过程，还是审美情感激发的过程，只是这里的"欣赏者"突出为"赏石艺术家"了。换个角度说，只有欣赏者成为名副其实的赏石艺术家，即欣赏者具备了审美能力，那么审美意识、审美心理、审美经验和审美情感在面对观赏石这个审美对象时，它们才会真正地发生作用，才能谈得上真正意义上的观照转化。

赏石艺术的观照转化理论本质乃是一种关系理论。这种关系理论在深层上决定了赏石艺术是一种艺术哲学。这就颇似古希腊哲学家普罗泰戈拉所主张的："一切存在物都有相对性，所以，存在物只存在于关系中，而且只存在于对意识的关系中，最重要的东西就是意识。"[91]他指出："客观事物只是当同我们发生关系时才存在。"[92]古希腊哲学家苏格拉底亦主张："存在者是以思维为中介的。"[93]因此，赏石艺术中的观照转化突显了欣赏者尤其是赏石艺术家的意识的作用，而只有审美意识才是自由的。此外，法国思想家狄德罗曾经说过一句令人费解的话："美仅仅存在于'关系'这一概念中。"[94]同时，他还持有一个重要观点：对关系的认识，就是美的基础。[95]这个断语，也生动地蕴涵在赏石艺术的观照转化理论之中，尤其蕴涵在欣赏者与观赏石的互动过程之中。

值得强调的是，赏石艺术中的观照尤需要专注于外物，需要外在的参照。因此，赏石艺术的审美特性突出表现为观照的特性，正是由于这种特性，观赏石的审美欣赏才与那些普通的赏石认识区别开来——即便观照的方式多种多样。这里，对"观照"的解释，可以参照波兰美学家塔塔科维兹的说法："所谓观照，追根究底原本无非是把我们的全副心力集中在那产生美感经验的对象上；而感情主义的学说，在美感经验中所看出的，跟通常所说的'梦想'颇为近似。"[96]是故,赏石艺术中的观照转化就需要人的头脑提供必要的可能性,才能够通过人而观照转化为理想的艺术及理想的审美追求。

赏石艺术的观照特性突出表现为,人们无法去改变观赏石这个自然存在物,而是运用知识把自己的审美态度和审美目的表达出来,借助于一些外在的艺术形式把观赏石的艺术性和美感观照出来。换言之,人们对于观赏石的外观形相的欣赏,在于人们的知识决定某些类型的审美经验的运用,在于赏石艺术家的审美意图。于是,赏石艺术作为审美活动,成了一种自由的活动。反之,人倘若没有自由,就不会成为主体,只是这里的"人",在赏石艺术中突出为"赏石艺术家"了。总之,观赏石成为人的审美对象,拥有了多重意义。

对于"观照"一词,实际上还有着许多美学上的解释。比如,英国美学家李斯托威尔就认为:"我们对于周围世界的审美观照,基本的特点是一种自发的外射作用。它不仅只是主观的感受,而且是把真正的心灵感情投射到我们的眼睛所感知到的人物和事物中去。一句话,它不是感受,而是移情。""这种纯粹的审美现象,以及我们把主观的感受赋予外界事物的过程,在与宇宙相默契的这种天生的泛神论冲动中,找到了它最根本的说明。"[97]前文已述,对观赏石的审美观照,投射和移情无疑在发生特定的作用,仿佛人们把自己的审美经验租借给了观赏石。譬如,南朝文学家刘勰有言:"目既往还,心亦吐纳""情往似赠,兴来如答"。[98]这句话同样表达的是投射和移情。总之,人们在对观赏石的审美观照中,人的心灵灌注于观赏石,观赏石成了有生命意味的形体。在观赏石面前,欣赏者既是创造者,又是分享者,观赏石与欣赏者融为一体,共振出了心灵上的共鸣。

客观上,移情理论作为美学上的一种心理学解释,有着自己的适用范围,并非每一种观念与感情的投射和移情都会产生审美的效果。不过,移情理论在赏石艺术中所发生的作用,乃使得人们有助于解释赏石艺术的观照转化的发生机制,以及审美的转化机制。换言之,观赏石只有成为审美对象,才可能被审美观照,才可能从一种超验的客观存在物转化成欣赏者——尤其赏石艺术家——心中的意象。反过来理解,观赏石的意象所呈现的美,为欣赏者的审美思想实践地转化为审美感觉的必然结果。因此,只有知识、想象、心灵和情感才能够使人领悟到观赏石之美,反之,诚如古希腊哲学家德谟克利特所说:"巨大的乐趣来自观照美的作品。"[99]

英国美学家李斯托威尔认为:"自然界的产品,只有当它们被欣赏者转化成为艺术品的时候,方才有美。"[100]石头本身虽然经历了大自然的生气,但还未能够达到由人的心灵灌注所产生的生气美,而那种美才是观赏石的自然形相与显现出的精神生命的完满统一。

这种统一所显现的源泉,皆来自对外在事物的观照,来自对主流艺术形式的观照,尤其浓缩在赏石艺术家的自由的及自我的心灵创造之中(图108)。这里,引用唐代画论家张彦远评价顾恺之的《维摩诘像》所作的"枯木死灰"比喻,来形象地表述一下赏石艺术家的心灵创造吧:"惟顾生(顾恺之)画古贤,得其妙理,对之令人终日不倦,凝神遐想,妙悟自然,物我两忘,离形去智,身固可使为槁木,心固可使为死灰,不亦臻于妙理哉!"[101]

图108 《八大笔意》　　怒江石　　38×18×16厘米　　李国树藏

总之,德国哲学家海德格尔曾认为:"毫不显眼的物最为顽强地躲避思想。"[102] 观赏石经过人的心灵洗礼,成了一种心灵艺术的载体,成了美的事物。同时,观赏石作为观照的产物,成了对艺术世界的观照。于是可言,赏石艺术既是观照,也是行动;既是一种艺术形式,也是美的存在。究根结底,赏石艺术的观照转化理论最终落脚点是人!此外,赏石艺术作为合目的性与合艺术性相协调的自由审美活动,只能发生在特定的社会中,发生于恰切的体制语境中——如艺术馆的环境等,从而实现最终意义上的转化——正式授予观赏石以其艺术身份。

四　赏石的合目的性的认识不等于美的认识

事实上，人们的赏石活动出于各式各样的意图，故赏石的各种价值都有适宜的理由。然而，在赏石艺术语境之下，观赏石本质上是一种审美对象的存在，赏石艺术是审美化的活动。因此，人们决不能把对观赏石赏玩的合目的性的一切认识，理所当然地同对美的追求混为一谈，更不能将赏石艺术简单地描述为个人兴趣的挥洒。

对于赏石艺术的审美性质，通常存在着两个判断：一个关于美；一个关于趣味。困难就在这里。不妨这样说，正因为这一困难，在赏石生活里才会发生许多不属于艺术赏石与审美赏石的事情。前文已提及，赏石的审美兴趣与赏石的实用兴趣会导致两种截然不同的欣赏方式。同时，人们对观赏石的内在专注与外在欣赏也有差别。这两种区分虽然没有明确的分界线，但仍有利于人们清晰地认识赏石艺术的正确追求。

赏石艺术作为审美活动，不简单等同于赏石的"体验说""快乐说""适意说"——此"三说"，非指学说，只能视为"假说"，视为人们赏玩观赏石所持有的普遍观念。这是本文的基本界定。这三个"假说"，却反衬出两个基本要点：(1)赏石艺术作为审美活动，审美是基本要求，而与赏石的"体验说""快乐说""适意说"的具体要求不同。(2)赏石艺术作为审美活动，必然会是社会性活动，也具有了社会意义，赏石艺术亦承载着自己的公共功能，而不仅局限于欣赏者个人的体验、快乐与适意的追求，不仅是欣赏者自身的需求。总之，赏石艺术作为审美活动，只有专注于对观赏石的外在欣赏，才谈得上属于真正的审美态度。反之，就如盛行的观点所认为，赏石的最高境界不是为了审美，而是为了精神寄托。于是，德国美学家莫里茨·盖格尔所说的一句话，即颇具启示意义："只有在外在的专注中，艺术作品才确实能够表示某种特殊的东西；只有在外在的专注中，人们才能够根据艺术作品的结构的特殊性来领会艺术作品；只有在外在的专注中，艺术作品才能够真正发挥它的效果。"[103]诚然，这并不意味着对于观赏石的内在关注不重要——它乃是观赏石欣赏者的浪漫主义思想的发源地。

(一) 体验说

古希腊哲学家普罗泰戈拉说过："在一阵风吹来时，有些人冷，有些人不冷；因此，对于这阵风,我们不能说它本身是冷的或是不冷的。"[104]人们怀有不同的赏石意图,由此赏石带给人们的感受也不尽相同。

赏石的体验说,牵涉到赏石的功利问题。

其一,赏石的体验说,在于主张赏石的体验,体现的是一种心理现象。在此情形下,观赏石仅被视为沉思的对象而非美的呈现、示现、再现或表现等。这意味着观赏石是主观任意的,而非审美经验和艺术法则的展现。它直接导致了赏石趣味差异化观念的过度宣扬,诸如"自己喜欢就好""自己喜欢就是好石头"等说法的流行。

其二,赏石的体验说,意在彰显赏石体验的切身感受。若从艺术层面上来理解,暗含艺术是感觉之事,以及感受为艺术的主宰等主张。进一步地,这意味着赏石趣味的相对性不可避免地代替了艺术的审美法则,由于人们的感觉有着多变性,就无形地夸大了赏石所具有的相对主义的性质。

其三,赏石的体验说,所追求的是纯粹赏玩的体验,而这种体验往往与知识无关。相反,它却试图超越知识的框架而达于玩石忘我的境界,投合了一部分人所说的"玩石快乐"的主观趣味。

概而言之,赏石的体验说强调的是玩物与近物之心,体现的是赏石的玩味性和意趣性。然而,如何避免赏石感受的表面化和赏石趣味变化的频繁化,而寻求一种赏石的艺术法则,并在该法则的指引下去认识赏石艺术的审美,却是赏石艺术审美中的核心问题。这里有必要注意三点区分:(1)赏石的体验不等于赏石的艺术追求。(2)赏石的艺术追求可以成为一种体验。(3)赏石的体验和赏石的艺术追求都会是适意的,但不同的群体却并非都会认为符合自己的"适意"。

严格来说,人们欣赏一块观赏石所获得的快感并不一定是美感,而所获得的美感却通常是快感。在心理学上,美感是精神愉悦和生理快感的结合,美感是由高级的感官所获取,而快感只是简单的生理感受,是由低级的感官所引发。不可否认,赏石的体验说有着自己的哲学基础。比如,宋代诗人苏轼言:"君子可以寓意于物,而不可以留意于物。寓意于物,虽微物足以为乐,虽尤物不足以为病。留意于物,虽微物足以为病,虽尤物不足以为乐。"[105]苏轼所说的"寓意于物",意指与物同游,自适以乐;而"留意于物",意指不为物所系,避免对物的痴迷而迷失君子的真性。此外,赏石的体验说还暗含"赏石有用"的假设,即人们赏玩石头被视为一种生活体验、一种生命体验及一种生活方式,这几乎与白居易的"适意而已"的赏石理论思想相一致。

总之,对于赏石体验说的认识,虽然不妨碍赏石是体验的活动,但也并不意味着对单纯体验之外的赏石追求。归根结底,从中国赏石文化发展史来看,赏石却始终是一种艺术和审美的体验追求。认识到这一点,人们对于赏石的体验才能够真正升华至艺术和审美层面,赏石的审美意味才会展现出来(图109)。

图109 《卖火柴的小女孩》　　长江石　　13×11×4厘米　　李国树藏

(二)快乐说

赏石的快乐说,强调的是从心理学的角度来认识赏石,而心理学在赏石艺术美学的研究中占据着重要位置。

　　赏石令人快乐，这是人们的一种心理的主观看法。不过，赏石快乐仅聚焦于赏石活动本身，即赏石活动带来的心理效用。英国诗人济慈就说过："美的事物让人永远快乐。"[106] 但反过来说，让人快乐的并不一定是美的事物，因为"美"有着自己的特性，"审美"有着自己的所指，正像美国艺术史家帕特里克·弗兰克所认为："美学是指关于美的意识为艺术作品或自然形式中激发观赏者更高意识层次的特性。在大多数文化中，'美'的定义都是赏心悦目，通常指的是接近于某种理想状态。"[107] 无论出于何种动机，赏石的确会让人感到快乐，但却无必然关乎观赏石本身是否为美，更无关乎观赏石的美是否为稳定的美、普遍的美、持久的美、崇高的美和理想的美。因此，赏石所获得的快乐并非特指审美的快乐。

　　主张赏石的快乐说，总体倾向在于超越利害关系。在此意义上，赏石可供于娱乐，会隐性地导向游戏论：赏石仅是一种单纯愉快的游戏、一种飘忽无常的游戏；赏石意味消遣，往往为娱乐服务。总之，赏石被认为是一种玩好。事实的确如此，人们经常会无厘头地把艺术与游戏勾连在一起，这种情形，可以理解为同人们小时候玩游戏感到快乐有些相似。在实际生活中，观赏石是成年人的玩具，赏石几乎是成年人的游戏，这也构成了一种流行见解，而这种倾向却把依据美学价值对观赏石加以评判的最重要原则基本忽略掉了。然而，如果像对一切趣味的享乐主义所追求的一样，人们依然会认为赏石艺术的功能在于供给乐趣，那么，赏石艺术提供的乐趣也非一般的乐趣，而是一种特殊的乐趣——审美的乐趣。

　　倘若一味地强调对赏石的快乐追求，无形地就把赏石的目的降格了，致使艺术和审美的赏石追求变成了附庸，赏石的审美态度也随之烟消云散了。但是，人们绝不可忽视一个基本前提，高雅的艺术审美与消遣趣味无法调和，也不能够调和。反之，如果赏石活动陷入低级趣味的境地，虽显可爱，却不可敬了。这就像古希腊哲学家柏拉图所认为的，那种仅仅提供快感的活动是没有善德的，对于艺术评论不会提供任何坚实和重要的东西。此外，柏拉图甚至极端地认为："快感是最大的骗子。"[108] "如果有其他任何可利用的标准，我们决不用快感的标准去衡量艺术活动的价值。"[109]

　　不可否认，艺术与游戏长久以来都会被普通人所混谈。与此相关，美国美学家吉尔伯特认为："虽然艺术同游戏有着直接的联系，但艺术毕竟超过游戏。"[110] 英国小说家马利亚特亦认为："我们写小说并不是为了娱乐。"[111] 人们不可忽视，在新时代的赏石发展趋向中，"赏石"后面附加上"艺术"两个字眼,从而"赏石艺术"成为一个完全独立的且明确的概念之时,赏石的内在要求就在根本上发生了变化,"美"就成了人们从事赏石艺术活动所追求的目标。正如文中多次解释过的,真正的艺术与娱乐不能相提并论,无论如何也不能相互混淆(图110)。如果承认这一点,人们践行赏石艺术就不能仅仅把它理解为对表面快乐的追求,相反,赏石艺术家只有在痛苦和煎熬中,才可能会创造出有价值的观赏石艺术品。

图110　[法]亨利·马蒂斯　《舞蹈》　俄罗斯圣彼得堡艾尔米塔什博物馆

总之,赏石艺术带给人们以快乐,绝非那种欢天喜地的快乐,而是安静中的快乐。准确地描述,赏石艺术的审美快乐,突出体现为一种在更高级意识作用下的追求内在精神满足的快乐、安于自身满足的快乐、浸入心灵满足的快乐,以及对于观赏石外在欣赏满足的快乐。

(三)适意说

在美学上,适意说往往是从美的效果进行评价的。德国美学家莫里茨·盖格尔就认为:"享受论美学也就是关于效果的美学。"[112] 由于人们的主观感受不同,美是否适意因人而异,并且,适意与不适意,本身是个完全不确定的东西和虚无的东西。因此,论及适意,多少意味着主观趣味在主宰对事物美的判断了。

关于赏石的适意说,在中国的文化传统中有着许多理论上的解释。例如,心物感应就是中国美学的相关基础理论之一。唐代诗人皮日休就有诗言:"赏玩若称意,爵禄行斯须。"[113] 明代造园家计成言:"寸石生情。"[114] 它们均意指石头能让人称意,让人生情,在于会心,在于物我冥合,在于发乎本心。此外,唐代诗人白居易曾言:"乐天既来为主,仰观山,俯听泉,旁睨竹树云石,自辰及酉,应接不暇。俄而物诱气随,外适内和,一宿体宁,再宿心恬,三宿后颓然、嗒然,不知其然而然。"[115] 竹树和云石使得乐天体宁、心恬,甚至感到颓然、嗒然,不知其然而然,正可谓适意尔。宋代诗人冯多福亦言:"夫举世所宝,不必私为己有,寓意于物,故以适意为悦,且南宫研山所藏,而归之苏氏,奇宝在天地间,固非我所得私,以一卷石之多,而易数亩之园,其细大若不侔,然已大而物小,泰山之重,可使轻于鸿毛,齐万物于一指,则晤言一室之内,仰观宇宙之大,其致一也。"[116]

需要澄清的是,美学意义上的"适意"的判断只是个人的,而审美判断则带有审美的普遍性,因审美判断要考虑到对别人的有效性,更要有共通感。朱良志先生就认为:"审美体验活动不仅需要主体具有一定的艺术认识能力,还必须在进入审美活动之前保持特定的审美心境。"[117] 人们只有在赏石艺术的语境下去理解适意,只有在对观赏石的艺术和审美观照之中,在特定的审美心境之下,观赏石的复杂性才能够得以厘清,才能够聚焦于赏石艺术审美的根本,才能够物化与共感两合,而臻于艺术之境。譬如,文学家钱锺书有言:"即我见物,如我寓物,体异性通。物我之相未泯,而物我之情已契。相未泯,故物仍在我身外,可对而赏玩;情已契,故物如同我衷肠,可与之契会。"[118] 元代诗文家张雨诗即言:"前朝一片石,墙根黄土埋。人力以置之,兀然向高斋。汲泉洗其泥,秀色冷侵阶。稳稳树阴坐,箕踞脱芒鞋。举目视云汉,亦足舒吾怀。"[119] 南宋词人刘辰翁词言:"闻道酿桃堪为酒,待酿桃,千石成千醉。"[120] 唐代诗人李颀诗亦言:"片石孤云窥色相,清池皓月照禅心。"[121] 总之,赏石艺术在美学意义上仿佛是对生命性情的表达,又似心灵的吟唱、灵魂的独白,在人们心灵的占有中而消磨着时光(图111)。

清代诗人赵继恒诗言:"叠叠高峰映碧流,烟岚水色石中收。人能悟得其中趣,确胜寻山万里游。"赏石艺术体现的是身感心赏之道,道存于契会,会为己意,得佳趣耳。在美学层面上,这意味着美与特定目的相适应的美学思想,在这种美学思想的指引之下,赏石艺

图111 《憩息》　　戈壁石(产自国外)　　7×8×6厘米　　陈德宝藏

术可以理解为一种自由愉悦观和生命愉悦观。

　　总之，在日常的赏石活动的背后，往往依赖的是各种不同的理论或认识，每一种理论或认识都在很大程度上决定着人们对赏石活动的认知。尤其，在赏石活动的门槛非常低的当下，各派的拥趸者都选择了适合自己所喜好或合宜的方式，并不认同它们非此即彼，相互冲突。然则，赏石的合目的性的认识终究不等于对赏石艺术审美的认识，并且赏石艺术有着属于自己的独特审美追求。

第七章　赏石艺术的审美：在艺术逻辑下

德国思想家歌德曾认为："论及一件卓越的艺术品时，我们几乎是被迫地去谈论一般艺术，因为艺术的总体皆包含其中；每个人都可以通过这样一座丰碑，尽其所能地发展出与一般艺术有关的一切。"[1] 正如歌德这句话所表达的，在对赏石艺术美学的理论解释基础之上，要去讨论赏石艺术与各主流艺术门类的关系，去认识赏石艺术的审美领域。由是，在一般艺术逻辑的指引下，才能逐渐地接近审美经验，并在与各种主流艺术形式联系的不同讨论中，认识到赏石艺术审美与它们所具有的共性和差异性。

本章乃聚焦于上述逻辑在赏石艺术的审美领域中的讨论。

一　方法论：赏石艺术美学以赏石艺术为基础

赏石艺术乃是一种综合性的艺术。那么，如何认识这种综合性艺术呢？如何认识这种综合性艺术所呈现的美呢？在论述这两个命题之前，有四个重要方面需要加以澄清：(1)艺术的概念与美的概念有各自的限定。(2)艺术的领域与美的领域有各自的界限。(3)艺术的思考与美的思考有着区别。(4)艺术的体验与美的体验有着不同。

德国美学家马克斯·德索认为，当美学研究美的时候，艺术科学便审查艺术的规律。[2] 然而，瑞士艺术史家沃尔夫林却认为："每一部艺术史专著同时也包含某种美学观点，这是自然而然的事情。"[3] 事实上，艺术和美两个领域不可分裂，并且，有关美的理论与艺术的性质有着紧密的联系。与此相关，美学家宗白华认为："美是艺术的特殊目的。若放弃了美，艺术可以供给知识，宣扬道德，服务于实际的某一目的，但不是艺术了。艺术必须能表现人生的有价值的内容，这是无疑的。但艺术作为艺术而不是文化的其他部分，它就必须同时表现美,把生活内容提高、集中和精粹化,这是它的任务。"[4]此外,日本美学家今道友信认为,理性首先发现真实的美,"美有由感觉发现的外在的美,也有由理性所发现的内在的美"[5]。"无论对任何作品,如果没有理性的理解阶段,就不能称其为欣赏。在这个意义上,美具有必须为理性发现的一面。"[6]可以说,对于美的认识必须依赖艺术,在艺术的基础上去认识美。只有遵循这个规律,在赏石艺术的实践中,人们才能够获得深刻的审美体验。

对于摆在人们面前的观赏石,不管自身是否有美,人们都会感觉它很美。这是出于观赏石的外在的美而获得的初步印象和感觉。然而,对于观赏石的美的真正认识,还需要建立在对赏石艺术的性质的考察基础之上,由理性去发现观赏石的内在的美。换言之,赏石艺术有理性和感性两个方面,赏石艺术中的美是感性的美与理性的美的有机统一,否则,就很难全面发现与欣赏观赏石的美。

因此,对于赏石艺术美学的讨论,必须以赏石艺术为基础;对于赏石艺术的讨论,必须以艺术为基础。[7]唯此,对于赏石艺术美学的认识才会获得扎实的根基。这是本文极为重要的方法论。为了达成此目的,这里需要指出三个要点:

其一,不同的艺术形式会呈现、示现、表现或再现不同的美。不同的艺术是以不同的方式在审视世界。每种艺术都有属于自己的媒介——所谓媒介,意指艺术家用以创造观赏者接受的视觉元素的材料和工具。[8]对于艺术与媒介之关系,美学家朱光潜认为:"艺术受媒介的限制,固无可讳言,但是艺术最大的成功往往在征服媒介的困难。画家用形色而能产生语言声音的效果,诗人用语言声音而能产生形色的效果,都是常有的事。""说到媒介的限制,每种艺术用它自己的特殊媒介,又何尝无限制呢?"[9]就赏石艺术而言,赏石艺术的媒介载体是观赏石,而不是那些原始的石头,而当观赏石进入观照的领域才会产生美。赏石艺术作为主客合一的艺术,有着自己独立的审美规范。赏石艺术通过观赏石这个媒介载体,拥有丰富的艺术展现形式,人们可以从主流艺术形式中寻求到赏石艺术与各艺术间的同一性,同时,在每一块观赏石艺术品里,尤其也会有绘画或造型等艺术的混合性因素,甚至有不同艺术元素(包括线条、形状、肌理和色彩等)结合的丰富性。

其二,每种艺术均服从于自己的特性和规律。在根本上,任何客观对象都会呈现于人们所观看与感知的不同方式。如果把赏石艺术视为一个立方体,用不同的视角去观察它,就会呈现不同的差异面。在赏石艺术实践中,人们时而使用这个方面,时而使用那个方面,作为对赏石艺术的认识方式。同时,张世英先生认为:"事物所隐蔽于其中或者说根植于其中的未出场的东西,不是有穷尽的,而是无穷尽的。"[10]赏石艺术这个立方体蕴藏着无尽遐想。因此,人们必须依赖多维度,并侧重从艺术的视点去认识赏石艺术的审美。

其三,各种艺术之间有互通性,至少有类似性。英国哲学家贝克莱就认为:"有些观念在被知觉时,是以别的观念为媒介的。"[11]赏石艺术虽然有自己的美学表现介质,而它们毕竟是由综合性的集合艺术分化出的不同形式,这里隐含着同类相应的原则。因此,有必要对赏石艺术的不同艺术认识方式妥加区分。

事实上,赏石艺术包罗一切其他艺术的外部形式和内部意蕴,包含众多的不同艺术范式。从某种意义上说,赏石艺术是最深奥、最微妙的艺术。不难理解,在赏石艺术活动中,在某些情况下,人们对观赏石的审美直接涉及抽象的形式;在某些情况下,人们对观赏石的审美直接涉及它的再现;在某些情况下,则直接涉及观赏石的表现;在某些情况下,则从没有任何人类活动痕迹的、无依靠的视点去对观赏石进行审美;等等。总之,人们对观赏石的审美认识是多样的。然而,在任何情况下,人们却脱离不了对艺术和艺术形式的认识,这是确定无疑的。更准确地说,人们对观赏石的审美是通过艺术的棱镜来实现的(图112)。

图112 [明]仇英
《竹院品古》册页
北京故宫博物院

在根本上,探讨的核心问题乃在于,当对观赏石进行审美评价时,如何使得任何方面能够根据一个更高的审美原则来统摄这些审美认识呢?如何找到某种艺术统一呢?

二 赏石艺术的不同认识方式

人们对观赏石的看法不一,其中的最大原因,莫过于每个人的观看方式不一样。而观看的方式,会涉及如何在赏石活动中应用艺术评价方法这个最根本的问题,而成了赏石艺术的最重要问题。

无可讳言,赏石艺术很难寻求和实现一种永恒的审美评价体系。笔者尝试把赏石艺术分为呈现、示现、表现和再现四个层次路径来讨论,旨在根据这种分类能够按照审美方式最佳地欣赏观赏石。而这种对观赏石的审美的分析方法,体现的是不同的本体论和认识论。

无论是呈现、示现、表现与再现,它们虽非同一,却可相容,均从不同的角度揭示了同一现实,均从不同的观点来看待同一现象,均以不同的观念作为手段来探讨同一个主题——赏石艺术的审美。它们也反映出赏石艺术审美具有的开放性,彰显着观赏石审美的张力。同样,意大利作家艾柯曾写道:"从本质上说,一种形式可以按照很多不同的方式来看待和理解时,它在美学上才是有价值的,它表现出各种各样的面貌,引起各种各样的共鸣……这样说来,一件艺术作品其形式是完成了的,在它的完整的、经过周密考虑的组织形式上是封闭的,尽管这样,它同时又是开放的,是可能以千百种不同的方式来看待和解释的,不可能只有一种解读,不可能没有替代变换。如此一来,对作品的每一次欣赏都是一种解释,都是一种演绎,因为每次欣赏它时,它都以一种特殊的前景再生了。"[12]

通常来讲,人们认识艺术作品大致有三种基本方式:(1)艺术作品的意境如实地看,它就是一种呈现或显现,有着信息传达的符号论的意味。(2)艺术作品从幻境中看,它就是一种示现,似真似幻,有着禅境的意蕴。(3)艺术作品从知识的层面看,大体又可分为两种:表现和再现,而就表现和再现本身来说,也并非泾渭分明,非此即彼。比如,表现必然会带有几分再现的性质;再现也必然会带有几分表现的性质。不过,艺术中的表现和再现,都有自己的艺术哲学作为其主导原则,这些主导原则的背后却有着非常复杂的关系。

值得强调的是，在赏石艺术中，突出运用表现和再现来分析赏石艺术的审美是极为有益的。然而，李泽厚先生却曾告诫："把'再现''表现'这两个西方美学概念应用于华夏艺术和美学时，应该特别小心。"[13]实际上，再现与表现并非完全属于西方美学概念。不管怎样，人们必须谨慎地对待一些概念的使用，尤其是那些属于不同文化语境中的概念，但这并不会影响到文中对一些概念使用的信心。

客观上，对于艺术和艺术作品的分析，均会涉及不同的角度、不同的路径、不同的层次及不同的概念，它们都会有自己的合理成分。不可避免地，人们看待赏石艺术的审美也有不同的认识方式、不同的态度，它们都会体现在对观赏石的不同观看方式之中。同时，不同的观看方式又决定着对观赏石的审美，而且具有决定性的影响。于是，就有必要深入地分析各种有效概念——呈现（显现）、示现、表现和再现，去讨论应用它们在赏石艺术中的不同认识方式，以便运用合适的方式去理解赏石艺术的审美方面。这样，一方面人们可以通过这些方式获得对赏石艺术的微妙的审美体验，另一方面可以提升人们对赏石艺术的审美的认识潜力。

（一）作为呈现的艺术

石头是不假人力的自然产品，它们是由上天的力量生成的，观赏石作为独立产品，可视为自在自为的存在了。初看起来，观赏石似乎仅是简化了的自然界的存在，是万物的自在形相的存在，自成一种意度。在此意义上，它不为任何目的，也没有任何目的，不是为了感性和知性而存在，更不是为了人的审美目的而存在，仅是一种呈现。反过来理解，所谓观赏石的呈现，突出了"物之在其自己的存在""物自身""它们本来的样子""显示出来的样子""本身就是解释""自身就是必然""依自然的原样而显现""自在之物的事实原样""回到事物本身"等况味。总之，它与人的目的性绝缘。这个认识体现的是一种无目的性的哲学观、泛神论的哲学观，以及哲学上的实在论。

哲学上有一种代表性观点，认为凡是存在的东西都是自我的存在。例如，美国画家约翰·科根就认为："存在一种这样的经验，在这种经验中，我们有可能在不携带现有的知识和先入之见的情况下遭遇世界。在这种经验中我们的'知道'，与我们在日常生活中所拥有的'知道'完全不同。在日常生活中，我们带着现有的'理论'和'知识'与世界相遇，我们的脑子在我们介入世界之前已经武装起来了。然而，在这种震撼的经验中，我们日常的'知道'与我们在震撼经验中的'知道'相比,被表明是一种苍白的认识论上的冒牌货,相较而言沦为单纯的意见而已。"[14]唐代诗人王维亦说过:"肇自然之性,成造化之功。"[15]观赏石作为自在自为的存在物,乃是造化的精灵,乃是元图像,意味自身就是绝对原则,体现万物创生的原理。朱良志先生亦认为:"'显现'与'表现'显然不同,'显现'为山是山、水是水的自在彰显,是生命自身的展现,它自己不是工具。"[16]观赏石自身就有一种形相显现的特质,这种特质反映着一些原初性、不确定性、含糊性、复杂性、偶然性,以至神秘性,其意蕴不可重复,不能证之,甚至不能认识。

在这种哲学观下,观赏石作为自在的存在物,意指它作为主体是不能对象化的,如果把它对象化,从主体所发出的"明"就没有了,借用哲学家牟宗三的话说:"本来主体是有明的,可是你把这个主体对象化,它那明的意思就没有了。"[17]当然,这里所说的观赏石里的"明",可能似宗教,可能似科学,可能似柏拉图的"理念"、亚里士多德的"范畴"、黑格尔的"具体的普遍",还可能似"佛眼所见",等等。

总之,把观赏石作为呈现来看待,意味着"当作物之存在的事实问题看的物自身"。[18]或者,用细化的艺术语言来描述,形式本身就是生命,形式创造生命。[19]反之,观赏石就只是作为真实界的形似,而不是真实界本身了。这就像古希腊哲学家巴门尼德的下述语言所表达的:

> 因为毫无非存在能够阻止
> 它处处达到完美平衡,
> 其中的存在不是过多也不是过少,
> 因其完全不可侵犯。
> 在任何方向都与自身相等,
> 并以同样的方式抵达其极限。
>
> ——古希腊哲学家巴门尼德[20]

如果假定"同一物也,对上帝而言,为物自身,对人类而言,则为现象"[21],那么,从这个视角来看,观赏石是可以认识的吗?观赏石是美的事物吗?在观赏石的原初性、不确定性、含糊性、复杂性、偶然性和神秘性中,能否通过对象关系模式而得以某种确认吗?一言以蔽之,观赏石向人们显现的东西是如何在人的意识中被构造的呢?

这里,引述德国哲学家叔本华的一段话,以引发思考。他写道:"原初物质很明显就是创造性的大自然,同时也是自在物质,亦即不具有任何形式的、只在思维中而不会被直观到的物质。这样理解的话,这原初物质只要一切都从此而生,那就的确可被视为与创造性的大自然等同。但最高精神却是认知的主体,因为最高精神是感知的、不活动的旁观者。那么,现在这两者就被当作绝对的不同,彼此是独立的。这样的话,对原初物质为何要为了最高精神的解脱而努力的解释就不足以服人了。"[22] 叔本华正因为引入了"认知的主体",并在认知主体的感知发生作用下,才为认识一切事物,认识一切事物的本质,以及认识一切事物的美,开辟出了途径。同时,美国哲学家米歇尔认为:"没有心灵,就没有图像,无论是精神图像还是物质图像。世界不依赖意识,但是世界的图像明显依赖意识。这不是因为它是人手制作的图像、镜像或者任何其他模拟物,而是因为如果意识不能驾驭这种矛盾,如果意识不具备一种将某物视为既'在那',同时又'不在那'的能力,图像就不能被视为图像。"[23] 可以说,人作为认知的主体,在意识和心灵的作用下,观赏石成了可以认知的对象,这样,哲学上的二分法就消失了。反之,假如人们沉浸于肤浅的二分法的坏习惯中,就不可能理解上述观点。

进一步地,人们却需要思考一个重要问题:观赏石视为呈现的,视为原初的存在,视为自在的状态,视为自为的显现,有其自身的艺术和美学意义吗?

在艺术哲学上,存在一种通俗的观点,认为大自然的秩序是完美的,并且自然形式就是完美的形式。对于赏石艺术来说,这也是把观赏石视作呈现艺术的哲学认识论基础,即从此种艺术哲学观引出的赏石艺术的"善"。因此,观赏石有时乍看起来是未完成的,甚至是粗糙的,却是一种本真的存在,蕴涵原初的真实性。在此意义上,观赏石本身就有美,可谓自性为美,真性为美。至于其中"自性"一词,乃为实体之异语。它可以借用哲学家熊十力的言语来解释:"赅宇宙万有而言其本原,曰实体;克就吾人当躬而言其本原,曰自性。"[24] 亦如古代思想家老子所言:"天下皆知美之为美,斯恶也。"[25] 又如庄子所言:"天地有大美而不言,四时有明法而不议,万物有成理而不说。圣人者,原天地之美而达万物之理,是故至人无为,大圣不作,观于天地之谓也。"[26]

观赏石受任于天而本于天,"存在即合理"[27],本性自然,自显其性。观赏石是真实的自然界中的原型,如它显现的那样。明代思想家王夫之即言:"心目之所及,文情赴之,貌其本容,如所存而显之,即以华奕照耀,动人无际矣。"[28] 正是在此意义上,赏石艺术视为了自在自足的艺术形式,视为了呈现的艺术。

古代思想家庄子言:"恒物之大情。"[29]同时,古罗马哲学家西塞罗认为:"大自然在它所有的显现中都是一个艺术家,因为它有各种自己所保持的方法和手段。""正像绘画、手工艺品和别的技艺产生精巧的产品一样,在整个自然中,也一定甚至更加必然会产生某些制作完美的和终极的东西。"[30]此外,荷兰艺术史家范德瓦尔在如何评论《布商行会的理事们》(图113)这幅绘画作品时,认为作品的艺术价值是建立在更高层面上的,作品借由其画框和表面同观者所在的真实世界隔离开来,在这背后它向人展示着属于自己的世界。它有别于观者的真实世界,原因在于它有着独立自主的艺术构成。[31]把赏石艺术视为呈现的艺术,在告诉人们,欣赏观赏石的深层原因乃在于观赏石所孕有的原初性、自发性、本原性和真性,乃在于观赏石所隐藏的内在本质。

图113 [荷]伦勃朗 《布商行会的理事们》 荷兰国家博物馆

是故,世间一切所言及的呈现的艺术,往往都具有纯粹性、自律性和多彩性,展现着存在感。叶朗先生就认为:"禅宗强调'心物不二'。禅宗这种刹那真实的理论启示人们去体验审美的世界。审美世界就是在人的瞬间直觉中生成的意象世界,这个意象世界是显现世界万物的本来面目的真实世界。"[32]

兹举一例来进一步地理解上述观点吧。法国美学家杜夫海纳曾从审美知觉层面,对"人工艺术品"与"自然对象"的差异作了区分:"任何审美知觉,若是无利害的,都能使感性达到最高峰,即审美对象的实体本身。然而,人工艺术品能激起无缘无故的感性,这无缘无故的感性有其自身的结构与逻辑,比被再现的对象的结构与逻辑更有力、更严密,被再现对象的作用立即被降低,成为一个借口,就像人们在当代艺术中所看到的那样。而自然对象则激起世界的各种感性面貌,这时感性面貌的不可预见性和不可思议性便成了主要效能,无须人们去试图在其中寻找一种事先考虑好的组织的严密性。"[33]这个例子启发人们,一方面观赏石可视为一种原逻辑的表现方式,在呈现自己(图114);另一方面,人们为了捕获自然的形相,人们的心灵需要有超越自然的自由,才能对观赏石进行审美观照,才能感受到观赏石的美的特质。

不难理解,一旦人们转换思维视角,把观赏石作为一种观照的自然物,在理想化的审美态度的作用下,在纯粹的审美化过程中,去欣赏它的形相、内容、形式和意蕴等,人们的主观性总能够若隐若现地接近观赏石这个自然物,接近观赏石这个审美对象。然而,在观赏石的显现中,即使附加进去人们的给予,而问题依旧是除了比喻、象征或拟人化以外,人们的给予是否能够认识观赏石的原初性及原初性所暗藏的美呢?事实上,人们的知识能不能达到,仅是一个程度问题,而不是一个能否超越的问

图114 《书魂》　长江石
17×37×7厘米
杨刚藏

题。在此意义上,重点乃落在了考察人们的给予方式的某种合理性。

若从认识论角度出发,赏石艺术中的人们的给予方式可以从两个方面来看待:一方面人们对于观赏石的审美应该多元化,以便在知识的作用下去全面地欣赏观赏石;另一方面,观赏石不能因为自身的自在自为和丰富多彩,就成了虚幻缥缈和不可认知的。总之,在赏石艺术的语境下,观赏石终究被人的心灵激活了,观赏石作为大自然的存在物转化为审美对象和审美经验的事物了。于此,法国美学家杜夫海纳持有类似的观点:"研究宇宙论现象和存在现象、客观与主观的同体性,先验的意义就全部明晰了。因为宇宙论现象在这里确实表示现实,而不是仅表示内在于审美对象的世界。"[34] "自然所激起的审美经验给人们上了一堂世界上存在的课。"[35] 同样,德国哲学家西奥多·阿多诺亦认为:"自然中的美是事物中非同一性的残余。"[36] 自然而然地,赏石艺术在观赏石的不确定性、丰富性、差异性和多样性中,便使得人们进入了审美沉思的领域。

不可避免地,赏石艺术会面临一个重要的艺术哲学问题:就艺术与自然的关系来说,人们是因为艺术类似自然而称道艺术(图115)? 还是因为自然类似艺术而称赞自然(图

图115 《误入桃花源》　　长江石　　30×18×10厘米　　尹子歌藏

116）？必须承认的是，纯粹的自然活动与艺术活动原是根本不同的，这又构成了认识赏石艺术的另外论题。因此，赏石艺术作为呈现的艺术，侧重点在于强调的是观赏石所承载的自然法则，以及观赏石呈现出的原初性和不确定性，并暗含着"大自然是完美的"这个假定，从而对艺术生发的启示，从中赏石艺术作为呈现的艺术所承载的艺术和美学意义就基本明晰了。

图116　[德]格哈德·里希特　《冰山》　私人收藏

法国画家库尔贝认为："美的东西存在于自然中，而它是以最多种多样的现实形式呈现出来的。一旦它被找到，它就属于艺术，或者可算是属于发现它的那个艺术家。只要美的东西是真实的和可视的，它就具有它自己的艺术表现，而艺术家无权对这种表现增添些东西。"[37] 同时，美国哲学家斯蒂芬·戴维斯认为："对艺术作品的审美兴趣，就是要把艺术作品作为个体本身来对待，而不是仅仅将其作为某个独立可辨识的目的的手段。"[38] 无疑，上述观点强调了艺术作品在审美意义上的独立性。因此，如果说观赏石是纯粹的呈现或显现的现象和自在的存在，原因就在于它什么也不模仿。但是，当人们说，存在的东西只是相对于人的意识而存在,它并不是单独的与孤立的时候,就意味着观赏石成了"为人"的意识的存在了,甚至成为人的审美对象意识的存在了。

总之,人们欣赏观赏石的角度通常有两种可能性:(1)从观赏石这个物自身方面出发。(2)从作为人的感性和知性去认识观赏石方面出发。这两者并不矛盾,因为人们认识事物拥有不同的思维方式。

(二)作为示现的艺术

朱良志先生认为,就中国传统艺术的山水语言来说,它们既非再现,也非表现,更不是比喻象征的呈现方式,可以称为"示现":由幻境入门的中国艺术,循着即幻即真的道路,通过山水这个幻影,开方便法门,示现真实。[39] 朱良志先生所创造的"示现"概念,通常是中国文人艺术的表现形式,或者说创作法式。

示现,同佛语中的"识现"一样,突出强调的是"幻相"。例如,对于绘画里的画石来说,即"石非石";对于赏石艺术来说,即像"心中如石一样有确定的生命体验"[40]。此情境可以借用明代画家担当的诗言:"一水与一石,寥落少相知。且莫为我有,千秋已在斯。"[41] 这对于观赏石的审美有着重要的启发性(图117)。如果从中国传统艺术里山水画的语言来看,本文中乃坚称观赏石的"形相",而非"形象",这个做法是合宜的,也在某种程度上暗示着"示现"的观念。

当把赏石艺术置于示现的艺术视角之下,"示现"词汇则在彰显哲学观和艺术观的复杂性,也在赋予赏石艺术以不同的意义。是以,人们需要深入理解一些不同的艺术哲学观是大有裨益的。比如,北宋理学家程颐言:"仁者浑然与物同体。"[42] 北宋诗人苏轼言:"天下之物,不能感人之心,而人心自感于物也。"[43] 古代思想家庄子言:"判天地之美,析万物之理,察古人之全,寡能备于天地之美,称神明之容。"[44]"得至美而游乎至乐。"[45] 哲学家熊十力则言:"世间谈体,大抵向外寻求,各任彼慧,构画拟量,虚妄安立,此大惑也。真见体者,反诸内心。自他无间,征物我之同源。"[46] 总体上,它们体现的是一种"自在兴现"的中国艺术哲学思想,也是中国文人艺术的传统观念。

举个事例来理解吧。王阳明语录有云:"先生游南镇。一友指岩中花树问曰:'天下无心外之物,如此花树在深山中自开自落,于我心亦何相关?'先生曰:'汝未看此花时,此花与汝心同归于寂。汝来看此花时,则此花颜色一时明白起来,便知此花不在汝心外。'"[47]

图117 《黄鹤西楼月》　长江石　30×29×10厘米　胡三藏

同样地,明代画家徐渭在《墨花图卷》(上海博物馆藏)跋文中云:

忙笑乾坤幻泡沤,闲涂花石弄春秋。
花面年年三月老,石头往往百金收。
只开天趣无和有,谁问人看似与不?

总之,把赏石艺术视为示现的艺术,意蕴着"观无量"之观念,以朗现广阔无量的艺术世界。

(三)作为表现的艺术

观赏石作为真实的存在物,可视为自我的显现,又可视为欣赏者的存在。这是一个命题的两个方面。关于前者,上文已经讨论过了。倘若把观赏石对象化,视为人的认识对象——尤其审美对象,进而把赏石艺术视为表现的艺术,那么,重点就要讨论视观赏石的表现,如何分化为各种特殊的形式、可理解的形式,以及艺术表现形式。

为了达到此目的,需要尝试运用在中西方艺术里都有不同程度使用的一些词语——比如"表现"。表现是中西方美学里的最基本概念之一。从词源上考,"表现"一词原属于东方的古代艺术。对此,日本美学家今道友信就认为:"表现不论是在理论上还是在实际中,在有关欧洲美学的范围内,应该说是极现代的理念。事实上,表现成为西方美学的必不可少的用语,是进入20世纪以后的事;在艺术批评中,也是在尚不能充分了解表现的意义的狄德罗这位18世纪思想家那里才出现的。"[48] "在西方,艺术的古典理念是再现;而表现在任何古典的文献中都无法找到。因此,表现在西方完全是起源于近代的概念;在东方,在这个问题上可以说完全相反。表现在东方是古典的、正统的艺术理念;而再现直到19世纪还未被发现。"[49]

在艺术中,"表现"与"内容"基本是同义词。[50] 把赏石艺术视为表现的艺术,意味着观赏石不是事物的再现,或不仅仅是事物的再现,而是观赏石自身的表现在吸引着人们。同时,观赏石在同欣赏者的真实的或想象的心灵发生着关系,观赏石成了个人体验和心理倾向的符号,成了可以唤起对于个人的某些审美情感的对象。实际上,当人们在面对一块观赏石时,通常并不清楚自己究竟是在运用审美经验同再现相联系欣赏它,还是观赏石自身就发出吸引人的力量——纯粹出于人们的心理的知觉作用。

把观赏石作为表现艺术的载体,客观上就有一个特殊的要求,需要对它作出恰当的判断,因为"表现"对于所有个体欣赏者来说是不确定的,它基于的是情感的表达。于此,法国哲学家萨特就认为:"存在不能被简化为一系列的确定表现,因为每一种表现都是同不断变化中的主体联系在一起的。因此,每一客体不仅表现出不同的状态(或者轮廓),而且关于状态本身的观点也可能是多种多样的。要为客体下定义,就必须把它看作一个整体系列中的一个组成部分,它是这一整体系列的可能的外在表现之一。"[51] 观赏石的表现有着无穷尽性、多变性和复杂性,并且,存在着大量的观赏石虽然在形相方面已然是固定的、成形的,但很难将它们与某种艺术形象相对应。确切地说,它们不能完全体现于某种艺术表现形式,即使人们时刻企图把艺术形象赋予它们身上。

从另一个方面来看,理解赏石艺术作为表现的艺术,需要理解中国古代的艺术传统,因为"表现"这个词语原本就属于东方的古代艺术理念。例如,就中国的文人绘画来说,许多文人绘画作品都是文人艺术家主观化的凝缩与变形,而不完全依赖于事物外部的形态,所以,它们通常会给人以未完成的感觉。事实上,这恰是中国文人艺术的奥秘之所在。因为只有那样,人们才能够深深地沉湎于对作品中的冥想,才能够通过精神浸透物体性的世界进入彼岸的世界。这正启示人们,单纯地把观赏石作为表现的艺术,它仿佛突出传达的是艺术中的"写意"。反之,就如日本美学家今道友信所认为:"我们屡屡在12世纪乃至13世纪中国美学文献中发现'写意'这个词。这就是所谓抒写自己的意识、描绘内在的方面乃至呈露自我。总之,就是所谓表现。"[52]

古代思想家庄子有言:"可以言论者,物之粗也;可以意致者,物之精也;言之所不能论,意之所不能察致者,不期精粗焉。"[53]观赏石有着无限的表现性,赏石艺术乃是无限的艺术,赏石艺术家是在运用赏石艺术表达无限,试图在有限中窥见无限。这就犹如意大利美学家克罗齐所譬喻的:"在艺术表现中,个体中跳动着整体的生命,整体存在于个体的生命之中;每一项朴实的艺术表现既是它本身,又包含了宇宙,宇宙以这种形式个体化了,这种个体化的形式便是整个宇宙。"[54]在特定意义上,赏石艺术家试图应用"类"来追寻这种无限的表现,就情有可原了,即如法国哲学家萨特上述所说的:"把它看作一个整体系列中的一个组成部分,它是这一整体系列的可能的外在表现之一"。

在一般意义上,认为一种艺术是表现的艺术,其假设就在于表现关乎自身基本的审美事实。那么,又应该如何认识赏石艺术是无限的艺术与表现的艺术之间的矛盾呢?这里,有必要举一个例子,引发人们去思考(图118、图119)。同时,古希腊哲学家亚里士多德在《诗学》里就曾说过:"我们欢喜看图画,就因为我们同时在求知,在明了事物的意义,比如说'那画的人就是某某'。如果我们从来没有看过所画的事物,那么,我们的快感就不是因为画是模仿它,而是因为画的手法、颜色等了。"[55]

(四)作为再现的艺术

把观赏石视为人的认识的审美对象,除了把观赏石视为表现的艺术以外,还有另外一条重要途径,即把观赏石作为再现的艺术去看待。所谓再现的艺术,意指这种艺术的主题是通过视觉艺术元素而被呈现的,而在观赏者那里被唤起的是实际客体。[56]

德国美学家马克斯·德索曾经认为:"自然美的艺术再现形成了一种全然不同的特征。"[57]对于赏石艺术而言,若把观赏石视为表现的艺术,关乎"看作什么"的问题,而把观

图118 《仿赵无极》 清江石画 58×48×5厘米 李国树藏

图119 [法]克劳德·莫奈 《日出·印象》 法国巴黎马尔莫丹艺术馆

赏石视为再现的艺术,关乎"看出什么"的问题,而关键乃在于,"看出什么",需要经验里的媒介。因此,赏石艺术在"观照"的核心语境下,去讨论观赏石的形相所再现的事物与观赏石的形相两者之间的关系,就至关重要了。同样,英国哲学家沃尔海姆即认为:"适合于再现的观看允许同时关注到被再现者和再现,同时关注到对象和媒介。"[58]毋庸置疑,这是再现美学领域里的重要问题。

这里,有必要对"再现"与"表现"的概念做一个基本的厘清。在艺术语言上,"再现"与"表现"是相对而言的。简言之,其中艺术上的再现强调的是反映现实或模仿,可以理解为复演。在美学研究的对象中,再现往往占据着重要的地位。与此相关,波兰社会学家奥索夫斯基就认为:"现实在艺术中的再现,不仅仅取决于在观赏者的头脑里另一事物的概念和所再现的事物相符合。"[59]谈到艺术的再现,通常有着一定的验证和参照的意味,而验证就是认识真实和必然,参照就要有参照形式和参照对象。

在艺术史上,再现原本属于西方的古典理念,再现就是从模仿出发;表现则属于东方的古典理念,表现近似于写意。对此,日本美学家今道友信认为:"艺术在西方的展开是从模仿'再现'出发,其历史发展结果,主要是从18世纪前后,开始谈论起不是外界的再现,而是作为内在方面的挤出的表现。随后,从19世纪后半叶到20世纪前半叶,'表现'作为所谓现代艺术的理念,给美学和艺术领域增添了一个正统的理念。""与此相反的逆现象,同时展开是东方的艺术。东方最初确定的绘画理念,倒不如说像'气韵生动'所表明的那样,它不是对外界的模仿,而是与自然成为一体的人类精神的表白。因此,'写意'如果翻译过来,即所谓'表现',才是东方的古典理念。"[60]"用一句话说,在西方表示从再现向表现的这种历史发展过程,东方表示从表现向再现的这种发展的意义上,逆现象的同时展开正在进行着。"[61]

值得强调的是,文中之所以反复讨论再现和表现于艺术理念上在东西方艺术领域的不同演进过程,对于理解中国赏石和赏石艺术有着如下四点重要的启示:(1)提示人们正确认识中国赏石与古代绘画的紧密联系。(2)有助于人们理解古代文人赏石的皱、漏、瘦、透、丑的本质形式。(3)认清在中国赏石的主要历史发展进程中,赏石的演变与艺术始终有着内在的联系。(4)借助于"表现"和"再现"的概念,能够较好地理解赏石艺术的审美问题。

这里,重点讨论的是"再现"在赏石艺术中的运用。在赏石艺术中,观赏石的外观形相主要是由观照而呈现出来。通常,在观照观赏石的形相时,所想象的对象与观赏石的形相的一种特殊融合会在人们的审美意识中发生,尤其在审美经验的作用下,就会以令人满意的理想方式将人们的想象转移到被再现的对象,以致人们的想象经由心灵的创造而被接受了。确切地说,这种经过类似联想过程中想象出来的再现事物服膺于赏石艺术的审美意识。

然而,"再现的事物"这个词语却异常复杂。事实上,再现的事物可以有许多不同的说法,比如"再现的对象""被再现的东西""再现的题材""再现的指示物""再现的意蕴"等。这种情形就极似波兰社会学家奥索夫斯基所描述的:"当谈到'被再现的东西'的时候,我们想到的或者是形象所引起的观念内容,或者是描写,或者是表象所涉及的一个真实的,甚至是虚构的现实片段。"[62] 总之,再现的事物的内涵是广义的,外延是宽泛的。值得强调的是,赏石艺术中的"再现的事物"的运用,倾向于指的是审美的想象与艺术的再现。

对于所有艺术中的再现的理解,还需要进一步地理解再现艺术。比如,英国哲学家科林伍德认为:"再现艺术的真正定义,并不是说制造品相似于原物,而是说制造品所唤起的情感相似于原物唤起的情感。说一幅肖像画模特儿,意味着观众观看这幅肖像时,'仿佛感到'自己就在模特儿的面前,这正是再现型艺术家本人所追求的目标。他知道自己想使观众如何感受,并且,他以这同一种方式构造自己的制造品,以便使观众像面对原物那样去感受。"[63] 高尔泰先生亦举例道:"因为画的价值不是由它在何种程度上精确逼真地再现了对象,而是由它在何种程度上表现了人的精神境界与表现了什么样的精神境界来决定的。"[64] 因此,再现和表现二者在艺术中很难明确地区分开来。不可否认,观赏石在艺术的观照下,在审美经验的作用之下,赏石艺术必然会有再现的性质。当然,这种再现必须包含"理想化"这一条件(图120)。

新奇的事物与重复的事物不同,这是最基本的常识。在特定角度上,观赏石作为新奇的事物却同再现有着密切联系——即使再现对于新奇的事物来说是相对缺失的。在认识论意义上,观赏石作为美感对象,再现不只是实物(东西)的再现,更与审美经验密切相关,而知识才是一切审美经验的源泉。例如,波兰社会学家奥索夫斯基在对"内容的现实主义"——往往与再现相关,以及"心理的现实主义"——往往与表现相关的讨论时,写道:"内容的现实主义带来了可以称之为认识的因素,我指的是关于被再现的现实的一般知识,以及它在再现具体事物时的自我显现。这些认识的因素对于一部作品的审美价值具有重要影响;当某人以这样一种造型的方式向我们强调他对现实的深刻知识时,我们就会欣赏这部作品。此外,由于这里所表现出来的一般知识,图画或描写才在观者或读

图120 《故园》　　清江石画　　40×28厘米　　李国树藏

者的信念中取得意义,而这一点总会加强审美经验。心理的现实主义会带来审美价值的某些长远的和有意义的因素,但是,只有当讨论表现问题,而不是仅仅局限于再现现实的作品的时候,我们才能探讨这些因素。"[65]可以认为,赏石艺术作为再现的艺术,基本可以表述为"实物事实""经验事实""艺术事实"及"审美事实"。

通常,赏石艺术作为一种综合性艺术,还会被描述为自然主义的艺术、现实主义的艺术,它们分别与再现有着什么样的关系呢?

其一,赏石艺术作为自然主义的艺术。所谓"自然主义",用美国艺术史家奥克威尔克的话说,意指"达成艺术的途径,该途径是对视觉所经验的事物的本质描绘。纯粹的自然主义不包含艺术家的个人解释"。[66]那么,自然主义与艺术的再现有何关系呢?这里仅先引用一例以引发思考,后文将详述之。例如,英国哲学家科林伍德认为:"艺术中的再现和自然主义并不是一回事。自然主义甚至也不等于刻板再现本身,而只等于事物的常识世界呈现在一双正常而且健康的眼睛之前的那种刻板再现,这个世界我们就称为自然。"[67]可以说,科林伍德的话语,在艺术史中可视为一种有代表性的观点。

其二,赏石艺术作为现实主义的艺术。这里所指涉的是"现实主义的艺术",而不是

"现实主义",正如上文的"自然主义的艺术",而不是"自然主义"一样。那么,又应该如何理解现实主义的艺术呢?对于最极端的现实主义者来说,在艺术上,他们也并非向艺术家和艺术作品要求"完全真实",而是"审美真实"。换句话说,现实主义者在艺术上没必要一定要再现"是什么""曾经是什么",而是再现那些"存在的东西"。

波兰社会学家奥索夫斯基认为:"当一个特别构成的对象——好像是由于我们的印象——能够代替某一另外的事物出现的时候,我们就会感到愉快;我们由于两种现实的展现,由于在看到一种现实的时候,好像在同另一种现实交流而感到愉快。再现主体通常是一个同被再现的对象完全不同范畴的主体,在实际上很少具有共同性的事物之间表现出来的相似性,这些情况在比较中不是没有意义的。例如,一幅绘画的平面引导我们去想象一个三维度世界的片段,而一块大理石能够再现一个活的有机体。"[68]这句话,倒真正道出了赏石艺术中的再现的审美价值。只是若把其中的"很少具有共同性的事物之间表现出来的相似性",应用在赏石艺术中,而准确的表述应为"类艺术"和"艺术类性"。

进一步而言,把赏石艺术视为再现的艺术,决离不开"再现的方式""怎样被再现的""再现的是什么"的相关讨论。归根结底,赏石艺术的再现具有一种独立于再现功能之外的审美意义。也就是说,观赏石是"某种事物"的再现——需要(或已经)被深入地了解,这与"观赏石本身"在吸引着人们,构成一种双重意义上的审美追求,其背后却隐藏着人们对待两者的关系问题。例如,人们若要被观赏石里的画面石所吸引,必须要抓住这个画面石在审美上的最主要特征;同时,更要深入于审美经验去理解绘画。而最重要的前提恰在于,人们要在理念上把绘画作为赏玩画面石的一种有效观照。[69]当然,欣赏画面石的画面本身终究才是赏石艺术的审美价值追求,至于作为欣赏画面石的再现工具的伴随物之绘画,能够从画面石借鉴到什么,则不是赏石艺术所重点关注的。可以说,把赏石艺术视为再现的艺术,只是人们看待赏石艺术的一个重要视角罢了。

总之,赏石艺术的呈现(显现)、示现、表现与再现的背后,均蕴涵着东西方不同的艺术哲学观念:东方主张心物融合论,而西方却持有明确的心物二元论。就让我们联想在面对一块观赏石的情景,以分别领略它们的各自魅力吧:观赏石形相的呈现,不依附于具体的物质媒介;观赏石形相的示现,类似所看到的"佛影"那般,既显示"佛"的神秘性,但又不是"佛"的再现,而是依赖于参拜者的虔诚和悟性;观赏石形相的表现,尤为依赖于欣赏者的某种主观条件——想象力;观赏石形相的再现,主要依赖欣赏者对相关的艺术知识——尤其对审美经验的理解。最终,如果说艺术多是模仿自然的变相,那么,赏石艺术仅是模仿出人们所看到的东西吗?这恰恰是赏石艺术里的观照转化的反题(图121)。

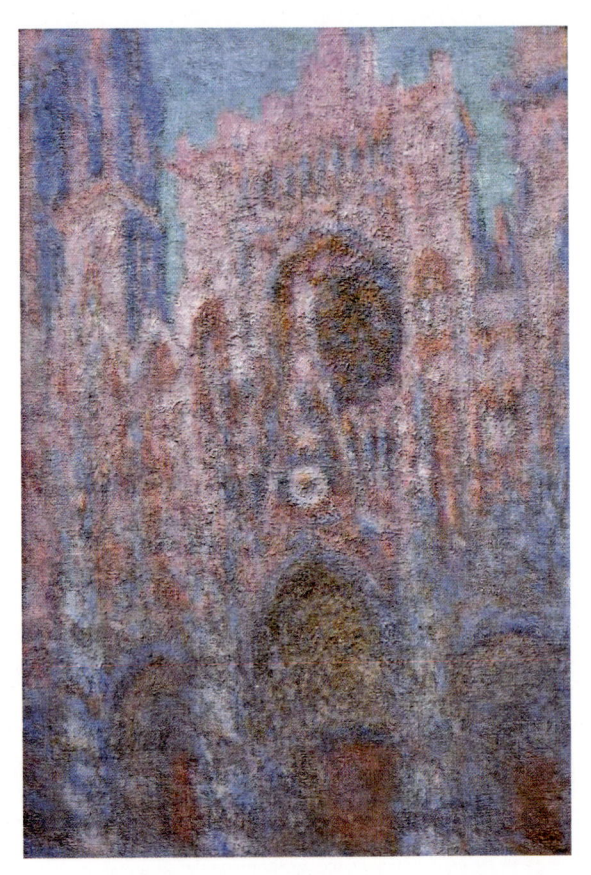

图121　[法]克劳德·莫奈　　《卢昂大教堂》　　法国巴黎奥赛博物馆

三　赏石艺术理念之一：类造型(含雕塑)、类绘画艺术

在对赏石艺术的不同展现方式的认识基础上,如何恰如其分地运用艺术观念,经由艺术媒介的津梁,达到人们所欲追求的赏石艺术旨趣,这是赏石艺术理念在赏石活动中的实践。反之,如果把赏石艺术的追求视为渺小,它就成了类似小孩子们的所为。

为了达到上述目标追求,必须选择什么道路呢？人们需要认清两个前提:(1)认清赏石艺术所具有的最主要的特点:多种艺术形式的融合和特定艺术形式的展现,通常一块观赏石会集合或单独呈现造型、雕塑或绘画等各种艺术要素,以及富于艺术想象的图像。(2)认清观赏石的两个严格分类所具有的各自特性:在艺术的观照中,造型石和画面石是两种不同的艺术类型,呈现不同的艺术风格,好像两种不同的语言,都在表达物象的艺术性,但各自的方式却根本不同。总之,这两个前提是人们在应用赏石艺术理念而践行赏石艺术时尤加注意的。

(一)"类艺术"

在赏石艺术理念下,赏石艺术不再完全钟情于"像什么"的赏石方式了,而是在认识赏石艺术的主要特性基础上,转向了艺术的普遍性,转向了艺术的调适性,转向了艺术的类性,并且在该理念指引下,赏石艺术转向了与主流艺术的关系融合。

在语义上,"类"的范围远大于"像",而"像"则寄寓其中;"像"归于形象,而"类"归于认识。并且,类与相似性有着相同的指向。于此,美国哲学家斯蒂芬·戴维斯就认为:"如果没有以某种方式来严格限定相似性得以发现的种类,或者没有对相似性的类型和程度做出严格限定,那么,相似性作为分类的依据,就是一个毫无价值的观念。"[70] 总的来说,"类"乃指向相同的特性,为许多个别事物经过归纳而做出的综合,为人们知性的产物。因此,赏石艺术中"类"的运用,乃是一种逻辑的运用,以及一种审美经验的运用。

波兰美学家塔塔科维兹认为:"如果一个'类'有用,重要的是作为该类赖以形成基础的属性足以表明特征,那么,一样东西是否属于该类便可随时加以区分。不过,相对于美和艺术,相对于形式和创造力而言,这项要求都未获得充分的满足。"[71] 事实虽是如此,但"类"在赏石艺术理念的运用中,却有着有效性,因其既关注到了观赏石的多样性问题及观赏石的差异性问题,又关注到了观赏石的统一性问题。

这里,观念在发生着重要作用。德国哲学家黑格尔认为:"凡是自然地存在着的东西都只是一种个别体,无论从哪一点或哪一方面去看都是个别分立的。观念却不然,它本身含有普遍性。所以,凡是出于观念的东西就因具有普遍性,不同于自然事物的个别分立。"[72] 并且,人们的艺术观念,其本身就暗示了人们应寻找的相关之物。从这个意义上说,欣赏者必须应用艺术观念,尤其艺术形式观念,去认识属于个别艺术要素分立与综合的观赏石，以便从艺术类性出发，更好地去认识观赏石，去欣赏观赏石。反之，赏石艺术也是特定艺术类性的不断生成。

美国哲学家斯蒂芬·戴维斯认为："如果相似性要成为分类的基础，那么必须对涉及的相似性做一些限定，去限定其类型、范围或程度——至少对其中的某一方面进行界定。"[73]前文已述，观赏石的生成属偶然性和任意性，没有固定的形相，这也符合事物本身的真实所拥有的那种实体的普遍性。然而，人们却努力寻求一些既有定性又有价值的艺术形式，试图来显现理想中的观赏石的形相意蕴。更准确地说，只有依赖赏石艺术家的敏锐的想象力和丰富的审美经验，才能在掌握观赏石的艺术形相的特色基础上，拿它们与其他相似的或相关的审美事实、某种艺术形式以及存在的艺术作品等作观照，最终的巧合与契合便会成为最理想化的情形；只有赏石艺术家的心灵的发光，惊人的相似之处才会显露出来，类艺术的魅力才会呈现出来。事实上，大自然有着最为丰富的样式，观赏石也不可避免地蕴藏着某种特定的艺术范式和艺术典型（图122）。

图122　《母仪天下》　摩尔石　70×54×64厘米　黄云波藏

众所周知,不同的艺术形式都有属于自己的内在追求,有自己的表现形式,有自己的审美特性,有自己的语言范畴,所致不同艺术间的差异性巨大(图123)。人们必须去思考,赏石艺术能转向什么艺术呢?赏石艺术有何种艺术的类性呢?赏石艺术应该按照什么艺术方式,才能获得对观赏石的正确欣赏呢?反之,运用德国哲学家黑格尔的比喻说:"正如神像不能没有一座庙宇来安顿一样"。[74]因而,在"类艺术"观念的主导下,在相似联想发生作用下,人们有必要将赏石艺术放在造型艺术、雕塑艺术和绘画艺术等参照框架中,去理解赏石艺术这种特殊的艺术形式,以揭示新的观看方式,并将它们当作认识赏石艺术审美的有效途径。总之,不论各种艺术形式之间存在多大分歧,人们基本都会认同,需要根据观赏石符合艺术要素的效果和艺术观念去评判观赏石艺术品的审美价值。

图123 [英]亨利·摩尔 《斜倚的人形》(大理石雕刻) 英国伦敦泰特美术馆

(二)类造型(含雕塑)艺术

在造型艺术里,艺术作品表现特征往往是主导原则,而特征会展现精神。故而,造型艺术会包含某种精神性。在此意义上,人们去认识古代文人赏石,对于皱、漏、瘦、透、丑的本质形式所体现出的精神性，就更能深入理解了。

　　在造型艺术中，通常"比例"与"和谐"，被认为是造型美的基本要求。如果超越当今那种对"像什么"的赏石认知与滥用，而在象征主义和浪漫主义的高层次上，就需要依赖造型艺术的意识，遵奉美的形式和意蕴来欣赏观赏石的意象，这样获取的观赏石可称之为"类造型艺术"。反过来说，类造型艺术的造型石基本属于象征型艺术，表现为形式上的理想化与意蕴上的具体化的呈现。这些类造型艺术的观赏石，在外表形态上已然呈现出欣赏者所感性观照的艺术形相，同时，还会促使欣赏者意识到它们超越了本身作为一个具体的个别事物，而暗示出一种普遍意义，因为许多造型石仅从直接使欣赏者观照到的方面去欣赏——即使艺术与审美地观照，也很难得到完全满足。总之，赏石艺术中的类造型艺术，会迫使欣赏者向更远的方向去看，向更深的层次去思。

　　赏石艺术既是时间的艺术，也是空间的艺术。南宋杜绾《云林石谱》孔传的序言说："虽一拳之多，而能蕴千岩之秀。大可列于园馆，小可置于几案。"[75] 从供置地点来区分，奇石或观赏石分为庭院园林石和文房案头石。依据中国赏石文化史料推测，庭院园林石大约出现在汉末、魏晋南北朝时期，并且诞生在中国的江南地区，庭院园林石在中国赏石文化史上出现的最早，而文房案头石则大约出现在唐代。古代庭院园林石以造型石为主，这自然容易理解，因其与园林文化和绘画艺术等密切相关；文房案头石则为文人几案之雅玩，既有小型的造型石，又有画面石，这在唐、宋代的李德裕、苏轼、陆游，以及民国时期的张轮远等人的记述中已有表明。是故，中国赏石之所以能够延续两千多年，除了前述的文化地理和社会发展等决定因素以外，庭院园林和文房案头的相对稳定的环境加之观赏石的易保存性，也是中国赏石文化久盛不衰的一个稳定成分。

　　庭院园林石和文房案头石通常被供置于幽静的，甚至像空置的舞台一般的环境中，有时，人们会将古代赏石视为精湛的装饰艺术。然而，这种装饰艺术能否超越装饰的性质呢？如果把奇石或观赏石视为纯粹装饰性的、从属性的及依附性的装饰艺术，又应该如何准确理解这种装饰艺术呢？人们能否把古代赏石的装饰与呈现的风格视为同一呢？事实上，古代赏石为精妙的园林文化、皇家文化和居室文化的一个特别符号，同时，"装饰艺术"与"艺术"在中国艺术传统里也不能够截然分离。并且，在当代赏石艺术语境下，观赏石的造型石可视为类造型艺术，从而与装饰艺术的概念相统一。

　　造型艺术最典型的是雕塑。雕塑作为一种三维空间的艺术，往往与空间、外在形式和人的心灵相通融，引导观赏者通过多维视角去欣赏。例如，德国哲学家黑格尔就认为："只有在雕刻里，内在的心灵性的东西才第一次显现出它的永恒的静穆和本质上的独立自足。能与这种静穆以及这种自己与自己的统一相对应的，只有本身也具有这种静穆和统一的外在形象。符合这种条件的就是抽象空间的形象。雕刻所表现的心灵在本身就是坚实的，不受偶然机会和情欲的影响而变成四分五裂；所以，它的外在形状也不是显现为各种各样的现象，而是在它的全部立体中都只现出抽象的空间性。"[76] 在雕塑艺术中，彰显的精神的个性超越了形式和内容，成为雕塑艺术的基本特征（图124）；相应地，无论在古代文人赏石，抑或当代赏石艺术之中，这种特征都会有印迹。

图124　[罗]布朗库西　《睡着的缪斯》　私人收藏

　　雕塑所追求的是形式的抽象化，这就是人们通常所说的雕塑的表现方式。对于形式的抽象化，古典赏石风格的象征性尤可视为一种典范。建筑家童寯即认为："中国古代文人所喜之奇巧丑怪石峰，其千态万状与现代西欧抽象雕刻有不谋而合之处。""湖石峰也与今天西方抽象雕刻类似，说明我国旧时代在欣赏抽象艺术，早于西方千余年。"[77] 准确地理解，古代文人赏石作为一种客观且抽象化的艺术，它们是文人们思维和想象的形式，其艺术形相总体表达了象征的事物，呈现特定的精神含义，但在它们身上，却很难找到那些在人为的造型艺术中所赋予的个性化特征（图125）。相反，古代文人赏石的价值恰体现于特定的群体所表达的对宇宙的认知和精神的寄托，也体现于对大自然的敬畏和特定的美学追求，而这种认知、寄托、敬畏和追求却通过一种别样的趣味表达了出来。

图125　[意]米开朗琪罗　《圣母怜子像》　梵蒂冈圣彼得大教堂

因此，从纯粹艺术的视点来认识中国的古代文人赏石，文人们最初的赏石并不限于艺术装饰，并且，美观性对于奇石的欣赏并不是最重要的评价标准，奇石反而更多承载的是精神内涵。关于这一点，可以用法国艺术史家福西永的话来进一步理解："一件艺术作品处于空间之中，但这并不是说它只是被动地存在于空间之中；艺术作品根据自己的需要来处置空间、定义空间，甚至创造它所必需的空间。"[78] 可以说，奇石既体现了被欣赏的自然形态，同时也构建起园林和书房空间里人与物的对话；奇石并不仅仅是现实存在的事物，还是对社会生活现实认识的升华。总之，古代文人赏石家们深知如何运用奇石的惊奇感来表达精神境界。

雕塑艺术家通过雕塑也在捕捉惊奇感（图126）。对此，德国哲学家黑格尔认为："一般来说，雕刻所抓住的是一种惊奇感，这就是精神把自己灌注到完全物质性的材料里去，就这种外在材料塑造成一种形状，使自己从这种形状里看出自己就摆在面前，认出这种形状就是符合自己内在生活的形象时所感受到的那种惊奇感。"[79] 实际上，对于惊奇感，赏石艺术与雕塑有着完全重合的地方，只是它们的发生机制不同罢了。

雕塑往往还为了点缀空间而服务。古代园林观赏石和文人案头石基本也是出于同样的特性。然而，观赏石被放置在不同的地方或位置，就会呈现不同的意义。相反，如果把观赏石从园林和案头搬迁到其他地方，其意味就会发生变化，因为它们一旦丧失了最初存在的环境，也就丧失了所蕴含的原初意义。事实上，园林置景观赏石和文人案头供石是为了空间能够取得静穆与和谐，而静穆与和谐通常是每个人在寻求安慰时所追求的一种精神状态。

其一，关于庭院园林观赏石。

大自然的石头被置于园囿和庭院中，并不是

图126 ［古希腊］阿历山德罗斯
《米洛斯的维纳斯》
法国卢浮宫博物馆

把自然物弄成一种反自然的摆设，反而是把观赏石视作庭院园林的空间艺术里的统一景致——连缀物也，多被庭院园林所"借"。明代造园家计成即言："园林巧于因借。"[80]此"借"以共同营造古韵与野趣，达到"虽由人作，宛自天开"的境界[81]，借此，艺术与自然之间的分界线被摈弃了。用朱良志先生的话说，中国传统造园理论的"借景"，"所借者不光是外在风景，而在心灵的往来流荡，是一种无影无形的'借景'：将生命中潜藏的真实感觉'借'出来，将天地间氤氲流荡的真精神'请'进来"[82]。这就如同古罗马思想家圣·奥古斯丁所说："我观察到一种是事物本身和谐的美，另一种是配合其他事物的适宜，犹如物体的部分适合于整体，或如鞋子适合于双足。"[83]例如，庭院园林多瘦石，却不会因石瘦而觉寒酸，反而感觉窈窕多姿，就像画家的笔触一样，融入庭院园林的诗情画意之中，反之，观赏石会使庭院园林充满诗情画意。鲜为人知，清代画家石涛也是一位造园家，他曾根据画稿创建了著名的扬州"个园"，园中分别用笋石、湖石、黄石和石英石表现四季景致：笋石叠成"春山澹冶而如笑"，湖石叠成"夏山苍翠而如滴"，黄石叠成"秋山明净而如妆"，石英石叠成"冬山惨淡而如睡"。[84]石涛自言："贫僧叠山，源于画理，岂有不适用的？"[85]

在中国园林艺术中，"水石"之称谓并不鲜见。宋代画家郭熙曾言："水以石为面。"[86]园林艺术家陈从周则认为："石清得阴柔之妙，石顽得阳刚之健。浑朴之石，其状在拙；奇突之峰，其态在变，而丑石在诸品中尤为难得，以其更富有个性，丑中寓美也。石固有刚柔美丑之别，而水亦有奔放宛转之致，是皆因石而起变。"[87]

同时，园林观赏石所处的固定地点或位置，也会帮助人们解读出一些隐蔽性的内涵，正可谓"常倚曲阑贪看水，不安四壁怕遮山"[88]。在某种情形下，人们所欣赏的观赏石，其本身的视觉性并不引人入胜，而有着特定的道德理想的寄存（图127）。明代史学家张岱在评"征汪园"三峰石时即言："余见其弃地下一白石，高一丈、阔二丈而痴，痴妙。一黑石阔八尺、高丈五而瘦，瘦妙。"[89]园林艺术家陈从周则认为："清龚自珍品人用'清丑'一辞，移以品石极善。广州园林新点黄蜡石，甚顽。'顽'字，可补张岱二妙之不足。"[90]

此外，园林观赏石或是一种"寻景""缀景"的地点标记，或是令人魂牵梦萦的注目之处。独立欣赏这些观赏石，亦有佳趣。园林艺术家陈从周写道："园林中除假山外，尚有立峰，这些单独欣赏的佳石，如抽象的雕刻品，欣赏时，往往以情悟物，进而将它人格化，称其人峰、圭峰之类。它必具有瘦、皱、透、漏的特点，方称佳品，即要玲珑剔透。中国古代园林中，要有佳峰珍石，方称得名园。上海豫园的玉玲珑、苏州留园的冠云峰，在太湖石中都是上选，使园林生色不少。"[91]在中国的园林中，尤其玲珑之石，更加使人神游其间，余味无

图127 《山中》　清江石画　46×24厘米　李国树藏

穷。这是中国赏石的天地化育和天人合一思想的结晶与体现。

其二，关于文房案头供石。

有必要介绍下古代居室的案几和桌案，以便理解文房案头供石的呈现脉络（图128）。许倬云先生曾写道："古代人席地而坐，入室必先脱履登席，室内家具以案几为主。三国时，北俗入华，带来胡床交椅，凡此坐具都是离地高座。相对坐具的提高，案几也提高为桌案。……惟唐代床上还是有座席及依靠的隐几，一般作息已是成套的桌椅板凳与床帷枕席。比如，唐初乐舞俑还是席地奏乐，五代南唐画家顾闳中的《韩熙载夜宴图》则宾主围桌列坐。"[92]

前文已述，园苑观赏石大约呈现于公元3世纪左右的南朝时期，而文房案头供石大约呈现于公元6世纪左右的唐代。大体来说，文房案头供石相较于园苑观赏石的呈现晚约300年左右。

文中已经提及过要注意砚山（非人工）并非严格意义上的观赏石。这里，可以用日本艺术史家大村西崖的话作进一步的解释了："砚山者，取有山峰形状之石，置于砚之一端，似始于南唐之李后主，即如其二砚山之事。""不仅限于砚山，凡奇石、怪石，各地所出形如

图128　[元]佚名　《张雨题倪瓒像》　台北故宫博物院

山峰岩岫之自然石,或江苏太湖所产嵌空穿眼之奇石,或安徽凤府灵璧县所产之卧牛、伏虎、蟠螭、菡萏奇形之石,皆供文房之清玩。盖由唐之李勉、李德裕等开始行之者也。如米颠之奇癖,袍笏而拜石文,故传布尤著。宣和宸赏之六十五石,其形其名,今尚有传入图藉者。杜绾《云林石谱》之出,想亦决非偶然。"[93]从中不难看出,大村西崖始从砚山推向了文房之清供的奇石,在逻辑上尚可成立。

古代文人们追求"斯是陋室,惟吾德馨。苔痕上阶绿,草色入帘青"[94]的别样情致。古代文人们的书斋明净,不张扬,文房案头供石小巧、雅致,被称为"清供"。宋代文人赵希鹄则言:"法书名画,古琴旧剑,罗列于明窗净几,篆香居中,佳客玉立相映,时取古人妙迹,以观鸟篆蜗书、奇峰远水,摩挲钟鼎,如亲见商周,端研岩泉涌,焦桐玉佩鸣,而不觉此身之在人世,所谓受用之清福,孰有逾此者哉。"[95]实道破了"清供"之真髓。奇石或观赏石之称谓"清供",赋予案头供石以神秘主义的情调,也注入了文人的灵魂,诉诸文人们沉浸式地触摸与欣赏体验。

明代文人文震亨言:一石清供,"石令人古"[96]。文房石作为案头山水,诠释着文人们在一片无碍的天地里的心性选择,在小小奇石或观赏石的方寸之间,痴痴地抒发着怀古之幽情,畅想着大自然的山水意象,体验着自由的大全世界。元代画家倪瓒即有感而言:"云行水流,游戏自在。乃幻岩居,现于室内。"[97]

总之,斋中之石和案头之石适宜隐逸风情,怀有风格主义的格调,成了文人们的一种特殊的感知方式。这种艺术活动不仅在于审美,还在于文人们的内心体验,可谓自寄情焉。

(三)类绘画艺术

绘画作为一种平面艺术,尤浓缩了艺术的想象性和精神性。德国哲学家黑格尔曾言:"绘画虽然也是为观照而进行它的工作,在它的工作方式中,却使它所表现的客观事物不再保存实际的、完整的、占空间的及自然存在的状态,而变成精神的一种反映。在这种反映中,精神只有在消除了实际存在,把实际存在改造成为一种供精神去领会的单纯的精神的显现,才能显示出那种客观事物的精神性。"[98]同时,西班牙画家毕加索则说出了绘画的另类精神追求:"绘画并不是感性的问题。必须要篡取权力。我们应当取代自然,且不依赖于它所赋予的信息。"[99]"我使现在存在的一切对抗将要存在的一切。""我不限定自然,更不复制自然,而是任由想象之物披上真实的外衣。""我不要试图表达自然,而是像自然一样工作。"[100]赏石艺术拥有着自己的艺术风格和精神境界[101],并且,赏石艺术与主流艺术中的绘画,尤其与中国文人绘画在想象和精神等方面有着相似性及共通性。

绘画的最大魅力往往在于表现和再现。德国哲学家黑格尔就认为:"在雕刻里占统治地位的必须是理想美,或镇静自持,而绘画却已进一步地走向特殊个别的人物刻画,它所表现的主要任务是要在具体表现方面显出魄力。"[102]在赏石艺术的审美诸多特性中,观赏石的表现性和再现性至关重要。如果没有表现性和再现性,或者撇开表现性和再现性,就谈不上观赏石的意象呈现出来的美。可以说,绘画与赏石艺术存在一定的暗合关系,以致赏石艺术与绘画艺术之间相互观照,自然水到渠成。

意大利画家博斯基尼认为:"画家不用结构去造型,说得确切些,画家是用结构使正形的外观变形,以寻求如画式的艺术。"[103]同时,瑞士画家贾珂梅迪认为:"在一切绘画中,我最感兴趣的是相似,也就是说,那对我而言乃是相似的东西,那让我稍许揭示了外部世界的东西。"[104]就观赏石的两个大的类别而言,其中的画面石可视为如画式的艺术,人们赏玩画面石体验的是如画式的趣味;而其中的造型石也会呈现入画式的意蕴,如造型的轮廓和外形产生的入画效果。换言之,恰恰是在对那些如画式和入画式观赏石的欣赏中,才能够引发人们对相似东西的美好感觉,从而在理解艺术的世界中,体味到了观赏石的独特意象美。

在审美意义上,如果说如画的观赏石是美的,那么,不如画的观赏石就是不美的吗?显然,这取决于人们的观赏出发点,假若艺术和审美地赏石,假若秉持赏石艺术理念,则在"类艺术"框架的参照下,如画的观赏石必定是美的,即使人们不去断言不如画的观赏石是不美的,这背后实则隐含着观赏石的呈现、示现、表现或再现所致的风格与观照的关系问题;入画的观赏石同理亦然。总之,观赏石的"如画"和"入画"是最重要的特质,如是,"如画"和"入画"就是赏石艺术中的重要概念了(图129)。至于在类绘画艺术观念下,如何去赏玩画面石,这在拙著《中国当代赏石艺术纲要》里有详尽的叙述,文中不宜赘述了。

图129 《江山晓思》　怒江石　10×6×3厘米　李国树藏

四 赏石艺术理念之二：具象极致化艺术

赏石艺术里的具象极致化艺术，可以解释为一种忠实的或精确的再现艺术。[105]在这种再现艺术中，观赏石与外界已经存在的客观事实或审美事实达到了绝对契合的地步。例如，造型石在大小、比例、形态和色彩等方面与一个真正的客观物体形成了相似物的再现（图130）；画面石与一幅绘画在外观或意蕴上达到了真正的相似的再现。概而言之，人们可以把赏石艺术的具象极致化视为再现艺术里的极端情形。

赏石艺术里的具象极致化艺术，包含着艺术真实论的思想。正如德国哲学家赫尔德所持的观点："我们发现的真实越是逼真，我们感觉到它越是生动，我们所再现的真实也越多，这种真实是我们从形象或从知觉中可以观察到的。"[106]然则，在赏石艺术理念下，符合具象极致化艺术的观赏石仅仅可视为赏石艺术中的一种特例，不宜过分夸大，也不应该

图130 《青萝卜》　　玛瑙　　9×5×5厘米　　梁大卫藏

成为人们沉迷于追求观赏石"像什么"东西的绝对理由。这不仅因为赏石艺术理念的启示,还因为中国美学有一个古老的传统,即艺术不求形似。就像北宋文学家欧阳修诗中所言:"古画画意不画形,梅诗咏物无隐情。忘形得意知者寡,不若见诗如见画。"[107]这个古老艺术传统无形地左右与影响着人们对一切艺术形式的审美判断。

实际上,赏石艺术里的具象极致化艺术乃是一种新的艺术再现方式,赏石艺术决不会挤出外界对象存在的可能性,相反,它会极力利用外界对象的存在以展示自身价值,而不是仅依靠欣赏者的完全自由去解释那些观赏石显现的未定的形相的存在。这可以视为赏石艺术里的一条基本规律。同样,波兰社会学家奥索夫斯基就认为:"当我们在某种幻想世界中,发觉环绕我们周围的现实的一些因素被忠实地再现出来的时候,并且,由此能够在这个形体异常的新世界中找到我们道路的时候,就会产生一种特别的魅力。"[108]总之,任何艺术观念都不能从一个极端走入另一个极端,赏石艺术的精髓就在于显现出观赏石作为艺术对象的多种艺术的可能性。

五　赏石艺术与主流艺术的交融

人们既要认识赏石艺术与主流艺术的相同或相似之处,还要认识到它们的不同之处。赏石艺术实践的魅力在于,把其他各门艺术对自己有用的东西援引过来,同时,又给予其他各门艺术一些有用的东西。这就犹如英国诗人蒲柏在诗歌中所写道:

> 首先是追随自然,让你的评判架构
> 依照她的公正的标准,它始终如一
> 完美无瑕的自然,仍放射神性的光芒
> 一种清朗、不变、普照之光。
> 生活、力量和美,必定让众人分享的是
> 艺术的源泉、目的和检验。
> ……
> 不是发明,而是发现的古老的规则

> 仍是自然,但却是方法化了的自然
> 自然,就像君主一样,受着限制
> 限制她的是她自己原先所颁布的法律。
>
> ——蒲柏:《追随自然》[109]

(一)"艺术类性"

各种艺术之间可以相互合作,相互启迪,乃是不容争辩的事实。但德国思想家歌德认为:"不同的艺术具有某种相互融合的趋势,但真正的艺术家的责任、成就、尊严就是将全部的艺术和每一门艺术都置于其自身的基础之上,并尽可能地将其孤立起来。"[110] 赏石艺术作为一种独立的艺术形式,与其他艺术从来不是相遇,不是从属,而是相互渗透,相互影响。赏石艺术与主流艺术相互间渗透的是彼此的精华和血液,相互影响的是彼此内在的和谐和精神,两者必须会通也。

对于各种艺术相互间的观照,许多思想家和艺术家都有过思考。比如,歌德曾用一句生动的话,对"类比"作过描述:"每一种存在物都是所有存在物的一种类比,因此,存在对我们总是同时表现为分类和联系。我们若过分依从于类比,那么一切就都成了一致的;我们若回避类比,那么一切就都分散为无限的了。在这两种情况下,就无从考察了,一则是过于活跃,另一则是毫无生机。"[111] 对此,匈牙利美学家卢卡奇认为:"歌德所强调的类比的松弛性和伸缩性构成了艺术对比的一种有利土壤。""以类比形式对世界的把握会通向审美反映的方向。"[112] 观赏石来自外在的自然世界,也属于另外的艺术世界。赏石艺术作为一种混合体验的艺术,富含艺术间的浑融性,充分体现在"艺术类性"的运用。准确地说,赏石艺术明显地带有取之于园林、绘画、雕塑、诗歌等各种不同艺术的微妙之处,或意蕴、或形态、或风格、或境界、或精神……当人们一旦对艺术类性重视起来,"类似的"情形在对观赏石的欣赏中便也奇迹般地出现了,随之审美反映自然而降临,观赏石向观赏石艺术品的转化随之而发生。

古希腊哲学家亚里士多德认为:"我们满怀喜悦观照对象的相似物,是因为同时我们也看到了创造它们的艺术,即绘画或雕塑;但我们不是怀着更大的喜悦观照那于其中我们能看出其原因的自然对象本身吗?……奇迹般的东西在本质上都属于自然的创造。"[113] 赏石艺术体现出来的美学观念与其他艺术形式基本相似,并且有着很多共同的经验本源。

不过，赏石艺术体现出的是特定的美学观念，这些美学观念在展现着赏石艺术的独特美学追求。

朱良志先生认为："中国人将哲学与艺术相融，哲学的高度发展与艺术相辅相成，哲学精神寓于艺术境界之中，艺术是哲学的延伸，也是哲学所追求的最高境界。中国人通过艺术体味人生，成就至高的哲学智慧，艺术精神和审美态度成为哲学精神的重要组成部分。"[114] 观赏石潜在的、丰富的艺术表现形式和美学感染力，强化着中国艺术重意象和重品味的传统，体现着中国艺术重神往和重优游的特质，凸显着中国艺术对至乐与天乐的追求。观赏石通过人的心灵感官获得艺术生命，同时通过自身得以展现美，并在美中体现艺术对人的精神和心灵灌注的一致性。赏石艺术同样表现艺术的本质，并不逊于绘画和雕塑等艺术形式。这就犹如德国哲学家黑格尔所言："艺术的真正职责就在于帮助人认识到心灵的最高旨趣。"[115]

捷克艺术家阿尔丰斯·慕夏认为："艺术的存在只为了精神的沟通，如此而已。"赏石艺术极富哲学内涵——艺术哲学，会让不同的人产生不同的观念，产生不同的想象，有着更多暗示的味道，这种对暗示之美的追寻，恰构成了赏石艺术美学的独特妙境（图131）。

图131 《洛神》 灵璧石 26×25×48厘米
赵芝庆藏

（二）艺术思维、母题与境界

意大利艺术史家廖内洛·文杜里认为："艺术上的放纵显然是反对法则的，但事实上，这些放纵之举又会适时地成为新的法则。只有伟大的天才高居于规则之上。"[116]赏石艺术家把大自然的石头转化成艺术品，赏石艺术成了纯粹审美体验的艺术。在某种程度上，赏石艺术打破了艺术思维，也拓展着艺术思维，但又在维护着艺术的本质。

赏石艺术会促进人们的纯粹认知状态，从而对艺术的认识发生潜在的影响。用《庄子》外篇里的一则故事来加以理解吧：

> 梓庆削木为鐻，见者惊犹鬼神。鲁侯见而问焉，曰："子何术以为焉？"对曰："臣工人，何术之有？虽然，有一焉。臣将为鐻，未尝敢以耗气也，必斋而静心。斋三日而不敢怀庆赏爵禄，斋五日不敢怀非誉巧拙，斋七日辄然忘吾有四肢形体也。当是时也，无公朝，其巧专而外滑消，然后入山林，观天性，形躯至矣然后成，见鐻然后加手焉，不然则已。则以天合天，器之所以疑神者，其是与？"[117]

该段话意指，艺术创作若想传达出感性物态的神韵，需要通过"必斋""静心"，然后在纯粹的认知状态下去观照物，并且"以神遇不以目视"，才能体悟到艺术创造对象的神韵。

朱良志先生认为："走入自然成了中国艺术家的不朽信条，依附于视听等知觉的直接体验成了艺术创作的不二法门。在艺术实践中，诗人面对自然即目成诵，寓怀理陈；画家则盘纡纠纷，咸纪心中，氤氲优柔，久则化之；音乐家在与自然的深沉契会中，心弦轻拨，而令众山皆响；书法家则把自然生生不息的节奏韵律径自化入抽象的线条中，如形成'天地何处不草书'的独特观点。观物融会的方式虽有不同，但都以物为起点，据物驰思，借物写心。"[118]一言以蔽之，赏石艺术通过大自然激发着所有艺术家们的艺术思维方式。

然则，赏石艺术究竟有什么足以提供符合艺术的思维方式及内容意蕴的根据呢？意大利戏剧家瓜里尼曾经说过一段隐喻的话，可以引发对这个问题的思考。他写道："马和驴不是不同种嘛？可是它们的配合产生第三种动物，骡。……人们也许反对说，这第三种自然事物是由种子而不是由身体混合得来的，它们是自然的作品而不是艺术的作品，我们现在所谈的是艺术作品,所以,我们要谈谈各种技术和它们的混合,所混合的是坚固的在性质上不同的物体。青铜是由黄铜和锡组成的,这两种物体都参加了混合,混合得合适,就产生了既非黄铜又非锡的第三种东西。"[119]还可以借用德国哲学家黑格尔的一句话来理解:"在这些题材里存在的和发挥效力的实体性因素,一般就是独立事物在极其繁复的各自特有的目的和旨趣中所见出的欣欣向荣的生气。"[120]

赏石艺术乃是对无限神秘的审美追求,对无限意象美的欣赏,艺术想象的自由在主宰着赏石艺术。古代思想家老子曰:"有物混成,先天地生。寂兮寥兮,独立而不改,周行而不殆,可以为天下母。"[121]庄子曰:"礼者,世俗之所为也;真者,所以受于天也,自然不可易也。故圣人法天贵真,不拘于俗。"[122]可以说,赏石艺术既是艺术性灵的种子,又是艺术创作的灵源。

通常,世间一切事物都有着自己的特性。例如,植物有植物的特性,动物有动物的特性,人类有人类的特性,等等。观赏石的特性在于天然的、独一无二的和原始型的,观赏石的外观形相显见地呈现在人们的眼前,被直接视为一种大自然的存在物。观赏石作为大自然的存在物,遵循自己的独立法则,呈露无所羁束的风范,秉承自由的风致,而齐含万象和传神阿堵。观赏石是神秘的和无声的,仿佛另一个世界里的精灵在引诱着人们。

德国哲学家海德格尔认为:"鞋具愈单朴、愈根本地在其本质中出现,喷泉愈不假修饰、愈纯粹地以其本质出现,伴随它们的所有存在者就愈直接、愈有力地变得更具有存在者的特性。于是,自行遮蔽着的存在便被澄亮了。"[123]同时,英国哲学家维特根斯坦认为:"让自然去说明和认可惟一比自然更高级的事物,但它不是其他的人可以想到的事物。"[124]在观赏石的上述特性中,似乎能够生发出自然的、朴素的、单纯的、离奇的、澄明的、不拘一格的和不屈不挠的等观念来,而这些观念正是从人们对待观赏石的观照态度以及审美情感而引发出来,赏石艺术本质上也拥有了一种原初和母题意义。

人们对观赏石的欣赏不能完全依靠人世间的构思,这决定了人们的欣赏能力受制于它,但当人们通过艺术和审美地观照与欣赏,把自己的精神观念得以表达,似乎人的自由力量又高于它。同样,中国艺术自古就有"外师造化,中得心源"的悠久传统。[125]譬如,明代画家董其昌曾言:"画家初以古人为师,后以造物为师。吾见黄子久《天池图》,皆赝本。昨年游吴中山,策筇石壁下,快心洞目,狂叫曰'黄石公'。同游者不测,余曰:'今日遇吾师耳。'"[126]赏石艺术乃以大自然的石头为师,引发欣赏者的原发冲动矣。

德国美学家费肖尔曾认为:"一切生活、一切历史,以及一切领域中的一切精神活动,实际上都是消灭和同化偶然性的历史。"[127]他进而认为,只有美还保存着不受约束力的痕迹,只有在美中,偶然性才获得了生机,没有被根除。自然界的物体之所以是美的,就是因为它符合审美规律,尽管有一些影响它的构成的偶然因素。这些偶然因素使得它免于变成一种单纯的类型。[128]实际上,费肖尔的偶然性理论倒为认识美的多样性提供了基础。是以,在赏石艺术妙趣横生的趣味之中,人们通过审美经验和想象力发现和感悟到了观赏石的暗示或主题,仿佛找到了自己的心灵世界与神秘世界之间的一个中间地带,找到了自己的生命与大自然的生命之间的内在和谐,找到了大自然的艺术与人为艺术之间的某种巧合,找到了各式艺术之间的融通与交汇,等等。

古希腊哲学家德谟克利特曾主张,我们应当听从自然法则的引导,那才是我们乐于去模仿的。[129]赏石艺术作为一种体验艺术,蕴含当下圆满的艺术哲学,从而复归艺术的思维,复归艺术的母题,复归生命的秩序,复归人生的真性。在中国赏石文化发展史上,古代文人赏石历经道禅哲学思想的点化,任用自然,把大自然的石头拿到身边,运用创造性的艺术语言,灌注文人们性灵的自由。朱良志先生就认为:"东坡的枯木怪石、云林的疏林空亭、青藤的雪中莲花等,这些形式都是一个幻象,是一个昭示存在的非确定性的刺激物,它们通过不合规矩和美感的存在方式,说明世界的存在并非你感官所及就能判断,一切对物象的执着是没有意义的。"[130]当代赏石艺术在追求着人生自由的境界,乃至追求艺术的至高境界。同样,英国画家约翰·罗斯金认为:"我们要艺术为我们所做的是留住稍纵即逝的,阐明不可理解的,表现没有尺度的事物,使不能持久的事物永恒……所有这些都是无穷的与奇妙的,对其中的那种精神与力量,人们会亲眼看见但不是权衡斟酌,体验到了但不理解,热爱但不确定,想象但不解释。这就是所有宏伟艺术自始至终的目标。"[131]

赏石艺术确实把人们从一种关系引入另一种关系之中。英国诗人劳伦斯·比尼恩就认为:"艺术不能与人的感官分开而独立存在,而它又是一种精神性的活动。它不仅仅是与表象联系在一起,却以其自身的方式寻求并发现表象背后的某种东西,它不亚于哲学或科学。"[132]赏石艺术的艺术境界尤为含有宗教的况味。诚如哲学家牟宗三所说的:"凡宗教皆含有最高之艺术境界,然宗教究不可以美术代替。宗教中之艺术境界只表示全体放下之谐和与禅悦。质实言之,只表示由'意志之否定'而来之忘我的谐和与禅悦。故孔子曰:'成于乐。'成于乐即宗教中之艺术境界。"[133]总之,中国的赏石和赏石艺术源于大自然,胎孕于禅、释、道,初始于安闲,体现于沉思,根植于惊异,呈现于艺术欣赏,落脚于了悟人生(图132)。

图132 《人之初》　黄河石　13×15×8厘米　私人收藏

（三）艺术巧合

古罗马诗人奥维德说过："自然也以她自己的机智模仿艺术。"[134]与之相应，观赏石与主流艺术形式里的艺术作品的某种巧合，使得赏石艺术更加令人惊异和神往，观赏石则成了一种名副其实的类艺术品，这实际上是赏石艺术所追求的最理想化的情形（图133、图134）。

苏格兰哲学家哈奇森认为："相对美"来自我们在副本和原型之间的相似中，在手段与目的的一致中所得到的快感。[135]通常，绘画和雕塑等主流艺术所表现的幻化对象，基本是从无穷的大自然中假借来的，而大自然的观赏石也可供给绘画和雕塑等以领略；同样，赏石艺术的审美也需要与绘画和雕塑等主流艺术相观照。不过，赏石艺术从主流艺术里

图133　潘天寿　《鹰石图》　私人收藏　　　图134　《潘天寿鹰石图》（又名《北国之恋》）　怒江石
14×7×6厘米　李国树藏

得到的范本，只是赏石艺术的多样性中的一个个具体的体现，它并不能够被多样性所取代，但在一定程度上，它们却能够引起类似事物本身在人们身上所引起的类比联想的快感和感情。

美国美学家吉尔伯特认为："艺术作品与自然之间的相似之处越多，艺术作品赋予我们的快感就越丰富；我们发觉自然与艺术之间的相似之处越多，自然赋予我们的快感就越丰富。"[136]正是这种微妙的逻辑关系，使得赏石艺术与其他主流艺术之间的巧合，一方面激发出了人们更多的艺术乐趣,另一方面构成了赏石艺术的最重要的审美意趣。这就极似法国小说家巴尔扎克所说的幽默话语:"偶然是最伟大的艺术家。"[137]

六 赏石艺术在不同艺术逻辑下的审美认识

前文分析了赏石艺术与主流艺术的亲缘性和共通性,并试图从中找到适用于赏石艺术的东西,尽管是出于理想化。然而,这些努力还算不上完备。理由就像美国美学家比厄斯利所认为:"在一个更为深刻和适当的统一理论建立之前,不仅各门艺术之间的相似点需要进行研究,而且它们之间的不同点也需要进行研究。"[138]同样,德国哲学家赫尔德亦认为,艺术观念在某些方面是个恒量,但任何一种艺术都不能够作为所有艺术的标准。[139]因此,对于赏石艺术的审美认识,除了关注赏石艺术与主流艺术的亲缘性及在共通性上的融贯之外,更要关注在不同艺术逻辑之下,而去重点讨论赏石艺术表现出的独特的审美特性。惟此,人们才能走得更远:一方面为认识赏石艺术作为一种独立的艺术形式所拥有的审美特性作铺垫,另一方面还可以提高人们对赏石艺术的审美感受的能力。

(一)个性的艺术:自由审美

三国时期魏国书法家钟繇言:"笔迹者界也,流美者人也。"[140]唐代诗人柳宗元言:"夫美不自美,因人而彰。"[141]通俗地理解,不同的人所看到的事物在脑海里会有不同的情致,何况涉及了美,这是艺术生活里的普遍现象。例如,同样对山景的欣赏,境界却是不同。诸如,唐代诗人杜甫见到"造化钟神秀,阴阳割昏晓"[142],唐代诗人李白感到"相看两不厌,只有敬亭山"[143],宋代诗人辛弃疾料到"我见青山多妩媚,青山见我应如是"[144],宋代画家郭熙想到"大山堂堂为众山之主……其象若大君"[145]。毫无疑问,他们都看见和感觉到了山之美。出现这样状况的原因,很像美国艺术史家帕特里克·弗兰克的解释:"看见终究是一种个人的过程。任何两个人都不会以同样的方式看待同样的事物,因为每个人的心理和禀赋各不相同。面对同样的视觉信息,不同的人对它们的意思、价值和重要性得出的结论也各不相同。"[146]赏石艺术是一种个性化的艺术,选择和收藏自己所喜好的观赏石的风格,揭示出的是自我。

乙编 赏石艺术的审美问题

赏石艺术既属于欣赏者个人的事情,更属于赏石艺术家的事情。赏石艺术鲜明地体现在赏石艺术家的个性意识的自觉与发挥,以及他们头脑中的观念和知识的运用。换言之,欣赏者的自由和创造力在赏石艺术中发生极其重要的作用。这一方面肯定了赏石艺术家的个体差异性,另一方面也肯定了赏石艺术的自由性。因此,顺从自己的内心,顺从自己的观念,顺从自己的知识,顺从自己的生活状态,顺从自己的艺术境界,这些才是赏石艺术的旨趣之所在。道理看起来很简单,但在实践层面上,赏石艺术应该被当作一种自由的艺术,这种要求的紧迫性却丝毫不减。

从理论层面上,在把赏石艺术作为个性化的及自由的艺术的认识前提下,如何认识赏石艺术所蕴含的美呢?

英国哲学家休谟认为:"美不是物体本身所具有的品质,它只存在于观察者的心中,而每个人的心所看到的美是不同的。甚至,另一个人感觉美的,这个人可以认为不美。因此,每个人应该坚持自己的感觉,而不要去管别人如何。"[147]休谟的观点构成了美学中的一种代表性观点。仅就这个观点来说,它实则是一种主观唯心主义。然而,不管美是完全出于主观,或出于客观,抑或主观与客观的统一,人们对美的认识都源于感觉。对此,德国作家瓦肯罗德尔认为:"艺术的绝对美只有在我们的目光不同时转过头来观看别样的美时,才充分地向我们展现。""美是一个不可思议的怪词!为每件不同的艺术作品编个新词吧!每一件作品都呈露出另一种特点。对每个人来说,个人的情绪产生于人的心理机制。但人们却用艺术的理性、严格的分类来贬低美这个词,并且要将所有人限制在依据他自己的戒律和规则中去感受,而他自己却毫无感受。"[148]同时,高尔泰先生认为:"无论对于自然物,还是对于艺术作品,有了这样的感受,就是美。没有这样的感受,就没有美。不被感受的美,就不成其为美。而美作为感受,作为内在心理结构的外在表现,它永远是真实的。"[149]此外,法国美学家杜夫海纳则认为:"我们揭示一个作品的深度,感觉必须有深度,我们自己也应该有深度。"[150]毋庸赘言,上述美学观点都强调了美的感觉性。

在赏石艺术的审美化过程中,欣赏者的审美感觉处于第一位。赏石艺术是不受约束的艺术,观赏石的形相为欣赏者的审美感觉所赋予,观赏石的美感是一种形相生发的意象,而这种意象是欣赏者心灵的创造。于是,欣赏者思想的深度,艺术修养的厚度,决定着赏石艺术的高度,自然地,观赏石的美会因人而异,尤其体现在赏石艺术家的审美感受决定着观赏石的美。这里所概括的意义,倒与德国诗人诺瓦利斯下面的诗句所表达的基本相同(图135):

图135 《陌上花开》　　长江石　　14×12×4厘米　　邹华丽藏

有个人成功了，
他揭开了赛易斯女神的面纱。
但他看到了什么？
真是奇迹，他看到的正是自己。

——德国诗人　诺瓦利斯[151]

法国哲学家笛卡尔认为："所谓美和愉快所指的都不过是我们的判断和对象之间的一种关系；人们的判断既然彼此悬殊很大，我们就不能说美和愉快能有一种确定的尺度。"[152]一切艺术都是主观的，而法则会导致艺术墨守成规。赏石艺术完全是一个自由的王国，尤其在审美的王国里，任何限制和标准都是违背艺术规律的，任何赏石标准的建立都是异化，而异化则导向单一，导致退化；相反，个体性、差异性和多样性才是赏石艺术的生命,而自由才在根本上成为赏石艺术的个体性、差异性和多样性的根源。毫不夸张地说,自由为赏石艺术的生命力之所在,也是赏石艺术审美的源泉。

以上所言表明,在赏石活动中,如果所有的观赏石都是皱、漏、瘦、透、丑,都是像什么的具象化的呈现,而不是诸如主题、艺术再现、艺术表现、整体艺术品位、意境及意象等的展现,就意味着赏石艺术名不副实,也不可能成为真正的赏石艺术。反之,赏石艺术作为赏石艺术家的个性化的自由艺术,意味着对那些被后人所赋予的所谓古代赏石的标准,以及当代所谓的赏石量化标准的抛弃。毫不客气地说,当代的观赏石的鉴评标准,几乎成了令人恼火的障碍,令人沮丧的限制——单单赏石标准的制定,就反映出了当代赏石的很多症状,或出于无知傲慢,自我欺骗,固执己见,因循守旧等。然而,对于当代的赏石标准已经出现了成文的反对,并被无情地批评为"赏石艺术的最大的绊脚石"[153],它不符合艺术的规律,也暴露出对艺术的蛮横,虽然已经成为部分人的顽念,但终将是徒劳无益的。不过,赏石艺术自由也不是无限制的、泛滥的,它必须建立在一定基础之上,这个基础就是艺术的法则。准确地说,赏石艺术的自由是一种建立在艺术和审美约束下的他律自由,此种自由在知识的促使下,在人们的心灵中产生着共鸣。

赏石艺术是欣赏者的对象化的艺术,在自由审美中带有自我复观的性质,同时也反映着时代的风俗。关于这一点,在古代文人赏石传统中早已充分得以体现,尤其体现为中国赏石文化中包含中国人对自由精神的追求等。[154]总之,在中国赏石的历史长河里,观赏石呈现出了生命的悠长意味。这种生命意味不是石头这个物质实体所具有的真实生命,而是文人赏石家和赏石艺术家通过心灵的创造,通过自由意志进入观赏石这个欣赏对象之中,使得一切欣赏者感觉到观赏石是有生命的——一种审美生命的灌注,进而赏石艺术成了位于自由审美领域顶端的一朵奇葩。

(二)自然的艺术:观照审美

美在大自然中更容易被发现。明代文学家袁宏道曾言:"夫趣之得之自然者深,得之学问者浅。"[155]在特定意义上,赏石艺术可以视为发现和欣赏(创造)的自然的艺术,是对大自然知识的叩问,实为得之自然者。

对于"自然的艺术",人们不能对它持有狭隘的理解。举例而言,意大利画家乔托作为文艺复兴艺术的先驱之一,他的艺术就被有的艺术史家称为"自然的艺术"。对此,德国艺术史家托马斯·普特法肯写道:"根据古代传说,最早见之于洛伦佐·吉贝尔蒂的《记事集》(约公元1450年),乔托还是个孩子的时候,就开始直接对着自然写生。他的导师奇马布埃正是这样发现他的。'自然的艺术'便始于此。"[156]德国哲学家叔本华认为,大自然的美丽风景让人感到分外愉悦,"其中一个原因就是我们看到了大自然普遍的真理",并且,"可以净化精神和思想"。[157]法国作家左拉曾写道:"啊,大地,把我带走吧!您是万物的母亲,是生命的惟一源泉。您是永恒的、不朽的。在您那儿世界灵魂在回荡,您的元气渗透了每一块石头,并使树木成为我们高大的兄弟。"[158]在艺术家们看来,自然是伟大的。于是,"返回自然""遵循自然""顺应造化""回归造化",这些便成了追求自然的艺术的艺术家们所奉信条——从而成就了所谓自然主义艺术。

总体上,自然主义艺术的主张在于宣称艺术即是真实,因为艺术家们相信,自然的法则和自然的造化远比人类的法则和人类的理性更为久远,更有力量,那些看起来没有刻意痕迹的自然的作品才可以视为杰作,故而艺术创造应该顺从自然天性,艺术家们只不过是把所见到的东西再现出来罢了。就赏石艺术而言,赏石艺术家在信奉自然的法则的基础上,通过对大自然石头的捡取,通过审美观照的意图,辨识它们呈现的艺术形相,感悟它们的艺术内涵,欣赏它们的艺术风格,使得被拣取的石头成为欣赏对象。准确地说,赏石艺术是赏石艺术家在观照自然中的一种递进的观照艺术,实为自然主义思想与浪漫主义思想的结晶。

英国史学家李约瑟曾譬喻道:"中国道家研究自然所持的态度是女性的,即不是以先入为主的观念对待自然。'圣人法天地,大公无私。'道家懂得这种没有偏见的中立态度,他们以谦卑的态度提出问题,以谦卑的精神面对自然,并谈到'为天下溪'。"[159]前文已述,人与自然的关系理论构成了赏石艺术审美思想的基础。高尔泰先生乃认为:"艺术中的自然是人的自然,自然中的自然是自然中的自然。"[160]可以说,大自然的石头是自然中的石头,而观赏石则是赏石艺术家观念里的石头,为赏石艺术家收藏的作品,为赏石艺术家心灵攀谈的对象,为赏石艺术家心灵创造的产物。因此,石头成为欣赏对象,也具有了新的意义,如同衣服成为礼服一样。观赏石被占有,被欣赏,离不开赏石艺术家的发现和感悟,离不开赏石艺术家的心灵的创造,否则,它们本身虽是已完成的——外观形态的完成,却称不上有审美意义,更谈不上美的显现。

大自然时刻都在呈现自己的本性。美国思想家爱默生却写道:"自然并不神秘,它不过是智慧的外形,或是对它的模拟,属于人类灵魂最终的反映。大自然默默屹立,它只管不断运行,却没有一点点主意。"[161]观赏石的本性直接决定着赏石艺术这门学问的最深基质,观赏石有着自己的客观性质,它们是原初的、天然的、新奇的和圆融的,没有任何的修饰,赏石艺术则是人们纯然地对大自然欣赏的一个缩影。人们对观赏石的欣赏主要基于对自然的法则、自然的一致性以及自然合理性的认同,这些观念又是赏石艺术带给人们以审美沉思的思想根源。人们通过赏石艺术不仅看到了自然界的多姿多彩,还捕捉到了大自然的本性,从中认识到无情世界与有情世界以及无生命世界与有生命世界之间的联系。

美国哲学家约翰·杜威认为:"在原始条件下,一切关于自然的那些伟大的观念都是为了情绪而建成的幻想。神话乃是空想,但它们却不是疯狂,因为它们是在当时存在的工具所允许的条件下对于自然的挑战所做出的惟一可能答复。"[162]在宗教虔诚的人看来,观赏石作为一种特别符号,拥有一种神秘的力量。这种观点既肯定了观赏石的自然性,也是从观赏石的自然性引申出来的泛神灵论。这种论调通常会将赏石艺术引向神秘的世界之中,导向超验的不可知论,而神秘论和不可知论对于人们认识赏石艺术的审美却造成了不利条件——当然,也可视为有利条件,就如同一枚硬币的两面。

德国哲学家康德认为,一切美的本质,就是在没有目的的情况下,似乎有着某种合目的性。[163]观赏石作为大自然的自在之物与欣赏者之间存在着关系性:一方面体现于观赏石作为一种可理解的对象和可欣赏的对象而出现在人们的心灵中,另一方面,观赏石的存在又有着自身的客观性而人们必须遵奉它。观赏石本身并不是什么特别的东西,只有对于别的东西来说,它才是有价值的和美好的。观赏石作为自然物质的存在,之所以具有生命,正是由于人们心灵的参与和灌注。这就像古希腊哲学家柏拉图的诗歌所写道:

> 当你眺望星星时,
> 啊,我的星星!
> 我默祝我自己就是天空,
> 用千眼万眼来俯视你的仪容。
>
> ——柏拉图[164]

美国思想家爱默生认为:"当心灵向所有的自然物体敞开之后,它们给人的印象却是息息相关的、彼此沟通的。"[165]同时,意大利美学家克罗齐认为:"因为美不是物理的事实,它不属于事物,而属于人的活动,属于心灵的力量。但是,物理的东西和物理的事实本来只是帮助人再造美或回想美的,经过一些转变和联想,它们本身就被简称为'美的事物'或'物理的美'了。"[166]同样,心灵在赏石艺术中起着支配性的作用,使得沉默不语的观赏石见出生气和灵魂,拥有了生命意义,拥有了审美意义。就像欣赏戏剧、诗歌、音乐、舞蹈、雕塑和绘画等艺术一样,人们对观赏石的欣赏,同观赏石的情感互动,使得心灵得以寄托和释放,使得情感得以净化和纯洁。反过来说,透过赏石艺术,人们在心灵中意识自己,在情感里感觉自己,赏石艺术成了人们心灵世界的审美感知,成了人们心灵世界的自由表达。因此,赏石艺术精神乃集中体现为人们的心灵通过赏石艺术所依附和传达出的意义,而赏石艺术家乃是那些观看到观赏石作为美的事物的本然之人。

观赏石作为自然界的一种真实的存在物,需要被人们所欣赏,所观照,从而在欣赏和观照中获得美的体验。但人们却需要去思考,自然界是置于艺术之上呢?还是处于艺术之中呢?于是,就会出现两种不相同的逻辑推演:假如说自然界高于艺术,则意味着人造的艺术相较而言就微不足道,人为的有形创造就相对无足轻重了;假如说自然界处于艺术之中,应该如何解释天趣与人工之间的差别呢?又应该如何认识自然与人类经验之间的联系呢?

为了更好地探索上述问题,以及对于赏石艺术的审美启示,不妨从以下两个方面来加以分析:

其一,法国思想家狄德罗认为:"在大自然中最常见的那些东西乃是艺术的原始范本。""在自然界中,没有任何一件东西是不正确的。任何形式,无论是美的还是丑的,都是有来由的,现存的一切事物都是它应有的那个样子。"[167]在狄德罗看来,大自然高于艺术,因为艺术家永远也不会创造出那种在和谐的完美、色调的魅力和关系的多样化上,能够胜于大自然的作品。此外,摹本从来也不能完全再现原本。[168]狄德罗还认为:"艺术中的美同哲学中的真有同样的基础。什么是真呢?就是我们的判断同自然的造物相一致。什么是模仿的美呢?就是形象同对象相一致。"[169]同时,意大利美学家克罗齐认为:"在自然的诸物品中,存在着依存美。在判断它的时候,仅纯粹审美判断是不够的,还需要另外一个概念。自然显现为一个艺术作品,尽管是超人类的一个艺术作品,但'审美目的的判断构成了审美判断的基础和条件'。"[170]就赏石艺术而言,正是由于"审美目的判断"的存在,才成为一种观照的艺术,观赏石的依存美才得以呈现。

其二,英国艺术史家贡布里希认为:"如果自然可被视为我们的真实所见,我们就既看不到视网膜印象,也看不到视野,甚至看不到纯粹表象。"[171]观赏石只有运用正确的方式去观照，才会呈现意象美。同时，美国哲学家约翰·杜威在讨论"经验的自然主义或自然主义的经验论"时所阐述的艺术观点，可以引发人们更深的思考。他写道："实质上只有两条道路可以选择：或者，艺术乃是自然事件的自然倾向借助于理智的选择和安排而具有的一种持续状态；或者，艺术乃是从某种完全处于人类胸襟里迸发出来，附加在自然之上的奇怪的东西，而不管这种完全处于人类内心的东西叫作什么。在前一种情况下，愉快地扩大了的知觉或美感欣赏同我们对于任何圆满终结的对象的享受，乃是属于同一性质的，它是我们为了把自然事物自发地供给我们的满足状态予以强化、精炼、延长和加深，而对待自然事物的一种技巧和理智的艺术的结果。在这个过程中，新的意义发展了起来，而这些新的意义又提供了独特的新的享受特点和方式。在新生事物的生长中，这一过程到处发生着。"[172]在赏石艺术中，观赏石被人们有目的地加以观照，并应用正确的审美方式加以观照，这种审美观照就构成了审美感知，而审美感知需要的是知识，观赏石这个大自然的原始素材在可验证知识的作用下，被感知和转化为某些普遍的艺术形式之下。观赏石虽是经由大自然的作用而完成，但只有在有闲情的人，尤其在有文化教养和艺术修养的欣赏者看来，它们才是艺术的。于是，观赏石作为一种自然美感和艺术美感兼备的对象，成为欣赏者对这一客观审美对象在心灵里的一种认知与占有，从而获得一种审美的满足和高尚的满足，甚至成了一种信仰（图136）。

图136 《法螺》　沙漠漆　28×18×18厘米　邓思德藏

诚然，不同的思维方式对待同一事物的理解会有不同的结果。古代思想家孔子即曰："君子谋道不谋食。耕也，馁在其中矣；学也，禄在其中矣。君子忧道不忧贫。"[173]古代文人们多属有闲之人，他们并不从事劳动生产，而作为有闲阶层，尤作为思想自由的人，习惯把大自然视为老师，把大自然视作最高的善，从而在面对大自然之物的欣赏和沉思之中，常会获得心中的某种理想性。概而言之，奇石和观赏石被用来欣赏，成为既是享受的东西，又是期望的东西；既是感觉的东西，又是理想的东西。

总之，用艺术的眼光和审美的意图去观照观赏石，观赏石才会显现美，即观赏石的意象美是被观照出来的。同时，就观照本身而言，只有运用想象力和审美经验，观赏石才会呈现表现性或再现性等。这就正如意大利美学家克罗齐所说："凡是不由审美心灵创造出来的，或是不能归到审美心灵的东西，就不能说是美或丑。把自然事物安排在完整的形象里，才有审美的作用。"[174]作为自然主义的艺术，赏石艺术服膺的是天趣和天真，而它们确实奠定了赏石艺术的审美观照的本真。

（三）无限的艺术：浪漫审美

观赏石的意象以大自然的原始面貌在向人们呈现着，对于初涉观赏石的人们，几乎无一例外地会感到一种惊奇或惊诧。但是，对于那些具有真正的艺术敏感，且深谙赏石艺术境界的人们来说，更多地会被微妙所吸引。无疑，观赏石深富想象性，而想象中所透出的幽玄和微妙构成了赏石艺术的主要美学特性。对于这种美学特性的把握，需要欣赏者敏锐的赏石艺术感知力和知解力。这就像德国哲学家黑格尔所认为："对象一般呈现于敏感，在自然界我们要借一种对自然形象的充满敏感的观照，来维持真正的审美态度。"[175]

法国思想家狄德罗认为："自然从来就没有不是。"[176]观赏石的生成有着偶然性、任意性和自发性，可视为自主的。此外，荷兰哲学家斯宾诺莎认为："自然界心目中没有固定的目的，一切终极原因都是人的虚构。"[177]赏石艺术是人们欣赏大自然的艺术，观赏石作为赏石艺术的载体，呈现的意象是无限的。赏石艺术的审美世界意在向无限的追求，向无限的超越，向无限的敞开，而拥有无限的审美意义。这就像德国哲学家黑格尔所说："无限，正因为它是从客观事物的复合整体中作为无形可见的意义而抽绎出来的，并且变成内在的，按照它的无限性，就是不可表达的，超越出通过有限事物的表达形式。"[178]

宋代诗人苏轼有诗言:"无一物中无尽藏,有花有月有楼台。"[179] 又言:"盖将自其变者而观之,则天地曾不能以一瞬;自其不变者而观之,则物与我皆无尽也,而又何羡乎!且夫天地之间,物各有主,苟非吾之所有,虽一豪而莫取。惟江上之清风,与山间之明月,耳得之而为声,目遇之而成色,取之无禁,用之不竭。是造物者之无尽藏也,而吾与子之所共适。"[180] 人们之所以喜爱赏石艺术,优游往来于观赏石,皆因观赏石中藏着无尽的意象。法国诗人波德莱尔下边的十四行诗,形象地表达了这种情形:

> 自然是座庙宇,那里活的柱子
> 有时说出了模模糊糊的话音;
> 人从那里过,穿越象征的森林,
> 森林用熟识的目光将他注视。
>
> 如同悠长的回声遥遥地汇合,
> 在一个混沌深邃的统一体中,
> 广大浩漫好像黑夜连着光明——
> 芳香、颜色和声音在互相应和。
>
> 有的芳香新鲜若儿童的肌肤,
> 柔和如双簧管,青翠如绿草场,
> ——别的则朽腐、浓郁,涵盖了万物。
>
> 像无极无限的东西四散飞扬,
> 如同龙涎香、麝香、安息香、乳香
> 那样歌唱精神与感觉的激昂。
>
> ——波德莱尔:《应和》[181]

把观赏石观照为可理解之物,把可理解之物转化为"艺术其物",虽为赏石艺术的正确追求,但不敢断言有最终的定论。确切地说,观赏石作为欣赏对象,必然会进入欣赏者的有限意识之中。倘若从人的有限认识角度来看,赏石艺术就是无限的艺术。此外,在对观赏石的艺术观照和审美观照的活动中,有些确是欣赏者的意识里属于真正的艺术和美的因素,但由于大自然的广泛性和广博性,必然会导致观赏石出现杂多性和复杂性,它们并不能够完全呈现出欣赏者所构想的"恰当"的艺术表现形式,至多也只包含在对有限事物与关系的观念和形式中,这些观念和形式仅是欣赏者意识里所熟悉的东西。退一步说,观赏石只是在特有的形式里展现或显现自己罢了(图137)。

图137 《紫霞仙子》 长江石 13×11×8厘米 屈海林藏

赏石艺术作为无限的艺术,在审美层面上呈现三个主要性质:

其一,从表面上来看,观赏石是有限的自然资源品,而观赏石的意象世界却是无限的。人们不可能占有所有的观赏石资源,但在有限的占有和欣赏之中,尽情地在赏石艺术中体味着大自然的无限意象,与之相语,与之同感,与之互契,与之共鸣。这就如唐代诗人白居易所言:"一片瑟瑟石,数竿青青竹。向我如有情,依然看不足。况临北窗下,复近西塘曲。"[182]

其二，观赏石在大自然奇妙力量的作用下，幻化出无穷的意象世界。赏石艺术在展望着无限的未知，正是这种无拘无束的性格，让人感受到大自然的宏大，无形地增加了人们对大自然的敬畏感。这就犹如英国神学家托马斯·伯内特所说："注视最伟大的自然对象就能给人以最大的喜悦：在宏伟的天穹，在星星们所栖居的无垠地带之下，没有什么比广阔的海洋和陆地上的高山更能给我们带来快乐了。在这些事物的外观中，有着某种庄严肃穆的东西，带着伟大的思想和激情来启发心灵；在这时，我们自然会想到上帝和他的伟大，想到无限者所具有的影子和外观。一切事物之中有了这种东西，就远远超出我们的领悟力，以它们超越的量充实与压倒心灵，给心灵注入一种愉快的眩晕和赞叹。"[183]

其三，观赏石所呈现的意象极具浪漫特质。这种浪漫性，如同德国美学家马克斯·德索所持的观点："在浪漫主义中，这种活的自然主体——用施里格的话说，'本身即很完整而且继续在创造自己'——充当了艺术家的模特儿。艺术应当再现自然的内在特点。观念作为普遍和个别的结合，'存在于我们心中的一般理解所达不到的地方，以及关于它在我们短暂的一生中仅出现一定启示的地方。美就在这些启示当中'。"[184]

赏石艺术揭示着大自然的奥秘，展现着艺术的象征和浪漫所具有的浪漫精神和艺术想象的广阔世界。人们愈发深入到天地万物之中去，会愈发感受到人们的个性得到甚少发展。当人们运用有限的事物去窥探无限的东西时，既在考验着人们的思维和知识，又会使得人们在无限中感觉到自己的渺小。总之，大自然造就的一切，对艺术和审美的认识和影响深不可测，那些高等级的观赏石艺术品像万古奇迹，有着无限度的意象美，而在本质上拥有了浪漫主义的特性，进而在人们的浪漫审美中使人心生敬畏。

（四）多元的艺术：沉思审美

明代书法家丰坊言："揆厥心赏，何者为真。""真则心目俱洞，赏则神境双融。"[185]赏石艺术不是娱乐的艺术，也不是粗俗的艺术，而是心灵化的艺术。英国诗人华兹华斯曾说过："诗起于经过在沉静中回味来的情绪。"[186]如同诗歌一样，静心地去品味观赏石，观赏石的意象美，才会使人们仿佛婴儿般躺在摇篮里，听着歌谣慢慢地入眠。

赏石艺术无所不包，又包容一切，这是把赏石艺术视为多元的艺术的深层诱因。因此，审美差异化就成了赏石艺术审美的本质性要求，相应地，赏石艺术审美体现为沉思审

| 中国赏石艺术美学要义

美。换言之,赏石艺术的沉思审美无形地融合沧桑感、宇宙感与人生感于一体,呈现出生命的真实。赏石艺术的沉思审美也在提升人们的审美修养。这就如同美国思想家爱默生所说的情形:"审美修养犹如爬梯子一样,从最初由闪光的宝石或彩色玻璃作用于我们的视觉所产生的愉悦感,上升到对风景的美好轮廓和细节,对人的面貌和形态特征,对人的思维表现形式、人的举止和风度等的感受,上升到对理智所充满的不可言喻的秘密的感受。不管我们从何处开始,我们总是按这样一种趋势前进:脚下的地球仅仅是一棵大树上落下的一只大苹果,上升到柏拉图的观念,即地球和宇宙是融化一切的'整一性'的粗陋和早期的表现。"[187] 反之,赏石艺术的沉思审美,使得人们对观赏石的欣赏既要避免做肤浅的主观解释,又要避免做纯粹形式的枯燥奉守,而要做到这些,都需要人们的审美修养,需要人们的审美思维(图138)。

图138 《大千意韵》　　大湾石　　10×12×3厘米　　徐文强藏

赏石艺术里所藏的谜一样的东西乃团聚于艺术事物之间的关联。有充足的理由去说,关系性、相似性及艺术类性在赏石艺术中有着自己的独属位置。它们无形地把观赏石作为审美对象而多维度地汇聚于赏石艺术的不同展现方式和审美感知之中,实现着赏石艺术审美的精微的观照转化。

第八章　赏石艺术的审美观照

观赏石为观看而存在，观看的方式是赏石艺术的最基础问题，美才是观赏石的主裁判员。赏石艺术呈现于观照，审美观照成为赏石艺术审美的最核心。当把赏石艺术置于审美观照的视域之下，赏石艺术就成了美学现象。赏石艺术作为美学现象，会涉及自然与意识、艺术与历史、艺术与自然、艺术与艺术家、艺术家与艺术形式的关系等方面的认识。

本章的主旨在于探讨赏石艺术的审美意识。

一　赏石艺术的审美态度

在艺术史上，存在一种代表性的观点，认为"在欣赏自然与艺术的审美特性时，应当用一种特殊的心境，一种'超然静观'的心境，即审美态度"[1]。假定把"审美态度"作为赏石艺术中的主导意识，那么，这个主导意识会有合理性吗？虽然在前文关于赏石的体验说、快乐说与适意说所阐明的"赏石的合目的性的认识不等于美的认识"内容里，已经从提纯的角度给出了部分答案，然而，更多的答案却包含在人们的审美态度与赏石艺术的关系的讨论之中。

这个论断的依据可以参照下列一些观点。例如，德国美学家立普斯认为："我们可以从一种严格的审美观点来看待自然，而对于艺术作品，这种观点自己就自动出现了。"[2] 同时，德国哲学家黑格尔认为："存在物诚然与意识发生关系，但却不是与意识中的固定东西发生关系，而是与感性知识发生关系。这个意识本身是一种状态，也就是说，本身是一种变动不居的东西。正如赫拉克利特所说：'客观存在是一个纯粹的流，它本身不是固定的和确定的东西，它可以是一切，并且对于不同的年龄，以及对于醒和睡等其他状态是不同的东西.'"³不过,在赏石活动中,人们总会抱着混杂的意识来看待观赏石。最典型的例子莫过于,一块观赏石对于地质学家、科学家和艺术家就有不同的认识。通常,前两者会将注意力集中在科研价值上,而后者则满足于自己的审美欣赏。实际上,这种差别不在于观赏石自身,而在于人们对待观赏石的态度是否聚焦于审美价值,在于人们观看观赏石是否持有审美态度,归根结底,取决于人们对观赏石的不同观照活动。

在面对观赏石时,人们都会获得一种无名的感受,这是因为人们会运用视觉、听觉和触觉等作为感受工具去接触观赏石,在这些感受中,每一种感受都有着自己的领域。简言之,这些感受既有直接对观赏石形相的观赏,还附带出各种间接的感受——如觉悟或陪伴等。这就像去评价绘画、音乐和雕塑等艺术中的不明确的情境一样,主要是由于应用不同判断标准所导致的混乱。总之,这些不同判断的背后,体现的是人们的理智态度、情感态度、行为态度或审美态度等,而这些意识活动,都有着许多复杂的作用,但并不总能够激起审美愉悦。

同时,德国哲学家海德格尔认为:"人是万物的尺度,是存在者之存在的尺度,也是不存在者不存在的尺度。"⁴古希腊哲学家普罗泰戈拉也曾认为:"人是万物的尺度;合乎这个尺度的就是存在的,不合乎这个尺度的就是不存在的。"⁵他们都指出了人是万物的尺度之观点。同时,意大利作家艾柯在对信息理论的研究中认为:"信息越大,以某种方式传播它就越困难,信息越是以明确的方式传播,它提供的信息就越少。"⁶这些观点揭示了赏石艺术能够成为美学现象,其背后必然会存在一些复杂的机理。

举个例子来进一步地理解吧。当我们看一棵树,假如用审美态度来看,会说这棵树如何地美,那么,这种美就是系属主体的,脱离不了主体的主观态度。也就是说,当人们体验的对象是自然事物时,只有通过人的智力和心灵等意识和感觉,才能发现它们中的美。相类似地,古罗马哲学家普洛丁则认为:"美是由一种专为审美而设的心灵的功能去领会的。"⁷这就基本等同于德国哲学家康德所主张的,美是"审美理念的表达"⁸。康德进一步地说,美的概念并不延及自然物体,其意思似乎是说自然物体让人感兴趣只是因为它提供的心智活动具有意趣。由此看来,审美判断并非意指事物自身,而是借之为事。⁹这个例子在告诉人们,观赏石被视为具有审美价值的对象,正是因为审美态度。

人们继而会追问,究竟什么是审美态度呢？或者说,何种态度才是审美的态度呢？在概念的理解上,德国美学家莫里茨·盖格尔所说的话,就颇具借鉴价值。他写道:"审美态度是这样一种态度,人们通过它就可以领会艺术作品的审美价值。"¹⁰从中不难看出,审美态度与审美价值紧密相连。相应地，赏石艺术中的审美态度，指向欣赏者和赏石艺术家通过发现和感悟的能力而领会到观赏石的审美价值，并恰如其分地将其转化为观赏石艺术品。总之，作为主体的人才是大自然的解说者和欣赏者。据此，德国美学家莫里茨·盖格尔就曾作过比喻："一座雕像作为一堆真正的石头从审美的角度来看并没有什么意味，但是，它作为提供给观赏者观赏的东西，作为对一种有生命的事物的再现，在审美的方面却是有意味的。"[11] 赏石艺术成为对象化的活动，因为有人的参与，石头成了受造物；赏石艺术的审美活动是观物，观赏石也因人得以呈现，呈现出真性，呈现出美。

在更广泛的意义上，每个人都会以自己的方式去理解与欣赏观赏石。这里试图把"理解"观赏石与"欣赏"观赏石相区别（图139、图140、图141）。也就是说，试图把认知判断与审美判断作个分离，理由可以借用德国哲学家康德的话来解释："品味的判断不是一种认知判断，因此，它不是逻辑的，而是审美的。"[12] 故而，只有在审美态度下，去欣赏观赏石，才会呈现出美；反过来说，观赏石呈现的美充满了人的审美意识。同时，只有对观赏石采取一种审美态度，欣赏者和赏石艺术家的意图才能从属于艺术观念，观赏石才可能符合审美品质，观赏石才可以领会成拥有艺术品的审美价值。这就像一个人可以从审美态度出发来静观各种气味，而不是仅仅通过像享受一次热水温泉的舒适那样的感觉来呼吸它们。总之，观赏石呈现的美的意象，在于观照观赏石的欣赏者的审美态度里。

由此看来，人们不要去否认赏石活动中的各种体验的现象，但也不要去怀疑在赏石理论上的某种限定现象。正像德国美学家莫里茨·盖格尔所认为："审美价值或者其他任何一种价值的缺乏，并不属于那些作为真

图139 《梵·高》　怒江石
7×12×2厘米　　李国树藏

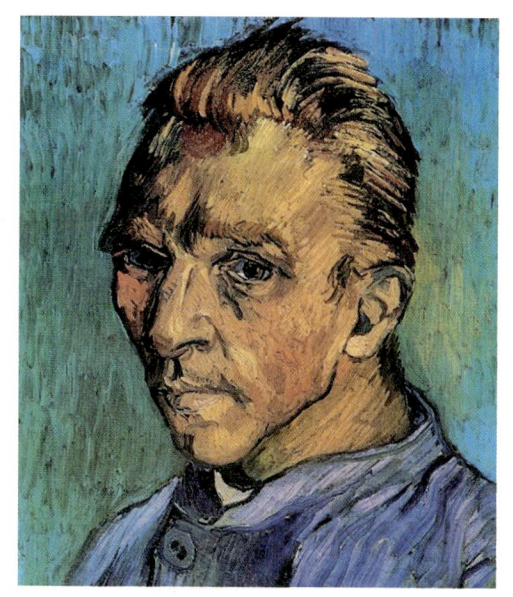

图140　梵·高照片　私人收藏　　　　图141　［荷］梵·高
　　　　　　　　　　　　　　　　　　　　　《最后一张自画像》　私人收藏

实客体的客体,而是属于它们作为现象被给定的范围。"[13]当然,假如这样去做的话,也并不意味着对其他赏石活动意识的剥夺。归根结底,这取决于人们所要的是何种赏石追求。

总之,德国思想家歌德说过:"现在,多思的人没有其他选择,惟有将中心置于某处,尔后,把其他当作外围去观察与寻找。"[14]赏石艺术活动的中心是审美。一旦赏石追求成为艺术和审美地赏石追求之时,就可以对赏石艺术作出如下的限定:赏石活动出于纯粹的审美意图,出于纯粹的审美体验,出于纯粹的审美观照,以审美态度为中心,把观赏石视为纯粹(不混杂)的审美对象,激发的是欣赏者的审美情感,附着在观赏石身上的是审美价值,使得观赏石进入了审美观照的领域。

二　赏石艺术的审美兴趣

纵览中国赏石文化发展史和艺术发展史,石头(包括奇石)在进入人类社会生活的初期，它的艺术性质仅居于次要地位。无论拥有悦目的形式，还是拥有审美的意义，它只是依附于人们的主观意识之中，更多有着一种符号的象征性意味。如同那些古老观点所认为，艺术在开始的时候，往往是宗教观念的附庸，尔后，才逐渐变为独立的。观赏石是客观的存在物，被人们所欣赏，方见其美。惟此，才胜过对其原始创造力的初步理解，进而对自然的神秘主义的崇拜才会退居末位，取而代之的是观赏石显现的形相的魅力：多变的造型和多彩的画面。

前文已述，对观赏石进行对象式观看，聚焦于艺术目光，以审美态度为中心，这才是一种真正观照的态度。尤其，在审美兴趣的观照下，观赏石才呈现出美——意象之美。更准确地描述，赏石艺术的审美兴趣使得观赏石拥有了审美之美。

因此，需要宽泛地讨论赏石的一般观照方式。这里，有必要从以下四个方面认识：（1）赏石在宗教意义上理解的界限。（2）赏石的动机与赏石风格之间的联系。（3）赏石方法与赏石理念之间的关系。（4）赏石理念与审美兴趣的一致性。

其一，人们只有摆脱过多地对赏石玄学上的解释，摆脱把赏石置入拜物教和泛神论的论调，摆脱对赏石的不可知论的立场，摆脱对赏石的神秘主义的迷恋，而寻求到一个真正的立足点和着力点，才能够抓住最主要的东西。在此基础上，才能够对观赏石进行审美的沉思，诸如：观赏石作为审美对象的存在；观赏石作为艺术语言的存在；观赏石作为审美语言的存在；观赏石作为外观形相的美的呈现，等等。但这不等于说，在赏石艺术之中，有关性灵、圣灵和灵境之美的讨论是不必要的，相反，它们对于人们认识赏石艺术的审美，也意义非凡。

其二，赏石的动机在中国赏石文化史上的呈现是多元的。比如，人们很难清晰地区分最初赏玩石头人群的赏石活动是要引起审美的愉悦，还是对神圣事物的敬畏。但总体来说，古代赏石作为文人的清欢，奇石表现为一种本质的形式，象征意味浓厚，象征风格突显；当代赏石艺术既是一种审美体验，又是对美的感知，观赏石成为人们的欣赏对象，除了出于享受单纯的乐趣与产生愉快以外，更是出于对美的欣赏要求而沁入人们的心灵之中，即赏石艺术主要追求从美的视角去欣赏观赏石。可以说，赏石艺术涵融了人们最直率和最有力的审美情感，它与宗教的、社会的和艺术的观念结合起来，观赏石这种大自然的存在物被有意识地转化为心灵的东西，赏石艺术成了人们安顿心灵的审美活动，呈现浪漫气息和浪漫风格。

其三，赏石的过程体现为人们把石头这个大自然的存在物对象化的过程。人们对赏石的认识之所以出现分歧,引发许多混乱,主要原因在于对赏石理念的不同镶嵌与理解。假使赏石的意向性不同,就会引发出不同的价值,如有趣的、好的或美的,等等。的确,生活里的人们享受观赏石有着不同的动机,而不同的动机自然会有不同的彼岸。然而,如果只强调赏石在日常生活中的体验的惟一动机——赏石体验可分为"实际体验"和"审美体验",势必会忽视赏石的更多媒介性质,以及对赏石的正确理念的追求。事实上,赏石理念不但与赏石方法相关,还与审美态度在根本上有着一致性。

其四,通常来讲,审美的兴趣往往与实在的兴趣相区别。对此,日本美学家今道友信认为:"随着文化水平的提高,我们必须承认这样一个事实:当人们感觉到美的对象的时候,必然会引起人们对美的感觉的变化。也就是说,发生兴趣与单纯的知觉性的感觉不同,趣味感觉是对于美的辨别能力。由于兴趣与智力和教养有关,所以,依凭兴趣所意识到的美,不是单纯的感知。"[15] 从赏石理念上讲,只有当审美兴趣在赏石活动中占据绝对的主导地位时,赏石就并非只是对怪异石头的赏玩,而是进行的艺术活动了,才真正有了对审美的追求动力。并且,赏石作为审美的活动,它与艺术的概念不可分割,就完全属于艺术的了,这是不言而喻的。此外,赏石的审美兴趣与审美上的业余艺术喜好也不相等同。简言之,赏石的审美兴趣与审美经验、专业的知识和赏石艺术家的创造密切相关。因此,人们必须根据赏石艺术的本性把那些伪审美态度——不能称为审美的态度,或者出于非审美的态度——非属审美经验的运用,以及那些属于业余艺术的喜好,这些东西在赏石艺术活动中相区别,剔除掉,才能保证观赏石作为艺术品的纯粹性。

总之,赏石活动的动因、追求、理念和方法直接或间接地决定着赏石艺术的性质和界限。而只有对观赏石的观照从审美兴趣进行时,方能称得上是严格意义上的"赏石",否则,就只能称为"玩石"。由此,从"奇石"到"观赏石"概念之间的转换就能真正得以实现。宋代诗人苏轼诗言:"谁言一点红,解寄无边春。"[16] 在现实的赏石活动中,对于赏石艺术的审美兴趣的聚焦,无疑也会形成对赏石的过度追求具象化的倾向形成有效的修正(图142)。

人们还需要认识到,艺术主要关涉美,还涉及美以外的其他。诚然,这种属于"其他"的诸多东西,如追寻自由和安顿心灵等,也可视为艺术的内在要素,这些恰构成了赏石艺术的审美领域的丰富内容。因此,在审美观照的语境下,对赏石艺术的讨论也并非仅局限于"美"的范畴,但当观赏石作为人们的审美对象,而专注于审美兴趣时,赏石艺术就成了审美活动,自然要求人们在艺术与审美的双重层面和领域去认识了。

图142 《阆苑仙葩》　　雨花石　　6.0×3.8厘米　　李玉清藏

三　赏石艺术的审美观照

  观赏石既是以欣赏者观看它们的方式而获得审美意义的事物，又是以通过欣赏者运用审美经验与它们在互动中产生的事物，借用德国美学家马克斯·德索的话来解释："审美对象的哲学与审美经验的心理学并行。"[17]同时，古罗马哲学家普洛丁在论述对于最高的本原美的观照时写道："最高的美不是感官所能感觉到的，而是要靠心灵才能见出。""对于这类事物，我们必须有一种观照的能力，才能见到它们。一旦见到它们，我们就感到一种远比在上述见到物体美的情况之下更为强烈的喜悦和警惧，因为我们现在所接触到的是真实界事物，见到这种美所产生的情绪是心醉神迷，是惊喜，是渴念，是爱慕，是喜惧交加。""必须先使自己变成神圣的和美的，才能观照到最高的美。"[18]诚如普洛丁所言："观赏石作为真实的、感官的和审美的事物，人们欣赏它们，必须拥有一种观照的能力。"

观赏石给人们最直接的感受是惊奇感,这也是观赏石所具有的最大魔力,而惊奇感往往有着普遍性。德国哲学家黑格尔就认为:"艺术观照、宗教观照乃至科学研究一般都起于惊奇感。"[19] 观赏石成为艺术观照和审美观照的对象,意味着观赏石的欣赏方式成了赏石艺术的最基本问题。

德国哲学家海德格尔认为:"艺术就在存在者中间打开了一方敞开之地,在此敞开之地的敞开性中,一切存在遂有着迥然不同之仪态。"[20] 就艺术的本质而言,艺术关涉心灵、情感和想象等;艺术活动自身既是目的,又是手段。通常在艺术活动中,把美感的对象转换为艺术的对象,这对古代文人们来说,并不是一件多么困难的事情。纵览中国赏石文化史,古代文人赏石家们虽然没有明确提出奇石是"艺术品"的概念,但他们在赏石活动中已然获取和传达了艺术的观念。不过,他们的赏石的艺术观念仅局限于特定的历史时空之中。

放宽视野,依据历史唯物主义史观来探讨赏石艺术美学需要正确理解中国赏石文化史。与此相关,德国艺术史家格罗塞就认为:"无论什么时代,无论什么民族,艺术都是一种社会的表现,假使我们简单地拿它当作个人的现象,就不能理解它原来的性质和意义。"[21] 因此,必须把中国赏石艺术和赏石艺术美学皆置于特定的、原初的社会环境、社会关系和社会人群之中,才能够对它们的发展历程和发展方向有真正的认识。

就当代的赏石艺术而言,观赏石成为观照的对象,在审美观照中,通常呈现出三个特性:

其一,赏石艺术作为一种艺术活动,在于有一些别的东西附着在观赏石之上,这些看不见的东西有别于观赏石本身这个物体,这些附着在观赏石之上的东西,才是把赏石艺术视为艺术活动的根本。确切地说,"附着"在观赏石之上的东西乃是人们有目的的意图所为,而在真正意义上,它们属于观赏石欣赏者的心灵创造,因为只有心灵的活动才属于艺术的活动,才称得上审美的活动。

其二,赏石艺术激发人们的情感,这种情感不完全是审美上的愉快,还包含心灵上的其他感受。赏石艺术的独特性尤其体现在,它并不乞求欣赏者的共享,因为欣赏者的个体知性的东西是不能够证实的,更无法加以证实。同时,赏石艺术还在激发人们的想象,赏石艺术家本身所具备的那种想象力的优势和自由,丝毫不逊色于任何一个艺术哲学家所具有的智识上的优势和自由。倘若人们把自己置身于想象,观赏石作为对象化的存在便进入了不同的观照之中,而对于观赏石的不同观照,使得它不再是某种恒定不变的对象。

因此，对观赏石的赞美，可能有极多的兴味和理由。然而，无论是激发情感，还是唤起想象，都属于赏石艺术聚焦于审美追求的产物。

其三，赏石艺术的审美化是对观赏石进行审美观照的过程。然而，观赏石作为在审美观照下的审美对象，无论如何不能将它等同于地质学的关注，因为地质学家对观赏石的关注，实属自然科学研究的范畴——即便有"科学美"和"自然法则"等概念蕴含其间。这在西方人对待石头的情景中充分得以体现。

总之，只有对观赏石进行审美观照，赏石艺术才会成为一种真正的艺术活动，观赏石才能转化为艺术品。否则，赏石艺术就仅是一种伪艺术活动，或看上去像艺术，或称为名不副实的艺术。

完全有理由说，观赏石作为欣赏的对象，必须以自由的眼光在不同视界内来审视对象所蕴藏的丰富性，尤其艺术性和审美性，赏石艺术的价值才得以正确评估。准确地表述，它不是仅指涉观赏石这个物的概念，而是把它看成能够在人们心灵里引发各种状态的对象。观赏石的形相的显现并不是在自然中原本存在的，而是由欣赏者的心灵创造出来的。在此意义上，人们才说赏石艺术的基本特征在于发现和感悟。这里，观赏石这个物的自身属性并非不重要，因为赏石艺术的本质乃是建立在对观赏石自身属性的理解之上。这也间接告诉人们，那些对于观赏石的自身属性如天然性、惟一性、稀缺性、赏玩性、独立性、石质性、遗产性等的解释通常很少引发争议[22]，因为它们多具客观性，但对于赏石艺术中发现和感悟的过程和结果，诸如艺术性和美感等却大相径庭了。

从艺术哲学层面上来理解，人们对观赏石的不同观照往往离不开自然主义观念，而这种观念的背后有着人本主义在发生效用。然而，普通大众、文人和艺术家的意图和思想途径不同，观赏石这一感觉经验对象，在不同的头脑里会出现截然不同的镜像。在根本上，观赏石是被心灵创造出来的，是通过经验而获得，尤其当这种经验是审美经验时，观赏石才是审美的，呈现美的形相，拥有美学的内涵；同时，只有以审美观照来欣赏观赏石时，才能够享受到人们鉴别为审美经验的东西。然而，不得不承认，并非世间所有的事物都能够与审美经验相联系。

波兰社会学家奥索夫斯基曾认为："客观判断具有不同的级别，这些级别是由关于特定对象或与之类似的对象的知识，以及关于它同其他事物的关系的知识来限定的。"[23]一般赏石活动中的观察（客观判断）并不等同于艺术经验，反之，借用德国美学家马克斯·德索的话说："艺术经验并非真正是一种观察，而是比观察偶然得多的东西——一种直觉的目睹与记忆。"[24]而直觉的目睹和记忆所形成的知识才可能成为观照。关于这一点,德国哲学家叔本华亦认为,美感经验只是一种观照,并且,当一个人采取了观赏者的态度,他便能体验到这种感觉。[25]此外,美国美学家比厄斯利则认为,美感经验是统一的和愉悦的经验,它源于审美主体凝神贯注对象的形式和某些局部性质,而这个对象或是可感知的东西,或是在想象中拟构的东西。人们的审美观念依然源自人们对艺术作品的经验,且在对艺术品的经验中获得自身的意义。[26]在平常的赏石活动中,如果仅是以主观观察或思考的方式去看待观赏石,这种方式就并非专注于把观赏石作为美的对象来看待了;而严格意义上的"观照"则相反。综上所述,从认识上觉察到的对象,不同于从美感上欣赏的对象。就不难理解,实际的情形同样为赏石活动,通过赏石均能够获得快乐,但普通大众所直接享受到的快乐源泉,在有文化和艺术修养的人看来,却并非都是艺术,更因为在深层次上,"真实的""有趣的""具象的"与"艺术的"指涉大相径庭。完全可以认为,大自然的石头并非都是完美无瑕的,只有那些具有可以转化性质的石头才能够成为观赏石,成为观赏石作品,成为观赏石艺术品(图143、图144)。

图143　常玉　《毡上双马》　私人收藏

图144 《仿常玉侧卧的马》　　黄河石　　29×22×9厘米　　李国树藏

  唐代画论家张彦远言："上古之画，迹简意赅而雅正，才为上品。"[27]同样，如何来理解观赏石的"可以转化性质"呢？人们都知道，在所有艺术形式中，当一个作品成为艺术作品之前，必须要符合艺术的要素，而艺术要素的衡量标准却是有门槛的；反之，一个没有达到艺术要素要求的作品，就不是艺术作品。倘若就欣赏一块特定的观赏石来说，必须要与确立那些值得审美关注的方面相联系，相观照，并能像艺术一样发挥其功能，才能称得上是观赏石作品。精确地说，这块观赏石作品——赏石艺术家的心灵创造——必须成功地切合了艺术的意义要素，而这些艺术的意义要素才是观赏石作品成为艺术品的真正土壤——通常包括审美属性论、审美态度论、历史学的解释及文化的赋予等方面。这个观念可以免除把自然界里的任何一块石头理所当然地视为观赏石艺术品的片面性或武断性。

观赏石作为审美的对象,从审美属性来认识,在隐蔽的状态中会突出呈现两个主要属性:再现性和表现性。(1)就观赏石的再现性来说,要求与存在者的符合相一致,需要以存在者来衡量,要实际地找到存在者。它其实是一种赋形。(2)就观赏石的表现性来说,它的艺术性所呈现出的表现,通常包含在诗人、画家和雕塑家等艺术家的艺术心灵、艺术观念和艺术作品之中。相应地,观赏石的表现也会不断拓展诗人、画家和雕塑家等艺术家的艺术观念。比如,画家会通过观察自然,运用想象或直觉把大自然的山川和景致描绘在画布上;雕塑家会通过对事物自然形态的认知而把自己的思想刻在石像上。于是,观赏石作为大自然的存在物,也自然会成为画家和雕塑家的艺术创作的素材和灵感。它其实是一种读形。

在实际的赏石活动中,人们在面对观赏石时,总会倾向于将不完整的模式看作是完整的或被整合的完整体,也就是说,观赏者提供完形或强加一种模式理解以作为对观赏石形相的最终认知。这就是艺术中俗称的完形原理,它意指人们倾向于将不完整的模式或信息看作是完整的或被整合的整体,即在一般情况下,艺术家仅提供极少量的提示,由观赏者将它们完善为最终的认识,它是一种来自形式心理学中的理论。[28]

完全可以说,观赏石的外观形相不论通过赋形、读形,还是完形,愈是接近于人们所理解的类艺术和艺术类性的理想的外观形相,就愈对人们有吸引力。并且,不管观赏石的形相的呈现、示现、再现或表现的是什么,均为知识的展现。总之,美国哲学家约翰·杜威认为:"凡我们视为对象所具有的性质,应该是以我们自己的经验它们的方式为依归,而我们经验它们的方式又是由于交往和习俗的力量所导致的。这个发现标志着一种解放,它纯洁和改造了我们直接的或原始的经验对象。"[29]同样,意大利思想家布鲁诺也认为:"没有东西是绝对的美,如果某物为美,那是因为它与其他某物相关的缘故。"[30]故而,在赏石艺术理念下,赏石艺术的审美观照无疑增强了人们对美的事物的认识的广度和深度,尤其对那些有文学和艺术修养的人们来说,极容易走向艺术和审美的赏石道路之上。

四 赏石艺术家的创造

在甲编里,曾重点论述过文人赏石家。在当代赏石艺术中,赏石艺术家却是一个新生的概念。然则,赏石艺术家却拥有着与文人赏石家同等重要的地位,并且,在赏石艺术这门新的艺术形式里,赏石艺术家有着不可替代的功能作用。

人们都知道,所有艺术的天职均是创造,没有创造性,就称不上艺术;所有艺术品必定是人的意图活动的产物;所有艺术的创造性活动及其产物都是心灵的或精神上的;所有艺术家都会有自己独属的敏感心灵和情感世界,都会有自己的创造和意图活动。赏石艺术需要赏石艺术家,赏石艺术也无法离开赏石艺术家。赏石艺术家有着自己的心灵创造、审美意图活动及独立的情感和精神表达,虽然它们通常是以无法言传的方式在进行的。

进一步地解释,假如说一切艺术都需要有创造者,否则就很难称为艺术,那么,赏石艺术的创造者就是赏石艺术家。自然,这是从艺术与艺术家的关系,以及从艺术家创造活动的立场和视角来看待整个艺术的。这就颇似艺术家罗伯特·蒂勒所持有的观点,艺术就是一个艺术家所做的事情。这个通俗的表述却意味着,艺术家会把艺术看作是某一特定人群所表现出的一种行为方式。当然,这种观点不能够保证他们每一个人都是真正的艺术家。[31]实际上,艺术家对于整个生活世界与精神世界的理解直接影响和决定了艺术,艺术家的创作往往也会有不同的性质,只是赏石艺术家的创造是心灵的无形创造以及心灵的完成,从而与大部分艺术的有形创造不同。这种情形就犹如古希腊哲学家亚里士多德将艺术界定为"以适当的理解去完成某物的才能"一样。[32]

石头是大自然的造化,或者是隐喻上的造物主的创造。同时,这意味着此种创造并非一种特殊的机能,其创造性是无所属的,自身就是本体,不隶属于任何特殊限定的机能。确切地说,大自然或者造物主的全部本质就是创造性本身,构成宇宙万物的本体,并且,它也间接体现了石头的神秘性。这种观点实际上是一种宗教说、神秘说和宇宙论的源泉。在美学上,古罗马哲学家普罗提诺的话,就显得极有针对性:"美的魅力就在于它与心灵的亲和力,所以整个可感知的宇宙作为神的理性的象征,如果能够从造物主的关系来看,必定是美的,所有这些见解都深深地融入基督教情感,而且都是我们从神意论主题的各种或深或浅的读物中所熟悉的。"[33]通常,在他们看来,这种创造性自身却是一种人格化或拟人化。

一般而言,艺术的本质是创造,并且艺术的创造多根源于自然生命,表现为附属于一个特定能力之下的创造。赏石艺术始终与创造的观念联系在一起,就像"绘画重新安排散漫的世界,并且把各种物品做成祭品,像诗人使日常语言燃烧一样"[34]。在此意义上,观赏石就不能说是大自然的创造,而至多只能比喻为"仿佛"是大自然的创造,"看上去"是大自然的创造。就赏石艺术而言,观赏石艺术品的源头在于赏石艺术家,根本在于赏石艺术家心灵的观照转化,在赏石艺术的背后,站出来的是赏石艺术家。这种转移现象,实则把本属于神秘的信仰,转移至认识的对象了;把自然的观念,转移到艺术之中了;把认识的对象,转移到审美上了。它们最终表达的是观赏石在赏石艺术家的心灵里实现的秘密转化。归根结底,赏石艺术家将大自然的现存之物的石头加以观照转化了,而赏石艺术家为赏石艺术的创造理论"观照转化理论"提供了根本保证。这种情形就颇似德国美学家席勒下边的描写(图145):

图145 《广陵散》 长江石 20×24×16厘米 周国平藏

围绕着从未见过的造物,
　野蛮人流露出惊讶的神情。
　人们骄傲地高呼:"看吧,看吧,这就是人的创造!"

> 基法里琴动人的和弦,
> 把欢乐和爱情撒满心田。
> 歌手调好了庄严的七弦琴,
> 把伟人和英雄的业绩歌唱,
> 歌声召唤他们去建立功勋。
>
> ——德国美学家席勒

古人云:"但识琴中趣,何劳弦上声。"[35]有人会提出异议,认为心灵不是创造——无论艺术家具体做什么。这乃是一个空疏的说法。试想:比如诗歌这门艺术又应该如何解释自身呢? 事实上,世界上只有两种方式去认识人与物的关系:(1)人去产生事物。(2)人去认识事物。前文已述,在"人化自然"与"自然人化"的整体逻辑之下,尤其在人化的"审美化"过程中,人对观赏石的"认识"就是"观看","观看"就是"欣赏","欣赏"就是"创造"。

人们必须进一步去追问,究竟什么才是创造呢? 例如,波兰美学家塔塔科维兹就持有一种观点:"大体而言,凡是人类的作为,只要出于主动状态而非被动的地位,一概是'创造性'所指的对象。换句话说,一个人只要他不止于陈述、重复和模仿,而提供出一些本来属于他自身的东西来,那么他就是在创造。""事实上,不论情愿或是不情愿,人都必须补充他从外界接受进来的刺激,必须形成他自己世界的图像。因为得自外界的感觉,都是零星的、杂乱的,都只能算是粗糙的原料,需要进一步地整合,必须经过他加以综合整理之后,才能将外来的感觉形成一个完整的图像。这种实情是柏拉图和一部分柏拉图主义者早就知道了的。"[36]在此意义上,创造可以理解为艺术家的意图、理解力、情感或精神的自由表达。此外,德国哲学家黑格尔曾经举过一个饶有兴味的例子:一个小男孩,将石头抛入水中,欣赏在水面上不断扩散的圆圈。男孩惊喜地觉得这是"一个艺术作品","在这个艺术作品中,他能够看到自己的创造活动。"黑格尔继续写道:"这种需要贯穿在各种各样的现象里,一直到我们在艺术作品中所看到的那种在外部事物中进行的自我创造的形式。"[37]由此人们基本可以认同,欣赏和欣赏方式已经含有创造的成分了。与此相关,法国画家亨利·马蒂斯亦认为:"看见本身就是一种创造性的动作,是需要付出努力的。"[38]同时,日本哲学家西田几多郎则认为:"艺术内容虽然是直观的,但是艺术直观并不单纯是直观,而是作为通过表面运动观看的直观内容。艺术创作也并非单单是创作,观看即创作,是内容本身的发展。如歌德的经验中所说的那样,从一朵花的心像中自我生出无数新的花朵。"[39]文中,西田几多郎所说的"艺术直观",指的是艺术地去观察物。总之,对于艺术的理解,则可以借用黑格尔的观点来作整体表达了,艺术就是人在外部世界中进行"自我创造"的一种形式。[40]

在赏石艺术中,赏石艺术家观看观赏石的方式,以及心灵的创造力就占据了不可动摇的地位。对于赏石艺术这门新的艺术形式里的"创造"概念,还需要指明以下关键三点:

其一,"发现"与"创造",在艺术中有着不同的内涵。人们会面临一个不可逃避的问题,观赏石艺术品是被发现的还是被创造的呢?如果仅把赏石艺术界定为发现的艺术,那么"发现"却不能够涵盖"创造"的特定含义。因为"创造"通常是接近天才的概念,故而,在赏石艺术中,创造可以理解为依据特定的创造逻辑与范畴,应用正确的创造(欣赏)方式,以便使得观赏石这个自然的存在物显现为赏石艺术家的艺术作品,并呈现意象之美;而"发现"则意味着必须有一个先前的存在物,它本身却包含着对创造的质疑,因此,说赏石艺术仅是发现的艺术,这种观点是不完备的或流于表面的。这种情形,就颇似意大利人文主义者巴尔巴罗在论述对于绘画的观看方式时,写道的:"简单地看就是以观看的力量自然地接受所见之物的形式和外观。但是投入与思考地观看则不止于简单地与自然地接受形式,它是对观看方式的思考与研究。因此,简单的外观是一种自然的操作,而勘察式的观看是一种理性的功能。"[41]毫无疑问,巴尔巴罗所说的"勘察式的观看",与文中多次所说的"审美的沉思"倒有异曲同工之妙。

其二,"创造的"与"制作的",在艺术中是不同的概念。公元6世纪的学者卡西奥德曾认为:"制作和创造是有区别的:我们可以制作东西,但却不能创造东西。"[42]赏石艺术中的创造是无形的,诸如对观赏石的欣赏方式,对观赏石的题名,对观赏石的意象美的欣赏等;赏石艺术中的制作通常是有形的,如为观赏石配置底座,以及对观赏石的情景演示等。

其三,"创造的"与"审美的",在艺术中为不同的观点。它们在不同的艺术形式中有着严格的语义区分。赏石艺术最鲜明的特点体现为,在"如何去认识大自然中的观赏石是美的"这个主旨前提下,赏石艺术家的创造与审美是合一的。反之,就会陷入德国美学家马克斯·德索所说的困境:如果仅让艺术表现美,就只满足了某些欣赏者的要求,而忽视了艺术家的观点。[43]

本文的基本结论乃是,在赏石艺术中,欣赏与创造并无法分割,在欣赏也是在创造,观赏石艺术品是赏石艺术家心灵创造的产物。进而,观赏石的美是从赏石艺术家心灵里呈现的意象美,一切观赏石欣赏者则在接受和共鸣着美。这是一个极为重要的观点。

文中已多次指出,观看的方式是赏石艺术活动中最基础、最核心、最根本和最重要的问题。对于所有艺术来说,观看几乎远比表现更难。例如,意大利画家米开朗琪罗就认为:"画家作画不是使用手而是使用脑。伟大的画家不是仅画事物的形象,而是谋画事物形象所凝聚的精神。"同时,意大利美学家克罗齐亦认为:"画家之所以为画家,是由于他见到旁人只能隐约感觉或依稀瞥望而不能见到的东西。"[44]对赏石艺术家来说,观赏石是一种自在自为的存在物,以供他们信手拾取,凭他们的心灵去自由地创造。赏石艺术家堪称最懂得观看的人,他们在观看观赏石的时候,不是局限于观赏石这个事物自身,而是重点聚焦于观看的方式。因为最简单的道理摆在那里,在观看任何艺术品时,除非遵从艺术家的观看方式,否则人们就不可能真正读懂它们。赏石艺术的真谛乃在于,观赏石艺术品的真正价值取决于观看者的心灵,取决于通过艺术而学会的观看方式。

赏石艺术家是观赏石艺术品的源头和创造者,观赏石作为他们的作品,通过赏石艺术这个艺术载体而表现观念,表达自我,传达信息,同时,观赏石的欣赏者在接收和体验赏石艺术家的观赏石作品,完成着信息承载的传递过程。在此意义上,一切欣赏者都参与到了观赏石的创造和再创造过程之中。这个富有吸引力的观点一举解决了两个问题:它保留了赏石艺术家的创造意图的特殊魅力,与此同时,它把对观赏石作品的接受留给了欣赏者。正是在这种不断创造和再创造的过程中,最终那些高等级的观赏石艺术品才成了名副其实的艺术品。

从逻辑上讲,只要谈及"创造者"与"创造"的观念,在一切艺术中都蕴涵着自由。同时,这种自由发生在创造者的创造心灵过程中。对于观赏石的欣赏,人人似乎都有自己的印象、感受和情绪之类的东西,但在赏石艺术家们的眼睛和心灵里,它们的呈现会与普通人迥然有别。因为即便同样是艺术家,诗人的敏感与画家的敏感不同,画家的敏感与雕塑家的敏感不同一样,这种不同亦有天壤之别。例如,中国古代文人赏石家们对赏石的认识,达到了极高的心灵境界和艺术境界,吸纳和融会了很多东西,它们聚集在一起便内在地使得赏石成为艺术的了。这就如同德国思想家歌德所说:"当艺术家掌握住自然中的某个对象时,那么,后者就不再属于自然了,甚至可以说,艺术家在这个瞬间创造了它,把一切重要的、有代表性的、有意义的东西从中抽出来了,更确切地说,第一次使它具有了这种最高的价值。"[45]

同时，德国画家丢勒认为："千真万确，艺术存在于自然中。因此，谁能把它从中取出，谁就拥有了艺术。"[46]毫无疑问，丢勒所谓的"取出"，既适合于其他主流艺术形式，又适合于赏石艺术。于是，可以说赏石艺术家扮演了一种自古以来从未有过的角色，成了赏石艺术的真正生产者。换言之，这种隐藏在大自然石头中的艺术，惟有赏石艺术家通过发现和感悟的审美洞察力才能够显现出来，因为它是赏石艺术家保存和收藏的心灵艺术。这种情形，就如同古罗马思想家圣·奥古斯丁所说："艺术家的天赋只是在于收集美的痕迹。"[47]亦如同德国哲学家海德格尔所说："艺术就是对作品中的真理的创作性保存。"[48]

再次强调，赏石艺术家有着自己创造的主要意图——审美意图，这是至关重要的。对赏石艺术家的审美意图进行讨论，一方面会涉及赏石艺术家与赏石艺术作为一种艺术形式的身份的关联；另一方面，还会涉及赏石艺术家与他们的观赏石作品的诠释之间的关联。这两种关联，就像法国美学家杜夫海纳所指出的："审美对象在一定意义上可以等同于作品。"[49]赏石艺术通过赏石艺术家不仅反映出了大自然的世界，而且映照出了赏石艺术家的精神世界。因而在欣赏一块观赏石时，人们不仅看到它是一件艺术品，还可以看到赏石艺术家的创造活动本身，更能体会到一种新的艺术形式。因此，只有深入理解赏石艺术家的活动，才能够切中赏石艺术的本源和要害。赏石艺术家正是以审美的方式去欣赏观赏石，去鉴赏观赏石，从而完成着观赏石的创造，完成着观赏石美的转化。事实上，赏石艺术家的创造活动与审美活动二者合为一体，对于大自然生成的石头，赏石艺术家也没有能力去创造这种存在物，而是通过欣赏，从石头这个大自然作品中把自身投射进去，所投射的一切被保存在观赏石这个作品里了，把自身映射到这个作品里了。这种投射和映射是一种观念的创造与赋予，也是一种审美能力的展现，它们均是以赏石艺术家的渊博学识，尤其以拥有艺术和美学知识作为先决条件和载体——赏石艺术家的头脑里必须装满艺术和美学知识的图景。

在哲学上，物质与心灵是相对立的概念。在赏石艺术中，心灵通过知识中的观念比较，类似联想，审美经验的运用以及找寻真正的艺术联系等发生作用，使得观赏石实现着艺术转化。观赏石虽说是大自然的成品，但人们有充分的理由去断言此种自然物是艺术品。理由乃在于，观赏石艺术品是欣赏者——尤其是赏石艺术家心灵的创造！对于这个认识，可以用艺术史家让·莫里诺的观点，作为进一步地解释："像所有人类的产品一样：艺术品是世界物品中的一种物品，它区别于其他物品，是因为生产与接受的双重关系将它与人性,以及与艺术家和观看者联系了起来。"[50]

于是可言,在美学层面上,观赏石的意象所呈现的美乃是赏石艺术家审美化的心灵的呈现!赏石艺术作为赏石艺术家有目的的审美活动,作为情感和意愿的表达,隐蔽着美与心灵的奇特合流!赏石艺术的审美即使非常隐晦,但当人们隐约认清它的本源之后,就能够促使人们去认识观赏石的美的存在真相,并认识到一种新的美学领域的存在!

赏石艺术家与观赏石艺术品互为本源。这是一个极为重要的观点。[51]与此相关,法国美学家杜夫海纳就认为:"按照马克思的说法,人在创造历史时创造自己。同样,艺术家在创造作品时也创造自己。"[52]毫不夸张地说,没有任何一种艺术,像赏石艺术一样有着宽广的包容性;没有任何一种艺术,像赏石艺术一样有着高度的文化自觉意义。只是赏石艺术作为一门深奥和模糊的学问,不被人们所轻易地觉察。事实上,赏石艺术却蕴含着无限中的无限,沉默中的沉默,隐藏中的隐藏,存在中的存在,以及"世界中的世界",如同德国思想家歌德把诗歌譬喻为"片断中的片断"一样。

赏石艺术家们所收藏的具有自己代表性的一系列观赏石艺术品,承载着特定的风格、流派、思潮或类型,反映着赏石艺术家们的审美精神、审美情趣、审美品位和审美境界,也在表现他们自己,成为他们自己。它们就像画家和雕塑家的绘画、雕塑作品一样,使得赏石艺术家这一称谓得以正式确认与承认。不过,艺术发展史却告诉人们,如就绘画而言,即使对于任何重要画家的艺术生涯来说,都必然要经历长期的摸索和成长的过程,其中的绘画题材和绘画手法的变化是常见的现象,这对于正处于生成中的赏石艺术这门新的艺术形式来说,同样适合于赏石艺术家们。

事实上,正像法国美学家孔狄亚克所认为,舞蹈、绘画和戏剧等均是起源于需要告知已发生的事情,或者出于要把自己的感觉转达给别人的愿望。[53]赏石艺术家通过赏石艺术也在向一切欣赏者传递着艺术和审美信息。同时,赏石艺术家的整体收藏品也超越了单块精品观赏石作为艺术品存在的独立意义,进而使得赏石艺术在理论上获得了合理的解释,使得赏石艺术与主流艺术的交流获得了可见的媒介。

总之,德国哲学家黑格尔认为:"艺术作品应该揭示心灵和意志的较高远的旨趣,本身是人道的有力量的东西,内心的真正深处的东西;它所应尽的主要功能在于使这种内容透过现象的一切外在因素而显现出来,使这种内容的基调透过一切本来只是机械的无生气的东西中发出声响。"[54]同时,人们都会说,"眼睛是心灵的窗户",而这扇窗户面向的是外在世界的另一部分东西。归根结底,赏石艺术家的心灵创造是个体的表达,是自我的反思,生动地诠释着赏石艺术的浪漫气息(图146)。因此,只有赏石艺术家与观赏石艺术品这个绝对可靠的试金石,才会敲开主流艺术的大门,从而赏石艺术家和观赏石艺术品与所有艺术家和艺术品一样,在人们的艺术心灵中实现美的沟通和共振。

图146 《空谷有声》 长江石 28×21×8厘米 韩利娟藏

五 一种独立的艺术形式

前文主要从艺术中的意图性这个大范畴出发——艺术作品必然是有意识活动的产物,而通过对赏石艺术家的心灵创造意图的论述,解释了赏石艺术成为一种独立的艺术形式的可能性。

进一步地,又应该如何从历史学的解释上来考察赏石艺术作为一种独立的艺术形式的存在呢?这难免要涉及艺术的定义。比如,波兰美学家塔塔科维兹认为:"那被我们称之为艺术的东西,原是具有多重的性格;艺术不只是在不同的时代、国家和文化,采取不同的形式,它同时也满足不同的功能,它出乎不同的动机且满足不同的需要。"[55] "艺术之定义,必须兼顾其意图及其效应,并且言明意图与效应可以是这一种或者另一种。"[56] 从历史观点看,赏石作为艺术活动,自身扎根于历史的文化和社会习俗中。然则,中国古代文人赏石虽然有着悠久的赏玩传统,可视为一种艺术习俗,而自身却没有形成一种独立的艺术形式;只是到了当代社会,"赏石艺术"作为一个完全独立的概念出现了——以"赏石艺术"被列为国家级非物质文化遗产这一事件为标志,被当代人们逐渐视为了一种艺术形式。更准确地描述,赏石艺术正在生成中,乃是正在进行中的一种社会实践。无论如何,以历史主义和艺术史的视点来考察,赏石艺术乃在拓展着艺术的边界线,扩大着艺术品的概念,推动着艺术发展的可能性。这里,可以借用美国哲学家斯蒂芬·戴维斯的观点予以解释:"艺术不仅包裹着一种丹托意义上的'理论氛围',也包裹着同样多的实践氛围。"[57]

因此,赏石艺术成为一种独立的艺术形式,应该以艺术生产的意图与艺术的历史生成过程这两种交叉的维度去看待它,这是本文理解赏石艺术的两种同步范式。毋庸置疑,只有赏石艺术成为一种独立的艺术形式,观赏石才能够入口于艺术品,这是不可动摇的逻辑,也决定了人们对于观赏石艺术品身份的合法性的认同。

这里,有必要来考察那种"不认可观赏石是艺术品"的论调。该论调的核心在于,认为某物成为艺术品的必要条件必须是一件人工制品。例如,在艺术史上,美国艺术史家约翰·霍斯珀斯就认为:"某物之所以被认为是艺术品,一个必要的条件便在于它具有人工制成这一性质。"同时,美国学者托马斯·马克认为:"艺术与劳作之间的所谓关联,实际上就是我们更熟悉的一个观点:艺术品必须是制成或做成的。也就是说,它们必须是人工制品,而不仅仅是世界上自然生发出来的事物。"此外,美国学者哈罗德·奥斯本认为:"在自然对象中,一物只要能够唤起并维持审美经验……我们就称其为美;在人工制品中,一物只要能够唤起并维持审美经验,……我们就称其为艺术品。"[58]综上所言,这些观点都是围绕艺术的传统定义而出现的浓缩式命题。

人们进一步地会问,究竟什么是"人工制成"呢?究竟什么是"做成"呢?理解的关键点乃在于:(1)它们可以理解成是人的有意识的构建行为吗?(2)它们可以理解成人的审美意识使得某物生成艺术品吗?(3)它们可以理解成是思想上的无形创造吗?(4)它们可以理解成是人的有意识行为的产物吗?

前文已述,在赏石艺术中,如果说观赏石作为人的审美对象,成了赏石艺术家的心灵创造,则意味着观赏石有着人工创造的痕迹,在此意义上,"人工创造"的内涵得以深化与扩大化了。那么,观赏石艺术品这一称谓就是成立的;反之,就不会论及某物的艺术性显示出艺术概念并非必然受制于各种条件的假定,以及某物之作为艺术品会存在诸多的必要条件了。

然而,人们赋予观赏石以艺术身份的意识和行为,却远远超出于赏石艺术家的创造这个单纯的维度。确切地说,观赏石在获得艺术品身份的过程中,还取决于人们对待观赏石的社会行为——如审美属性的认知与共识,以达成观赏石艺术品身份的最终转化。这也意味着,赏石艺术家的创造并不等于观赏石艺术品身份的完结,因为对于任何艺术品的鉴赏,在很大程度上都根植于历史形成的文化语境、制度语境和体制语境之中。

总之,让我引述美国哲学家斯蒂芬·戴维斯的话,进一步地阐述这一观点吧。他写道:"这一常识观念的核心就是这样一种理念:要将一物工艺化,那么,劳作就应施加于其上,而不只是借助此物。"[59]同样,美国美学家比厄斯利亦持有一种观点:"将艺术身份加于那些未经人类加工或安排的现成物品——没有任何意图在其形成过程中起作用——之上,这是一个错误,不管此物如何在美感上愉悦人,在其创生时它没有涉及任何意图性因素……一物或一个安排布置要成为艺术品,必须有某人或某群人为其负责,为其做'后盾'。缺少这一点,我们面对的便是自然而已。"[60]最终,斯蒂芬·戴维斯认为:"某物之为艺术作品,是一个获得特定身份的问题。该身份的授予来自艺术界的某个成员,通常是艺术家。由于他拥有艺术界的某个角色,这个角色附带着授予艺术身份的权利,因而他有权去授予作品以艺术身份。艺术界是一个非正式的体制,由其中的各种角色构成。艺术界

有其自身的历史,它在社会实践中形成,并且随着时间的推移而不断发展。"⁶¹

在艺术史上,一切伟大的艺术都会触及一些本质的东西,激发高尚深微的心情,摆脱肤浅的陈词滥调,使人产生莫名的畏惧感、陶醉感和满足感,这实际上是从功能主义理解所有艺术的。当代赏石艺术生动地反映了赏石艺术家心灵的复杂性和能动性,正如艺术有着多重性格一样,艺术观念也在不断地变换,中国赏石的发生与发展一直以来都与哲学和艺术密切相关,赏石艺术绝不会溶解在哲学和艺术之中,而自身作为艺术哲学,却逐渐形成了一种纯粹的艺术形式。

赏石艺术成为一种独立的艺术形式,也意味着观赏石艺术品是赏石艺术家的作品;反之,亦同斯理。于是可言,赏石艺术家因观赏石艺术品而得名;观赏石艺术品既因赏石艺术家而得名,还会因收藏者而得名。举一个绘画的例子来加以理解吧。清代画家唐岱曾写道:"画家得名者有二。有因画而传人者,有因人而传画者。如王右丞、李将军、荆、关、董、巨、李成、范宽、郭熙辈,以画传人也。若地位之尊崇,如宋仁宗、徽宗、燕恭王、肃王、嘉王、南唐后主;道德之隆重,如司马君实;学问之渊博,品望之高雅,如文与可、苏子瞻诸公,以人传画也。因人传画者,代代有之,而因画传人者,每不世出。盖以人传者,既聪明富贵,又居丰暇豫,而位高善诗,故多。以画传者,大略贫士卑官,或奔走道路,或扰于衣食,常不得为,即为亦不能尽其力,故少。然均之皆深通其道,而后能传,道非兼通文章书法而有之,则不能得,故甚难。"⁶²关于这一点,现藏于中国台北故宫博物院的"东坡肉"观赏石便是一个例证。然而,世界上并不存在一个衡量所有艺术家成就的定律——除了孤独和悲惨之外,况且赏石艺术家这个主体在艺术界(包括赏石界)中,还没拥有一个广泛受到认可的地位,甚至连赏石艺术家这个观念也没有得以传播。不过在学理上,观赏石艺术品是赏石艺术家创造的作品,亦是艺术界的产品,这几乎顺理成章。

总之,艺术发展史告诉人们,每种艺术都力求生存和发展,并在不断发展中解放自身,直到有朝一日变成主导型艺术。赏石艺术作为一种观照转化的艺术,观赏石艺术品作为赏石艺术家的作品,成为公共艺术品,引发人们的沉思与自省,以供艺术界的受众去欣赏与理解(图147)。并且,在赏石艺术成为一种独立的艺术形式的基础上,在观赏石成为艺术品的基础上,赏石艺术美学通过把观赏石艺术品为何以及能够作为一个审美的存在物的理论解释,揭示了一个美的存在的现实。人们通过对观赏石艺术品的美的欣赏及形而上学的沉思,使得赏石艺术的审美得以敞亮和澄明,形成了一种美学现象。

图147 [明]文徵明 《真赏斋图》 上海博物馆

第九章　赏石艺术的审美特性

当人们说观赏石的美妙不可言的时候,这种认识是不明晰的。只有解释了赏石艺术的审美特性——赏石艺术在美学上所具有的一般性质,对于观赏石呈现的美,才会获得较为清晰的认识。前文探讨了赏石艺术的审美需要遵从艺术的维度,遵从审美观照的态度,遵从审美经验的运用,遵从赏石艺术家的创造等,这主要是以主体论的方式进行的解释。赏石艺术的审美乃是一种十分复杂的现象,尽管如此,人们却期望着对赏石艺术中的审美判断拥有某种统一性。因此,人们除了应用主体的主观经验和创造力量去认识观赏石的美之外,还要兼顾到这些认识与自然世界里的观赏石的客观性之间的一致性。

本章乃聚焦于对赏石艺术的审美特性的把握,并试图借助于运用一些辩证的分析原则去统觉它们。

一　真实与想象的艺术统一

观赏石作为天之奇物,显现原始的形相,有着多变的形色,归于想象,在欣赏者心中激起涟漪,激发情感上的共鸣。"神奇的""原始的""自在的""朦胧的"等,构成了观赏石形相的基本面貌。观赏石作为一种意象真显的艺术品,呈现的意象是想象的真实与真实的想象的艺术统一。赏石艺术属于高度情感化的艺术,有着一定想象的性质,这种想象又建立在一定程度的真实基础之上。可以说,赏石艺术是真实与想象的艺术统一:赏石艺术以真实性感人,以想象性迷人。

唐代书法家张怀瓘言:"玄妙之意,出于万类之表;幽深之理,伏于杳冥之间。岂常情之所能言,世智之所能测?非有独闻之听,独见之明,不可议无声之音,无形之相。"[1]观赏石看上去似乎真实,却拥有着韵外之味,间接地表明观赏石的欣赏方式的有效性与观赏石呈现的无限性之间的矛盾,又直接地体现了赏石艺术的独特魅力。这就像人们在面对绘画欣赏时的情景一样,总是更喜欢去揣摩画家未完成的一幅作品,而不是那些已完成的作品。

更重要的是,赏石艺术有着再现性和表现性的双重主要特性,这与诗歌、绘画和雕塑等艺术比较起来,更多了些玄奥的成分。在欣赏观赏石时,人们通常都能感受到它是大自然的艺术品,还会认为它有艺术上的再现和表现。这就正如英国哲学家伯克所认为的,物体在人们心里引起一定的观念是由于其原有的自然属性。但由于个人经验或别人的经验,每个人都会有不同的联想,它们会阻碍人们客观地认识事物的自然属性;并且,人们并不是按照物体的自然属性,而是通过已经形成的联想,去认识许多物体具有某种形状的。[2] 通常来讲,语言中的"真实的"与"想象的"构成对立面;而"想象"与"模仿"则构成对立面。赏石艺术含有一定程度的艺术真实论思想——观赏石完全避免了人为造作及人工痕迹,而在人们欣赏观赏石时却需要真实与想象的艺术思维的统一,前者涉及赏石艺术中对观赏石的自然属性的认识,后者涉及赏石艺术中的联想。这是逻辑层面上的不同认识,两者虽不矛盾,却也有着微妙的差别。至于其中的微妙之处,具体表现在以下五个方面:

其一,观赏石的真实与人们的想象力相关联。观赏石的形相刺激着人们的感官,成为人们想象与幻觉的源泉——"幻觉"是一个认识论的概念。比如,德国美学家马克斯·德索即认为:"幻觉主义者将艺术世界当作是幻觉世界而与真实相对。"[3] 一言以蔽之,幻觉是人们把某种它实际上并不是,但人们观察的结果却又认为它是的东西的一种表现。如果把这种幻觉带到一种审美感觉里去,就可以说,艺术家的幻觉是"表现"[4],这个认识是从赏石艺术的功能性来理解的;同时,人们通过想象,沉浸于对观赏石的欣赏,这是从赏石艺术的本质性来认识的。

其二,在想象方式上,想象不等于幻想。意大利美学家克罗齐认为:"幻想的功能是对自己而言的,它沉浸在梦幻般的昏言和迷狂之中。所以,在它旁边要放置理性来作为'一个有权威的朋友',以便用理性在形象的选择和混乱中对幻想绳之以则。"[5] "幻想有别于想象,因为想象力收集和扩展艺术的产品;幻想直觉它们,从自身那里挖掘出它们,表象它们。"[6] 同时,德国思想家歌德在反对浪漫主义者把想象力绝对化时,曾认为,与其说想象力是为三位姊妹能力效劳——代指感性、悟性和理性,还不如说它自己是由于这三位可爱的姊妹才被引进真实和现实的王国。感性给它提供明确的形象,悟性对它的创造力加以调整,理性则使它具有不流入戏弄的充分信心。[7]赏石艺术属于理性与联想的结合体,而并不需要幻觉说。观赏石决不能流于离奇的幻想境地,因为异想天开的想象是坏的,尤其在面对一块观赏石的欣赏中,幻觉思维是应该完全被摈弃的。相反,想象中的真实所蕴含的理性和悟性,在对观赏石的形相欣赏中与想象隐性地合而为一,或者说赏石艺术中的想象力是知性的。

其三,赏石艺术需要成熟的想象力,而想象力与理解力不可分割地联系在一起。在这一点上,德国哲学家黑格尔的话语就显得颇有价值:"艺术家所选择的某对象的这种理性必须不仅是艺术家自己所意识到的和受到感动的,他对其中本质的真实的东西还必须按照其全部广度与深度加以彻底体会。""轻浮的想象绝不能产生有价值的作品。"[8]确切地说,赏石艺术的成熟想象力倾向于艺术想象。在赏石艺术活动中,艺术想象与普通人看待观赏石的知觉完全不同,因它是赏石艺术家主导的活动,以运用艺术想象为根本原则。

其四,赏石艺术中真实与想象的艺术相统一的特性,决定了人们对观赏石的欣赏为朦胧的,而观赏石的朦胧美则构成了赏石艺术的至高之美。不可忽视的是,有一种艺术理论就认为,有时纯粹的想象比真实地摹写生活更可取。正可谓形似者非真,观赏石的朦胧美,一方面启自然之混沌,另一方面启人之蒙昧。

其五,赏石艺术中的想象力存在着个体间的差异性。古希腊哲学家垂斯帕斯认为:"某些想象基于艺术的知识,而某些想象却不是。同样,一个艺术家看一幅画同一个对艺术无知的人看一幅画是不同的。"[9]正是这种差异性,决定了赏石艺术所具有的个性化倾向。同时,人们的想象力的贫乏与丰富程度也决定了赏石艺术风格的广度和深度。于是,在赏石艺术的个性化和观赏石风格的丰富性中,人们的想象力与观赏石的真实性在审美意识的作用下而同化,共同形成了赏石艺术自身的独特审美特性。

简言之,赏石艺术中的想象力与真实性的艺术统一,始终会被呈现、示现、再现或表现观念所左右。人们总会试图凭着心灵把观赏石的朦胧美变成艺术上的清晰,并且,使得观赏石的意象美呈现出来。这就像古希腊哲学家亚里士多德所认为的,存在着一种不同于认识真实的艺术真实。[10]总之,赏石艺术的真实与想象的艺术统一的发生过程,正是赏石艺术家头脑里的知识发挥作用并得以展现的过程,从而使得一切欣赏者在面对观赏石艺术品时,达到了一种无以言说的陶醉感和成就感(图148)。

二 主观与客观的艺术统一

对于"美",一直以来都存在着客观主义与主观主义之间的争论。对此,波兰美学家塔塔科维兹就曾疑问道:"当我们将一样东西称之为'美的'或'有美感的'之时,我们到底是将其原有的一种性质归之于它呢?抑或将其原来所没有的一种性质加之于它呢?"[11]对观赏石的美来说,究竟是欣赏者或赏石艺术家的心灵创造出来的呢?还是仅仅只是发现到它呢?

人们需要理解主观与客观的对立与统一的相关哲学认识。例如,哲学家牟宗三认为:"在中国哲学史上,并存着重视主观性原则与重视客观性原则的两条思路。后者源于《中庸》首句'天命之谓性'与《易传》的全部思想,下至宋儒程朱一派;

图148 《溪山行旅图》　大理石画
38×60厘米　　胡三藏

前者源于孟子,下至宋明儒的陆王一派。"[12]同时,古希腊哲学家苏格拉底认为,一切对人有价值的东西、永恒的东西及自在自为存在的东西,都包含在人本身之内,都要从人本身中发展出来。学习只是获得对于外在的某种确定的东西的知识。外在的东西诚然是由经验而来的,但是其中的共相却属于思维。对于"共相"这个重要概念,这里值得深入地探究,它乃蕴涵着主观的东西和客观的东西的猱杂。追溯根源,共相本属于柏拉图和苏格拉底的哲学概念。与之相关,德国哲学家黑格尔则对共相作了如下解释:"对共相的认识不是别的,只是一种回忆、一种深入自身,那些外在方式下最初呈现给我们的东西,一定是杂多的,我们把这些杂多的材料加以内在化,因而形成普遍的概念,这样我们就深入自身,把潜伏在我们内部的东西提到意识面前。"[13]不过,共相却并不属于那些主观的坏的思维,而属于真正的有普遍性的思维。在主观与客观的对立中,共相乃是既主观又客观的东西。主观只是一个特殊的东西,客观相对于主观说也同样是一个特殊的东西,共相则是两者的统一。[14]这里的共相,倒与前文所提到的"类"的概念有着许多共同之处。

这里需要稍作停留,以便用更加开放的态度去认识主观与客观的分立与统一的问题。比如,日本哲学家西田几多郎认为:"我们的自然界不单纯是价值的世界,也是实在的世界。自然界在其本身中就是全部,但当超越了它的立场的时候,作为作用之作用的对象界就出现了。在此立场中被无限地特殊化,被特殊地统一起来。此立场中出现的事物一定是历史。更甚者,超越了这样的对立立场进入主客合一的绝对我的立场的时候,我们就超越了时间、空间的限制,进入了像艺术和宗教这样的永远的世界。"[15]依照赏石艺术的观照转化理论,当欣赏者和赏石艺术家有目的地把观赏石视为审美对象,通过赏石艺术的观照转化机制,最终通过审美事实和审美经验使得欣赏者与自然和艺术相一致。在此意义上,人类通过知识唤醒了大自然的石头,同时,大自然的石头也增进了人类的知识。进而可以说,在审美层面上,赏石艺术中的客观性的美与主观性的美,两者以"关系"方式并存。反之,就如同英国作家邓肯·希思所认为:"自然展现了造物主之手的存在和人类存在的可能意义,因此,浪漫主义思想冲突最激烈的领域,乃是主体和客体之间的斗争。"[16]观赏石看似任意的,但它乃是出于自然法则的产物,如果非得要区分出观赏石的"美"或"美感的"在主观的与客观的之间的比例,抑或坚持二元论把两者彻底相区分,这在赏石艺术的审美领域中无疑是个难题。

诚如前文所述,人们对观赏石的美的欣赏体现在关系中,并在关系中实现主观与客观的艺术统一。这就颇似波兰美学家塔塔科维兹所持的观点:"美绝非对象的一种性质,亦非主体的一种感应,而是对象对于主体的关系。"[17]并且,这种关系在赏石艺术的观照转化机制中得以充分的体现。因此,在本质上,赏石艺术就形成了一个艺术哲学问题。

如何进一步地理解这个蕴含主观与客观相统一的艺术哲学问题呢?比如,德国哲学家叔本华就认为:"对于哲学而言,正确的出发角度必然和根本上就是主体的角度,亦即唯心主义的,正如与之相反的、从客体出发的角度就引致唯物主义一样。其实,我们与这一世界合为一体的程度远远超出我们自己的习惯认为:这一世界的内在本质就是我们的意欲,这一世界的现象就是我们的表象。"[18]在此意义上,可以说唯心唯物、主观客观不过是认识一物之两面罢了。在赏石艺术中,对于观赏石美的欣赏则是主观的与客观的辩证统一,以达到主观思维与客观存在的艺术相一致,而不是它们相互之间的分立或对立。值得强调的是，这里指的是"对观赏石美的欣赏"，而不是"观赏石的美"，此处隐含着自然在具有合目的性的前提下，才会有美的假设，至于大自然的创造物与通常人为的艺术创造物哪个更美，这就属于另外的思考维度了。

不难发现，对于观赏石的美的欣赏，一方面存在于人们心灵的普遍性，另一方面面对于大自然的特殊性。那么，尤其在欣赏一块观赏石的时候，如何使得两者达成一致呢？在理论层面上，这就需要赏石艺术中的"辨识度"与"共识度"的统一。[19]实际上，这种统一需要知性加以统筹。这就犹如德国哲学家康德所持的观点："知性是先验地掌握自然的一般规律的。如无这些规律，自然就不可能成为任何一种经验的对象。但除此以外，知性还需要自然在它的特殊规律方面有某种安排。"[20]

总之，法国哲学家茹弗鲁瓦认为，在对美的感知中存在着两个因素，"存在于我们身外的是客体，存在于我们内心的是由客体而生的现象"[21]。同时，奥地利艺术史家李格尔认为，"客观的"标志着客体外在于心灵，而"主观的"标志着心灵对外部客体的投射。[22]为了理解在对观赏石美的欣赏过程中，客观与主观的艺术相一致，除了以关系方式对待以外，还需要认识欣赏者的艺术意志。准确地形容，只有当理性与情感融洽一致时，对于观赏石这个外在的客体，以及对于观赏石这个外在客体由欣赏者心灵而生的意象，两者才能够和谐地形成对赏石艺术中的审美感知，以及对观赏石意象美的欣赏（图149）。

图149 《风荷》　长江石　14×13×4厘米　雷玲藏

三　内在感受与外在欣赏的艺术统一

观赏石不仅呈现外在形相的美，也体现欣赏者内心的真，两者在赏石艺术中融为一体，实现着自然与人格的合一。反过来说，若要领悟到自然的奥秘，就要透过人格，通过纯真心灵，才会抓住自然的形韵，透入宇宙的神秘，成就内在的真与外在的美的最高表现的统一。关于这一点，几乎适合于一切艺术形式和艺术品。

赏石艺术承载的是个性化的欣赏方式，也蕴藏着欣赏者的内在感受与外在欣赏的艺术统一。举个例子来理解吧。德国哲学家柏格勒曾经把"壶"作"物"，说过一段意味深长的话（图150）：

图150　[明]陈洪绶　《蕉林酌酒图》
天津博物馆

如果我们要体验物的原初性，例如，作为壶的壶，那么，我们就不应该只像自然科学那样把壶的容纳能力简化为某种流体，或者更抽象地简化为一种特殊的物质堆积而留下某种空洞。我们必须按另一种不同的方式追问关于壶是怎样容纳的问题。壶的容纳在于它吸收并保存了被倾注进去的东西。吸收和储存由泻出的利用与赠予所规定。壶给予水，赐予酒。而在水中则滞留着泉，在泉中保留着石以及地的沉睡和天空的雨露。在酒中，居留着地的滋养元素和太阳。酒可以解人之醉，可以激励友情，酒还可以倾于地上以祭神，可以在对崇高者的节日庆典上助兴。壶集合了地与天、神与人。这就是"物",它保存着地和天、神和人的四重性的实在性,并从而使四者进入自身。就此而言,它使"世界"成为四者的合一体。[23]

唐代诗人王维诗言:"玉壶何用好,偏许素冰居。"[24] 如同壶一样,人们欣赏观赏石所获得的内在感受,寓于无穷尽的不在场的东西中,而要领悟这隐蔽的无穷尽,则需要依靠于对观赏石的外在欣赏,进而在体味观赏石呈现的美的意象之中,感受于陶醉(图151)。这

图151 《酒》　长江石　24×28×9厘米　王秀贵藏

似乎正是英国诗人华兹华斯的下列诗句所要表达的：

> 对他,感受给予力量
> 通过增长了的感觉官能,
> 像一个伟大的心灵主体,
> 创造出创造物,也创造出接受者
> 做,却与做成的作品紧紧相联,
> 所注视的也正在于此。
>
> ——华兹华斯:《序曲》

总之,明代思想家洪应明言:"善观物者,要观到心融神洽时,方不泥迹象。"[25]赏石艺术的审美生动地体现了内在感受与外在欣赏的艺术统一。

四 个性审美与艺术法则的有机统一

每一块观赏石都是独一无二的存在物,观赏石艺术品作为赏石艺术家的心灵创造,又附着赏石艺术家的品位特性。然而,观赏石艺术品如何才能超出独特性的范畴呢?赏石艺术家的观赏石作品又如何才能视为享有一般性呢?

人们必须承认,自然物品与人工制品在审美上存在的差异。比如,彭锋先生认为:"在我们不可名言的审美感受中显现的事物是美的,而引发我们不可名言的审美感受的东西不仅是美的,而且具有强力冲击力或表现力的美。与屈服于我们的范畴感知的人工产品相比,自然总是不完全服从于我们的范畴感知,总是将我们从范畴感知的习惯中引向无范畴的感知,因此,自然物品比任何人工制品都更具有审美表现力。"[26]同时,德国哲学家康德认为:"自然界有如此多样的形式,仿佛是对于普遍先验的自然概念的如此多的变相,这些变相通过纯粹知性先天给予的那些规律并未得到规定,因为这些规律只是针对着某种作为感官对象的自然的一般可能性,但这样一来,对于这些变相就还必须有一些规律,它们虽然作为经验的规律在我们的知性眼光看来可能是偶然的,但如果它们要称为规律的话——如同自然的概念要求的那样，它们就还必须出于某种哪怕我们不知晓的多样统一性原则而被看作必然的。"[27] 综上所言，可以认为自然物与人们的经验认识之间既构成偶然性，又有必然性。

于是，人们就不能够简单地认为，观赏石是可感的，而不是可知的；观赏石能够被审美欣赏的，观赏石为不可知的。相反，人们需要在艺术观照与审美观照的逻辑下，考察赏石艺术存在的独立法则——其中个性审美是最主要法则，同时，还要考察赏石艺术中的个性审美法则与普遍的艺术法则如何相统一，以便认识观赏石之美。具体而言：

其一，赏石艺术家创造了赏石艺术这种新的艺术形式。艺术史告诉人们，既然是艺术，就必然会符合艺术的规律，适合人性的普遍性，赏石艺术也不会逃离于这个基本法则之外。同时，在美学层面上，在面对观赏石的审美沉思时，每一个观赏石的欣赏者都有自己的欣赏自由。总之，观赏石艺术品能够在最深处激发人们的情感和想象，赏石艺术的艺术精神与美学精神在深层上互感通。

其二，赏石艺术所体现出的一般性，并不完全是赏石艺术家在静观观赏石这个审美对象时在自身出现的那种一般性。实际上，当赏石艺术家在欣赏观赏石时，看到的是观赏石作为欣赏对象所呈现、示现、再现或表现的艺术独特性。进一步地说，赏石艺术家不是那个创作出观赏石的人，而是在观赏石这个欣赏对象面前表现自己，并邀请所有欣赏者进入观赏石艺术品的那个人。这就如同美国艺术史家斯蒂芬·戴维斯所认为："在任何情况下，判断和欣赏一切艺术的惟一原因，在于这件艺术品的审美属性能为适当的观看者带来某种经验。"[28]

其三，赏石艺术在"类艺术"和"艺术类性"的相关概念发生作用下，观赏石转化为艺术品遵循着自身的逻辑，这种逻辑的演绎是在艺术的普遍法则下而发生。更准确地说，赏石艺术的检验法则通常包含时间的验证、艺术法则的确认、多数人的法则以及主流艺术的认同。[29] 总体上，这些法则在约束着观赏石"让欣赏者自己喜悦"与"艺术上的共同理解"之间的游离。

在根本上，正是在欣赏者个性审美与艺术法则的共同统一作用下，在赏石艺术家的审美经验与接受者的适当经验的共振作用下，在观赏石被共同欣赏下，赏石艺术与主流艺术实现着深度融合。于是，赏石艺术的审美，如同光与影那般，形成了一种纯粹的美学现象（图152）。

图152 《伦勃朗1号》　　大理石画　　26×34厘米　　李振葵藏

五　完满与缺憾的相对统一

为什么外形损坏了的残破出土文物会吸引人呢？为什么有的艺术品在外形上未完成却会打动人呢？为什么老子会说"大成若缺"呢？[30]下面以荷兰画家梵·高的一幅杰出的绘画作品作个初始提示与思考吧（图153）。

在大多数艺术形式中，自然的真实与人的理想不会完全相一致。赏石艺术乃是一种在客观事物现实基础上表达真实性和理想性的艺术，追求的是完满与缺憾相对统一的审美现象，赏石艺术中的完美与缺憾则蕴涵着相对的完满性。这个认识可以理解为美的相对主义学说的运用。这里所谓的相对主义，可以用意大利画家达·芬奇的话来形容："在河流里，你摸到的水是最后一个逝去，也是最先一个到来的东西。"[31]

就赏石艺术的审美来说，观赏石呈现的意象是否美，以及完美与否，完全取决于欣赏者，取决于欣赏者的审美感觉，所谓"诗无达诂"[32]，表达的是同样的思想。赏石艺术追求的是观赏石的理想形相，以及欣赏观赏石呈现的理想意蕴，这通常就是欣赏观赏石的人们所说的完美。

赏石艺术中的完美乃包含在微妙与精致之中，并且，完美往往被还原为一个原则——完善。这里的"完善"，可以理解为完满，借用德国艺术家希尔特的话说："美就是'完善'，可以作为，或者是实在作为眼睛、耳朵或想象力的一个对象。""完善就是符合目的，符合自然或艺术在按照一个事物的种类去造成那个事物时所悬的目的。"[33]在此意义上，可以说观赏石是完满的，或言只有完满的观赏石，才能算得上完美。

图153 ［荷］梵·高
《海边的渔夫》（一幅未完成的画）
荷兰克勒勒—米勒博物馆

然而，从人们的审美经验来看，任何一块观赏石都包含了各种不完美的东西、不纯正的东西，因为人们对于观赏石的审美判断所涉及的终究是一个整体印象和形相。这种整体印象和形相综合了各种积极的东西和消极的东西——缺乏完美、缺乏审美元素、缺乏思想深度等。但理想地说，观赏石即使会受制于一些任意的、琐碎的及杂多的地质元素或地质单元的干扰与捣乱，但当人们能够把所有地质元素或地质单元视作一个整体，并用"整体艺术品位"这个观念来统筹它们时，就会呈现出特定的及完整的意象。[34]事实上，正如美国学者理查德·加纳罗所说："我们真正看到的东西却是经过心智重新整合起来的碎片。"[35]因此，一些高等级的观赏石艺术品都有着连续的而非分裂的视觉图像，有着整体的和谐性，有着纯净的穿透力，往往是完美无缺的，并且，从每一个方面看都呈现着协调，透着艺术深度，甚至在思想上无与伦比，从而具备艺术价值，这正应和先秦哲学家荀子所说："不全不粹不足以谓之美。"[36]相反，一块粗糙的、庸俗的或平庸的观赏石只是拥有了"观赏石艺术品"这个头衔而已，却不具有艺术品的价值,或根本就算不上是一个艺术品。

观赏石作为观照的对象,不同的观照会有不同的性质,不同的观照方式会有不同的效果。关键还在于,在对观赏石的欣赏中,不可避免地会存在个人的不同经验判断与对美的看法,几乎是各人各样,其奥妙就在于,任何人只要有一双眼睛,都能欣赏到美;任何人只要有一颗心灵,都能感觉到美;任何人欣赏观赏石,都在感受自身。完全可以说,对于观赏石的欣赏,不可能有放之四海而皆准的普遍规律,这也正是一切艺术中的审美活动所具有的普遍性。然而,赏石艺术却需要艺术和审美地观照,还需要符合艺术的普遍法则——这个法则在赏石艺术中的地位几乎是不可动摇的,并且,对于艺术法则本身而言,它们也不能够被视作永恒不变的,因为它们一方面取决于特定的时代、国家和环境因素,另一方面,也取决于众多不同的艺术形式所烘托出的整体艺术氛围。关于这一点,德国哲学家黑格尔曾写道:"真正的理想绝不停留在这种朦胧的纯然内在的世界,而是必然要以它的整体从一切方面出现于可以观照的有定性的外在形象。因为理想的完整中心是人,而人是生活着的,按照他的本质,他是存在于这时间、这地点的,他是现在的,既个别而又无限的。属于生活的主要是周围外在自然那个对立面,因而也就是与自然的关系以及在自然中的活动。艺术既然不应把这种活动作为抽象的活动来掌握,而是应就它的得到定性的现象通过艺术来掌握,这种活动就只能借这种现象的材料而得到它的客观存在。"[37]这段极富深度的话语,启示人们在赏石艺术实践中,并非所有人都适合作观赏石艺术品的判定者,只有精于此道的人才会胜任,就像法国思想家狄德罗所说:"有良好感觉的人数以千计,但有审美趣味的人千不及一。"[38]

这里,还有必要用梵蒂冈博物馆的一件残破的大理石雕像作例子,引发人们去思考(图154)。对于这件大理石雕像,德国艺术史家温克尔曼曾写道:"尽管这尊雕像残破不堪,没有头、手和腿,

图154 《观景殿的躯干》(一件残破的大理石雕像)
梵蒂冈博物馆

但那些能够洞悉艺术奥妙的人,却在它身上感悟到了一种明确的高古之美。在这尊赫拉克勒斯雕像中,艺术家制造了一种超越自然之上、最为崇高的人体观念,雕像表现了盛年男性形象,他摆脱了困乏、艰窘,上升到了自由状态,而具有了神一样的特征。"[39]一句话,它虽残破,却体现了崇高的艺术风格。

总之,赏石艺术中的审美活动的完满与缺憾的相对统一,似乎蕴涵着一种主张"未完成的美学"的艺术倾向。观赏石作为大自然的存在物,在进入欣赏者的视野之前,仿佛不是完成的封闭式的存在,而是把自身那未完成的、开放式的存在托付给了观赏石欣赏者,尤其赏石艺术家了。实际上,在一切欣赏者的心灵里,那些看似未完成的观赏石,像中国的水墨画一样,暗示着一种永久性的本质存在,让人们体味到了一种朴素的感伤之情,从而唤起人们对大自然和宇宙的深沉之爱。

结语　赏石艺术的审美观照理论

乙编的五篇文字,重点讨论了赏石艺术的审美问题,包括中西方赏石审美意识的发生,以及对赏石艺术的审美问题的相关理论阐释等。

在不同艺术和美学观念的影响下,东西方出现了截然不同的赏石审美意识。反之,通过理解中西方不同的艺术和美学观念,以及自然哲学观念,则有助于理解中国赏石审美意识的发生,有助于解释中国赏石艺术的审美问题,有助于阐明中国赏石艺术作为一种特殊美学现象的存在。

在本质上,赏石艺术是一种专注于审美化的心灵活动。观赏石被人们合目的性意图视为欣赏对象,人们玩味之、欣赏之、点化之,使之成为审美的世界。赏石艺术的旨趣在于"本之天而全之人",在于客体到主体、物质到心灵的转化,在于心灵的创造。简言之,赏石艺术美学的核心体现于合目的论和审美观照论。反之,就如瑞士艺术史家沃尔夫林所认为:"只要我们不知道观察以什么样的形式发生,对自然的观察就是一种空洞的观念。"然而,赏石艺术的创造理论却不能简单化约为美学欣赏理论,尽管赏石艺术中的创造与欣赏是合一的。

无论是物化、人化,还是审美化,赏石艺术在关系理论策源下,均涉及人与自然、人与社会、人与文化的一般问题,尤其是自由问题。这就正像德国美学家席勒所说:"通过美,人们才可以走向自由。"若实现这种自由,就需要"观照",更需要审美观照;还可以用德国哲学家黑格尔的话说:"对美的事物的审美观照是一次自由的教育。"赏石艺术的审美观照理论,恰如其分地解释了赏石艺术作为流连自然、追寻自由、欣赏艺术之美的独特美学现象。

在不同艺术和美学理论的视角和路径之下,赏石艺术可视为呈现的艺术、示现的艺术、再现的艺术或表现的艺术等。赏石艺术作为一种赏石艺术家的创造、一种独立的艺术形式、一种特殊的美学现象,有着鲜明的自由、观照、浪漫和沉思等审美特性,突出表现为真实与想象、主观与客观、内在感受与外在欣赏、完满与缺憾、个性审美与艺术法则的艺术统一。总的来说,赏石艺术在"类艺术"和"艺术类性"观念的统筹下,实现着赏石艺术与主流艺术的交融。

总之,对于赏石艺术来说,初步形成了赏石艺术家、观赏石艺术品和赏石艺术形式三者较为清晰的关系,在根本上,如何观看、感受、认识及欣赏观赏石作为欣赏对象这个审美哲学问题,则构成了赏石艺术审美问题的核心内容。人们最终意识到,通过审美观照来欣赏观赏石,以感知艺术的方式来感知观赏石,在艺术的逻辑下来认识赏石艺术的审美,并以辩证的方式来统筹这些审美认识,构成了赏石艺术审美化的真谛。

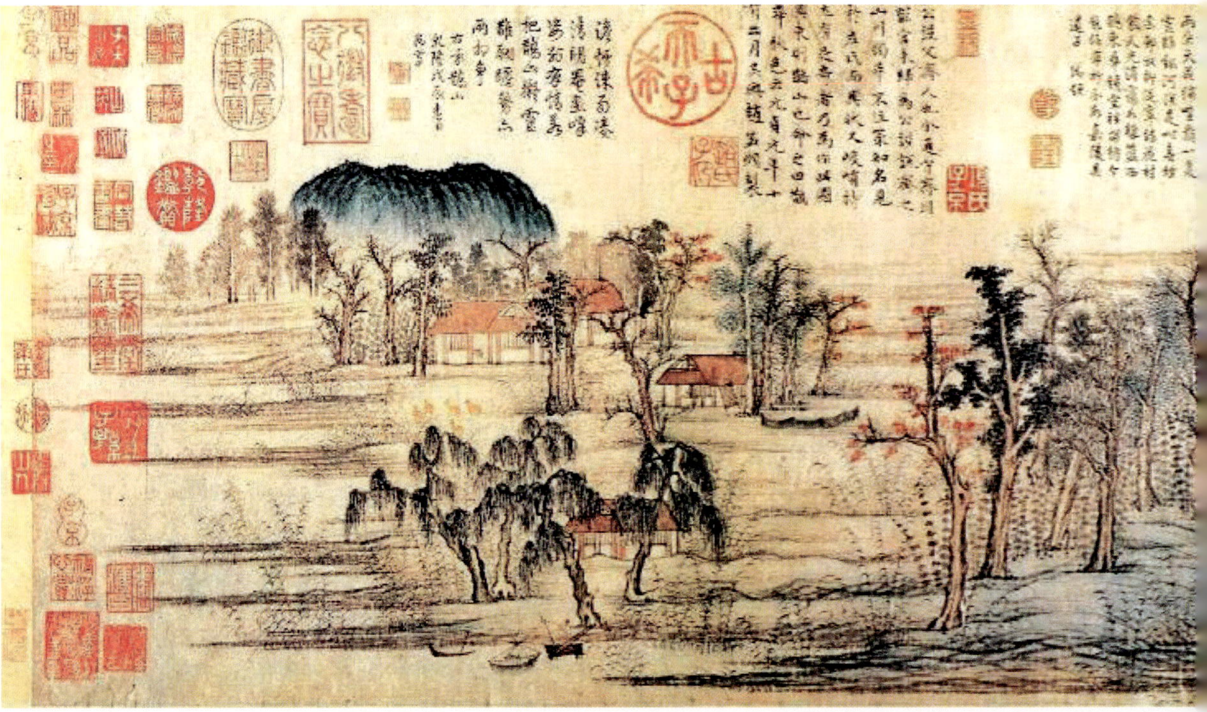

丙编

赏石艺术的美学欣赏

丙编首图　[元]赵孟頫　《鹊华秋色图》　台北故宫博物院

第十章　赏石艺术的多重之美

乙编对赏石艺术的审美问题进行了理论阐释。这编将聚焦于对赏石艺术的美学欣赏的讨论。对于赏石艺术的美学欣赏的讨论，必须依赖于赏石艺术的审美特性，在此基础上，以试图提炼出关于赏石艺术的一些审美规律。

通常来说，诗歌意在"诗言志"[1]；绘画重在"画立意"；音乐贵于"乐象心"[2]；文章旨在"文载道"[3]；赏石艺术成于石达美。这里所言石达美，意指观赏石因观照而呈现的意象美。华莱士·史蒂文斯下边的诗句，可视为别样的表达：

> 我们，
> 只寻求真实，
> 真实中的一切，
> 包括心灵的冶炼，
> 不断探寻坚持到底的精神，
> 有形的、实在的一切
> 以及变动不居的一切，短暂的瞬间
> 那即将到来的盛宴，
> 神圣的纲常，
> 宇宙的原则，
> 还有深远的夜空。
>
> ——华莱士·史蒂文斯：《纽黑文一个平凡的夜晚》[4]

本章乃重点讨论赏石艺术的审美多重性——所拥有的多重之美。这里所谓多重之美，意从观赏石的美的形态角度而言及的。赏石艺术的审美性质是多元的，故而赏石艺术中的观赏石的美的形态可以依不同角度去分类描述,诸如自然美、艺术美、社会美、科学美、朦胧美、意象美、想象美和感悟美等。

一 赏石艺术的双重美

自然美和艺术美在关于艺术和美的讨论中都会出现,甚至成了艺术哲学和审美哲学里的一个重要主题。本质上,它们会涉及真美的性质。[5]本节尝试着把自然美和艺术美界定为赏石艺术所展现的双重美。

(一)自然美与艺术美之分别

如何来理解自然美和艺术美呢?

这里,首先需要理解艺术哲学上的两类实在。波兰美学家塔塔科维兹认为:"在哲学以及日常的想法之中,无论过去或现在,都区分出两类实在:那些作为自然之部分的实在和那些被人创造出来的实在。"[6]日本哲学家西田几多郎认为:"如果实在这个话语被限制在自然科学的'实在'这个意义当中,美的对象不消说,不可能在实在界当中寻求。但是,所谓的实在界是绝对自我的反省方面,如果只是作为具体实在的抽象一面的话,我们所谓的实在和相异意义中的美的对象当中就可以附带实在性。卡尔·谷鲁斯则认为,'美的对象的实在性虽然从感觉的实在性中而来,给予美的错觉以实在性的,是有机体中的运动。'"此外,西田几多郎对文中的"实在"和"运动",以理解绘画的事例而解释道:"梵·高所见到的力量世界,高更和马蒂斯所见的色彩世界必须是像这样的实在。这一世界惟有通过表达运动才可得见。"而运动就体现为"在这样的世界背后,存在着深不见底的、充满了巨大生命的实在的奔流"。[7]上述两类实在,在赏石艺术的审美中带有双重的必然性,分别被描述为自然美和艺术美。

进一步地,日本美学家今道友信认为:"凡是存在的,在某种意义上都是美的。"[8]同时,意大利悲剧家特里西诺认为:"美在两种方式之中被人理解,一种美出于事物的天性,另一种美则出于外来的因素。"[9]但人们要思考的核心问题乃是,美的性质如何加在一些对象事物之上的呢？如何理解赏石艺术的双重美的性质呢？

就赏石艺术的双重美而言，会涉及美学中的四点深层问题：（1）美的产生究竟是自然事物的表象，还是人的心灵产生的表象呢？（2）事物是美在自身，还是仅对人显得美呢？（3）自然美能演变为艺术美吗？（4）自然美仅是艺术美的素材吗？接下来，分别对这几个问题作出逐步分析：

其一，不管自然美是如何生成的，在美学上存在着自然美的概念，况且，人们也不应该怀疑自然美的真实存在。比如，德国科学家洪保德就认为："人类总是赞美，甚至努力去夸大自然能够赋予出的任何一种特征。"[10]在赏石艺术中，人们不可能看出自然存在什么目的或意图，那些无论观赏石是造物主抑或上天创造的说法，都只是一种隐喻；反之，就不可避免地走向了神秘主义。

其二，美是人的意识和观念的反映。一切美都包含在人的感觉和想象中，一切美都需要通过人的知觉和感知而存在。比如，英国美学家鲍桑葵就认为："'自然'和'艺术'的关系主要表现在人的知觉和想象的媒介中的程度上的差别，前者存在于普通人的暂时性的和一般性的表象或观念中，后者则存在于具有创造性天才的人经过固定和提高了的直觉之中，因而能够加以记载和说明。"[11]无论对普通欣赏者，抑或赏石艺术家来说，观赏石的美都存在感觉和想象中，都是通过知觉和感知对人的显现，只是运用的欣赏方式不同罢了。赏石艺术乃是在艺术的氛围下，对自然的观照转化。在此意义上，可以说自然美和艺术美在赏石艺术中是合一的。这种合一，在美学理论上有着独特性，而这种独特性突破了美学理论家们通常把自然美和艺术美因不同的偏重而无形对立起来的倾向（图155）。

其三，观赏石的美对于普通欣赏者来说，意指非通过观照转化而进入到艺术和审美领域之中，仅是依靠普通的知觉而获得的。相反，赏石艺术家则通过心灵的有目的观照转化，通过审美观照，使得观赏石呈现、示现、表现或再现出美。诚然，这意味着一般所说的世界上的美，实际指的是艺术所表现的美，同时，这并不意味着艺术美就排除了自然美。这里，可以借用英国美学家鲍桑葵的话作为解释："对于美学理论来说，自然就是指每个人在其中都是他自己的艺术家那样一个美的领域。"[12]

其四，人们一直都把自然美当作美的存在。比如，德国哲学家康德就给予自然美以主导的地位。[13]此外，德国哲学家黑格尔也承认，大自然也有美，尽管"艺术美高于大自然的美"。[14]在赏石艺术中，自然美这一概念仅是把观赏石视作自然事物的美单纯提出来加以看待的，并尝试对它作出一些解释。至于其中的逻辑，类似法国美学家杜夫海纳之所言：

图155 《招财进宝》 长江石 20×23×8厘米 韩利娟藏

"真正的对立在于自然物和人工物之间,丝毫不在于自然与艺术之间。"[15]

总之,赏石艺术的审美可以用双重方式道出:自然美和艺术美,而两者在赏石艺术中乃为合一。

(二)自然美

艺术史中有一种观念,认为"自然是完美的",在此观念主导下,艺术要服从自然的规律。这大抵就是"艺术模仿自然""艺术妙肖自然"之说的本源。

这倒引出了一个重要问题,在赏石艺术中,石头自身就有美吗?观赏石自身就有美吗?观赏石是通过人的灌注才有了美吗?这三个问题会涉及不同逻辑层面上的思考,并且,不同的美学理论会对它们有不同的认识。这些问题本质上都涉及了赏石艺术中的自然美,下面尝试作以下五个方面的讨论:

其一，美在自然中是存在的。古希腊哲学家克利西波斯认为："美关涉的是天地万物而不仅仅是人。"[16] 古罗马思想家圣·奥古斯丁认为："只要事物是自然的，美便存在着。"[17] 意大利思想家阿尔伯蒂认为："自然挥霍无度地分散它的丰富之美。"[18] 蔡仪先生认为："客观现实中有美的事物，无论自然界或社会生活中都是有的。这种事实既为一般人的常识所承认，也为许多美学家的理论所肯定。"[19] 德国美学家马克斯·德索则认为："实际上，对于能够观察或与自然有一种精神内在吸引的人来说，自然美已不再是艺术的前期，而是其恰当的替代物，也许甚至还超越了艺术。"[20] 石头是大自然的事物，又是大自然状态的缩影；石头是美的事物，又蕴含自然美的存在。

其二，自然存在神秘之美。希腊哲学家托名戴奥尼索斯认为，宇宙显现为无尽的辉煌源泉，辉煌之光向四面八方辐射，形成太初之美，弥漫一切。他写道："这超绝的本质之美叫作大美，因为它化入一切生命，使之各具其美，它是万物和谐与辉煌的原因。这美以光亮为形式，倾注其天然的光束，洒遍万物，使万物美丽，唤起一切我们称为美的事物——包蕴万物。"[21] 自然美通常被诗人们所关注和咏叹。比如，唐代诗人李白诗言："清水出芙蓉，天然去雕饰。"[22] 唐代诗人司空图言："妙造自然，伊谁与裁？"[23] 所谓自然，意指天生如此，观赏石作为大自然的造化，属于外在的自然世界，不宜人为随意裁度。对于大自然，德国思想家歌德曾感叹："我感觉在那势不可当的广袤丰盈中变成了神，无限造化以各种辉煌的形态进入我的灵魂，并赋予它生命。"[24] 乃至观赏石作为自然中美的事物，在某种程度上，因自然通过神秘主义得以精神化，被引申于神秘美学之中了。

其三，自然有着浪漫之美。波兰社会学家奥索夫斯基认为："整个来说，自然美是以浪漫主义的玄学方式加以解释的，即万能的、永恒的造物主的美。因此，就产生了这样一些说法：同艺术美比较起来，自然美总是某种无限的美，自然美的显著特征是不规则性和散漫性，而艺术美的显著特征则是规则性和组织性等。"[25] 观赏石通过赏石艺术家的审美观照，尤为呈现浪漫气息，而在浪漫美学中独树一帜。

其四，美能够在自然中被观照。美国思想家爱默生认为："自然界的美……还可以通过另一层次进行观照，即把它变成一种智力的对象。"[26] 日本哲学家西田几多郎亦认为："像自然之美那样，也是通过将主观投影到其中来确立美的对象。这个对象是作用本身，意指美的对象被认为是主观性的，应该在鉴赏及创作的心理性质中寻求美的本质的理由了。""那个作为对象的一定是自由我的世界。"[27] 观赏石成为赏石艺术家观照的对象，成为审美的对象，在审美意识下呈现出意象美，而这种美既是自然美，又是艺术美，二者合一。这就犹如清代画家石涛所作的譬喻,"夫一画,含万物于中。画受墨,墨受笔,笔受腕,腕受心。如天之造生,地之造成,此其所以受也。"[28]反过来说,观赏石成为人的审美观照的对象,才称得上是真正意义的美。

其五,自然美是自然物呈现的美。古罗马哲学家马可·奥勒留认为:"如果一个人喜欢自然现象,并且对自然现象有所了解,就会发现,任何事物,即使它是其他事件的偶然结果,也自有它的韵律和丰姿。"[29]美国思想家爱默生认为:"对于自然美来说,它的完满充分取决于一种更高级的精神因素。那种能够让人不带任何矫揉造作去真心热爱的美,它是一种美与人类意志的混合物。"[30]北宋理学家程颐言:"天所赋为命,物所受为性。"[31]元代诗人虞集言:"自然者,厚而安;凡造者,往而深。厚而安者,独鹤之心、大龟之息、旷古之世、君子之仁;往而深者,清风泡泡而同流,素音于于而载往,乘碧景而诣明月,抚青春而如行舟,由之而得乎性。"[32]赏石艺术的特性就在于天趣与人工的合作,于是可言,自然美是观赏石作为自然存在物在人的意识中所呈现出来的美。更准确地说,在赏石艺术中,自然美是观赏石这个自然物所呈现出的意象美(图156)。

图156 《鹤舞》　长江石　尺寸不详　私人收藏

初步讨论了赏石艺术中的自然美的概况,更为核心的问题仍在于,在赏石艺术中,观赏石这个自然物所呈现出的意象美是如何产生的呢?

人们都知道,美只能在形相中见出,因为只有形相才是外在的显现。观赏石的自然形态是客观形成的,这些自然形态所汇聚成的"形相",却变成欣赏者(尤其赏石艺术家)可以审美观照的,可以用感官和心灵接受的东西,并将形相转化为被感官所理解的东西。于是,观赏石的形相对于一切欣赏者,既是一种客观存在的东西,也是一种显现的东西了。这背后的深层原因,类似德国哲学家黑格尔一针见血所指出的:"自然美只是为其他对象而美,这就是说,为我们,为我们的审美的意识而美。"[33] "自然作为具体的概念和理念的感性表现时,就可以称为美的;在观照符合概念的自然形象时,我们朦胧地预感到那种感性与理性的符合,而在感性观察中,全体各部分的内在必然性和协调一致性也呈现于敏感。对自然美的观照就止于这种对概念的朦胧预感。"[34]在此意义上,单纯就观赏石的自然美本身来看,如果说赏石艺术是实物与知识的综合,是有关自然界和宇宙的知识和实践[35],那么,观赏石的自然美,则是从自然现象中,从观赏石自身反映出来的,被人们观照而感觉到的美。

自然美被人们所反复讨论,固然会有很多原因,其中的最大原因莫过于大自然是精神的象征。比如,波兰美学家塔塔科维兹就认为:"'自然'被人歌颂,通常是基于下列两个原因:(1)因其形色之美。(2)因其有永恒的法则。换句话说,自然美之所以赢得极高的评价,一则因它表现出可见之自然的诸种美德,二则因它表现出理性之自然的诸种美德。"[36]在某种程度上,赏石艺术中的自然美体现的是一种境界,而朴素、淡雅、纯真、神圣、崇高、真实和孤寂等就是此种境界的反映。同时,这种境界又几乎是所有艺术所孜孜追求的,犹如古罗马哲学家西塞罗所说:"能看来浑然天成,不着痕迹,才是真正的艺术。"[37]

总之,德国艺术史家弗里德伦德尔认为:"我们评价自然中的美是基于我们的艺术体验。毕竟,我们从艺术家那里才学会了欣赏自然中的美。"[38]诚然,就所有艺术形式而言,还有什么艺术品比大自然的石头更自然的呢!还有什么自然美比观赏石呈现的自然美更直接的呢!还有什么美比观照观赏石而呈现的意象美更深刻的呢!事实上,作为大自然存在的观赏石,除了呈现的意象美以外,还具有精神的象征意味。因而,在赏石艺术中,人们对观赏石的自然美的欣赏,实蕴涵着特定的艺术观念和道德情操。

（三）艺术美

通常来讲，中西方美学在总体倾向上皆是以艺术美为出发点，这是美学的基本状况。据此，日本美学家今道友信就认为："对于自然美，人们是常常可经体验到的。然而，艺术是人类积极参与的文化现象，只有通过艺术去思索美，才能与人类的自我理解与自我反省这个哲学命题协调起来。""虽然美不是使艺术出现的惟一因素，但使艺术超越一切文化现象的正是美。"[39] 今道友信的观点，实则指出了赏石艺术美学应当以艺术为基础，使得自然美构筑成艺术美。这就正如美学家宗白华所持的观点："因为艺术的创造是人类有意识地实现美的理想，我们也就从艺术中认识各时代、各民族心目中之所谓的美。"[40] 在最普遍的意义上，艺术美通常指向自然所暗示出的美，或者说艺术美是自然美的反映，抑或艺术美是对自然美的表白。

然而，艺术美也不会成为美学研究中的惟一对象，反而，美学是以整个美的世界为对象的，包含着艺术美和自然美等。并且，艺术美的性质不止局限在人们所理解的传统艺术形式身上，比如绘画和雕塑等。关于这一点，美国哲学家约翰·杜威就认为："把艺术的美的性质仅限于绘画、雕刻、诗歌和交响乐，这只是传统习俗的看法，甚至只是口头上的说法而已。任何活动，只要它能够产生对象，而对于这些对象的知觉就是一种直接为我们所享受的东西，并且，这些对象的活动又是一个不断产生可为我们所享受的对于其他事物的知觉的源泉，就显现出了艺术的美。"[41]

当观赏石成为为人而存在之时，为欣赏的对象而存在之时，为欣赏者和赏石艺术家审美观照的对象而存在之时，赏石艺术就成了一种合目的性的表象方式，赏石艺术活动就体现为一种审美化的活动。正是在审美活动中，通过欣赏者的审美目光，观赏石显现出了意象美——艺术美（图157）。化作哲学语言来说，观照的人与所观照的物，融为一体，而观照的人就从中获得了美的体验。比如，明代画家徐渭即有诗言："腻粉轻黄不用匀，淡烟笼墨弄青春。从来国色无妆点，空染胭脂媚俗人。"[42] 自然地，合于自然，尊重造化，以天趣为高，营人工与天趣的合作，正是赏石艺术审美的基础。

说到根底，赏石艺术家通过观照转化机制，使得观赏石成为艺术品，而观赏石艺术品即为赏石艺术家的心灵创造。诚如前文所述，如果承认"观赏石艺术品"这个概念的客观存在，并赞同对它的理论解释，那么，观赏石艺术品也就拥有了艺术美。这并非属于循环

图157 《国色天香》　　长江石　　14×12×4厘米　　杨乔藏

论证,犹如高尔泰先生所说:"在人们把握了美的本质规律,根据这个本质规律创造出来的事物上反映出来,就是艺术美。"[43]

(四)赏石艺术:自然美与艺术美的合一

试图在自然与艺术之间划出一条清晰的界限极为困难。对此,傅雷先生认为:"艺术和自然的关系,在历史上是浮动不定的。在本质上,艺术与自然并不如自然主义者所云,有何从属主奴的必然性,它们是属于两个不同的领域。"[44]然而,美学家们通常都会重视对于自然美与艺术美的研究,并且,一些美学家也多从艺术的角度去看待自然美,诸如把艺术看作自然的变种等,而并不把这两种美视作不可统一的对立体。比如,波兰社会学家奥索夫斯基即认为:"我们必须确定,艺术是否至少包括在美学基础上,我们将其同自然相对立的那些事物的所有领域。换句话说,就是自然和艺术是否构成我们赋予它们以审美价值的那些事物的全部领域。"诚然,这就不可避免地涉及了"人类作品的创造的目的性问题"。[45]

就赏石艺术而言,自然和艺术的概念之区分乃是在赏石艺术自身中产生的,同时,自然和艺术之间的关联又是内在于赏石艺术的,而自然美和艺术美之间的关联则构成了赏石艺术审美的自我的整体。相应地,德国美学家莫里茨·盖格尔就认为:"艺术作品只是为了人们才存在的,它们会得到人们的领会。如果说人们不应当以同样的方式,抑或从拟人化的角度出发来考虑自然美,那么,对于艺术作品来说也同样是如此:自然美只是为了那些了解它的主体而存在的;美与主体、美与自我具有某种直接的关系,我们在体验美的过程中就可以意识到它与自我的关系。"[46]在赏石艺术中,在人的审美目的的作用下,观赏石所呈现出来的自然美与观赏石作为赏石艺术家的作品——艺术品所拥有的艺术美,两者最终合为一体。这基本也符合德国美学家马克斯·德索的观点,即观念是产生自然物与艺术品的原因的最大支持。他写道:"任何时候只要真实世界的某个对象充满了一种观念,其方式使得它只作为此观念的象征或感觉表现而使人愉快,那么,这个对象的美就必定与我们一般在艺术中所指的美基本相同。"[47]在此意义上,赏石艺术的自然美和艺术美,两者均为观念对观赏石的美的不同存在的认识类型:前者是天意的,是把观赏石作为自然存在物而认识到的美;后者是人的意识的体现,是赏石艺术家通过心灵把观赏石创造为艺术品而在艺术上意识到的美。

更重要的是,艺术不是泛美主义的。德国美学家马克斯·德索就认为:"泛美主义具有泛神论的诱惑力,然而它倾向于贬低艺术。"[48]艺术乃是一种历史和文化生成的过程,并且服从于历史和文化的变化。于此,波兰社会学家奥索夫斯基就持有一种观点:"艺术的概念,正如我们在处理文化的科学中所遇到的大多数概念一样,绝不是一个统一的和始终一致的概念。它的内容是多种历史环境的结果。"[49]在此意义上,就更加凸显了赏石艺术在本质上是一种艺术哲学,而赏石艺术的审美是一种审美哲学,并且,间接地揭示了赏石艺术中的自然美与艺术美并无高低之分。

总之,通过赏石艺术这门新的艺术形式,为人们认识自然美和艺术美的关系提供了一个新的维度。本文的基本结论是，在赏石艺术中，将自然美和艺术美区分为两种互相对立的审美价值类型是没有根据的，并且，将自然美排除于美学之外则更没有根据。

二 赏石艺术的功能美

（一）社会美

古代思想家孔子曰："智者乐水，仁者乐山。"[50]若把这个认识浓缩在赏石艺术美学里，折射出的是赏石艺术在社会生活中的作用，也体现了赏石艺术的社会美。

赏石艺术不局限于个人的欣赏，还是一种美学现象。赏石艺术的社会美饱含对社会文化的影响，直接体现于人们的审美态度、审美趣味及审美格调所透出的赏石艺术美学精神里。[51]简言之：（1）赏石艺术美化家居生活，陶冶人们性情，满足人们精神生活的艺术化需求。（2）赏石艺术体现对自然性的反思，对自由精神的追求，对人生境界的体会，以及对朴素价值回归艺术的索求，从而潜在地影响着社会心理。（3）赏石艺术享有深厚的历史文化底蕴，彰显中华民族的创造力和亲和力，成了中华民族艺术史和美学史上的一朵奇葩。

总之，赏石艺术作为社会的艺术、生活的艺术及精神的艺术，赏石艺术的社会美透着反思与反省，意味着共鸣与和谐一致。欣赏者在对观赏石的凝视、触摸、欣赏和沉思中，沁入心灵的深处，陶醉于一个奇特的审美意象世界里（图158）。

（二）科学美

赏石艺术在某种程度上蕴涵必然性和规律性的审美思想，内在地拥有了科学美。

通常，地质学家和科学家对观赏石的科学美最为关注。美国思想家爱默生就认为："大自然是一种理解的纪律，它帮助人认识真理。我们同可感知事物打交道，这就是一种不间断的练习过程，它教给我们有关差异、相似、秩序、本质、表象、循序渐进、触类旁通、统一运筹等必要的知识。"[52]同时，法国物理学家彭加勒认为："如果自然不美，就没有了解的价值，人生也就失去了存在的价值。我这里并不是说那种触动感官的美，那种属性的美和

图158 《礼仪之邦》　长江石　27×18×12厘米　谢力藏

外表的美。我绝非轻视这种美,但这种美和科学毫无关系。我所指的是一种内在的、深奥的美,它来自各部分的和谐秩序,并能为纯粹的理智所领会。"[53]

赏石艺术的科学美主要体现在以下三个方面:(1)自然界是美的源泉。观赏石的意象美(包括形式美),均为自然界和宇宙秩序的一种呈现。人们通过理性、逻辑和想象的运用统一,窥见自然和宇宙的神圣和奥秘,赏石艺术有了终极之美。(2)美与普遍的自然规律相关。观赏石是由地质作用而形成,它的物理结构所形成的地质单元和地质元素,构成了观赏石的自然形态。人们在对观赏石的欣赏中,通过科学与艺术思维,欣赏到了观赏石的意象美。在某种程度上,这种意象美包含物理之美。(3)物理学渗透着美。观赏石是物理规律作用下的大自然的造化,而赏石艺术在对大自然和宇宙知识的追问中,体现了深奥之美。

在美学层面上,正因为赏石艺术里的科学美,才为赏石的神秘论调竖立起了一道篱笆。相反,那种认为赏石活动只是对神灵的敬畏,进而把奇石和观赏石沦为某种实用主义的社会价值观幌子的认识是不足道的。并且,科学美作为对无限的自然界和宇宙的审美反映,无形地确立了崇高观念在赏石艺术美学中的重要位置。总之,美国思想家爱默生认为:"自然的法则决定了所有的现象,而这个法则一旦为人所知,便可以用来预测现象的变化。当这个法则进入人的心灵之后,它便成为一种思想,而这思想之美是无限的。"[54] 的确,"美就是真理,真理就是美"。[55] 这句话倒为赏石艺术的科学美提供了具体而微的诠释(图159)。

图159 《空相》　　戈壁石(红绿碧玉)　　24×18×9厘米　　李国树藏

三 赏石艺术的内在美

（一）朦胧美

观赏石有着一种内在的朦胧之美，这种朦胧美乃是一种审美感觉。清代画家石涛言："至人无法，非无法也，无法而法，乃为至法。"[56]对于观赏石的不同观照，就会呈现不同的形相、不同的意象，观赏石因之呈现差异化。不可避免地，"羚羊挂角，无迹可求""即之愈稀，味之无穷"，这些言辞通常被用来表达对赏石艺术的朦胧美的审美感觉了。

德国哲学家莱布尼茨曾认为："美感是一种混乱的朦胧的感觉，是无数微小感觉的结合体。"[57]观赏石的形相由至为微妙、细腻的差别及变化的元素所聚成，微妙构成了观赏石的朦胧美的因子。对于"微妙"，意大利哲学家卡尔达诺曾写道："我们享乐简单而明白的事物，为的是我们能轻易看透它们，掌握到它们的和谐与美。无论如何，如果碰上了复杂、艰难和纠缠不清的事物，我们苟能圆满成功地解开它们，看透它们，认清它们的话，它们提供给我们的快感，必会加大很多。我们将这些事物称作微妙，即我们将那些简单、明白的事物称之为美。因此，微妙相对于具有敏感心灵的人而言，乃是一种高于美的价值。"[58]赏石艺术的微妙之处，随处可及，俯首皆是。例如，传统石的皱、漏、瘦、透，总会给人以隐约和朦胧的审美感觉，这种感觉有其自身的内在含义，有其秘密的必然性，成了欣赏者感受审美乐趣的基础。这就像清代画论家唐志契所言："能藏处多于露处，趣味愈无尽。"[59]赏石艺术的至高之美的价值恰体现在微妙之处。

总之，观赏石的朦胧美会让人产生错觉和幻觉，使人浮想联翩。赏石艺术也在突破着人们对想象力的限制，使得人们沉浸在无限的审美想象空间里。赏石艺术的朦胧美，似乎在考验着每一个欣赏者的细微情绪和敏感心灵（图160），而赏石艺术创造了一个如梦幻般的自由世界，在这个世界里一切欣赏者都是创造者和观看者。

（二）意象美

在审美意义上，事物"本身"与事物"美的显现"迥然有别。观赏石天生就是一种有

图160 《孔雀开屏》　怒江石　30×23×18厘米　李国树藏

意味的事物。在赏石艺术家的审美感觉里,观赏石的"形式""物象""意象"在激发心灵,并在艺术观照和审美观照中得以升华,使得一切欣赏者皆在审美愉悦中传递旨趣。这里,所使用的词汇乃是"形式""物象""意象",显然,它们意指不是观赏石这个"物"。

人们需要注意以下三点区分:(1)"形式""物象""意象"不等同于"物",其原因在于有欣赏者的审美意识的参与,即观赏石的美离不开欣赏者,更离不开赏石艺术家心灵的创造。(2)"形式"不等同于"物象",单纯的形式仅是观赏石所呈现的外在形态;"物象"也不等同于"意象",物象仅是观赏石呈露的外在形相;而"意象"则是欣赏者和赏石艺家经过心灵的创造,观赏石所呈现出的美。(3)观赏石的美是观赏石的"意象"所呈现的美。

《易传》有言:"观物取象""立象以尽意"。[60]关于"意象",美国艺术史家帕特里克·弗兰克曾解释道:"意象指的是一个图像中运用主体、象征及主题来传达意义。不是所有的艺术作品都包含意象。在包含意象的作品中,通常情况下是象征主义在传达着更深层次的意义。"[61]实际上,古典赏石就充满象征性,而当代赏石艺术呈现浪漫气息,赏石艺术根本上所欣赏的是观赏石的意象之美(图161)。这种意象美需要赏石艺术家和欣赏者依据个人的心境去体味,才会获得一种似"留得枯荷听雨声""一夜将愁向败荷"之中国艺术精神意趣。[62]朱良志先生就曾说过:"中国艺术精神的高妙之处即在于'心物之际',它要求艺术家斟酌于心物之际,徘徊于有无之间,亦心亦物,非心非物。"[63]

图161 《秋荷》　长江石　30×24×10厘米　肖萍藏

(三)想象美

只有大自然才会产生偶然性。对此,古罗马哲学家西塞罗认为:"自然具有的技巧是任何艺术家或匠人的手艺都不能够媲美或再现的。"[64]对于观赏石的偶然性,人们需要通过心灵的想象去把握住它。

想象在赏石艺术审美中发挥着极为重要的作用。观赏石有着无序性和繁杂性,使得赏石艺术充满了想象力的多样性和完满性。人们通过审美经验的运用和想象力的发挥,观赏石的无序也会变成有序,繁杂也会变成可能,即使它们有时会幻化成梦幻般的审美感觉,而赏石艺术家却尤为热衷于揣摩这动人的梦幻。对于一切艺术作品,几乎都拥有类似的特性。例如,古罗马思想家圣·奥古斯丁曾认为:"艺术作品之所以真实,正是由于它的特殊的虚假性,在某种意义上,如果艺术家既要忠于自己,又要实现自己的目的,他必须是说谎者。"[65]事实上,观赏石自身虽然是真实的——因为它自身不会说谎,但赏石艺术家却通过想象力的发挥,把握住了它们的艺术形相,揣摩到了它们的艺术意蕴,赏石艺术才拥有了想象美。

赏石艺术的想象美孕育在人们对观赏石的凝神观照之中。与此相关,印度美学家库马拉斯韦迈就认为,艺术美在于使人们想起某种东西,而不在赋予人们以快感。审美冲动只有当其为凝神观照提供充分的给养时,才能实现自己的功能。这正似由露珠的美妙所引起的那种审美冲动,将会使人们领悟到一切有生命的事物都是昙花一现的。[66]赏石艺术中的想象美,尤其在相似联想的作用下,必须认出这就是那个事物,以便感受到特有的情趣,并推升着美的层级,使得赏石艺术成了一种充满想象的及充满生命的高雅艺术(图162),这就诚如元代画家倪瓒题诗画所言:"兰生幽谷中,倒影还自照。无人作妍暖,春风发微笑。"[67]所谓一花一世界,一草一天国,便是这个道理。

(四)感悟美

艺术家的感悟形成了艺术创造的灵源,这是美学上的重要思想。赏石艺术审美不限于理性和逻辑的运用,而在于体悟中所获得的一种无遮蔽的美的显现。正如古老的格言所示,诗人和画家并不担负解说的义务,观赏石的形相的显现,意象的呈现,只能留给感悟

图162 《白石虾蚱图》 长江石 22×18×12厘米 肖萍藏

的空间。赏石艺术作为心灵化的艺术,充分体现为欣赏者和赏石艺术家所要表达的心灵经验,赏石艺术中的感悟美便成了一种认知美的体现。

唐代画论家张彦远言:"凝神遐想,妙悟自然,物我两忘,离形去智。"[68]赏石艺术需要超越一些寻常的欣赏方式,才能在观赏石精微而不可测的形相和意象中获得妙趣,才能在赏石艺术的审美体验中,倾心于艺术形相和意象,神迷于心物的融合,进入一种纯然的妙悟之境(图163)。这就像清代画家金农在诗中所表达的:"横斜梅影古墙西,八九分花开已齐。偏是春风多狡狯,乱吹乱落乱沾泥。"[69]可谓无风花叶落,江隐水自流,便是此景。

丙编　赏石艺术的美学欣赏

图163　《一枝梅》　长江石　18×15×8厘米　万炳全藏

第十一章　赏石艺术的最高价值美：灵境

观赏石是天之精灵、地之精灵、生命之精灵和心灵之精灵。明代画家沈颢言："称性之作，直参造化。盖缘山河大地，品类群生，皆自性现。"[1]清代画家郑板桥言："竹其有知，必能谓余为解人；石如有灵，亦当为余首肯。"[2]赏石艺术被灵境笼罩着，而这灵境在显现赏石艺术审美的朴素之理。

对于赏石艺术的审美体验，须"精思入神，独契灵异"[3]，才能充分体会到观赏石所呈现的不可名状的灵境，体味到惊异的、原始的、神秘的、默然的和宗教的永恒之美。这就像法国画家保罗·塞尚所说："自然对人类而言，更在于深度而不是表象。"[4]不言而喻，这些美是从大自然生命里生长出来的，是从人们心灵里涌流出来的，人们正是在观照观赏石的灵境美的过程中，获得心灵的安宁，返归于真、美和善。

本章将对赏石艺术的审美进行形而上的思考，也是对赏石艺术的审美的认识升华。

一　惊　异

古罗马修辞学家朗吉弩斯认为："凡是对人有用和必需的东西，人总能得到；凡是使人惊心动魄的，总是些奇特的东西。"[5]同时，古希腊哲学家苏格拉底认为："智慧始于惊叹。"[6]令人惊异盖是赏石发端的最深诱因，观赏石能够给人们带来惊讶的快乐。不过，德国哲学家黑格尔却认为："人把自然的东西只看作是引起刺激的东西，只有人由之而引出的精神的东西才对人有价值。"[7]赏石艺术作为一种艺术和审美的活动，乃是从令人惊异的大自然中引出精神的东西来，把人们难解的心灵从深处显露出来。

古希腊哲学家亚里士多德认为，惊异是从无知到有知的"中间状态"。[8]当观赏石逐渐进入成熟的艺术和美学领域,赏石艺术引起的惊异感就会发生改变,就会转向审美感觉。这就像英国哲学家培根所认为的,适当的奇异性是美必不可少的特质。[9]当人们对观赏石的形相进行审美欣赏之时,体味观赏石的意象美之时,便过渡为由自然的东西引发出精神的无限神秘之感了。

英国文学家艾迪生认为:"凡是新的不平常的东西都能在想象中引起一种乐趣,因为这种东西使心灵感到一种愉快的惊奇,满足它的好奇心,使它得到原来不曾有过的一种观念。"[10]于是,人们的赏石艺术审美意识便超越了对观赏石的外在形相的惊异感,而在观赏石的美的意象世界里诗情画意地栖居着。也请容我留下以下即兴感言吧(图164):

    惊异,
    多么神妙的造物,
    栖居于此,
    诗情、画意、哲理、情思、灵魂……

图164 《始祖》　　大理石画　　55×33厘米　　杨仁虎藏

英国哲学家柏克认为："凡是引起人们的欣羡和激发人们情绪的都有一个主要原因：人们对事物的无知。一旦认识和熟悉了之后，最惊人的东西也就不大能再起作用了。""在所有观念之中，最能感动人的莫过于永恒和无限。实际上，人们所认识得最少的也就莫过于永恒和无限。"[11]德国哲学家海德格尔也有感而言："惊异是存在者的存在于其中敞开和为之而敞开的心境。"[12]赏石艺术维系的是人与自然之间更为亲密的关系，保持着人同自然世界中某种不透明的情感，惊异则促成了赏石艺术审美的神秘的和浪漫的灵境之源。

二　原　始

人们在面对观赏石时，可以欣赏到大自然原初的形相，领略到大自然的原始本质，感觉到它们是美的事物。人们在赏石艺术的审美感觉当中，无形地把原始性视作了最坚实的基础。

在艺术史上，始终存在着把"自然"或"自然状态"作为衡量艺术和美的标尺的思想。比如，古罗马哲学家郎吉弩斯曾认为："只要水还在流，树还在长，一切时代的人都会赞同大自然和文学中按照一种大的模式铸造出的作品，而不会去赞同小心翼翼地、按照艺术规则再三推敲雕琢而成的作品。"[13]观赏石呈现原始的状态，拥有自为自在之美。这就犹如清人何绍基评论八大山人的画作时所言："愈简愈远，愈淡愈真。天空壑古，雪个精神。"亦犹如明末画家程正揆所言："画有繁简，乃论笔墨，非论境界也。北宋人千丘万壑，无一笔不减；元人枯枝瘦石，无一笔不繁。"[14]

"原始之物"往往能够激发人们对于感性的极致状态的兴趣，呈现出原始美。并且，观赏石的自为自在之美和原始美会让人产生莫名的崇拜感，而这种崇拜感会使人超脱，令人纯净（图165）。进而，观赏石的原始美还会带给人们一种崇高的感情。这种感情犹似德国哲学家康德所描写的："对崇高的事物具有感情的那种心灵方式，在夏日夜晚的寂静之中，当闪烁的星光划破了夜色昏暗的阴影而孤独的皓月注入眼帘之时，便会慢慢被引到对友谊、对鄙夷世俗，以及对永恒性的各种高级的感受之中。"[15]

图165　《溪山雪霁图》　　长江石　　26×27×12厘米　　王毅高藏

三　神　秘

人们从赏石艺术中获得的快乐也来源于神秘。罕见的、新鲜的和奇异的东西之所以能够引起人们的快乐——原始的快乐，主要是因为神秘引发了人们的想象，引起了人们的好奇心。与此相关，英国美学家艾迪生就写道："在一种虚幻的欢乐中，我们的心灵迷惑而不知所措，我们徘徊、游荡，犹如某个传奇故事中一位心醉神迷的英雄。""我们的最高创造者……创造了我们，它使我们天生喜爱人类中伟大的、新的和美的事物。因为它的本质是伟大的,不可捉摸的,它的创造物是新奇的,并引起了我们的好奇心,它的目的在于使我们遍布于它所创造的那个世界。它还使我们发觉到,这个世界大体上是美的,以便使我们不能以冷漠和漠不关心的态度去看待它的工作。"[16] 愈加可以说,赏石艺术源于神秘,赏石艺术之美始于新奇。

《易传》有言:"大哉乾元,万物资始,乃统天。"[17] 观赏石乃为天工之作,自性为美,自然全美,赏石艺术彰显的是自然之道和宇宙之道。赏石艺术在根本上追求的是天趣与人工的合作,而天趣则隐蔽着自然远比人有更全面和完美的展现,犹如老子之所言:"人法地,地法天,天法道,道法自然。"[18] 观赏石是原始的,也是大胆的,带给人以奇迹般的目瞪口呆之惊和不可思议之美。东汉史学家班彪曾言:"神器有命,不可以智力求。"[19] 高等级的观赏石艺术品积日月之精华,为天地间玄妙之作,发自真性,妙然自足,它就犹如古代思想家庄子之所言:"判天地之美,析万物之理,察古人之全,寡能备于天地之美,称神明之容。"[20]

观赏石的神妙之美透着神圣性,这种神圣性使得世间凡俗的人们通过赏石艺术进入澄明之境,体味到一种销魂之美。这也反映了古代思想家子思的智慧:"惟天下至诚为能尽其性,能尽其性则能尽人之性,能尽人之性则能尽物之性,能尽物之性则可以赞天地之化育,可以赞天地之化育则可以与天地参矣。"[21] 神圣性也成了赏石艺术的至高的审美境界。

赏石艺术妙造自然,美在意象,自在兴现,渗入心灵。正似清代画家石涛在画跋中所言:"山林有最胜之境,须最胜人。境有相当,石,我石也,非我则不古;泉,我泉也,非我则不幽;山林,我山林也,非我则落寞而无色。虽然,非熏修参劫而神骨清,又何易消受此而驻吾年。"[22] 观赏石是上天的造化,包罗世间万象,欣赏者可谓是神解者。宋代诗人苏轼有言:"物有畛而理无方,穷天下之辩,不足以尽一物之理。达者寓物以发其辩,则一物之变,可以尽南山之竹。"[23] 赏石艺术无所不包容,无所不显现,人们对观赏石的敬畏之感由神秘而来,从而在赏石艺术的审美体验中沉浸于无限。

南宋哲学家陆九渊言:"宇宙不曾限隔人,人自限隔宇宙。"[24] 在中国赏石文化史上,对于赏石的认识,尤其在赏石与艺术的关系上,有着一种观赏石在艺术上不可知的观点。这种观点类似德国哲学家黑格尔所写道的:"……认为一般实在界,即自然和心灵的生命,通过理解就会遭到损坏;理解性的思考不但不能使实在界和我们更接近,反而使它和我们更疏远,所以,人用思考为手段去理解生命,简直就不能达到目的。"[25] 这句话可以转译为,人的纯粹主观认识、纯粹的"我思"与大自然的存在无法取得一致。[26]然而，法国哲学家保罗·萨特却认为："作为出发点来说，更没有什么真理能比得上'我思故我在'了，因为它是意识本身找到的绝对真理。任何从人出发的理论，只要一脱离这个找到自我的状态，就是压制这种真理，原因是脱离了笛卡尔的'我思'，一切东西至多只具有可能性或概率性，而任何关于概率性的理论，不附在一个真理上，就会垮得无影无踪。"[27]比较上述两种观点，运用在对赏石艺术的认识中，前者实则把人对观赏石认识的途径堵塞了，而后者则突出强调了人在观赏石认识中的主体性。

德国哲学家叔本华曾认为："今天经常听到的说法是，'世界就是目的本身'，这到底是要以泛神论，还只是以命运论去解释是不确定的，但起码只是允许某一自然的而不是道德上的含义，因为根据后一种看法，世界始终就表现为实现某一高目标的手段，但认为世界有的只是自然方面的含义，而没有道德上的含义，这想法却是最不可救药的错误，是怪诞的、反常头脑的产物。"[28]对于观赏石的不可知的论调，这里只消说：如果人们承认观赏石不可知这个前提，那么，为什么人们还要去赏玩观赏石呢？还要耗费精力去研究赏石艺术呢？显然，人们已超越了奉赏石活动为神圣和性灵而对之绝对崇拜的历史阶段，而专注于从美和艺术去认识它了——当然，艺术和美也必然包含着神圣和性灵的讨论。反之，如果人们完全沉湎于因观赏石出自大自然的神圣性及不可预知性，只能从中找寻到一种精神需要的慰藉和满足，就认为"石不可赏"，那么，既不利于赏石艺术的发展，也会把赏玩石头的人们引入歧途。而更重要的是，人们通过赏石艺术实则为认识大自然，认识文化，认识艺术，以及认识美敞开了一种艺术的可能。

实际上，对观赏石进行艺术观照和审美观照，需要人们在思想领域中进行思考——进入审美沉思的领域。人们不但要去沉思观赏石的意蕴和形式的外显意义，还要透过观赏石的坚硬外壳使得心灵如何更好地深入它，沉思赏石艺术背后的形而上的东西，沉思通过赏石艺术如何更好地通向艺术和审美的彼岸，沉思赏石艺术的美学精神，等等。

美国美学家比厄斯利认为："各门艺术无论在理论上还是在实践中，都受到来自另一个完全不同的方向——人类学，特别是对神话现象研究领域的影响。"[29]神秘主义在所有艺术领域中都有存在，甚至在人们的生活中也存在着，这就仿佛美国思想家爱默生所说的："托儿所的每个幼儿都会天真地谈论神秘主义。"[30]观赏石是个原色的世界，人们必须承认观赏石存在的神秘，也必须承认观赏石的美是意象的显现，从而在神秘主义和浪漫主义之间斡旋。换句话说，赏石艺术完全接近于把存在的神秘感与意象美的显现巧妙地实现的艺术形式。于是,赏石艺术的审美便实现着一种奇异魔力的结合:高尚的心灵与神性的和谐之间的颤动(图166)。不难理解,赏石艺术的审美领域是想象性的、沉思性的和宗教性的,赏石艺术的美游移于自然美、艺术美和神性美之间,成为合一。诚如英国艺术家罗斯金所认为的,想象力的奇迹最终要归功于万事万物中的"圣灵"的存在,而"圣灵"则借助于人们心灵的最高秩序所确立的艺术为人们所认识、赞美和崇敬。[31]正是人们在与自然世界的神秘交融的审美体验过程中,神秘、幽玄、原始、象征和浪漫构筑了赏石艺术的灵境美。

图166 《撒旦的微笑》　　长江石　　12×10×6厘米　　林同滨藏

四　默　然

中国的诗人和画家们惯常会用"俯仰自得"的精神来欣赏大自然,以"游心太玄"的艺术境界跃入大自然的节奏之中。[32]唐代书法家张怀瓘即言:"不可以智识,不可以勤求。若达士游乎沉默之乡,鸾凤翔乎大荒之野。""千变万化,得之神功,自非造化发灵,岂能登峰造极。"[33]文中所言的"达士游乎""沉默之乡",不正是赏石艺术传达给人们的嘛!

文学上的沉默,成就了虚空。比如,唐代诗人李白诗言:"问余何意栖碧山,笑而不答心自闲。桃花流水窅然去,别有天地非人间。"[34]宋代诗人黄庭坚诗言:"松柏生涧壑,坐阅草木秋。金石在波中,仰看万物流。"[35]观赏石允许人们长久地静观,在静观中倾听着大自然的心声,而古罗马哲学家柏罗丁就曾写道:"静观的人应当退隐到心灵深处,如同退隐到一座庙里一样,安静地留在那里,超脱一切事物,一直静观到毫无变化发生。"[36]这就是默然。默然本是一种艺术感觉,一种无声的哀叹。日本美学家今道友信认为:"艺术经验和沉默的相互关系,是甚为重要的问题。"[37]

赏石艺术中的默然,拷问的是人们灵魂深处的心境,而这种心境乃是真实的和无利害的,使得人们返回自身,观照自身,归于太一(图167)。

图167　[元]倪瓒　《紫芝山房图轴》
台北故宫博物院

五 宗 教

赏石艺术源于惊异,源于原始,源于神秘,源于寂寞,源于神灵的象征,等等。在深层次上,赏石艺术含藏着人们对大自然的宗教情感的信奉和依赖。在人们的心灵里,观赏石充满神秘且神圣感。美国科学家爱因斯坦就认为:"我们认识到有某种为我们所不能洞察的东西的存在,感觉到那种只能以其最原始的形式为我们感受到的最深奥的理性和最灿烂的美——正是这种认识和这种情感构成了真正的宗教情感;在这个意义上,而且,也只是在这个意义上,我们才是一个具有深挚的宗教感情的人。"[38] 于此,赏石艺术可以作一种玄学意义的美的解释了。

人们欣赏观赏石,不自主地会以宗教般的生命情感灌注其中。东晋诗人陶渊明诗言:"不觉知有我,安知物为贵。"[39] 唐代诗人司空图言:"惟性所宅,真取弗羁。拾物自富,与率为期。""倘然适意,岂必有为。若其天放,如是得之。"[40] 北宋诗人苏轼诗言:"我持此石归,袖中有东海。"[41] 赏石艺术有着深刻的感悟性,体现在欣赏者的真性、体验和境界凝聚的三位一体的悟性。德国哲学家康德曾认为,审美判断不是来源于作为理解力的悟性,也不是来源于感官的直观及其复杂的多样性,而只是来源于悟性和想象力的自由变幻。[42] 赏石艺术的审美愉悦,在于触发人们人格的激荡,触动人们的内在灵魂。

奥地利诗人里尔克说过:"宗教无限单纯,它天真朴实。宗教不是知识,也不是情感的内涵……它不是义务,也不是自我克制。宗教不是限制:在无限广袤的宇宙之中,宗教是心所指引的方向。"[43] 唐代诗人刘禹锡言:"境生于象外。"[44] 北宋理学家程颐言:"在物为理,处物为义。"[45] 赏石艺术审美的深刻特点生动地体现为自由的、能动的,心灵使得它无形地上升为思想之美。

观赏石遵循着大自然的神圣法则,又是由人的目的性决定的艺术载体,尤其是赏石艺术家主导的自由审美艺术,有着一种自由美。这就诚如明代文学家陈继儒所言:"香令人幽,酒令人远,石令人隽,琴令人寂。"[46] 古代文人们赏石浸透了道禅哲学思想,在对奇石审美的皱、漏、瘦、透、丑的本质形式中,体验变化、差异、多样性和无穷性;在赏石审美体验中,从孤寂超脱出来,在孤独、寂寞、伤感和彷徨氛围里保持着心灵的自由;在对奇石的差异性和无限性中,感受无边的赏石乐趣。当代的赏石艺术何尝不是如此呢!

简言之,诚如德国哲学家黑格尔所言:"只有靠这种自由性,美的艺术才成为真正的艺术,只有在它和宗教与哲学处在同一境界,成为认识和表现神圣性、人类最深刻的旨趣以及心灵最深广的真理的一种方式和手段时,艺术才算尽了它的最高职责。在艺术作品中,各民族留下了他们最丰富的见解和思想;美的艺术对于了解哲理和宗教往往是一把钥匙,而且对于许多民族来说,是惟一的钥匙。"[47]奇石和观赏石挤进了中华民族的认识世界,并在知识的世界里被无形地敞开了,突现从宗教层面呈现了东方艺术的空灵与神秘,成了理解中华民族美学精神的一把钥匙。

美国学者理查德·加纳罗认为:"艺术家们常常是以他们特有的方式与宗教发生关联,他们的看法虽说是非正统的,但给人们精神带来的升华却一点儿也不比正统的观念逊色。"[48]对于古代文人赏石家和当代赏石艺术家来说,赏石和赏石艺术因纯粹、原始、极简、不含杂质,而拥有至高的美、理想的美和精神的美。因此,无论对于古代文人赏石家们,还是当代赏石艺术家们,以及一切欣赏奇石和观赏石的人们来说,赏石和赏石艺术所具有的异想天开般的宗教美,更加符合各自所处的时代精神和民族精神(图168)。

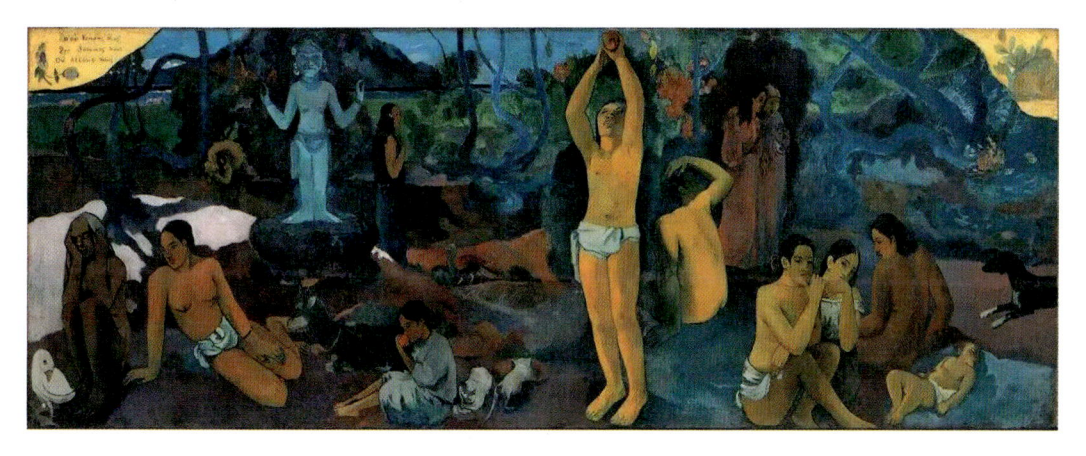

图168 [法]保罗·高更 《我们从哪里来?我们是谁?我们到哪里去?》 美国波士顿美术馆

总之,道教有一传说,神人安期生一日大醉,墨洒于石上,石上便开出了绚烂的桃花。正可谓"源上桃花无处无"[49],体验赏石艺术的审美意象,终究需要人们理解一点先验论的思想。赏石艺术的灵境世界,乃是人们的理想世界和理想国,犹如陶渊明所描述的桃花源,"山有小口,仿佛若有光"。[50]

第十二章　赏石艺术的美学境界

观赏石作为赏石艺术的载体,成为人们的欣赏对象,呈现审美化的意象美,这种意象美融合自然与人的心灵创造于一体,令人沉静欢愉,令人心醉神迷,令人执着生命的肯定,带给人以无与伦比的感官享受。赏石艺术关涉体验哲学和心灵哲学,无论是目光欣赏,还是身心体验,抑或心灵创造,都体现着一种美学境界。

赏石艺术的美学境界微妙而深刻,既因观赏石的天意造化的形相而生,又因禅、释、道引发的哲学思想而起,更因欣赏者和赏石艺术家的品位而成,充满着心灵灌注生命的诗情画意和哲理情思,充斥着人们梦想得到的幻境和灵境的表达。事实上,任何品类石种里的观赏石都有自己的独特美学特性,都有自己在赏石历史中所保持下来的文化连续性,因此,赏石艺术的美学境界乃为综合各品类石种抽象而来——尤其文中在讨论赏石艺术之韵时,按照造型石和画面石的分类而进行的。总体上,赏石艺术的美学境界可描述为之境、之韵、之气、之魂,而浓缩于每一石种品类及每一块真正的观赏石艺术品之中,成为人们酌取、咀嚼、体味与沉思的对象。

本章聚焦于对观赏石的各种美的意象特征的讨论,它们乃汇聚成了赏石艺术的美学境界。

一　赏石艺术之境

画有画境,石有石境。元代诗人虞集言:"耳闻目击,神遇意接,凡于形似声响,皆境也。然达其幽深玄虚,发而为佳言;遇其浅深陈腐,积而为俗意。不能复有心之境、境之心。心之于境,如镜之取象;境之于心,如灯之取影。亦因其虚明净妙,而实悟自然,故于情想经营,如在图画。不著一字,窅然神生。"[1]观赏石的石境、欣赏者的心境以及道禅哲学的禅境共同影响下的赏石艺术哲学和赏石艺术审美哲学,陶铸了赏石艺术的美学境界。

德国哲学家黑格尔在谈论音乐时说:"如果我们一般可以把美的领域中的活动看作一种灵魂的解放而摆脱一切压抑和限制的过程,因为艺术通过供观照的形象可以缓和最酷烈的悲剧命运,使它成为欣赏的对象,那么,把这种自由推向最高峰的就是音乐了。"[2]同音乐相类似,赏石艺术的美学境界在根本上体现了一种自由美。

(一)孤寂

中国赏石传扬着一个最古久的传统——孤寂。孤寂代表了中国赏石初始群体的文人们所具有的品质,也是影响中国当代赏石艺术的最主要基调,诚如明代思想家洪应明之所言:"嗜寂者,观白云幽石而通玄。"[3]人们在赏石艺术活动中,都能够切身体味到一种隐退到自然中的寂寞之感。

寂寞往往同社会生活里的人们(尤其文人)相随与相行。唐代诗人韦应物诗言:"万物自生听,太空恒寂寥。"[4]唐代文学家元稹诗言:"寥落古行宫,宫花寂寞红。白头宫女在,闲坐说玄宗。"[5]不同的艺术形式通过寂寥的意境表达相同的孤独精神。古代文人赏石家们尤怀有孤独的情怀,并在奇石的欣赏中得以表露。元代诗人虞集就有诗言:"试问堂前石,来今几十年。衰颜空雨雪,幽致自风烟。微醉寒堪倚,孤吟静更眠。旧湖春水长,谁系钓鱼船。"[6]赏石艺术表达的何止是孤独,而是孤寂!

当人们独自面对沉默的观赏石时,时间似乎静止了,犹如渔隐艺术里的隐者寒江独钓一样,这种静止虚构了一种亘古的寂,仿佛把人携入永恒,而在静和寂中享受着孤独(图169)。这就像唐代诗人柳宗元诗言:"千山鸟飞绝,万径人踪灭。孤舟蓑笠翁,独钓寒江雪。"[7]又像南唐后主李煜词言:"一棹春风一叶舟,一纶茧丝一轻钩。花满渚,酒盈瓶,万顷波中得自由。"[8]试想,古代文人们所体味的孤寂之境,恐怕就是在静止中,而感觉到的触动自己灵魂的那一刹那的东西吧。

唐代诗人司空图言:"素处以默,妙机其微。"[9]金代文学家元好问言:"万虑洗然,深入空寂。"[10]赏石艺术中的孤寂,仿佛是在同天地精神相往来,也仿佛是对现实的拒绝,可谓孤寂入石中。比如,南朝高僧竺道生——人称"生公",曾讲经于苏州虎丘寺,人无信者,乃聚石为徒,坐而说法,石头皆点头,留下"生公说法,顽石点头"的传说。同样,唐代诗人

图169 《寒江独钓》　　新疆风凌石　　尺寸不详　　王志远藏

李白诗亦言："脱吾帽，向君笑。饮君酒，为君吟。张良未逐赤松去，桥边黄石知我心。"[11]

　　赏石艺术的孤寂无形地幻化成了自由美，而相对于其他主流艺术形式，这一点显得尤为独特。完全可以说，孤寂才为赏石艺术的最微妙和最玄深之处，可称独绝也。这就正似法国哲学家米歇尔·塞尔所写道的："为了看而不说话，理解而不用语言，所有的人都来跳舞。今天他们都被话术、语言、书写搞得筋疲力尽，感到疲惫厌倦。最后，有一种短暂的感觉悄悄地经过这里。"[12]赏石艺术的孤寂成了人世间的另类审美趣味和审美体验，人们于孤寂之中识生化之神。无怪乎，唐代诗人姚合诗即言："无竹栽芦看，思山叠石为。""唯应寻阮籍，心事远相知。"[13]在赏石艺术的孤寂氛围里，人们脱略凡尘，冷却躁动，挣脱羁縻，安顿不为世系的灵魂。

　　《礼记》有言："人生而静，天之性也。"[14]赏石艺术带给人们以孤寂的心境，使得自己同观赏石一样，不愿说话，不想说话，不能说话。这种情形在中国古代诗歌里亦有大量的表达。例如，唐代诗人王维诗中言："轻阴阁小雨，深院昼慵开。坐看苍苔色，欲上人衣来。"[15]"木末芙蓉花，山中发红萼。涧户寂无人，纷纷开且落。"[16]唐代诗人寒山言："惯居幽隐处，乍向国清中。时访丰干道,仍来看拾公。独回上寒岩,无人话合同。寻究无源水,源穷水不穷。"[17]此外,古代思想家老子曰:"寂兮寥兮,独立而不改,周行而不殆。"[18]元代画家倪瓒言:"戚欣从妄起,心寂合自然。当识太虚体,勿随形影迁。"[19]赏石艺术的孤寂使得人们深深地融入了对自然生命的体验中,寂而生生。正似明代赏石家林有麟所言:"石尤近于禅。"[20]

总之,明代理学家程颐言:"一见了便从空寂去。"[21]每个人在独处的时候,都似一个裸体,犹如来到世间时的样子,只是不再啼哭,也不想再被人所偷窥。人世间不缺繁花,而人世间的那朵孤寂之花,才是不凋谢之花,那朵孤寂之花,尤似一朵古菱花,"谁有古菱花,照此真宰心"。[22]中国赏石艺术就像一朵古菱花。

(二)高逸

中国文人艺术家自古就有崇尚清静、致远、高古及空灵的审美倾向,这也是中国赏石艺术的美学精神追求(图170)。

明代思想家洪应明言:"得趣不在多,盆池拳石间,烟霞具足;会景不在远,蓬窗竹屋下,风月自赊。"[23]清代文学家张潮言:"胸藏丘壑,城市不异山林;兴寄烟霞,阎浮有如蓬岛。"[24]观赏石有着放达不羁与逸兴飞扬的美感,体现赏石艺术家高逸的情怀与风范。在一切欣赏者的心灵里,每一块观赏石都是一个自足圆满的世界,赏石艺术便可以视作一种"天乐"了。

图170 《仿李苦禅鹰石图》　怒江石　14×9×3厘米　王福光藏

（三）淡泊

中国文人艺术存在一种"淡然元性"的重要观念。朱良志先生认为："云林、石涛、八大都是以哲学的智慧来作画。云林的艺术妙在冷，石涛的艺术妙在狂，八大的艺术妙在孤。"[25] 赏石艺术家所崇尚的赏石艺术妙在淡泊。

人们俗言，黄金有价，奇石无价。唐代诗人司空图言："神存富贵，始轻黄金。浓尽必枯，淡者屡深。"[26] 对追求赏石艺术的人们来说，观赏石因自然、原始、淡远和朴素而深浓耐品，追寻着心灵的慰藉。宋代诗人苏轼则言："惟石菖蒲并石取之，濯去泥土，渍以清水，置盆中，可数十年不枯。虽不甚茂，而节叶坚瘦，根须连络，苍然于几案间，久而益可喜也。其轻身延年之功，既非昌阳之所能及，至于忍寒苦，安澹泊，与清泉白石为伍，不待泥土而生者，亦岂昌阳之所能仿佛哉！余游慈湖山中得数本，以石盆养之，置舟中，间以文石、石英，璀璨芬郁，意甚爱焉。"[27] 文中出现的"文石"字眼，亦可显见观赏石被供置于文人案头，视为清玩，彰显的是文人淡泊的精神底色，也成为文人品格的象征（图171）。

图171 《孤禽图》　　长江石　　15×13×12厘米　　胡发连藏

古代思想家庄子曰："淡然无极，而众美从之。"[28] 观赏石似大自然之雕刻，又似大自然之绘画，成为赏玩石头人的"天人粮"[29]。宋代诗人苏轼诗言："外枯而中膏，似淡而实美"，[30] 极富枯淡意蕴的观赏石，因"既雕既琢，复归于朴"[31]，当属文人的清欢。清淡方可入品，赏石艺术源于淡泊之情操，畅于道德之陶冶，达于超越世俗之羁绊，忘于功名利禄之境界。

（四）空幻

中国哲学认为，宇宙变化不已，虚幻不实；佛教亦有无常和空幻的观念。这种哲学和佛教观念对赏石艺术生发着影响。唐代画论家张彦远言："凝神遐思，妙悟自然，物我两忘，离形去智。"[32] 超越形体和心智，在静穆的观照中，而与观赏石默然相契，筑成了赏石艺术的空幻之境。

明代赏石家林有麟在《素园石谱》里记述，一位管理采砂石的小官吏曾获得一方山形石，其"双峰并秀，若夏云突兀"，遂命名"涌云石"。并赋诗言："坤灵凝秀几千春，一日佳名号涌云，淡僻性便虽老在，自挑砂砾看奇文。"[33] 不难理解，诗中"涌云"为空，"奇文"为幻，正所谓落花无言，赏石无语，一石之悟，乃自性起。清代词人周济言："初学词求空，空则灵气往来！"[34] 宋代诗人苏轼亦诗言："欲令诗语妙，无厌空且静。静故了群动，空故纳万境。"[35]"我心空无物，斯文何足关。君看古井水，万象自往还。"[36] 赏石艺术的空幻传递着一种自由的境界，使人仿佛置身于幻想的异境之中。

唐代高僧慧能言："于自性中，万法皆现。"[37] 赏石艺术常有"石为云根""云岫"的说辞。于此，清代画家唐岱言："夫云出自山川深谷，故石谓之云根。又云夏云多奇峰，是云生自石也。"[38]《公羊传》有言："泰山之云，触石而起，肤寸而合，不崇朝而雨天下。"[39] 东晋诗人陶渊明诗言："云无心而出岫。"[40] 宋代诗人陆游诗言："池偷镜湖月，石带澳洲云。"[41] 南朝道士陶弘景则诗言："山中何所有，岭上多白云。只可自怡悦，不堪持赠君。"[42] 总之，赏石艺术的空幻之境，如卷云、积云和层云那般，不是对时间的描绘，不是对历史的描述，而展现的是一幅永恒的世界图景，以及一种灵气的依归（图172）。这就极似《卿云歌》之所云："卿云烂兮，纠缦缦兮。"[43]

古代思想家庄子言："空虚不毁万物为实。"[44] 明末清初画家龚贤言："虽曰幻境，然自有道观之，同一实境。"[45] 赏石艺术的空幻，意在于对实相世界的认识、把握与超越，而颇有

图172 《寒山寺》 大理石画 47×75厘米
李国树藏

禅意。这就像美国美学家吉尔伯特所说:"空幻的游戏愉悦,乃是净化社会生活的最精巧的手段。"[46] 如果说画有东西影[47],空幻则为赏石艺术之影子了。

(五)萧疏

赏石艺术中的萧疏,可理解为一种幻化的形式,往往与沉溺、依赖、秩序和整齐等相对立。萧疏常表现为一种纯思,似乎透着元代画家倪瓒"疏林落日草玄亭"的风致[48],像极了元代诗人虞堪、画家王蒙和明代画家文徵明,各自称赞云林之画所言:"因君写出三株树,忽起孤云野鹤情。"[49] "五株烟树空陂上,便是云林春霁图。"[50] "遥山过雨翠微茫,疏树离离挂夕阳。飞尽晚霞人寂寂,虚亭无赖领秋光。"[51] 还像倪瓒自己的题画之所言:"江渚暮潮初落,风林霜叶浑稀。倚杖柴门阒寂,怀人山色依微。"[52]

清代画家恽南田诗言:"石壁无云涧路空,荒荒竹叶夜来风。心游古木枯藤上,诗在寒烟野草中。"[53] 萧疏透出一种萧闲与疏野之趣味,成为赏石艺术的本真氛围,体现着欣赏者和赏石艺术家的内心体验和精神境界(图173)。这就如同元代画家曹知白写赠同庵题诗所言:"身已难凭借,支离各有因。暂时连四大,终是聚微尘。万籁含虚寂,诸缘露本真。从来声色里,迷误许多人。"[54]

图173 《寒松图》　　怒江石　　10×13×3厘米　　李国树藏

总之,宋代诗人欧阳修言:"萧条淡泊,此难画之意,画家得之,览者未必识也。故飞动迟速,意浅之物易见,而闲和严静,趣远之心难形。"[55] 明代画家李日华亦言:"凡状物者,得其形不若得其势,得其势不若得其韵,得其韵不若得其性。"[56] 同宋元以来的文人画一样,观赏石的萧疏真性,隐逸于赏石艺术之境。

（六）古雅

观赏石遗留了岁月的痕迹,沉淀了时光的历史感。清代文学家张潮言:"梅令人高,兰令人幽,菊令人野,莲令人淡,春海棠令人艳,牡丹令人豪,蕉与竹令人韵,秋海棠令人媚,松令人逸,桐令人清,柳令人感。"[57]明代文人文震亨言:"石令人古。"[58]这里的"古",可理解为老境之意,颇似宋代画家黄休复之所言:"画之老境,最难其俦。"[59]

唐代诗人司空图言:"空潭泻春,古镜照神。"[60]观赏石乃悠悠亿万载的存在物,苍古沧桑、浑厚古朴、质朴自然、原始无束,呈露一种超越有限和无限的永恒性,无声地激荡着人们对生命和时间的思考。元代胡宁言:"千年石上苔痕裂,落日溪回树影深。"[61]《周易》有言:"物生必蒙,故受之以蒙,蒙者蒙也,物之稚也,物稚不可不养也。"[62]观赏石展现着大自然的造化与神工,古趣兴然,不附俗流,不落时习,使人远离世俗和庸俗,人与"万古不移之石"[63],千秋如对,可谓古雅之极致矣(图174)。

图174 《枯木窠石图》　　玉树石　　35×32厘米　　李国树藏

日本美学家今道友信认为:"真正的艺术体验,乃是在物理时间中,逐步地抛弃物理时间的精神运动。"[64]人们欣赏观赏石,体味着对无古无今的超越,陶醉于大自然的意识和生命精神。

(七)真纯

宋代诗人苏轼诗言:"细看造物初无物。"[65]北宋理学家张载言:"合内外,平物我,此见道之大端。"[66]在生活的大千世界里,观赏石最为真实,人们会为这种真实而感动,并在感动中确保自己的真实,纯化自己。古代思想家庄子曰:"故素也者,谓其无所与杂也;纯也者,谓其不亏其神也。能体纯素,谓之真人。"[67]"真者,所以受于天也,自然不可易也。故圣人法天贵真,不拘于俗。"[68]"自然"本为中国艺术的最高审美境界,而赏石艺术审美则是对大自然观赏石的真纯之美的感知。譬如,南宋理学家林希逸就有言:"随万物而为之剂量,言我之作乐,不用智巧而循自然也。"[69]观赏石的意象是由人们在审美活动中生发出的真纯的美感,故赏石艺术美在自然,不介沾染,意象阑珊。

庄子曰:"圣人怀之,众人辩之,以相示也。"[70]唐代诗人司空图言:"真力弥满,万象在旁。"[71]魏晋玄学家王弼云:"言者所以明象,得象而忘言;象者所以存意,得意而忘象。"[72]对于观赏石真纯的理解需要特殊的官能,这种官能不是简单的感觉,而是审美感觉。这种审美感觉体现在知性、想象力和感知力的发挥,蕴藏在人对万物生命的体验之中。

庄子曰:"真者,精诚之至也,不精不诚不能动人,故强哭者虽悲不哀,强怒者虽严不威,强亲者虽笑不和。真在内者,神动于外,是所以贵真也。"[73]明代画家徐渭言:"天地视人,如人视蚁,蚁视微尘,如蚁与人。尘与邻虚,亦人蚁形,小以及小,互为等伦。则所称蚁又为甚大。小大如斯,胡有定界?物体纷立,伯仲无怪。目观空华,起灭天外。爰有一物,无挂无碍,在小匪细,在大匪泥,来不知始,往不知驰,得之者成,失之者败,得亦无携,失亦不脱,在方寸间,周天地所。勿谓觉灵,是为真我。"[74]在此意义上,可以说真纯构成了观赏石的最基本要素,也是赏石艺术最美丽的特质,而真性纯然,自有真美,只有真纯者才会起净化功能,产生净化效果。反之,就如唐代诗人韦应物诗歌所言:"乾坤有精物,至宝无文章。雕琢为世器,真性一朝伤。"[75]

明代思想家洪应明言:"意所偶会,便成佳境;物出天然,才见真机。若加一分调停布置,趣味便减矣。白氏云:'意随无事适,风逐自然清。'有味哉,其言之也。"[76]法国美学家杜

图175　《小熊猫》　　玛瑙　　8.5×5×3厘米　　杜学智藏

夫海纳则认为:"美就是审美的真。"[77]赏石艺术是对真纯的自主性的坚守和捍卫(图175)。

(八)玄虚

荷兰画家梵·高画了一双农鞋,成了著名的艺术品。

南朝文学家刘勰言:"壮溢目前曰秀,意在言内曰隐。"[78]宋代诗人欧阳修言:"必能状难写之景,如在目前,含不尽之意,见于言外,然后为至矣。"[79]观赏石表面看来形态简单,却有玄虚之致,成了中国艺术里玄虚精神的范例。唐代诗人王维即言:"舍法而渊泊,无心而云动。色空无碍,不物物也。默语无际,不言言也。"[80]观赏石沉潜往复,不耀不妖,不事张扬,不媚世俗,赏石艺术之美寓于隐秘的意义中。

明代画家陈继儒言:"石令人隽,雪令人旷,僧令人淡。"[81]宗白华先生认为:"一切艺术的美,以至于人格的美,都趋向玉的美,内部有光采,但有含蓄的光采,这种光采极绚烂,又极平淡。"[82]朱良志先生说过:"美如雾里看花,美在味外之味,美的体验是一种悠长的回味,美的表现是一种表面上并不声张的创造。"[83]观赏石的美虽难以捕捉,却总有一种言有尽而意无穷的感觉扑面而来。

中国艺术珍视一种重要观念,"盖隐处即秀处"[84]。艺术上的玄虚,往往意味着抽象,而在观赏石玄虚的隐处,深寓宛自天开的精神,缥渺无痕地诉说着世界的真实(图176)。唐代诗人司空图言:"道不自器,与之圆方。"[85]人们喜欢真实,但当经历了太多的真实,就会喜欢上虚幻,而虚幻会是生活里的陷阱,不知不觉地走进去后,就很难再出来。赏石艺术的玄虚之美,透着中国文学"余音袅袅,不绝如缕"[86]的风味。

图176 《睡莲》　　长江石　　14×13×6厘米　　屈海林藏

图177 《灵动》 太湖石 90×75×30厘米 李金生藏

清代画家方士庶言:"山苍树秀,水活石润,于天地之外,别构一种灵奇。"[97]唐代诗人司空图言:"是有真迹,如不可知。意象欲生,造化已奇。"[98]大自然的事物才为真迹,观赏石蕴含着天地造化的奇功,让人产生想象的美好。

唐代诗人卢照邻诗言:"浮香绕曲岸,圆影覆华池。常恐秋风早,飘零君不知。"[99]观赏石因天地而得奇韵,其瘦骨嶙峋,尤其成为文人们的清供与清欢,成为清奇的典范。

(三)枯拙

观赏石之"皱",必有枯拙意。

元代诗文家张雨在《琴赞》里云："石上之枯,玉质粹美。徽弦絫发,乱以松水。拟操白雪,强名绿绮。大音希声,无隐乎尔。"[100]观赏石尤以枯拙见性,毫无媚态,体现生命的倔强,彰显大巧若拙的智慧。宋代诗人苏轼有枯淡论,其曰:"所贵乎枯淡者,谓其外枯而中膏,似淡而实美""发纤秾于简古,寄至味于淡泊"。[101]清代画家石涛题画诗言:"收拾太平业,何当此境通。枯根随意活,堕水照人空。只许吟间见,难凭纸上工。远看与近想,不是六朝风。"[102]观赏石的枯拙折射出欣赏者无为的心境。譬如,清代画家石涛即言:"随我枯心飘渺中。"[103]明代思想家洪应明亦言:"文以拙进,道以拙成。"[104]一"枯"字,加一"拙"字,赏石艺术凝聚了无尽枯寂的意味。

中国文人艺术自有嗜好枯拙的传统,文人艺术家通过枯拙表达着文人态度。对此,朱良志先生认为,中国早期以枯木寒林为标识的"枯相",一方面与艺术境界有关,但多是作为时间标记物而存在的。到了元代文人艺术以来,枯木寒林多不是作为时令显示物而存在,主旨却在于创造一种不来不去、不生不灭的境界,出现了反时节的特点。他写道:"文人画家多在'穆然'的意象世界中,追求'幽趣'的传达,透过表相世界,所谓'当在万类先',去看'敦素质'——朴素本真的存在。"[105]与此相关,清代画家石涛有着一段感悟:"枯木竹石,非妙在形似之工巧,而妙在枯木竹石之趣之韵之生动之灵秀之奇,较之茂林长松,尤为峭拔孤矫,如异人举止,乃为贵也。不然直枯木耳,枯竹耳,枯石耳,奚以夺高明之目,而鼓之舞之,以生其情性耶?"[106]

(四)玲珑

观赏石之"透",必有玲珑意。

画史有言:"石要瘦、漏、透。"明代造园家计成言:"瘦漏生奇,玲珑生巧。"[107]观赏石的玲珑不是华美,而是隐美,体现着赏石艺术的独特韵致。南朝文学家刘勰言:"隐以复意为工,秀以卓绝为巧。"[108]清代画家八大山人诗言:"朝来暑切清,疏雨过檐楹。经竹倚斜处,山禽一两声。闲情聊自适,幽事与谁评。几上玲珑石,青蒲细细生。"[109]观赏石的玲珑透着含蓄不尽的美感,给人的审美感受不是惊心动魄,而是余音绕梁般的回味。玲珑之石凭借一种玲珑美妙的姿态和舞蹈似的旋律弯腰或躬身,更入画题。譬如,明代画家李流芳在《题怪石图》里言:"孟阳(邹之峄)乞余画石,因买英石数十块,为余润笔,以余有石癖也。灯下泼墨,题一诗云:'不费一钱买,割此三十峰。何如海岳叟,袖里出玲珑?'孟阳笑曰:

'以真易假,余真折阅矣。'"[110]

清代画家笪重光言:"势以能透为生,影以善漏为豁。"[111]观赏石的嵌空多姿、玲珑剔透的形相,映彻万物,呈露一种形态、一种韵味、一种灵动、一种意趣,有着远而不尽,近而不浮,无穷出清新的妙趣(图178、图179)。

图178 《玲珑璧》　灵璧石　108×58×178厘米　胡宇藏

图179 《小玲珑》　古铁矿石　17×30厘米　杜海鸥藏

(五)怪丑

观赏石之"丑",必有怪丑意。

文人画家们在描绘观赏石时,通常有"石如鬼面"之辞,可谓把观赏石的丑怪描述到了极致。朱良志先生说过:"所谓怪诞,就是脱略常规,而常规是什么?难道常规就是世界的'定式'吗？"[112] 观赏石的怪丑意在颠覆那些审美定规，在脱略秩序，彰显反常规审美的倾向，使得人们在"无法中"领略天地之大法。

法国诗人波德莱尔认为："美始终是异乎寻常的、稀奇古怪的。"[113] 观赏石的怪丑，不正暗示着文人审美与世俗审美之间的决然不同吗（图180）？

（六）苍然

观赏石之皮骨，必有苍然意。

苍然作为观赏石的审美形态，可理解为禅宗的"悟"。譬如，明代画家徐渭在画中言："道人写竹并枯丛，却与禅家气味同。大抵绝无花叶相，一团苍老莫烟中。"[114] 同时，唐代诗人张碧诗言："寒姿数片奇突兀，曾作秋江秋水骨。先生应是厌风云，著向江边塞龙窟。"[115] 人们流连观赏石所透出的苍然气息，也在感悟世事的茫然，体验当下，珍视永恒。

唐代诗人王维诗言："空山不见人，但闻人语响。返景入深林，复照青苔上。"[116] 元代诗人虞集诗言："昔观一柱观，还度几重湖。雪尽身还瘦，云生势不孤。"[117] 苍然一片石，仿佛把人们带进了空寂之中，如同那深山里青色的苔藓，如同那天穹中绵延的云彩，令人感悟到万物的生生不息（图181）。

图180　[元]倪元璐　《石交图》册之一　美国普林斯顿大学博物馆

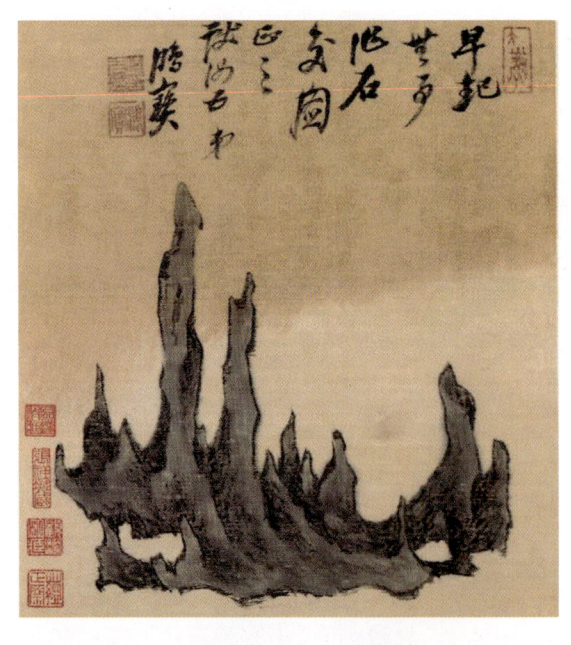

图181　[元]倪元璐　《石交图》册之一　美国普林斯顿大学博物馆

三 赏石艺术之韵:画面石

(一)音乐感

欣赏画面石的画意,多呈音乐感。

清代文学家周亮工在论画时言:"须极苍古之中寓以秀好,极点染处见其清空。"[118]画面石多似真似幻,而具音乐旋律般的风味。

例如,云南点苍山大理石画可视为范例之一。明代画家陈继儒在《妮古录》里云,其如董巨之画。明代画家李日华《六研斋二笔》亦云,环列大理石屏,有荆关、董巨之想,因其以山水者居多。明代旅行家徐霞客则盛赞大理石画,谓其神妙异常,画苑可废矣(图182)。

图182 《盛世雪》 大理石画 120×50厘米 李国树藏

(二)如诗

品味画面石,如诗。

美学家王国维说过:"山谷云:'天下清景,不择贤愚而与之,然吾特疑端为我辈设。'诚哉是言!抑岂特清景而已,一切境界,无不为诗人设。世无诗人,即无此种境界。夫境界之呈于吾心而见于外物者,皆须臾之物。惟诗人能以此须臾之物,镌诸不朽之文字,使读者自得之。"[119] 不同的艺术形式,会让人产生不同的愉悦感。赏石艺术里的画面石与诗歌在本质上尤为相近,因为诗歌也是最富心灵性的艺术。

德国哲学家黑格尔认为:"诗艺术是心灵的普遍艺术,这种心灵是本身已得到自由的,不受为表现用的外在感性材料所束缚,只在思想和情感的内在空间与内在时间里逍遥游荡。"[120] 英国哲学家培根认为:"诗歌与人类的精神有一致之处,在自然界的任何地方,也找不到如诗歌那样丰富而高度的秩序性和丰富而完美的多样性。""诗歌具有某种神性,因为诗歌激发人们的心灵,并使人们的心灵升华。"[121] 此外,法国诗人波德莱尔认为:"诗要表现的是纯粹的愿望、动人的忧郁和高贵的绝望。"[122] 不难理解,诗歌与赏石艺术都需要人们的深心愿望、生活经历和深湛的思考,才能创造出丰富的、深刻的和纯正的作品,而赏石艺术蕴涵更多的神秘的诗意。

黑格尔还认为:"诗所表现的总是普遍的观念而不是自然的个别细节;诗人所给的不是事物本身而只是名词,只是字,在字里个别的东西就变成了一种有普遍性的东西,因为字是从概念产生的,所以字就已带有普遍性。"[123] 接着,黑格尔说得更为透辟:"诗的艺术作品却只有一个目的:创造美和欣赏美;在诗里,目的和目的的实现都直接在于独立自足的完成的作品本身,艺术的活动不是为了达到艺术范围以外的某种结果的手段,而是一种随作品完成而马上就达到实现的目的。"[124] 同时,法国哲学家德里达认为:"诗人坚定地聆听原始地、本能地发生的东西,以及一般如其所'是'的东西。"[125] 此外,英国诗人塞缪尔·约翰逊则认为:"诗人的目的在于提供一般自然的再现。"[126] 诗歌与画面石是多么相似啊!诗歌与画面石都极具情思之奥妙!诗歌与画面石都极具思想之深度!

前文已经简述过文人艺术中的文人画与文人石的关系。事实上,包含画面石在内的文人石与诗歌在精神上也颇为相似。例如,法国诗人波德莱尔曾说:"一切伟大的诗人本来注定就是批评家。"[127] 唐代诗人戴叔伦亦说:"诗家之景如蓝田日暖,良玉生烟,可望而不可置于眉睫之前。"[128] 关于这一点,美学家朱光潜说得较为透彻:"中国人则谓'古画画意不画物''论画以形似,见与儿童邻'。""'文人画'的特色就是在精神上与诗相近,所写的并非实物而是意境,不是被动地接受外来的印象,而是熔铸印象于情趣。"[129] 于是,通过认识诗歌、文人画和文人石在心灵的表现,以及精神的表达,使得人们对文人赏石的精神性获得了深入认识,也使得当代赏石艺术的浪漫性得以显露(图183、图184)。

丙编　赏石艺术的美学欣赏

图183　《印象》　　　清江石画
　　　33×41厘米　　　李国树藏

图184　《金橘飘香》　　雨花石　　5.6×4.6厘米　　丁凤龙藏

（三）似画

赏读画面石，似画。

明代文学家李开先言："物无巨细，各具妙理，是皆出乎玄牝之自然，而非由矫揉造作焉者。万物之多，一物一理耳，惟夫绘事虽一物，而万物具焉。"[130] 观赏石（奇石）作为画题，在晋唐时进入绘画领域之后，使得绘画也变得丰富和深刻起来，观赏石在艺术的世界里也有了更深邃的象征意义。

考察中国绘画史会发现，对观赏石这一绘画母题颇感兴趣的多代表有思想的艺术家（图185）。与此相关，清代画家石涛诗言："每画一石头，忘坐亦忘眠。更不使人知，卓破古青天。谁能袖得去，墨幻真奇焉。"[131] 明代画家李日华亦言："古人林木窠石，本与山水别行，大抵山水意高深回环，备有一时气象，而林石则草草逸笔中，见偃仰亏蔽与聚散历落之致而已。李营丘（李成）特妙山水，而林石更造微，倪迂（倪瓒）源本营丘，故所作萧散简逸，盖林木窠石之派也。"[132] 朱良志先生则认为：倪瓒"题画诗多有'苔石幽篁依古木''素树幽篁涧石隈''古木幽篁偎石根'之类的句子，似乎他要突破形式之间的'依''偎'关系，但实际上他所强化的是一种'无赖'——无所依着的关系，这几乎成为他空间布陈的'文法'。"[133]

明代史学家张岱还举出了一个事例："宁州石上有文，灿然若战马状，无异画图。故名'画山石'。"[134] 赏石艺术的妙境往往以具画意为上，如前文称之"如画""入画"之论。这里的"画意"，不单指涉观赏石里的画面石与绘画间的相似，而是泛指广义的画意。这是否也在印证德国思想家歌德之所言：所有的

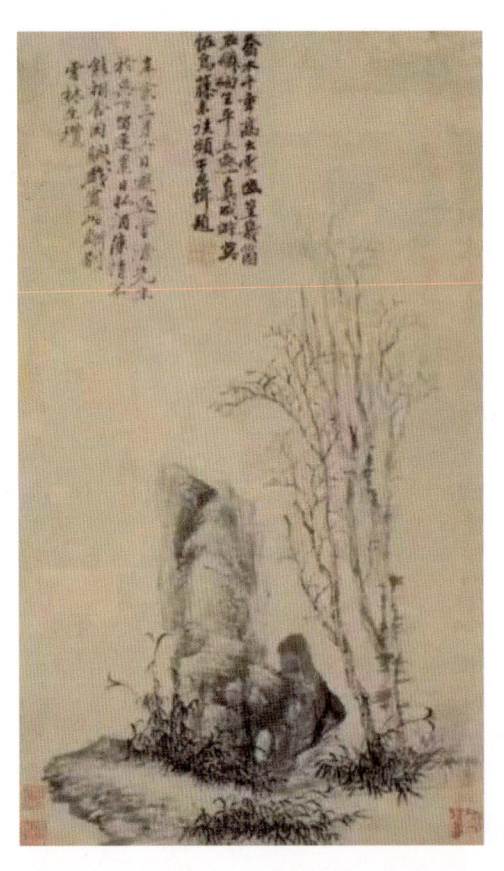

图185　[元]倪瓒　《木石图》　私人收藏

视觉艺术都努力朝向绘画的方向发展呢?[135]亦是否也在启示人们对于画面石赏玩的路径呢?例如,在中国传统文化中,古有"潇湘八景":烟寺晚钟、沧江夜雨、平沙落雁、远浦归帆、洞庭秋月、渔村夕照、山市晴岚、江天暮雪;"桃源八景":桃川仙隐、白马雪涛、绿萝晴昼、梅溪烟雨、浔阳古寺、楚山春晓、沅江夜月、潼坊晓渡;"关中八景":辋川烟雨、渭城朝云、骊城晚照、灞桥风雪、杜曲春游、咸阳晚渡、蓝水飞琼、终南叠翠;"燕山八景":蓟门飞雪、瑶岛春阴、太液秋风、卢沟晓月、居庸叠翠、道陵夕照、西山晴雪、玉泉趵突;"西湖十景":两峰插云、三潭印月、断桥残雪、南屏晚钟、苏堤春晓、曲院荷风、柳浪闻莺、雷峰夕照、平湖秋月、花港观鱼;"湟川八景":雪溪春涨、龙潭飞雨、楞伽晓月、静福寒林、巾峰远眺、秀岩滴翠、圭峰暮霭、岩湖叠巘;等等。[136]这些所述的景致,均可视为赏石艺术里画意的范本。然则,它们只是广博浩瀚的画意世界里的一瞥而已。

赏石艺术的趣味在于尊重自然和真实,在于对不明确趣味的偏爱。画面石有着特殊的形式美和意象美,尤其有着抽象的和大写意的表现,以及由众多艺术元素和艺术单元所汇集成的结构。通常,"比物取象"成为对所有观赏石的一种欣赏与鉴赏方式。这就像法国美学家杜夫海纳所认为:"梵·高画的椅子并不向我们叙述椅子的故事,而是把梵·高的世界交付予我们:在这个世界中,激情即是色彩,色彩即是激情,因为一切事物对一种不可能得到的公正都会感到有难以忍受的需要。"[137]运用画意品鉴观赏石,则把观赏石的审美导向了欣赏者的高级审美心灵的认知和感悟。比如,明代画家陈继儒曾言:"俊石贵有画意,老树贵有禅意,韵士贵有酒意,美人贵有诗意。"[138]以诗情画意欣赏奇石,实为古代文人赏石的一条暗线,而不止于皱、漏、瘦、透、丑与形、质、色、纹、声,如此那般地浮现在人们的赏石表层认知上。这个认识,对于当代的赏石艺术有着重要的启示。换言之,在当代的赏石艺术中,以诗情画意去欣赏观赏石将会逐渐成为一条明线。正如"美人贵有诗意"那般,倘若观赏石本身不富有诗情画意,欣赏者自也不必多情;反之,去欣赏那些本身就富有诗情画意的观赏石,诗情画意对于欣赏者也会不请自来。在此意义上,以画家的心去发现与欣赏那些具有"绘画性""类绘画艺术"的观赏石就是基本的赏石艺术理念了。[139]

清代画家石涛言:"法于何立,立于一画。"[140]文中所言的"一画",出于他的禅家之语,意指从自己出发,打破一切框框的束缚,才能谈及自己画法的意思。借此,毋宁说古代文人赏石也有法,文人赏石家们的确创造出了相石之法,倒不如说那个相石之法是"心法"。当代赏石艺术家们则依靠自己的心灵在欣赏与创造观赏石,使得观赏石成了自己的作品。于是可言:赏石艺术之法,立于一赏,实获心哉!(图186)

图186 《松风图》　　长江石　　38×22×8厘米　　李国树藏

　　总之，品味和赏读画面石之美与中国文人艺术重意象的传统极为相合。古希腊诗人希门尼德曾说过："画是无声的诗,诗是有声的画。"[141]古罗马诗人贺拉斯亦说："画如诗。"诗歌与绘画同为主流艺术形式,诗画同质,这种诗画一律的类比,已经成为艺术里一种普遍的共识。于是,清代文学家张潮有言："人须求可入诗,物须求可入画。"[142]客观上,以诗歌和绘画为参照,用诗情画意去欣赏和鉴赏观赏石与文人赏石传统休戚相关。在当代赏石艺术语境中,赏石艺术与主流艺术之间的交流与对话的媒介和语言不正是"诗情画意"吗?

四　赏石艺术之气

　　中国哲学认为,宇宙阴阳二气,和合生万物。例如,古代思想家庄子曰："至阴肃肃,至阳赫赫;肃肃出乎天,赫赫发乎地;两者交通成和而物生焉,或为之纪而莫见其形。"[143] 西汉道家刘安言:"天地之合和,阴阳之陶化,万物皆乘一气者也。"[144] 北宋书画鉴赏家董逌言:"且观天地生物,特一气运化尔,其功用秘移,与物有宜,莫知为之者,故能成于自然。"[145] 清代画家沈宗骞则言:"天下之物,本气之所积而成。即如山水,自重岗复岭,以至一木一石,无不有生气贯乎其间。是以繁而不乱,少而不枯,合之则统相联属,分之又各自成形。万物不一状,万变不一相,统乎气以呈其活动之趣者,即所谓势也。"[146] 观赏石吸日月之精华,积天地之灵气,生发出独特的气息。

明代哲学家王延相言:"天地未判,元气混涵清虚之间,造化之元机也。""天地之间,一气生生,而常有变,万有不齐,故气一则理一,气万则理万。世儒专言一而遗万,偏矣。天有天之理,地有地之理,人有人之理,物有物之理,幽有幽之理,明有明之理,各各差别,统而言之,皆气之化。"[147] 朱良志先生则认为:"中国艺术论很早就接受了气化哲学思想,使得联系的观点成为影响中国艺术发展的核心思想之一。"[148] 相应地,赏石艺术作为观照转化、心物合一、物我泯合和天人合一的艺术,观赏石的气息与欣赏者的气质相蝉联,构造出赏石艺术的气韵之美。

(一)文气

文气乃中国赏石艺术的最内在的精神气质。

西汉道家刘安言:"心者,形之主也;神者,心之宝也。"[149] 三国诗人曹丕言:"文以气为主,气之清浊有体,不可力强而致。"[150] 元代诗人杨维桢言:"今夫山之小也,一拳石之多。及其大也,草木生焉,宝藏兴焉,是山之静未尝无运也。此非会之于心不能。"[151] 明代思想家高攀龙则言:"天地充塞无间,惟气而已,在天则为气,在人则为心。"[152] 石头成为观赏石,观赏石成为赏石艺术的载体,进而观赏石成为艺术品,皆因欣赏的客体和主体所决定与赋予。

观赏石自有"云根"之谓,亦有"气骨"之说,毫无柔腻的脂粉气,倒颇含有似气节之士的士气。这种士气如士人作画,仿佛明代画家董其昌之所言:"士人作画,当以草隶奇字之法为之。树如屈铁,山似画沙,绝去甜俗蹊径,乃为士气。"[153] 又仿佛明代思想家王船山之所言:"世降道衰,有士气之说焉。……夫士有志有行有守,修此三者,而士道立焉。"[154] 赏石艺术的士气尤以中国道家文化和禅宗文化为依托,被赋予了一种独特的文人气息。

古代思想家荀子言："君子役物，小人役于物。"[155]赏石艺术带有一定"反人文"的色彩，又蕴涵一定"合人文"的气息，正是在反合之间，文人们通过赏石的艺术活动在陶冶情操和抒发理想，透出一种彻悟的精神（图187）。这正像北宋惠洪评价唐王维"雪中芭蕉"时所言："诗者，妙观逸想之所寓也，岂可限以绳墨哉！如王维作画雪中芭蕉，诗法眼观之，知其神情寓于物；俗论则讥以为不知寒暑。"[156]亦像唐代诗人皎然诗中所言："风回雨定芭蕉湿，一滴时时入昼禅。"[157]明代文人文震亨亦言："云林清秘，高梧古石中，仅一几一榻，令人想见其风致，真令神骨俱冷。故韵士所居，入门便有一种高雅绝俗之趣。"[158]如同倪云林的绘画那般，观赏石透出的文气，紧扣着文人墨客的神经，包裹着文人墨客的风骨。赏石艺术如南朝文学家刘勰所评说的楚辞那般，"酌奇而不失其贞，玩华而不坠其实"，给人以奇文郁起的韵致及高迥特立的风范，而欣赏者从中体味到了一种"雪中蕉正绿，火里莲亦长"的禅性智慧。[159]

哲学家牟宗三曾认为：《易传》讲的神就是通过主体而呈现的，穷神你才知化，化就是宇宙的生化。这就成了宇宙论。"[160]北宋理学家程颢亦言："观天地生物气象。"[161]就这个方面总体来说，观赏石的欣赏者——文人赏石家和赏石艺术家——赋予了赏石和赏石艺术以独具魅力的文气。

图187 《雨打芭蕉图》
清江石画
86×36厘米
李国树藏

（二）静气

静气乃中国赏石艺术的最深沉的气质。

魏晋诗人左思诗言："非必丝与竹，山水有清音。"[162]观赏石吸纳天地之气，性乃本静。清代学者王永彬言："静能生悟，即鸟啼花落，都是化机。"[163]观赏石的静气生化为赏石艺术静绝尘氛的精神气质。例如，画面石就有一种内聚之气，尤体现为气韵相凝，流畅自然，浑化无迹，意境自生。这是由大自然长期的运力所铸就，而相较于绘画而言，往往画家从心到腕，从腕到手，从手到指，从指到墨，总归会有某个环节出现不连贯，很难做到气韵全贯。此品石画者，不可不感知也。

唐代诗人韦应物诗言："万物自生听，太空恒寂寥。还从静中起，却向静中消。"[164] 唐代诗人白居易诗言："天地有常道，万物有常性。道不可以终静，济之以动；性不可以终动，济之以静。"[165] 观赏石所透出的静气，毫无人间烟火气，拥有一种寂然自守、寂寞自享及静穆自持的返照，彰显着大自然和宇宙的永恒精神，令欣赏者享受到一种寂静教义的味道，心中油然而生一种自由之境。

古代思想家老子曰："归根曰静。"[166] 唐代诗人皎然诗言："经寒丛竹秀，入静片云闲。"[167] 宋代诗人唐庚诗言："山静似太古，日长如小年。"[168] 元代画家倪瓒亦言："寂寥非世欣，自足怡静者。"[169] "尸坐以默观，静极自春回。"[170] 观赏石的静气实为一种超然的审美感受使然，赏石艺术属于虚静之观，使得人们沉醉于对大自然艺术的畅想和对生命精神的纯净体验（图188）。并且，观赏石的静气会让人们的内心不再喋喋不休，给人以内在的力量和勇气。总之，赏石艺术的静气，并非相对于喧嚣的安静而言，而是体现于中国哲学所张扬的永恒的寂与心灵的寂，惟有这般静气，才能超越纷扰的世间表象，归于心灵的真实。

图188 《野渡无人舟自横》　　长江石　　24×18×7厘米　　李国树藏

这就诚如古代思想家老子之所曰:"致虚极,守静笃。万物并作,吾以观复。夫物芸芸,各复归其根,归根曰静,是谓复命。"[171]

观赏石至神至妙的静气,确与中国文人绘画所追求的静气颇为相近,仿佛德国哲学家黑格尔所说的:"它背负了哀伤静止的痕迹。"[172] 又仿佛北宋理学家程颐之所言:"静后见万物,自然皆有春意。"[173] 人们欣赏观赏石,在静谧的哀伤与和谐中追寻着它的美的意象。在此意义上,也仅在此意义上,赏石艺术的静气在陶养着人们的审美经验,诚如英国美学家李斯托威尔所说的:"当一种美感经验给我们带来的是纯粹的、无所不在的、没有混杂的喜悦和没有任何冲突的、不和谐或痛苦的痕迹时,人们就有权称之为美的经验。"[174]

五 赏石艺术之魂

(一) 文魂

赏石艺术的灵魂乃是文人赏石家和赏石艺术家文心根底下潜藏的文魂(图189)。古代文人赏石活动始终围绕着"文"而进行。此观点必须从三个方面来作总结性认识了:(1)古代赏石的群体主要是文人雅士和士大夫。(2)苏轼的"石丑而文",乃为点题之述。(3)最有影响力的米芾的"皱、漏、瘦、透"的相石之法,其核心仍是"文"。简言之,"文"字,才是从中国赏石文化史中演绎出来的最核心的概念。这就正像清代画家郑板桥所譬喻的:"谁与荒斋伴寂寥,一枝柱石上云霄。挺然直是陶元亮,五斗何能折我腰。"[175] 正是通过文人石深处的"文魂",中国赏石艺术在道明人世间一

图189 [清]弘仁 《临水双松图》 上海博物馆

切有生命东西的价值。

在真正意义上,务去华藻的文人气息陶铸了古代文人赏石的文魂。不妨这样说,古代文人赏石属于文人精神和文人心灵的领域,而不仅是玩好的领域。文人们通过赏石这种艺术活动,既在消解社会,又在融入自然,而在自我觉悟的心坎里和灵魂深处获得一种摆脱羁绊的新生命。例如,清代画家郑板桥在题画诗中,就有一问:"顽然一块石,卧此苔阶碧。雨露亦不知,霜雪亦不识。园林几盛衰,花树几更易。但问石先生,先生俱记得?"[176]

(二)惟文惟艺

当代赏石艺术的精髓乃是惟文惟艺。当代赏石艺术活动正在围绕着"文""艺"两字而前行。这个观点需要从三个方面来理解:(1)赏石艺术家成了观赏石艺术品的创造主体。(2)赏石艺术逐渐走向了与主流艺术间的融合。(3)在赏石艺术理念下,艺术和审美在主宰着当代的赏石活动。简言之,"类艺术"和"艺术类性",作为当代赏石艺术中的最核心概念之一,直抵赏石艺术的要旨。因此,艺术间的"吻合""契合"则构成了赏石艺术审美的基本思考维度。

赏石艺术的惟文惟艺的审美理念和思想,既是对文人赏石传统精神的继承,又是由中国赏石文化传统决定的(图190)。这就正像古代思想家庄子所言:"今者吾丧我,汝知之乎?汝闻人籁而未闻地籁,汝闻地籁而未闻天籁夫。"[177]对此,日本美学家今道友信认为:"在庄子看来,精神的最高目的是沉醉,但那决不是自我忘却或自我遗失,而是在自己的背后遗弃相对的我。""艺术是精神通向沉醉的超越的起点,而沉醉才是思维的实际状态。"[178]总之,赏石艺术的美学境界,使得人的心灵净化,也使得对大自然的认识深化,使人在超脱中体味到宇宙的深境,而沉醉于赏石艺术的美学精神里。

总之,赏石艺术乃是在"文"与"艺"主导下的一种艺术和审美的活动,而游离在现实之外,犹如梦境和幻境一般,使得一切事物起死回生。这里所谓的"梦境"和"幻境",却在暗示着一种绝对的客观性,以至让客体照它们本来的面目而显现出来;又在暗示着一种相对的主观性,以至让客体从人所观照的样子表现出来。因此,赏石艺术更富于浪漫气息,更富于个人风格,更富于美学含义。

图190 ［宋］马远 《晓雪山行图》 台北故宫博物院

二 赏石艺术之韵：造型石

清代画家恽寿平论画云："潇洒风流谓之韵,尽变奇穷谓之趣。"[87]观赏石里的造型石有着幽深、清奇、枯拙、玲珑、怪丑及苍然之美,它们是靠欣赏者来"品"的;观赏石里的画面石有着音乐感、如诗及似画之美,它们是靠欣赏者来"读"的。总之,赏石艺术之韵与中国文人艺术和美学精神息息相通,品读的是一种意蕴之美。

（一）幽深

观赏石之"漏",必有幽深意。

元代画家黄公望言："诗要孤,画要静。"[88]石要深。清代画家恽寿平即言："一勺水亦有曲处,一片石亦有深处。"[89]观赏石之深,蕴于石之内骨,更在于欣赏者之深矣。

朱良志先生说："在一定程度上,宋元以来的中国绘画的意象世界是花非花,鸟非鸟,山非山,水非水。其追求在形式之外,如九方皋相马,在'骊黄牝牡之外'。"[90]石亦非石。清代造园家梁九图即言："赏石自在风尘之外也。"[91]此外,唐代诗人白居易诗言："漠漠斑斑石上苔,幽芳静绿绝纤埃。路傍凡草荣遭遇,曾得七香车辗来。"[92]观赏石的幽深不是轻佻和浅薄,而是内敛和含蓄,呈现出纯任自然的浑沌意象,任人优游徘徊,极似庄子之所言："天地有大美而不言。"[93]然而,如果以艺术的触觉去触摸观赏石的意象世界,就会呈现出美。反之,恰如唐代诗人王维诗歌所言："一知与物平,自顾为人浅。"[94]譬如,中唐诗人杨巨源就有诗言："主人得幽石,日觉公堂清。一片池上色,孤峰云外情。"[95]唐代诗人王维亦诗言："行到水穷处,坐看云起时。"[96]静则幽,幽则深,深则远,远则穷,观赏石之幽深只能引起富有思想人们的共鸣（图177）。

在最普遍意义上,造型石多具雕塑感,纵横起伏,回旋自如,浑化无迹,浑厚幽深,有着造型艺术般的凝重,呈现华滋之韵,观赏石的幽深展现了赏石艺术之深韵。

（二）清奇

观赏石之"瘦",必有清奇意。

第十三章　赏石艺术：美的意象世界

在赏石艺术活动中，人们对于观赏石的喜欢不应该是盲目的，如果仅是个人觉得它好或者不好，这是远远不够的。人们必须要去追问，一块观赏石何以为好呢？何以为不好呢？

这会涉及赏石艺术的鉴赏问题。赏石艺术是一种审美化的艺术活动，对于它的鉴赏，离不开审美鉴赏力这片土壤。这里，使用"鉴赏"一词，代替了前述的"欣赏"，自有微妙的意图。很显然，鉴赏这个词本身就暗示要比单纯的观看、欣赏或赏玩等来得更为专业。本质上，赏石艺术的美学鉴赏倾向于对赏石艺术的审美考量。假使说赏石艺术的美学鉴赏牵涉赏石艺术家和赏石艺术鉴赏家两个角色，则必须明确的是，赏石艺术家的创造不是单纯的鉴赏，还蕴含更多的审美观念的表达，而赏石艺术鉴赏家却是站在观赏石艺术品的立场上，聚焦于如何鉴赏观赏石艺术品。无论如何，赏石艺术的美学鉴赏都要遵从审美观念和审美实践两个方面而进行。

通常，人们对观赏石的欣赏会怀有不同的偏好。但对于鉴赏，德国哲学家康德曾认为，鉴赏是关联想象力的自由的合规律性的对于对象的判定能力。[1]同时，古罗马教育家昆体良认为，艺术鉴赏者要理解艺术之道理，不学之人只凭喜好。[2]就赏石艺术的鉴赏来说，可以理解为一种联觉——包括对观赏石的有效欣赏，尤其对于艺术间的相互关联的欣赏，体现于对美学的理解，对学识的表达，对趣味的认知，对艺术家心灵的认识，等等。并且，在审美层面上，观赏石这个天人合一的事物与赏石艺术这种新的艺术形式之间的关系，承载的是载体与媒介的关系，深刻地体现在其独特的美的意象世界里。与此相关，德国美学家席勒就曾解释道："物的实在性是关系到物的事；物的形象显现是关系到人的事。"[3]同时，古希腊哲学家柏拉图亦指出，美学意象只是自身仅为表象之物的表象，"并非真实之物，但仅看似真实"。[4]相应地，赏石艺术的审美意象世界是欣赏者——尤其赏石艺术家——对观赏石的形相作审美观照的显现，而且，在赏石艺术的审美意象世界里，"其意象在六合之表，荣落在四时之外"。[5]

本章乃聚焦于对赏石艺术的审美意象呈现的讨论。

一 艺术审美

  各种艺术之间并没有不可超越的樊篱。傅雷先生认为："一种艺术可以承继别一种艺术的精神，也可以在别种艺术中达到它的理想境界：这是同一种精神上的需要，在一种艺术中尽量发挥，以致打破了一种艺术的形式，而侵入其他艺术，以寻求表白思想的最完满的形式。"[6]赏石艺术作为一种综合性的艺术，正是这种思想的体现，也是这种思想的实践。赏石艺术不独拥有自己的审美意象世界，它还与其他主流艺术如园林、绘画、雕塑和诗歌等，均在发生密切关系。

  清代画家石涛言："天之授于人，因其可授而授之。"[7]宋代诗人黄庭坚言："天下清景，不择贤愚而与之，然吾特疑端为我辈设。"[8]美学家宗白华说："中国的诗人画家善于体会造化自然的微妙的生机动态。比如，徐迪功所谓'朦胧萌坼，浑沌贞粹'的境界。画家发明水墨法，是想追蹑这朦胧萌坼的神化的妙境。宋代画家米友仁自题蒲湘图：'夜雨欲霁，晓烟既泮，则其状类若此。'唐代诗人韦苏州诗言：'微雨夜来过，不知春草生'，都能深入造化之'几'，而以诗画表露出来。"[9]对于赏石艺术而言，天赋石相，人予妙意，若期达到"幽眇以为理，想象认为事，惝恍以为情"的境界[10]，则需"搜尽奇峰打草稿"的知识源泉（图191）。这就形成了对观赏石欣赏者的知识拥有的挑战。

  《周易》有言："夫大人者，与天地合其德，与四时合其序。"[11]南朝画论家王微言："本

图191　［清］石涛　《搜尽奇峰图》　北京故宫博物院

乎形者融灵而变动者，心也。"[12]清代画家石涛言："夫画者，从于心者也。"[13]观赏石的鉴赏反映的是赏石艺术家的灵心独运的创造，这种创造又是一种复演。所谓复演，意在寻找到一定的参照物，一方面来实现类艺术和艺术类性在艺术间的转换，另一方面能够引起所有观赏石欣赏者的共鸣。在特定意义上，这个过程可以描述为赏石艺术家与观赏石艺术品的接受者的共同审美感知的转换。

赏石艺术中的审美感觉在不同欣赏者之间可以交流，可以让渡，但惟有赏石艺术语言才能够获得公共的理解。如果人们初步理解了这个道理，那么，赏石艺术无疑需要新的审美语言范畴，否则，就很难去充分表达观赏石这一如此美妙之物。随着当代赏石艺术理念的启蒙，伴随着赏石艺术作为一种独立艺术形式的逐步形成，赏石艺术理论研究里出现了新的审美词汇，它们使得赏石艺术的审美问题变得愈加复杂，同时，愈发使得人们深切地感受到观赏石所具有的吸引力。

赏石艺术的审美语言范畴，通常包括诸如观照、象征、浪漫、呈现、示现、表现、再现、审美经验、想象力、移情、美感、情感、直觉、心灵、艺术感受、美学境界、意象，等等，它们在整体上增强了人们对观赏石的精微的、多样的和多元的艺术鉴赏力。反之，对观赏石的美学鉴赏应该是精微的、多样的和多元的。它们既形成了赏石艺术的审美观念的实践，也形成了对观赏石欣赏者的博学素质的要求。总之，赏石艺术的审美语言试图突破在赏石艺术过程中"我不知如何说出来"的窘境，也在摆脱只能用"我感觉到惊奇"来描述观赏石的苍白感；如果人们一直陷于对观赏石鉴赏的混乱和含糊之中，观赏石艺术品就很难谈及美感上的共识，赏石艺术的鉴赏的有效性就难以得到艺术检验与审美检验。

不可否认的是，往往在面对一块观赏石时，人们基本都在用相同的眼睛来看，但赏石艺术家们却持有审美态度，用决然不同的艺术眼光来观照，用决然不同的审美意识来感知。对任何赏石艺术家的创造来说，只有艺术意识和审美意识，才能从观赏石这个欣赏对象中引出审美要求，于此，赏石艺术家们的观赏石作品所表达的才能够被艺术和美学领域所接受与理解。同时，艺术和美也能够以更大的魔力穿透赏石艺术，以更深厚的艺术土壤和审美氛围给予赏石艺术以滋润和源泉。

荷兰哲学家斯宾诺莎认为："美的事物艰难而稀少。"[14]当美被固定的思维支配时，美就消失了。赏石艺术的审美在于感受美的丰富性和深刻性。因此，只有多元审美，只有自由审美，才能谈得上对赏石艺术的审美体验，才能谈得上对赏石艺术审美价值的创造。至于其中的原因，可以有以下四个方面的综合解释：

其一，赏石艺术的审美有着想象性。观赏石的美在于大写意，在于形似，在于不明确的意象，在于有形中的无穷尽性，在于无形中引发欣赏者的想象，在于考验欣赏者的知识，在于叩问欣赏者的审美能力，在于给欣赏者带来的意象之美。

其二，赏石艺术的审美有着深刻性。那些因赏石艺术理念所诞生的观赏石艺术品，所呈现出的意象美才能够感动人心，观赏石的美才不至于呆板、直白、平庸、乏味、枯燥和荒谬。

其三，赏石艺术的审美有着综合性。对于观赏石的欣赏过程，既是发现的过程，也是感悟的过程，还是创造的过程，其中直觉、想象力、审美经验、类似联想、心灵、情感、理解力和洞察力等共同作用，完成对一块观赏石艺术品的整体意象美的感知。

其四，赏石艺术的审美有着开放性。在艺术与审美的观照下，赏石艺术通过与各种主流艺术形式的相互观照，使自己尽量地发展与成熟；同时，赏石艺术还需要解放思想的束缚，不能完全受制于某一特定艺术形式的限制——无论是象征主义的，还是浪漫主义的，更不能局限于某些特定思维方式的狭窄框子里，而必须保持对赏石艺术所应持有的自由认知。凭此，才能使自己逐渐变成一种普遍性的艺术，呈现一种普适的意象美。

因此，以审美的视角去欣赏观赏石，以审美的方式去欣赏观赏石，以审美的思维去欣赏观赏石，均是赏石艺术的多元审美的体现。反之，就犹如古罗马哲学家西塞罗所说的："如此万象纷呈的自然事物绝不可能被相同的程式和单一的指导方法体现于一门艺术中。"[15]并且，多元化审美意味着自由，而自由既是赏石艺术所蕴含的内在要求，又是促进赏石艺术发展的必要条件。客观而言，在多元审美和自由审美的前提下，人们所喜欢的观赏石，无疑在符合自己的兴趣，这是不容怀疑的，但人们所喜欢的观赏石，不一定拥有较高的艺术美,甚至连艺术美都谈不上。与此相关,德国哲学家康德的解释就颇具信服力:"美是靠兴趣能力判断的。"[16] 康德把美的判断,视为兴趣所属的感情判断,因而美的判断在于主观因素。同时,康德又认为,这与喜爱金丝雀酒那样单纯的个人快感不同,需要求得到众人的同意。[17] 然则,康德所谈论的是兴趣能力,而不是单纯的兴趣。因此,现在乃有理由去说,对于观赏石的发现,莫若说欣赏;对于观赏石的体验,毋宁说审美;对于赏石遵从标准,不如说注重自由;对于观赏石的感悟,更应该说创造。归根结底,对于观赏石的欣赏和鉴赏乃是一种综合的艺术审美。

总之,赏石艺术拥有自己的审美法则,只有正确运用那些审美法则,才能隔断人们对观赏石的主观武断、标奇猎新和荒谬幻想的顽固企图,才能对观赏石艺术品的典范给予尊重。千万不可忘记,对所有的艺术而言,都有着像德国哲学家叔本华所说的公理般的规律:"天才的作品贡献给所有的时代,但这些作品通常只在后世才开始获得承认,粗制滥造的作品则与其时代同生共死。"[18] 同时,波兰社会学家奥索夫斯基也曾认为:"在评定艺术杰作的时候,无论是对于质量的评价,还是对于影响的评价,两者都要考虑。作品的伟大,既是由创造性的程度决定的,也是由作品的不朽性决定的。"[19] 完全可以说,如果一位赏石艺术家所创造(收藏)的一系列观赏石作品能够表现深刻的思想,有近乎完美的艺术呈现,能够打动人的心灵,那么,这些观赏石作品就无形地与赏石艺术的审美法则相契合,无限地接近于进入高等级观赏石艺术品的行列(图192)。

图192 《听松》 大理石画
32×63厘米 杨松鹤藏

二 知识的运用

在特定的视域下,观赏石可视为一种等待被创造的幸运可能,而只有在艺术观念的主导下,在外部知识的观照下,观赏石的审美特性才可得以识别。观赏石是能够把各门知识结合起来的赏石艺术载体,它考验的是人的综合审美能力,并且,也在满足不同艺术之间的联系需求。总之,诚如清代诗论家叶燮所认为:"凡物之美者,盈天地间皆是也,然必待人之神明才慧而见。"[20] 没有才慧,就谈不上赏石艺术的观照转化,更谈不上观赏石的美的意象的呈现。

赏石艺术作为一种视觉艺术,起初是发现观赏石的形相,然后通过观念联想、类似联想,运用事实推理及审美经验等引发感悟,最后至对观赏石的美的意象欣赏,这些均可以理解为知识的运用——这些知识乃属于学思。

明代科学家宋应星言:"世有聪明博物者,稠人推焉。乃枣梨之花未赏,而臆度楚萍;釜鬵之范鲜经,而侈谈莒鼎。"[21] 可见,知识是分门类和层级的,运用在艺术中最终涉及的是品位。所谓"品位",既指人们在艺术方面能够作出判断的能力,又指这种判断能力与社会接受之间的适应性,还指社会接受与艺术之间的关联性。追溯根源,艺术里的品位是由文化、历史和社会共同决定的。而从美学上来看待品位,美学角度的"好",与社会角度的"接受",还会因文化、历史和社会的不同而不同。如果说知识是映照赏石艺术载体的观赏石的品位的一面镜子,这面镜子里的映像应该是艺术史、美学史、文化史及赏石文化史等,同时,这面镜子也反射出了赏石艺术的全部视域。譬如,瑞士艺术史家沃尔夫林即认为:"每一个艺术家都在自己面前发现某些视觉的可能性,并受到这些可能性的约束。然而,并非任何时候都存在一切可能性。视觉本身有自己的历史,而揭示这些视觉层次应该被视为美术史的首要任务。"[22]

观赏石之所以令人着迷,实因它会让人走进一个已知的世界,也会让人走进一个未知的世界。于是,有充足的理由使人们去相信,欣赏者的知识越丰富、越专业、越接近美学领域、越接近艺术史、文化史和社会史,越接近文学、诗歌、绘画、雕塑和造型艺术等艺术领域,在赏石艺术活动中,依据这些知识所确立的审美经验和审美原则,才可能不会失误,才可能完成对观赏石的审美感知,所获得的观赏石才可能称得上具有艺术的内容、艺术的风格和艺术的品位,所创造的观赏石艺术品才可能成为真正的艺术品,从而促使赏石艺术的观照转化机制发生真正效力。这一点再怎么强调,都不会过分。假如一定要补充背后的其他原因,那就用古希腊哲学家柏拉图的诗一般的语言来表述吧(图193):

图193 《一个女子的头像》　　长江石　　14×20×3厘米　　李国树藏

　　人间所有大的业绩都基于迷狂。有人不想承认这个事实,只想用单纯的技巧去敲开缪斯的大门,而女神肯定是大门紧闭的。

——柏拉图:《费德罗斯》

南朝梁代文学家刘勰言:"将赡才力,务在博见。"[23] "积学以储宝,酌理以富才。"[24] 观赏石艺术品是博学思想的产物,而赏石艺术的交流像是与博学的观众对话,赏石艺术是关于通晓的艺术。古罗马作家琉善就认为:"在所有诉诸眼睛的事物中,同一个法则不能适用于普通人和有教养的人。"[25]赏石艺术中有真正的美,也有粗俗的趣味,它们时不时地会被"赏玩趣味"所掩盖或混淆。因此,赏石艺术家和一切欣赏者对于观赏石的欣赏都应该怀有一种敬畏感,这意味着赏石艺术需要专门的知识作依托,这种知识尤其涉及艺术和美学领域,涉及对艺术法则和审美法则的理解。这就像宋代文学家陈师道所言:"万物者,才之助。有助而无才,虽久且近,不能得其情状,使才者遇之,则幽奇伟丽无不为用者;才而无助,则不能尽其才。"[26]进一步地说,只有艺术和美学修养,才能把握住赏石艺术中的审美感觉,才能剔除掉坏的趣味,才能甄别出高等级的观赏石艺术品。与此同时,赏石艺术也有助于人们对于艺术和美学知识的增长,有助于审美判断力的提高,有助于审美修养的铸炼。

在艺术史上,画有画病,画论家们多有指摘。倘若说当代赏石活动的弊端,可以描述为"五病":"像啥啥""俗气""标准化""玩乐"和"自我感觉良好"。一言以蔽之,大众赏石是真正的病灶。相应地,德国哲学家叔本华曾感言:"业余爱好者,你们只是业余爱好者!"[27]当把观赏石置于赏石艺术和赏石艺术美学的框架之下,置于文化史、艺术史和美学史的宽阔领域之中,尤其通过对各主流石种之间的相互比较,通过对高等级观赏石艺术品的共性的反复斟酌,进而把人们的所知和所识从各个方面和角度深度融会贯通以后,才算触及了属于赏石艺术的基本知识,它们才能在赏石艺术活动中真正为己所用,才能成为赏石艺术审美的真知。准确地理解,人们需要把艺术理论上的审美经验与现实中的赏石艺术实践经验相结合,才会获得对观赏石的正确审美感知。总之,人们必须清醒地认识到赏玩石头与赏石艺术鉴赏决然不同。

那么,通过观看一些观赏石作品,发表一些杂乱感想,熟悉一些赏石艺术观点,就会摇身一变成为赏石艺术家吗?成为赏石艺术鉴赏家吗?这就成了一个无趣的问题。这里,可以借用意大利艺术史家文杜里曾引用卢奇安的话来作相关的解释:"鉴赏家是那么一种人,他们具有精微的艺术感,知道如何去发现艺术作品中所包含的各种品质,知道如何将推理与这类欣赏结合起来。"[28]理想地说,真正成熟的赏石艺术家是那些对观赏石艺术品具有深刻的敏感,在深度的赏石艺术实践中,乃至对赏石艺术的研究基础上培养出来的;真正高明的赏石艺术鉴赏家是那些严肃、有良心、有真知灼见及有修养的人。

纵观中国赏石文化发展史,古代文人赏石作为一种艺术活动,虽然自身没有形成独立的艺术形式,但文人赏石家们却以哲理情思和诗情画意等表达赏石的旨趣,而当代的赏石艺术——"赏石艺术"完全属于当今的概念,却在开拓着艺术的边界。赏石艺术总体上关涉自然与知识之间一致性的认识,属于一种纯粹的艺术欣赏活动。在根本上,赏石艺术在拓展人们对艺术知识的把握和认知,在诠释"赏石艺术是实物与知识的综合,是有关自然界和宇宙的知识和实践,是一种体现文化多样性和创造力,承载民族认同感和持续感,并被视为一种社会风俗的艺术形式"的基本界定。[29]这里的艺术知识,突出体现为赏石艺术理念与赏石艺术实践的结合,不仅局限于某种审美经验领域,如果一味地死守审美经验这个信条,就无法将赏石活动引导到赏石艺术理念的宽泛层面之上。在此意义上,人们就不能仅给赏石艺术贴上一个经验主义的标签。然而,人们也不要去否认赏石艺术没有经验主义的成分,因为经验主义通常被描述为"观察和经验是知识的基础"。[30]相对于赏石艺术中的审美经验的运用,波兰美学家塔塔科维兹的观点倒值得借鉴:"自然乃是人为的创造,事物之所以存在,是因为我们看到了它们,但是我们看到些什么以及如何去看,还得靠艺术来教我们。"[31]赏石艺术审美的根本就在于,在认识观赏石特性的基础上,如何使之与艺术和美学的原理和规律发生关系,以及如何运用艺术和美学知识于这种关系之中。

值得强调的是,艺术并不是一个空泛的概念,而是细致入微的众多艺术细胞的堆砌体,是各种艺术实践的展现。德国哲学家叔本华曾认为:"艺术的惟一源泉就是关于理念的知识;艺术的惟一目的就是传播这种知识。"[32]事实上,在理论与实践层面上,赏石艺术均是以理念为出发点,尤其,赏石艺术中的知识运用,集中体现为欣赏者和赏石艺术家的心灵所发生的创造作用。具体言之:

其一,欣赏者和赏石艺术家通过心灵才能认识观赏石,而心灵必须超越观赏石仅是"玩物"的界定。赏石艺术的旨趣不是低级趣味的,而是审美性的,需要在艺术范畴中去体味它所呈现出的意象美。准确地描述,观赏石的意象美属于心灵性的东西,只有通过心灵才能实现对它的审美认知,即如西汉思想家扬雄所言:"故言,心声也。书,心画也。声画形,君子小人见矣!"[33]总之,欣赏者和赏石艺术家的心灵方面的差异,必须要服膺特定的艺术法则,才能沉浸于赏石艺术特有的美的意象世界。

其二,赏石艺术有自己的艺术理想,对于这种艺术理想的追求体现在赏石艺术精神之中。[34]德国哲学家黑格尔曾认为:"艺术的要务在于它的伦理的心灵性的表现,以及通过这种表现过程而揭露出来的心情和性格的巨大波动。"[35]关于这一点,在中国赏石风格的演变过程中,已然通过文人赏石家和赏石艺术家的心灵性的表现得到了征证。概而言之,作为艺术活动,文人赏石家通过奇石的皱、漏、瘦、透、丑的意象在展现着自己的心灵;作为观赏石艺术品创造的主体,赏石艺术家使得自己与观赏石作品完全融合在一起,并依据心灵铸就了赏石艺术的美的意象的呈现。

在审美机制上,赏石艺术中的知识运用,往往发生于联想的过程中,而联想必须以记忆或回忆为前提。这就犹如德国哲学家黑格尔所持有的观点:"一般地说,卓越的人物总是有超乎寻常的广博记忆。因为对于人能引起兴趣的东西,人才把它记住,而一个深广的心灵总是把兴趣的领域推广到无数事物上去。"[36]不难理解,赏石艺术的奥妙就在于赏石艺术家所拥有的知识,在于赏石艺术家的视野,在于赏石艺术家心灵的创造。

大自然如此美好,以至浪漫主义者几乎会长久地以哲学的智慧来看待它。在他们的眼睛里,大自然才是捕捉一切美的事物的高手,这也构成了赏石艺术审美的魅力之源。在赏石艺术中,赏石艺术家的心灵在遵循与主宰着这门天人合一的艺术。于是,可以作一个形象的比喻,赏石艺术家既非大自然的奴隶,又非大自然的主宰。对此,波兰美学家塔塔科维兹持有同样的观点:"这个世界本是错综复杂的,人类创作的世界,其错综复杂的情形不亚于自然界。自然界所包含的相似的物象中,掺杂着一些不相似的物象,它并不像一座库房,其中贮藏的事物都是经过整齐划一的选择品。然而人类的心灵却需要秩序和清晰,便整理世界,也即是在其自身的作品与自然之中,将类似的物象归纳为类。"[37]事实上,赏石艺术所要表现的正是"显得像"的,并且"看起来"是艺术形相的显现,以及"品读起来"是"什么都不是"的意象呈现,而不完全是那些现实中"确实是"的东西,更不是那些仅属于与阿猫、阿狗们相似的东西。

唐代诗人孟郊有诗言:"天地入胸臆,吁嗟生风雷。文章得其微,物象由我裁。"[38]知识决定着艺术,也影响着一切艺术品。例如,德国哲学家黑格尔就认为:"每种艺术品都属于它的时代和它的民族,各有特殊的环境,依存于特殊的历史及其他的观念和目的,因此,艺术方面的博学所需要的不仅是渊博的历史知识,而且是很专门的知识,因为艺术品的个性乃是与特殊情境联系着的,要有专门知识才能了解与阐明它。"[39]同时,意大利画家达·芬奇认为:"对作品进行简化的人对知识和爱好都有害处,因为对一件东西的爱好是由知识产生的,知识愈准确,爱好也就愈强烈。要达到这准确,就须对所应爱好的事物全体所有组成的每一个部分都有透彻的知识。"[40]此外,德国哲学家叔本华则认为:"实用技艺之母是困境,优美之母是盈余。但实用技艺之父是理解力,优美之父则是天才,而天才本身就是某种盈余,亦即超出了为意欲服务所需的认识力的盈余。"[41]不难理解,除了专门的知识,除了透彻的知识,艺术中的天才方是那个引爆知识燃点的人,在创造着一切艺术和艺术品(图194)。

天才是艺术创造的源泉。比如,唐代文学家元稹有诗言:"杜甫天才颇绝伦,每寻诗卷似情亲。"[42]艺术家往往都有超出常人的艺术天赋,甚至有几分疯癫,这对于所有艺术门类可视为颠扑不破的真理。对于赏石艺术来说,除了极少数的赏石艺术家的创造天赋之外,普通欣赏者就需要学习和训练才能达到赏石艺术家的基准。与此相关,瑞士艺术史家沃尔夫林曾借用达·芬奇的话举例道:"只为无鉴别力的老百姓作画的艺术家在他的作品中表现不出什么动态、浮雕感和透视短缩。一幅画的艺术品质取决于它的创作者钻研特定问题的深度。"[43]因而,对一切欣赏者来说,欣赏观赏石无疑需要艺术眼光,需要正确知识的运用,还需要通过学习来拓展自己的知识面。

图194 [意]达·芬奇 《蒙娜丽莎》
法国卢浮宫博物馆

实际上,关于赏石的文化知识众多,它们都可以套在所有观赏石身上,就像人都要穿衣服一样。但衣服也有不同的款式,如中山装、西装、唐装、旗袍和超短裙等。人们都知道,主流石种里的观赏石均有自己的独属文化,譬如,属于唐代的太湖石、宋代的灵璧石、唐宋的画面石、清代的戈壁石,等等。[44]这里,仅简单介绍下戈壁石的出产环境,以便举一反三,启示人们去认识每个独立观赏石的石种所饱含的自身文化。所谓的戈壁石,是指大漠深处的荒漠、戈壁滩出产的所有石种。对于"沙漠"这个概念,科学家竺可桢曾写道:"沙漠又称旱海或大漠,蒙古语为戈壁或额伦,维吾尔语为库姆,统指沙碛不毛之地。中国古书上沙漠的名称也不一致。晋代法显《佛国记》称为沙河,……唐玄奘在《大唐西域记》中又称沙漠为大流沙或沙碛,其实,沙漠有石质、砾质和砂质之分。"[45]"沙漠在古代多是大海，沙是由波浪打击岸边的岩石而形成的"（德国李希霍芬语），"但沙漠不仅可由河流的剥蚀搬运作用而形成"（苏联奥勃鲁契也夫语），"并且亦可由湖泊、海洋以及冰川等原因而形成。"[46]戈壁石被赏玩，大约发生在清代，民国时期邵元冲曾写有《瀚海聚珍石考》。而戈壁石之所以没有被更早地发现，盖因产出之地人迹罕至，并且自然环境恶劣，从而被形容为"沙漠的魔鬼""魔鬼的海"。

在当代赏石活动中，有近千余石种供人们赏玩，[47]有的石种又分若干品类，观赏石极为丰富。对于赏玩与收藏观赏石的人们来说，不同石种或同一石种里的观赏石之间的相互比较，既是困境，也是学问。毋庸讳言，几乎所有的石种品类都有自己的特点，关键要看它们的优点是否极为鲜明，直至不可超越。而不同石种之间的相互比较，实际上是在人们头脑里潜在地进行的，也着实属于一门高深的学问和智慧。令人遗憾的是，倘若把一块蛋糕切碎端上来，就看不到它的整体轮廓了，更看不到它的整体美了，虽然吃起来依然很香甜，但已然破坏了生日前的气氛，就像今人把很多石种进行琐碎地分类去操控一般，就像现在的地域赏石的分裂状况一般。总之，对于观赏石之间的比较，需要人们在历史和文化之中，并坚持在辩证、客观和理性原则之下去审视它们，清醒地认识到它们在赏石风格上的迥异、自身所蕴含的文化，以及自身所具有的艺术特性，更需要地域赏石活动间的交流。

德国思想家哈曼认为："自然界就像一本封闭着的书、隐藏着的证据、一个无法解答的谜，不用另外一个牛犊作为我们的理性就无法去耕种。"[48]观赏石形相各异，仪态万千，人们对观赏石的认知总是有局限的，对观赏石的认识本身也不是绝对的，即便人类有无限的认知潜力。通常，玄学、神学、宗教和哲学等构成各种学问之母，在对赏石艺术美学的探讨中，无论是那些以人类为中心的理论、物象自显的理论、物我同一的理论，抑或观照转化理论，都仅是人们用来认识赏石艺术的审美的手段而已。同时，俄国思想家列宁认为："认识是人对自然界的反映。但是这并不是简单的、直接的和完全的反映，而是一系列的抽象过程，即概念和规律等的构成与形成过程，这些概念和规律等有条件地、近似地把握着永恒运动着的和发展着的自然界的普遍规律性。……人不能完全把握、反映和描绘全部自然界及它的'直接的整体'，人在创立抽象、概念、规律、科学的世界图画时，只能永远地接近于这一点。"[49]在知识的领域里，艺术本来就深不可测，而美远比艺术更为复杂。在赏石艺术的审美意象世界里，就人类的视角而言，人应该是谦卑的，对于赏石艺术美学的理论研究，虽不可忽视，不可无视，却终究永远是片面的和"灰色的"。

总之，明代画家董其昌曾言："画家以天地为师，其次以山川为师，再次以古人为师。故有不读书万卷，不行千里路，不可为画之语。又言：'天闲万马，吾师也。'然非闲静，无他好萦者，不足语此。"[50]赏石艺术依赖于知识，这几乎是无底的，就像人类对待世界的图像学一样。赏石艺术的美学鉴赏永远行走在路上。

三　观赏石：美在意象

一切艺术体验都有普遍性，一切审美体验都有普适性。前文已述，中国美学重"意象"，所言意象，既揭示创作者和欣赏者自己，也揭示所孕育之物。通常来说，"意象"与"意境"，乃至与"境界"，都有着密不可分的联系。但"意象"在赏石艺术的美学分析运用中尤显合宜，并且在赏石艺术的审美意象世界里，主要呈现的是灵境和幻境。

在赏石艺术审美的意象世界里，观赏石不单纯为自然实在的再现，还为一个充满自由想象的美的意象的展现，显现的是审美意象。赏石艺术的审美意象是观赏石与欣赏者及赏石艺术家交融的产物，而这在中国艺术中并不鲜见。比如，南朝梁代文学家刘勰就有言："既随物以宛转""亦与心而徘徊"。[51]赏石艺术乃是依赖一切欣赏者的审美意识而创造美的意象显现的艺术活动。归根结底，观赏石的美是在大自然的领域中以人的自由心灵而显现出来的意象美。

人们总是按照自己的意愿和能力去欣赏观赏石。不管对于观赏石是不是真正地理解，人们都能感觉到它们很美。然则，这种美不是漂亮，不是让人兴奋，而是涉及灵魂，涉及对心灵的占有。这种美像杯酒小酌似地润泽人们的心灵，乃至心灵再也难以容纳任何别的东西，掉进了"心灵的袋子"[52]里。当观赏石显现的意象美令人感到心旷神怡之时，浸透想象之时，沉湎惊异之时，震撼心灵之时，赏石艺术的审美价值则通过人的敏感心灵与大自然的奇妙而互融一体，得以真正实现了（图195）。

德国哲学家黑格尔认为："一切艺术的目的都在于把永恒的神性和绝对真理显现于现实世界的现象和形状，把它展现于我们的观照，展现于我们的情感和思想。"[53]赏石艺术把属于艺术哲学范畴的观照概念，融入在审美领域之中，并且聚焦于审美观照这个更精确的观念之下，从而使得赏石艺术成为审美化的活动，并且在人们的审美静观之下，观赏石展

图195 《传国大宝》 玛瑙 6×10×5厘米 张卫藏

现审美的意象世界,沉醉于人们的心灵里。

观赏石美的意象寓于审美静观中。文中多次提及"静观",对于这个重要概念,应该是时候给予它一个相对可靠的解释了。这里引用德国美学家莫里茨·盖格尔的话,作一个有益的提示吧:"客观对象存在于一个与观赏者的意识流正面相对的平面上;静观所指的只是把被观赏者享受的东西所具有的感觉方面的特性孤立出来,并且领会这些特性。"[54] "'静观'是通过对享受的充分服从而表现出来的,然而,这种静观却以一种存在于人们对这种体验的实际体验过程和审美体验过程之间的两重性为前提。"[55]

四 赏石艺术的审美意象世界

纵观中国赏石文化发展史,不难发现,推动赏石发展的原动力是社会文化因素,影响赏石发展进程的决定者是以文人赏石家为代表的文人雅士和士大夫们,而当代的赏石艺术的创造者是赏石艺术家。观赏石艺术品生动地体现了赏石艺术家的心灵创造,它们超越了单块观赏石存在的意义。简言之,赏石艺术的所有奥妙乃凝聚于赏石艺术家的代表性的观赏石作品及一系列观赏石作品里,如果人们仅局限于看待每一块观赏石的角度,就很难认识赏石艺术的真正奥妙,而这个奥妙却归属于人们对赏石艺术理论的认识。

"我见青山多妩媚,料青山见我应如是。"[56]无论多么微小的体验,都会隐藏动人的情感,小小的观赏石通过赏石艺术家的创造,放射出了永恒的微光。赏石艺术在于展现大自然中有艺术生命的东西,显现大自然中有哲学本质的东西,呈现大自然中有审美意蕴的东西。无论对于古典赏石的象征,还是当代赏石艺术的浪漫,一旦在艺术观照和审美观照的对象图景中去审视和憧憬它们,都将会在赏石的新时代里发出回声,焕发新的光彩,尤其在赏石艺术理念的追求中,人们才会倘佯于观赏石显现出的美的意象世界。

反之,如果仅把赏石艺术当作轻松的游戏,当作获得快乐和消磨时光的手段,当作点缀空间环境的摆设,当作使得人们的生活条件变得美观的装饰物等,而非把赏石艺术视作一门独立的艺术形式,则在这些假定情形下,赏石艺术就不完全是自由的,而是一种从属性的事情。事实上,赏石艺术一旦与宗教、哲学、文化、艺术和美学等深度融合,便会成为认识人们对某种特定艺术的最深刻旨趣与自由理想的追求方式。就像下边这首诗歌所表达的一样:

> 恋情不减终难见,
> 徘徊至此望其门。
>
> ——《万叶集》

美国小说家爱伦·坡曾写道,美的本质为美所引起的"灵魂的热烈而又纯洁的升华"[57]。在赏石艺术中,除了人们在审美观照中所获得的观赏石显现出的美的意象之外,仍会存在一些不确定的,甚至是不可知的诸多因素。不可避免地,人们必然会转向内心的本真,这即构成了浪漫主义的反讽。关于浪漫主义的反讽,可以用英国作家邓肯·希思的话来理解:"正如传统意义上的反讽是使用'言说之物'而间接地表达'未言之物'一样,'无限化'的浪漫主义反讽是使用可见之物来暗指不可见之物和崇高之物,或者是德国哲学家所说的我们体验当中'黑暗的一面'。"[58]正是在这个充满魅惑的过程中,赏石艺

术使得人们辨认出一个更为深刻的自我，而这个自我却在启示着每个人都能够依靠特定的事物作为载体去实现自己的理想人性（图196）。这就如同德国哲学家黑格尔所坚信的，浪漫主义表达当中的"反讽"，乃是一种不断抽象化的自我反思过程。这个过程会让一个人逐步远离他关于感觉之美的古典主义理想，从而意味着"艺术的终结"。[59]这或许才是赏石艺术所传达出的最高旨趣，以及所具有的不朽魅力吧。

总之，意大利哲学家托马斯·阿奎那曾认为，在美中欲望是平静的。[60]赏石艺术中的美与众不同，变幻莫测，而"真实之美""惊异之美""想象之美""朦胧之美""诗画之美""神圣之美""灵境之美""自由之美"等，才是赏石艺术的审美的意象世界里绽放出的永不败落的花朵。

图196 ［五代］巨然 《层岩丛树图》
台北故宫博物院

结语　赏石艺术的审美意象学说

丙编的四篇文字，阐述了赏石艺术的美学欣赏，主要包括赏石艺术的美学境界的呈现，以及审美意象的显现两大部分。

在赏石艺术理念下，赏石艺术的审美性质是多元的、自由的及个性化的，决定了赏石艺术具有多重美。它们生动地体现出了赏石艺术的审美特性，即理想主义与浪漫主义、自然主义与唯心主义的结合。当人们以纯粹的心灵去审美观照观赏石时，观赏石会显现出各种美的意象，其中，灵境美可以视为赏石艺术的最高价值美。并且，自由、孤寂、文气和静气渗透在各种美的意象之中，成了赏石艺术审美的最重要精神内核。

赏石艺术的审美意象学说，一方面侧重于对观赏石的外观形相所显现的美的意象的欣赏，另一方面偏重于赏石艺术家心灵的创造。在根本上，赏石艺术家的心灵构成了观赏石美的意象显现的源泉，只有重视赏石艺术家心灵的创造性，才能够灌注人们的心灵与自然生命之间的和谐，才能够赋予赏石艺术以鲜活的生命，观赏石才能够给予人们以审美的愉悦。归根结底，赏石艺术作为一种审美化的艺术活动，充分体现在对于艺术和美学知识的运用。

总之，赏石艺术的审美意象学说旨在阐明：（1）观赏石美在意象。（2）审美化使得观赏石显现出意象美。（3）观赏石的意象美体现于赏石艺术家的心灵创造。（4）人们需要运用多元的艺术感受力去审美观照观赏石。质实言之，当代赏石艺术家的浪漫审美，使得人们不断地在陶醉中感受大自然的观赏石的神妙，唤起某些复杂的情感，将人们带到了一片陌生的心灵栖息之地。

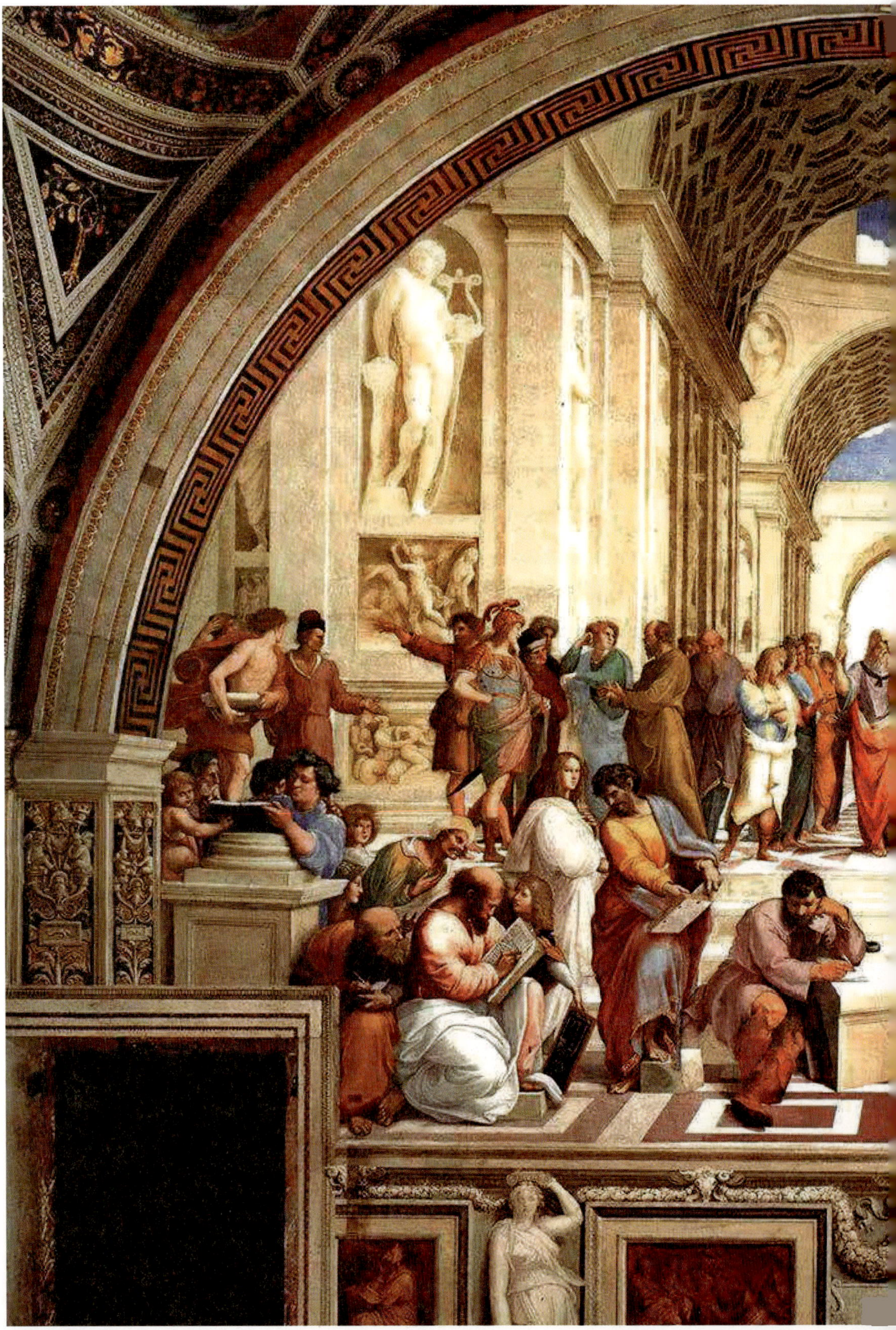

丁编 赏石艺术的美学功能

丁编首图 ［意］拉斐尔 《雅典学院》 梵蒂冈博物馆

第十四章　赏石艺术的美学精神

大自然的事物仅停留在它们的自在性中,但人的心灵的微光却不会泯灭在此自在性里。在赏石艺术理念下,欣赏者和赏石艺术家通过赏石艺术审美,使得观赏石这一自然存在物转化为心灵的显现。欣赏者和赏石艺术家视观赏石为审美对象,使得赏石艺术活动成为一种审美目的,并通过审美观照,以便达到追求美和自由的王国。德国思想家康德曾说:"美的事物暗示着人适应于世界。"[1] 所有的艺术都拥有该媒介所固有的,却通过其他媒介无法表现的精神。赏石艺术属于心灵之事,其所透出的美学精神集中体现在一切欣赏者的心灵与自然的合一,以及美的欣赏与精神寄托的合一。

本章乃探讨中国赏石艺术的美学精神之旨趣。

一　自然之和谐

(一)人与自然的和谐

中国久远的农耕文明,练就了中国人热爱土地的深沉情感。中国人对于大自然是"不隔"的,从没有奴役自然的态度和行为。尤其,中国的道家哲学思想使得中国人对大自然和宇宙充满了好奇和想象,大自然和宇宙在中国人的思想观念里是独特的,也成了激发中国艺术家灵感的源泉之一。

大自然乃是永恒的与变化的自然世界。在中国文人艺术中,大自然的山水景色和一切事物都是有生命的,它们的生命与人紧密相关。在文人艺术家们眼里,自然是有生命的自然,并且,可以把人的精神和心灵灌注其身,反之,也正因为人的精神和心灵的灌注,自然成了有生命的自然。这就犹如美学家宗白华所言："象如日，创化万物，明朗万物。"[2] 亦如清代画家唐岱所言："盖自然者，学问之化境，而力学者，又自然之根基。"[3]

在文人艺术的影响下，在中国人看来，欣赏观赏石同欣赏其他艺术品一样，要用心灵和情感去浇灌，用诗情画意去品鉴，用哲理情思去品味，用哲学思想去探求，用历史维度去衡量，从而沉浸在意象美的欣赏中（图197）。特别地，赏石艺术会无形地把人引入一种奇异的氛围当中，心甘情愿地陷入极致孤独的境界，从而在孤独中享受着孤独。这就似唐代诗人司空图所言之情境，"萧萧落叶，漏雨苍苔"。[4]

赏石艺术返照大自然，返照欣赏者自身。德国哲学家黑格尔曾认为："人可以体会自然的生命以及自然对灵魂和心情所发出的声音，所以人也可以在自然里感到很亲切。"[5]当人在孤独的时候，面对一块观赏石会自觉到一种永恒的宁静，这种宁静融入了宇宙的旋律之中，浸入了时间的漩涡之中，把自己的心灵和大自然结为了一体。往往大自然是丰饶的，又是简约的，人的心灵是宽广的，又是狭隘的，而一旦人们的心灵同大自然里的观赏石相偶遇，相对视，在审美欣赏中会于一瞬间相统一，相契合，在有限里瞥见无限，在不可能中遇见可能，在刹那间见到永恒，在陶醉中遇到美好。

图197 《土地公》 大理石画 16×16厘米
奚云峰藏

(二)复归自然

北宋诗人苏轼诗言:"昏昏水气浮山麓,泛泛春风弄麦苗。谁使爱官轻去国?此身无计老渔樵。"[6]复归大自然的思想,早在中国的魏晋时代,士流们已有流露。

英国美学家鲍桑葵认为:"人之所以追求自然,因为他已经感到他同自然分离了。"[7]赏石艺术不仅涉及自然的法则和自然的秩序,还涉及自然的享受与艺术的欣赏之间的联系,会让人感受到天地之生机活态和天迥地阔的精神气质,让人服从于大自然的创造本身和创造精神的终极目的,让人走向美学探索之途。德国美学家马克斯·德索就持有一种观点:"一个人从传统中解放出来得愈彻底,他便愈容易返回自然;反过来,一个人与自然脱离得愈快,他的情感就愈局限于传统的形式之中。"[8]相应地,人与自然的和谐与回归通过赏石艺术形式传达了出来。

总之,热爱自然,崇拜自然,复归自然,认识自然,欣赏自然,进而追求自然的艺术,这些通常是浪漫主义的追求。同法国思想家卢梭所提出的"返于自然"的口号一样,浪漫主义者的如此追求,在赏石艺术中愈加得到了有力的回响。所谓"寒影对空,红炉点雪,如如不动,金体相呈"[9]亦如斯也(图198)。

图198 《隐山居图》　　清江石画　　36×24厘米　　李国树藏

二　生命之清供

（一）生命灌注

古代思想家庄子言："物故有所然,物固有所可。"[10]石头成为观赏石,因其受到生命的灌注,视为了生命的清供。更重要的是,观赏石被视为审美对象,人们在欣赏观赏石时,心灵把自我摆进了观赏石显现的意象里,而物我同一。赏石艺术因植入了生命的思考,成了以生命为原理的反省艺术。

清代画家石涛言："不化而应化,无为而有为。"[11]观赏石经由欣赏者和赏石艺术家的心灵有意识地观照转化,纳入宇宙的生命意识之中,成了心旷神怡的艺术品,它们触发着人们对自然万物的生命意义的认识,彰显着人们对生命思考的艺术观念。石涛又言："天之授于人,因其可授而授之。"[12]欣赏者和赏石艺术家们借助于审美经验,借助于想象力,使得观赏石的美的意象显现出来,同时,情感又参与其间,从而应物会心,使得自己的内心充盈生机。在这个交织的审美化过程中,把生命灌注观赏石,无形地承载了所有欣赏者的审美追求和理想趣味,充分体现了艺术的生命精神。

（二）生命感悟

《周易》有言："天行健,君子以自强不息;地势坤,君子以厚德载物。"[13]禅家有言："乞儿唱莲花落。"人们于观赏石的欣赏中,安顿自己的性灵,行走自己的人生之旅。赏石艺术仿佛使得人们进入了一种审美化的人生境界。

中国艺术强调人的天性,物的顺适性,以摆脱扰攘而与大自然相亲近,以便从中认识自己。战国时期思想家杨朱曾言：

> 知生之暂来,知死之暂往,故从心而动,不违自然,所好当身之娱,非所去也,故不为名所动。从性而游,不逆万物,所好死后之名,非所取也,故不为刑所及。[14]

杨朱之所言,意在从心而动,不违自然,以返于自然状态为目的,实现"存我"之观念。同样,在赏石艺术家的思想深处,赏石艺术孕有更多潜在的认识,譬如:观赏石是真实的,站在一切虚假的对立面;观赏石是原始的,同一切给予的事物迥然不同;观赏石是自然的,同伪装的一切事物截然分开;观赏石是出其不意的,同那些人为的准绳形成比照;观赏石是稳定的,同不安定感相脱离;观赏石是永久的,同转瞬即逝相对立;观赏石是宁静的,使人摆脱烦扰不安;观赏石是不可言喻的,远离矫揉造作的饰词,等等。总之,打破常规,突破僵死东西的束缚,构成了赏石艺术的基本底色(图199)。

图199 《幻》 清江石画 55×35厘米 李国树藏

古代思想家庄子言:"有始也者,有未始有始也者,有未始有夫未始有始也者。有有也者,有无也者,有未始有无也者。"[15]观赏石的生命超越了时间,是无限的和永恒的,而人的生命却局限于生理生命的规律,乃是有限和短暂的。赏石艺术在对无限和永恒的追索中,荡去人的生命的悠然而来,倏然而去。这就犹如东晋诗人陶渊明的诗歌所言:"泛览周王传,流观山海图。俯仰终宇宙,不乐复何如?"[16]总之,人们在赏石艺术的审美体验中追寻着生命的脉动。

德国美学家立普斯认为:"在艺术作品中,总是要遇到人格化,它与我们的生命和生命活动的可能性和倾向性是一致的,或是能在它们中间得到共鸣;我们总是要遇到人的积极的、对象化了的、纯粹的,以及与在艺术作品之外的所有现实利益无关的东西。这种人格化,只有艺术才能表象,只有审美观照才会要求。一致和共鸣幸福地充斥于我们心中。"[17]宋代诗人苏轼亦言:"只恐夜深花睡去,故烧高烛照红妆。"[18]赏石艺术的审美体现的是一种人格化,而人格化是由静观的欣赏者擢入的。

清代画家石涛言:"不化而应化,无为而有为,身不炫而名立,因有蒙养之功,生活之操。"[19]赏石艺术凭以观万物的生机,表现自然宇宙的活力,呈现不拘一格的形式美感,承载着对生命的思考,承蒙生活之理。总之,观赏石作为凝聚大美的艺术品,并不是人生的装饰品,而是极具吸引力的心灵滋补品,赏石艺术是为了人生,而不仅仅为了生活。

三　自由之追求

(一)内在自由

艺术中的审美活动通常被视作获得自由的一个有效途径。德国哲学家黑格尔即认为:"审美带有令人解放的性质。"[20]赏石艺术是人们在特定的社会环境中,依托自己的心灵,把大自然的观赏石视为一种审美的理想化。这种审美的理想化内含一种意向性构成,突出体现为某种程度的幻想,而幻想却是缥缈的和空虚的,依附于实在的和坚实的石头身上,就变成了一种中和,似乎幻想就变成可以实现的。这就犹如宋代诗人苏辙诗所云:"此心初无住,每与物皆禅。"[21]正是在虚幻与实在、天趣与人合、主观与客观、心灵与事物之间,人们通过赏石艺术隐隐地陶醉自己,解放自己,纯化自己,觉悟自己。

所有艺术无一例外地都在表达着创造者的自由,同时,艺术作品都在展现着创造者的心灵自由。这个观点本身并不新颖。然而,赏石和赏石艺术中所体现的自由,乃是文人赏石家、赏石艺术家和一切欣赏者的内在自由,准确地说,这是一种消极自由。例如,日本美学家今道友信就认为:"在艺术中散发着自我肯定的自由气息。并且,艺术常常以违反现存秩序的强烈反抗的姿态出现,使希望从义务及强制中获得自由。"[22]在大自然的原始作用力下,所生成的观赏石完全出乎人的意料之外。观赏石为可惊之物,拥有一种不可预测的破坏性精神,仿佛是对一切固有秩序的颠覆,对理性的背离,对常规的打破,对服从的反叛等。于是,在极富个性精神和自由精神的人们眼里,观赏石含藏独具一格的自由魅力。

当代赏石艺术似乎使欣赏者回到了童年的那种以自我为中心的年代,激起了自己内心的强烈的自由意识。尤其在那些受到压抑而寻求精神解放,并且自由意志成熟的古代文人赏石家们看来,奇石似乎打破了一切枷锁、束缚和障碍,无声地表达着一种自由的独立追求。

诚然,在生活世界里的任何人在某些方面会受到限制,但在某些方面会享有自由,因此,自由的内容是有条件的、变化的,属非绝对化的。前文已述,古代文人们赏石通常属于小圈子的同僚文化,作为一种雅趣和雅兴,往往展现着艺术自由的氛围,成了激发文人们对诗歌、书法和绘画等艺术创作的手段和灵感的源泉(图200)。奇石所特有的怪异与文人们极具个性化的欣赏品位,仿佛也在对一切艺术上的固有模式表达着不满与不屑,甚至带有一种寻求新颖的艺术语言的企图与追求。实际上,这种情形乃是一种艺术上的积极自由。

可以说,无论是消极自由,还是积极自由,人们在面对观赏石的静观与沉思,并不局限于纯粹美感上的吸引力,还是悠闲的领悟,沉默的反省,拥有内在的思想之美,因为只有人们的心灵诉诸大自然,

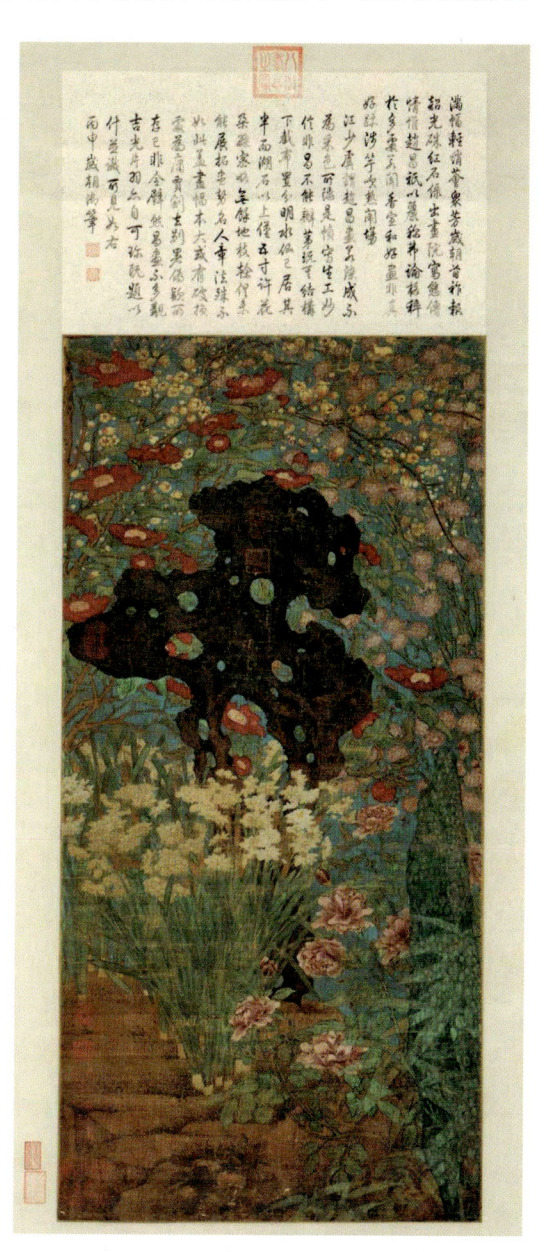

图200 [宋]赵昌 《岁朝图》
台北故宫博物院

对自己进行反省，才可以从世俗的社会和固化的思想里解脱出来。这就像美国哲学家约翰·杜威所说的："对自然的人来说，内心的幻想和享受就构成了自由。""逃避到内在生命中以求得自由，这并不是一个现代的发现——在哲学上的浪漫主义被陈述出来以前，野蛮人、被压迫者、儿童们远在它就采用过了。"[23] 因此，观赏石所拥有美感的性质是由人们的思想所赋予，对于观赏石的赞美，意味着有更多值得去追求的高贵的东西。

约翰·杜威还认为："哲学通过运用一种把物质的和机械的东西转变成为心灵的解释办法而变成了保持'宇宙之精神价值'的一种设计。借助于对知识可能性内涵和意义的推演辩证法，物理的东西就变成了某种心理的和心灵的东西——似乎心灵的存在是内在地比物理的东西更为理想一些。"[24] 不难理解，在赏石艺术这种艺术哲学中，人自然地成了中心。并且，古代文人赏石家们对奇石的皱、漏、瘦、透、丑等审美观念，本有着自明之理，但对于普通人却艰深费解，缘由就在于赏石活动里所渗透的思想不一样，它们不是仅通过观赏石的外在形态就能够看出来，而是由欣赏者的心灵状态决定的。

总之，中国古代文人赏石和当代赏石艺术蕴含着一种隐喻和想象的价值，表达的是古代文人赏石家、当代赏石艺术家及一切欣赏者们对自由的追寻，中国赏石文化中饱含着中国人对自由精神的追求。

（二）自由的世界

纵览艺术史，中国的赏石艺术乃真正实现了从自然的领域转换成自由的领域的艺术嬗变。《周易》有言："穷神知化，德之盛也。"[25] 赏石艺术的本质在于对自由的追求，传达了某种自由而孤高的梦想，无形地会让人充满自由的力量。在赏石艺术的审美意象世界里，自然的世界、艺术的世界和自由的世界三者相容了。

美国哲学家桑塔亚那认为："理想世界的每一方面都是从自然的东西里发生出来的。"[26] 人们仿佛在石头堆里发现了一个永久长存的寓所，那里没有假象，没有骚乱，没有纷扰，没有欺诈。在观赏石身上，人们的心性和理想得以满足，心灵得到庇护。高尔泰先生就曾认为："审美中的自由是作为一种经验形态被提供给人类的，它并不一定要等于实际的自由，只是自由的象征。"[27] 在面对一块观赏石时，正是经由人们的审美沉思，获得了某种理想的性质，赏石艺术成了自由的象征，虽然充斥着幻想，但通过赏石艺术的审美所获得的理想性本身却并非幻想。

高尔泰先生还认为:"美是自由的象征,它看起来像是无意识的和受动的,却使人体验到自由解放的快乐。通过审美感觉,使得物进入人,人进入物,有限进入无限,无限进入有限,从而消灭了我与外间世界的对立,不再存在与我对立的他物。这种境界的出现,就是他所体验到的自由的证明。"[28] 在美学领域里,通常在审美感觉的作用下,自然的精神在一定意义上可以理解为自由的精神(图201)。赏石艺术作为一种艺术形式,使人认识到自然界和宇宙的魅力,使人的精神世界进入无限的自由之中,令人通往了自由之路,在这条自由的道路上,尽情地体味着观赏石的意象美的自由风致。

图201 [清]石涛 《金山龙游寺》册之一 北京故宫博物院

德国艺术史家温克尔曼研究世界古代艺术史,在面对"艺术是在什么时候发生的、为什么会衰落"这个问题时曾指出,最重要的原因是一个政治因素——自由,可以说有了自由,艺术就繁荣;受到压制,艺术则衰落。[29] 然而,当我们回顾文中所述的中国赏石文化的发展历程及对其考察,出现了与温克尔曼几乎相反的结论:在某种意义上,中国赏石的发生和发展与"自由的衰落"却有着一定程度的正相关性,尽管它们又在促进着自由的发展。

总之,中国赏石艺术会涉及对大自然的追寻、人的自由追求与艺术自由的关系问题,它不仅仅是赏石艺术的弦外之音,而且是赏石艺术的内含之曲。如同古代思想家孔子之所言:"古人学而为己,今人学而为人。"[30] 当代赏石艺术的审美更加蕴涵人的自由、艺术的自由和审美的自由,使得人们进入了一个独特的美学领域。

四　民族之根性

（一）民族精神

从中国赏石文化发展史来看，中国赏石和赏石艺术不只是文人雅士的活动，不只是赏石大众的活动，更不只是赏石艺术家的活动，而应该视作中华民族的艺术活动的缩影，体现的是中华民族的精神趣味和审美趣味。

德国哲学家黑格尔认为："艺术和它的一定的创造方式与某一民族的民族性密切相关。""各民族在艺术作品中留下了他们的最丰富的见解和思想；美的艺术对于了解哲学和宗教往往是一把钥匙，而且对于许多民族来说，是惟一的钥匙。这个使命是艺术同宗教和哲学所共有的，但艺术之所以异于宗教和哲学，在于艺术能用感性形式去体现即使是最崇高的东西，使这最崇高的东西更接近于自然现象，更接近于我们的感觉和感情。"[31] 同时，德国美学家施莱尔马赫认为："艺术活动是以不同方式进行的，如果不是根据每个人，那肯定是要根据不同的民族，以不同的方式进行的，所以，艺术活动是差异性的和个体性的活动。"[32] 此外，德国艺术史家格罗塞认为："一个艺术作品，它本身只不过是一个片断。艺术家的表现必须由观赏者的概念来补充，才能完成，艺术家所要创造的只有在这种情形之下才得以存在。在一个能解释那艺术品所含意义的人，与一个只能接受那艺术品所昭示的印象的人中间，那艺术品所能发生的效力是根本不同的。"[33] 综上之言，对所有艺术来说，创造者和观赏者在无形中占据与发挥着重要作用；不同历史时空的创造者和观赏者，对于艺术品的认识会截然不同，对于不同艺术也有着不同程度的认可，这均是由文化所决定的。可以说，如果不了解一个民族的文化，就很难真正理解属于他们的艺术活动。赏石艺术作为一种艺术活动，作为一种艺术形式，仿佛一个采石场，从中可以挖掘出各不相同的东西来（图202）。

前文已述，对于中国赏石的发生与发展产生决定影响的是社会因素、自然地理因素，尤其是文化因素。这就宛如历史学家钱穆之所言："研究历史所最应注意者，乃为在此历史背后所蕴藏而完成之文化。历史乃其外表，而文化则是其内容。"[34] 中国赏石艺术作为一种深刻的文化现象，只有拓展到文化、人种和民族之中去，所获得的认识才会可靠、持久

图202　[法]古斯塔夫·库尔贝　《碎石工》(创作于1849年,毁于1945年)

与稳定。

总之,朱良志先生认为,道家哲学像石,而儒家哲学像玉。石与玉均为石头,然二者却承载不同的意义,即如古代思想家老子所言:"不欲琭琭如玉,珞珞如石。"赏石艺术根植于中国传统文化,赏石艺术也参与累积中国传统文化的基座,这两者是一个辩证的发生过程,共同赓续着中华历史文脉。反之,正像哲学家牟宗三所认为:"一个文化不能没有它的最基本的内在心灵。"[35]赏石艺术作为一种文化现象和审美现象,成为中国人的风骨的体现,成为中国人心灵的表现,成为中华民族精神的标记。

(二)中国人的心灵艺术

中国赏石肇始魏晋风流。冯友兰先生曾论"魏晋风流",认为"必有玄心""必有深情""须有洞见""须有妙赏"。[36]中国赏石流传两千年,成了中国人的心灵艺术。

中国艺术有一种重要观念,即"心与物游"。如同观赏石本身所具有的质朴和刚硬一样,赏石艺术不是献媚公众的艺术,也不是大众喧哗的艺术,更不是游戏性的艺术。反而,

405

赏石艺术如诗似画，是一种平静冥思、反省觉悟、追求完美和沉浸体验的艺术。赏石艺术蕴涵着自然与文明、美感与心灵、感性和精神相通融的艺术追求，而殊异于其他一切艺术形式。并且，相较于主流艺术形式，赏石艺术更加符合人们的心灵，更容易使人们栖息与退隐于静思之地。

当人们的心灵沉醉于自然的神奇、哲学的沉思、寂然的伤感和愉快的无言之时，并倾注于审美沉思之时，心灵也超越了生命体之间的界限；当人们的心灵在珍视整个生命世界之时，也领悟到了人的存在的真正意义。反过来说，只有美的心灵才会认识美的存在，并且，"通过美才能到达通往自由之路"[37]。这些都凝固在了赏石艺术的美学精神之中。

艺术发展史告诉人们，没有一个民族会缺少自己的艺术，所有艺术除了追求审美意义以外，还有实际的社会意义，都会对各民族的精神和生活产生影响。这就犹如德国艺术史家格罗塞所说："我们认为，在狩猎民族间最有社会影响力的是舞蹈；对于希腊人，雕刻已经有效地把他们的社会思想融合成一体；在中世纪，建筑在伟大寺院的殿堂结合了肉体和灵魂；在文艺复兴时期，绘画发出了一切受过教育的欧洲人都能了解的语言；诗歌那温和的声音能够在敌对的阶级和民族的武装斗争中作有力的回响。"[38]此外，法国艺术史家丹纳认为："所有的艺术作品，都是由心境和周围的习俗所造成的一般条件决定的。"[39]在最一般意义上，古代文人们赏玩石头不论是出于理性自觉，还是出于兴趣雅好，他们的赏石情感都具有某种隐蔽的反叛性。归根结底，文人们赏石的动机若从社会层面来探究，可以剖析为对所处社会混乱现实的浪漫反叛。事实乃在于，古代文人们之所以对奇石的皱、漏、瘦、透、丑着迷，意在反理性，因为在他们的深层审美意识里，认为理性化过程也是社会化过程，赏石活动恰是那种在他们所厌倦的时代而出现的幻想和无奈的一种表达方式，而古典赏石风格一直在历史发展进程中延续着，成了中国赏石精神的遗产，似乎在表达着天下文人们的共同心灵感受：回归自然！在自然中去慰藉自己的心灵！

英国艺术史家乔治·特恩布尔认为："从一个民族的艺术状态中可以推知其普遍性格或民族性格，反过来讲，从任何一个民族那司空见惯的气质禀性中，也可以想见其艺术状态，就像该民族的其他征兆，如一个政府的法律、语言、礼俗等会体现该民族一样。"[40]当代的赏石艺术正是基于人们对大自然知识的认识，聚焦于对自然存在物的观赏石的审美欣赏，引发人们对自然的融合感觉，对自身的反省，对社会的反思，以及对大自然一切事物的敬畏。并且，当代的赏石艺术从古老的文人赏石传统传承而来，这种传承方式使得观赏石本身更能够解释它所源出的文化，而不仅仅局限于以当今时期的文化来解释赏石艺术。

在此意义上,赏石艺术可以堪称体现中华民族的国民特性的艺术形式,蕴涵着精神的东西与自然的东西合一的东方文化灵魂,成了构筑中华民族共同体的一种艺术形式。

美学家王国维曾言:"赏鉴之趣味与研究之趣味,思古之情与求新之念,互相错综。"[41] 赏石艺术的美学精神源于赏石艺术的历史性、现场性和独立性。在学科意义上,赏石艺术美学拥有着独立的意向性、自主性、一贯性和同一性。具体体现为:

其一,赏石艺术美学有意向性。日本思想家三浦梅园认为:"人各有癖,推吾有之物而感其他。"[42] 赏石艺术美学关乎精神性和文化性,尤其涉及中国传统哲学的玄远与冥思,以及传统文化的宁静与致趣,等等。赏石艺术美学含藏中国人的抽象思维和深邃思想,饱含中国人的情感、意志和信仰等心灵观。

其二,赏石艺术美学有自主性。它呈现于自然世界与精神世界之间的互相渗透,体现为大自然的石头从物的自然,成为心的自然,最终转化为艺术的自然。古代思想家庄子即言:"独与天地精神往来""上与造物者游"。[43] 天地造万物,作为万物微小组成部分的观赏石,意蕴多样性和差别性,拥有包罗万象的形相和生动活泼的韵致,造就了无限的张力。赏石艺术与哲学、宗教、文学和艺术等相融合,使得赏石艺术审美成为一个美学范畴而蕴含独特的美学精神。赏石艺术美学的自主价值,不仅仅用于满足博学之士的好奇心,还关乎中国人心灵的追求。

其三,赏石艺术美学有一贯性。这种一贯性尤以精神性而保其魅力,突出体现为赏石艺术是心灵化的艺术——既是情感的,又是精神的。观赏石作为人们品味与欣赏的把玩或清供之物,甚至有的观赏石成为艺术品,含藏极为微妙的情感和精神,蕴含一种不可言传之美。事实上,当一种美有着不可言传的雅致,也最宜让人着想,这当属感受和精神的事情了。

其四,赏石艺术美学有同一性。赏石艺术指向原始根源和精神根源的回归,以回复人类精神与宇宙精神的同一。赏石艺术作为审美活动的最深刻秘密,突出体现在赏石艺术中的心灵投射所彰显出的精神性。

总之,德国哲学家黑格尔曾言:"艺术的使命就在于替一个民族的精神找到适合的艺术表现。"[44] 人们对于艺术的认识还可以扩大一个民族的观念。这就正如瑞士艺术史家沃尔夫林所持的观点:"正像每一部视觉历史必然要超出纯粹的艺术范围一样,这种民族的视觉差异也不仅仅是一个纯粹的审美趣味的问题,这是不言自明的。这些差异既受制约,又制约着别的东西,它们包含着一个民族的整个世界图像的基础。"[45] 赏石艺术有着深厚的历史文化渊源和广泛的现实基础,像一面镜子,同书法、绘画、园林和雕塑等艺术一道,显见中国人的心灵(图203)。

图203 《烛龙》　大化石　160×108×45厘米　高景隆藏

第十五章　赏石艺术的美育

南朝画家王微言："望秋云,神飞扬,临春风,思浩荡,虽有金石之乐,珪璋之深岂能仿佛之哉!"[1]赏石艺术成为国家级非物质文化遗产,凝聚了中华民族几千年传统文化的精华。赏石艺术本质是一门涉及自然、自由和艺术的学问。[2]流连自然,追寻自由,欣赏艺术之美,构成了这门艺术的总体特征。对于赏石艺术的美育价值的认识,必须要与赏石艺术的总体特征紧密联系。

赏石艺术是人与自然的关系的艺术建构,赏石艺术的审美是人与自然的和谐的美学展现。正像《中庸》之所言："参天地,赞化育。"[3]赏石艺术成了一门富有教益,使人变得深沉的体验艺术,使人变得静穆的心性艺术,有着深刻的文化母题意义。人们发现、感悟和欣赏着一种崇高的美,也诉诸寻求一种孤高的尊严,倾注于对一切生命的敬畏,沉浸于审美的沉思。唐代画论家张彦远说过："成教化,助人伦,穷神变,测幽微""与六籍同功"。[4]赏石艺术作为一种活态文化,有着自己的心性机能和社会机能,起着教化的效用。古代思想家孟子言："耳目之官不思,而蔽于物,物交物,则引之而已矣。心之官则思,思则得之,不思则不得也。"[5]赏石艺术的美育承蒙人们由自然世界向心灵世界、自由世界、艺术世界及美学世界转化的重要角色,在这个转化过程中,人们透过观赏石,认识到大自然立法的深邃,并且,通过自由的审美沉思而认识到了一种深刻的美学现象。

本章聚焦于对赏石艺术的美学效能的讨论。

一　万物一体之境界

古罗马修辞学家朗吉驽斯认为,人总是观赏和赞美自然界的崇高。他写道："大自然把人带到宇宙这个生命大会场里,让他不仅来观赏这全部宇宙的壮观,而且还热烈地参加其中的竞赛,它就不是把人当作一种卑微的动物;从生命一开始,大自然就向我们人类心灵里灌注进去一种不可克服的永恒的爱,即对于凡是真正伟大的,比我们自己更神圣的东西的爱。因此,这整个宇宙还不够满足人的观赏和思考的要求,人往往还要游心骋思于八极之外。"[6]引文中,"大自然向我们人类心灵灌注进一种永恒的爱",相较赏石艺术来说,可视为一种反向的比喻,而"人往往还要游心骋思于八极之外",却深刻地揭示了赏石艺术所具有的鲜明的自由沉思特性。赏石艺术的审美沉思意味着单纯的和无功利的,反之,就像古希腊哲学家亚里士多德所说的那样:"处处以功利为目的,对于崇高的思想和自由的心灵来说都是不合宜的。"[7]

赏石艺术追求的乃是人与万物一体的艺术境界。中国哲学主张,天地万物本为一体,都属于生命的世界;而中国艺术则主张,依赖客体仅仅是为了返回主体。例如,北宋理学家程颐言:"问:观物察己,还因见物反求诸身否?曰:不必如此说。物我一理,才明彼即晓此,此合内外之道也。"[8]赏石艺术作为艺术哲学,人们在对观赏石的欣赏中,既得到了审美的沉思,又产生了对万物之爱,还感受到生命的存在了。

俄国艺术史家叶·查瓦茨卡娅认为:"在观察事物、研究事物和抱着一定目的进行活动的世人当中,圣哲之士感到'如痴如狂',而其行为也显得疯疯癫癫。他们认为自己摹仿动植物和奇形怪状的石头,就可以达到大自然所特具的无忧无虑与充满生机。因此,可以把它们看成是倒立着看世界的人。"[9]透过赏石艺术,人们对于认识大自然的途径和知识得以不断地拓展,在对大自然的观赏石这一特殊事物在艺术和审美的领域求知过程中,以认识观赏石艺术品的特殊品性,以找寻艺术之间的类性,以探求艺术的总体规律性,以验证自然事物具有合目的性这一伟大的现象(图204)。这就像古罗马哲学家卢克莱修的诗歌所表达的:

> 能驱散这个恐怖,这心灵中黑暗的
> 不是初升太阳炫目的光芒,
> 也不是早晨闪亮的箭头,
> 而是自然的面貌和规律。
> 这个教导我们的规律乃开始于:
> 未有任何事物从无中生出。

恐惧之所以能统治亿万众生，
只是因为人们看见大地宇寰，
有无数他们不懂其原因的现象，
因此以为有神灵操纵其间。
而当一朝我们知道无中不能生有，
就将更清楚看到我们寻求的：
那些由之万物才被创造的元素，
以及万物之成如何是未借神助。
假如一切都可以从无中生出，
则任何东西就能从任何东西产生，
而不需要一定的种子。

——卢克莱修：《物质是永恒的》[10]

图204 《汉帛流韵》 黄河石 20×13×9厘米 王浩三藏

总之，赏石艺术使得大自然的观赏石与人的品格完善以内化、和谐与统一，人们透过观赏石向内地转以去正视一切生命——人的生命和万物的生命。

二 回复自身之追求

日本美学家今道友信认为："艺术是为了使精神回到人本身，恢复人本来的美而存在的。"[11]同时，日本哲学家西田几多郎曾譬喻道："我们通过在自然当中认同精神生命，即通过艺术直观，能够改变自己本身的生命内容。然而在这个客观界当中移入感情，并不是赋予客观界新的统一，实际上是还原具体的整体，是迷途的孩子回到父亲身边。"[12]以感性的思维对待自然，以艺术观照自然，以审美灌注自然，在自然中追寻美，对自己信任，对自然信任，才使得人的感性与自然在艺术和美的领域达成和谐。赏石艺术成了一种极富个性化的自由艺术，一种极富情感化的心灵艺术，正像雨果·郝夫曼塞尔所说：

> 可怕啊，艺术！
> 我向自己吐丝，其轨迹
> 正是我，穿过云雾的道路。
> 　　　　　　　——雨果·郝夫曼塞尔[13]

在中国赏石文化发展史上，不同阶层的欣赏者们、不同时代的人们均参与到了赏石活动中，从而使得宽泛意义上的艺术和艺术品观念不断地自我扩充，即便其中充满了众多迷雾。德国哲学家黑格尔曾写过一段意味深长的话："就艺术的形式方面来说，艺术的普遍而绝对的需要是由于人是一种能思考的意识，这就是说，他由自己而且为自己造成他自己是什么，以及一切是什么。自然界事物只是直接的、一次的，而人作为心灵却复现他自己，因为他首先作为自然物而存在，其次，他还为自己而存在，观照自己，认识自己，思考自己。只有通过这种自为的存在，人才是心灵。"[14]此外，德国哲学家康德在《判断力批判》里，在讨论"一般的美"时指出，一般的美是有目的性的活动的产物，它超越了生产的时刻，进入未来，其自身能被认可。[15]通过黑格尔和康德的话语，再联想到前文"小男孩朝河里抛石子"的事例,似乎更说明,赏石艺术是对欣赏者回复自身的溢出,对自我超越的溢出,对时代的溢出,对艺术的溢出,对中华文化生命体本性的溢出。完全可以认为,赏石艺术生动地体现了一切艺术不仅只有现时性,更有时间性、历史性、自由性和文化性这个普遍规律(图205)。

赏石艺术是以有限显现无限,以有限言说无限,而在美学意义上,通常有限的东西能够成为美的东西。张世英先生即认为:"有限的东西之所以能成为美的东西,在于它表现了无限的东西的深层内涵,使人达到'万物一体'的境界。"[16] 赏

图205 [明]仇英 《孔子圣迹图》之一
北京故宫博物院

石艺术真正意味着,在显得是他物的东西里面回归于自身,在有限的他物里面给予无限的精神生命,在自然生命中委以文化生命的顺适,因为万物都在变化着,并在变化中而和谐地发展。同时,德国哲学家谢林认为:"美是以有限的形式表现出来的无限。"[17] 透过赏石艺术的审美,人们能够清醒地认识到,自然是向人生成的自然,人是向自然回归的人。人们通过赏石艺术活动,一方面获得了属于大自然遗珍的观赏石艺术品,另一方面又回复到自己本身上来,唤醒人们返回到自然之中去,再返回自身,如此反复着。不难看出,这个自然既是真实的大自然,也是人们心中彼岸的自由世界。于此,赏石艺术在根底重建着人与自然的和谐关系,唤醒着人们珍爱自然与回归自然的意识,从而在自然中享受那份属于人的自然美和艺术美。

无形地,赏石艺术使得人们追求着精神的自由,提升着人生的品位。当人们在面对亿万年的观赏石时,总能得到一些平时好像不能得到的东西,比如对于爱憎,对于人生的认识等发生的微妙变化。于是,每当人在卑微时,就需要低下头来,但心底仍要挺起脊梁,需要时间长一点,再长一点,甚至用历史的胸襟去面对一切。魏晋玄学家郭象认为,最高的心灵境界乃是一种"玄冥之境""玄同彼我""与物冥合"。在赏石艺术理念下,唤醒石头

的艺术灵性乃是赏石艺术的惟一正确追求,它需要赏石艺术家的艺术才情、人生感悟及美学鉴赏力。

三 铸造心灵之彼岸

中国赏石的最初诞生过程,本是个散漫的体现,它不负担什么重大的使命,仅是文人雅士和士大夫们心灵的体现,仅是文人雅士和士大夫们的艺术活动。当代的赏石艺术通过欣赏者和赏石艺术家们的观照转化,凝固欣赏者和赏石艺术家们的心灵创造,逐渐发展成为一种独立的艺术形式。总之,古代文人赏石和当代赏石艺术都对人的心灵发生意义,成为中国人的心灵艺术。这种认识很自然地把赏石艺术的美学观念导向了美育。

德国哲学家叔本华认为,美的观照可以消除物我之间的差别,达到物我合一,乃至忘我的境界,从而暂时得以解脱。[18]在对自然的审美观照下,审美的感觉把人与自然联系在一起,成为一个深邃的审美过程,又成为一个深刻的道德过程。诚如英国诗人华兹华斯下边的诗歌所表达的:

> 我感觉到,
> 有什么在以崇高的思想之喜悦,
> 让我心动;一种升华的意念
> 深深地融入某种东西。
> ……
> 一种动力,一种精神,推动着
> 一切有思想的东西,一切思想的对象
> 穿过宇宙万物,不停地运行。
> ……
> 我欣喜地发现,
> 在大自然和感觉的语言里,
> 隐藏着最纯洁的思想之铁锚,

心灵的护士、向导和警卫,以及
我整个精神生活的灵魂。
……
啊!那时
即令孤独,惊悸,痛苦,或哀伤成为
你的命运,
你将依然怀着柔情的喜悦。
……
一切凭眼和耳所能感觉到的这神奇的世界,
一半是感觉到的,
一半是创造出来的。

——华兹华斯:《丁登寺旁》

从中国赏石的思想渊源上说,每一块观赏石都是宽泛意义上的禅石。于是,赏石艺术的审美透着灵魂的深度,铸造了人们的心灵的自由彼岸,并得以朗现,使得人们自觉到圆满自足(图206),可谓"我即莲花花即我,如公方是爱莲人"[19]。

四 真、美、善之合一

美学家宗白华写道:"'自然'本是个大艺术家,艺术也是个'小自然'。艺术创造的过程,是物质的精神化;自然创造的过程,是精神的物质化;首尾不同,而其结局同为极真、极美、极善的灵魂和肉

图206 《莲》 怒江石 16×20×8厘米
李国树藏

体的协调,所致心物一致的艺术品。"[20]这段话的立足点即便是一种对比的拟人观,却道出了"自然"与"艺术"的异同,并落脚于对艺术品的认识。在哲学的智慧上,北宋理学家程颐言:"天地人只一道也,才通其一,则余皆通。"[21]同时,日本美学家今道友信认为:"从价值角度看,真、善、美是人类的理想。"[22]"真、善、美是保证人类文化活动,并不断促进文化活动的价值观念。"[23]在特定意义上,赏石艺术自身真正地实现了真、美、善的合一。

在赏石艺术中,真、美、善有不可磨灭的内在联系。赏石艺术的发生过程乃为追求观赏石的真,欣赏观赏石的美,达于赏石艺术的善。因此,真、美、善在赏石艺术中有着先后的次第,而最终达成了统一。严格意义上说,在赏石艺术中,就美和真的关系而言,美从属于真;就美和善的关系而言,美从属于善。简言之,真和善主导着美。

真,本是人类知性不断探求的理念。德国哲学家赫尔德曾认为:"真,是一切美的基础,任何一种美都必须导致真和善。"[24]因此,赏石艺术里只有观赏石的真,才能谈得上美;赏石艺术里只有审美意识,才能谈得上美;赏石艺术只有在心灵的领域,才能谈得上善。然而,就赏石艺术里的真、美、善三者来说,虽是各自分立的,但前两者人们容易理解,而对于善是不易理解的。实际上,真、美、善皆体现在赏石艺术的趋向合一的审美欲求的发生过程之中,体现于观赏石与欣赏者的关系之中,统一于"万物一体""天人合一"的哲学观念之中,合力达成了心灵的感悟,成就了至善,从而传达着赏石艺术的独特美学精神。

不管"美"充斥多少争议,美学的主旨不外乎从美的层面出发,对真、美、善的弘扬,对假、丑、恶的蔑视,在对美的认识和体验的过程中,提高自己的审美境界和人生境界,在于崇德,在于彻悟"善于化者"的艺术和美学境界。任何艺术家都会有自己的独立精神世界,而通过艺术的创造,在传递着个人对世界的不同认识。当所有艺术家的艺术作品构成了整个艺术史,并流传于世间时,似乎在告诉人们,这个世界多么真实,这个世界多么与众不同,以及人们生活的世界本应该更美好。

观赏石是大自然已经完成的存在物,而赏石艺术家则成了大自然造化的接力者,在他们心灵的创造中,对观赏石实现着精微的观照转化,所创造出来的观赏石艺术品,使得人们进入审美沉思的领域。这就像德国哲学家黑格尔所说的一样:"艺术并不是一种单纯的娱乐、效用或游戏的勾当,而是要把精神从有限世界的内容和形式的束缚中解放出来,要使绝对真理显现和寄托于感性现象,总之,艺术要展现真理。"[25]同样,张世英先生也认为:"石头在艺术品中,其'自我隐蔽'的本性'顽性'就确实显现出来了。"[26]"顽石一旦进入了艺术品,就恰恰由于其'顽'而显现出一个生动具体的景象'世界',也可以说,在艺

丁编　赏石艺术的美学功能

术品中的顽石，正因其'顽'而'通灵'。当然，这里的'通灵'不同于小说传奇中所说的通灵之意，而是指'顽'所显现出的'世界'之生动具体性。"[27]赏石艺术之美属于大自然存在的恩惠，属于赏石艺术家的惠予，带给人们以"花谢花飞花满天，红消香断有谁怜？游丝软系飘春榭，落絮轻沾扑绣帘。闺中女儿惜春暮，愁绪满怀无释处。手把花锄出绣帘，忍踏落花来复去"[28]般的哀叹（图207）。

人各有癖，物有所宜，观赏石令人爱赏。赏石艺术已然不像春秋卫国卫懿公玩鹤那样的"玩物丧志"，而是一种审美化的活动。德国美学家席勒有着类似的解释："只有当人充分是人的时候，他才游戏；只有当人游戏的时候，他才完全是人。"[29]无论是古代的文人赏石，还是当代的赏石艺术，人们在赏石活动中觉悟过去，寄托情思，体验孤寂，沉思审美，无

图207　《林黛玉》　长江石　24×18×8厘米　私人收藏

声地分享着自然事物与人的共同命运,而历练良知,完善人格,实现自由,憧憬理想,使得"人作为人的存在"不再孤单,不再暗淡,不再骄傲,不再虚伪。

德国哲学家马克思曾说:"美是人的本质的对象化。"[30]在赏石艺术中,就观赏石这个自然事物的形相在有限认识与无限敞开的艺术联系中的发现和感悟而言,它就蕴涵着真;就观赏石作为审美对象而显现的美的意象使人玩味无穷而言,它就蕴涵着美;就"万物一体""天人合一"的赏石艺术哲学观念使人们获得自然的追寻、自由的追求和生命的领悟而言,它就蕴涵着善。总之,赏石艺术家在追寻真、美、善的过程中,陶醉于自己的心灵乐园,告诉人们一个本真的美的意象世界之存在。

结语　心物融合：独特美学现象

丁编的两篇文字讨论了赏石艺术的美学功能，主要包括赏石艺术的美学精神和赏石艺术的美育两部分。

观赏石遵从大自然的真实，显得简单、微妙，被视为有生命之物，拥有与人类同等的尊严。这种生命的存在和生命的尊严，奠定了赏石艺术美学的深刻基调。在赏石艺术的审美的意象世界，观赏石之美寓于静观中，凝固于审美的沉思，人们享受着它所产生的自由追求、生命领悟及美的显现。赏石艺术的美学功能在于美育，赏石艺术有着反向的自律性，唤醒人们转向内心，精神回复自身，实现对自身的反思，并依之去追求属于人们的内在自由。在某种意义上，赏石艺术几乎可以媲美绘画、雕塑和文学所能表达的信息，它所凝聚的智性远为庞杂。

透过中国赏石文化发展史，可以领略到中国赏石和赏石艺术作为一种社会表征的艺术，它的兴衰与社会的兴衰并没有直接的关系，而与文人的命运却有着割不断的联系，并且与文人艺术有着紧密的联系。无论是在社会的兴盛、社会的动荡，抑或在社会的衰落时期，赏石活动始终渗透在中国人的生活之中。中国赏石艺术拥有自己的独立品格，体现了中国人自由、包容和忧郁的天性，突显了中国人的独特艺术趣味，形成了中国人的独特艺术思想，呈现了中国人的独特审美观念，展现了中国人的独特审美能力，含藏了中国人的特有生命精神，成了中国人的心灵艺术。

观赏石沉静、典雅、拙顽的特征，决定了赏石艺术的特定艺术和审美指向，最终达到了存在论与审美现象的交错，达到了自然与艺术的统一。放宽历史的视线，德国哲学家黑格尔在《历史哲学》里的一段话，用来思考上述特性，显得极为合宜：

> 世界历史表现为……精神对自身自由意识的进化过程……每一步都彼此不同，各有其既定的独特原则。在历史中，这样一种原则成为精神的决定因

| 中国赏石艺术美学要义

图208 《莫迪里阿尼1号》 大理石画
27×21厘米 王京美藏

素——一种特殊的民族精神。只有在历史中，这个原则才具体表达了精神、意识和意志的各个方面，即它的整个真实性；正是这个原则赋予了宗教、政体、道德、法律、习俗、科学、艺术和技术以共同烙印。这些具体的个别特征应理解为从那个一般特征，即那个独特的民族原则衍生而来。反过来，这个特殊性的一般特征也必须从存在于历史的事实细节里推演出来。

　　可以说，每一个文明民族都有适合自己的艺术，并在这些艺术形式中表现自我（图208）。观赏石虽然微小，也能穿透渺远的历史烟云，中国赏石艺术作为观照转化与心物融合的艺术，可视为一门国学和文化人类学，积淀着中华民族最深沉的精神追求，展现着中华美学精神。习近平总书记指出："推动中华优秀传统文化创造性转化、创新性发展，让中华文明的影响力、凝聚力、感召力更加充分地展示出来。"赏石艺术传承中华文化传统，延续东方古老文明，也将会成为世界理解中国的重要艺术媒介之一，成为世界理解中国的重要美学媒介之一。因此，有充分的理由，把中国赏石艺术与赏石艺术美学放到整个艺术史和美学史应有的位置之上。

结束语

观照转化与心物融合的审美哲学的统一

编末图 [西]埃尔·格列柯 《揭开启示录的第五封印》 美国纽约大都会美术馆

总体上，本书诠释了赏石艺术作为观照转化与心物融合相统一的美学现象的魅力。重点解决了四个中心论题：(1)提炼了古代文人赏石的"象征"，到当代赏石艺术的"浪漫"的赏石审美风格的演变逻辑。(2)在合目的性的关系理论下，阐明了赏石艺术的审美观照理论。(3)在概括观赏石各种美的意象特征的基础上，阐述了赏石艺术的审美意象学说。(4)阐释了赏石艺术作为一种心物融合的美学现象的效能。这四个论题涉及了中国赏石艺术美学的本体论、认识论、方法论及功用论领域。

英国画家罗斯金认为："最伟大的艺术，就是那种不管通过什么样的手段，向观众的心灵传达大量的、最伟大的思想的艺术；并且，我将一个思想称为伟大，是依其为心灵的更高的官能所接受的程度，依其更完全地受到专注的程度，以及在专注于此时，对这种接受该思想的官能起作用，使之受到鼓舞的程度而决定。"[1]赏石艺术是以大自然中的观赏石为审美观照对象的艺术，正是通过人的心灵创造行为，赏石艺术实现人与自然的接触与和谐，唤醒人以纯真的眼光和心灵去观看和感受身边的大自然和生活，从而实现天趣、物趣与人趣三者的合一。因此，赏石艺术美学只有通过建立与人的心灵的认识和感受的官能更为密切的联系，才能深入地对赏石艺术进行审美价值的阐释。基此，作为中国人的心灵艺术，赏石艺术中的美诸如神秘、丑、崇高、孤寂、伤感、反思和灵境等，构成了赏石艺术审美的主要基调，供给了人们在社会和生活中所经历的一切。

瑞士艺术史家沃尔夫林认为："有一种美术史的观念认为，在艺术中所见到的无非是'将生活翻译成图画'[2]，而且试图将每一种风格解释为时代主导情绪的表现。谁能否认这是看待这个问题的有效方式呢？然而，可以这么说，这种观念迄今至多把我们带到艺术的起点。只关心艺术作品题材的人会完全满足于这种观念，然而，当我们想在艺术作品的批评中应用艺术评价准则时，就不得不尽力去理解各种形式要素，它们本身没有含义，难以形容，是一种纯视觉的发展。"[3]同时，德国哲学家叔本华认为："我们或许可以这样描述古人精神的特征：他们无一例外地与在所有的事情上都争取尽可能地接近大自然，而当代精神的特征则是竭尽可能地远离大自然。"[4]赏石艺术不只是如何赏玩石头，更是一个形而上学的问题，最终涉及的是人品、经历、感悟和学识等的表达，涉及的是赏石艺术家的创造，就像文人画一样。艺术发展史告诉人们，艺术乃是一种观照，艺术的魅力不在于它是真理,而是匆匆过客,真正艺术的奇葩之花在它凋零之后,才会留下余香。在功利主义和科学主义盛行,在商品经济所主导的当今时代里,人们真的需要给兴趣留一些空间,花一点时间去倾听大自然的默然,在第二自然的隐居之地去追寻艺术和审美的彼岸,并使之朗现,因为人类的一切行为都将被编织进历史的自由长河之中。

朱良志先生曾认为,中国的文明带有浓厚的世俗气息和生活气息,这是中国文明当中最珍贵的东西。作为中华文化传统中的艺术,作为艺术中的艺术,作为独立的艺术,作为接近现时代的艺术,赏石艺术是人们的心灵与自然世界在艺术和审美领域的交汇,真正实现了自然主义与理想主义之间的和谐,实现了自然与自己的沟通,尤其,赏石艺术从赏石艺术家心灵的创造力迸发出来,最终绽放为艺术之花。古代思想家老子言:"故同于道者,道亦乐得之。"[5]东晋书法家王羲之言:"仰观大造,俯览时物。"[6]宋代理学家程颢言:"万物之生意最可观,此元者善之长也,斯所谓仁也。"[7]宋代诗人苏轼诗言:"君看古井水,万象自往还。"[8]法国思想家伏尔泰认为,从原则上讲,视觉艺术与文学和科学一样,是检验一个文明品质的标准。[9]赏石艺术深入到了"如何能够令我们的生命和宇宙融合为一"这个中外哲学最重要的问题之中[10]。赏石艺术惟文、惟艺,于诗、于画,于美矣,岂能停留在一片空白和孤寂无声之中哉!

古代思想家庄子曰:"天地与我并生,而万物与我为一。既已为一矣,且得有言乎?既已谓之一矣,且得无言乎?"[11]

一块观赏石,无形地会让人想起一首诗歌、一幅绘画、一句谚语、一篇散文、一个人,等等(图209、图210)。赏石艺术把似乎无意义的东西变成了有意义的东西,将大自然的存在物锻造成了艺术可能,并促使人们努力去实现这种可能。赏石艺术作为一种艺术哲学,彰显着特定的哲学境界,表述了一种要求,表达了一种感受,它们在审美领域相交汇,使得赏石艺术的审美变成了审美哲学,最终沉淀为审美的沉思。总之,在赏石艺术中,无论是艺术哲学,还是审美哲学,都蕴涵着天人合一和道法自然思想的逻辑性,体现着中华民族的根与魂。更重要的是,赏石艺术也在揭示着中国赏石文化发展史的演变性,从古代的文人赏石作为一种艺术活动,到当代的赏石艺术成为一种艺术形式,到观赏石成为艺术品,再到如何欣赏观赏石艺术品,演绎着美是世界在通过人的主观来显现它的真面目的内在逻辑。

行文至尾,美究竟是什么呢?赏石艺术的美究竟是什么呢?这里引用德国美学家席勒和法国诗人波德莱尔的话语,为它们作个补充解释吧。席勒写道:"自我决定这一伟大观念的微光从自然的特定形象中向我们回涌过来,我们称颂此为美。"[12]波德莱尔写

结束语 观照转化与心物融合的审美哲学的统一

图209 《胭脂盒》 玛瑙 8.5×7×5厘米 李国树藏

道:"我发现了美的定义,那就是某种热烈的、忧郁的东西,其中有些茫然、可供猜测的东西……神秘、悔恨也是美的特点。""不规则、出乎意料,令人惊讶,令人奇怪,是美的特点和基本成分。""我不认为愉快不能与美相联系,但愉快是美的最庸俗的饰物,而忧郁才可以说是它的最光辉的伴侣,以至于我几乎设想不出一种美是不包含不幸的。"[13]

425

图210 《凹》　　石种不详　　尺寸不详　　贾平凹藏

注 释

自 序

1 在艺术和美学思想史上，许多思想家在研究艺术之后，通常会有美学方面的研究。甚至在西方的大量著作中，诸如在对政治、经济、社会、宗教和军事史等论述后，惯常以"艺术"或"文学"为副题作为结尾。这是一个有趣的现象。

2 鲍姆嘉通，Alexander Gottlieb Baumgarten，1714—1762年。他为美学这门学科命名"Aesthetic"，翻译成汉语"感性学"或"美学"。他写道："艺术的理论……是思索美的学问，所谓感性学……是关于感觉认识的学问。"但他所谈及的艺术，首先探讨的是诗学(参见鲍姆嘉通：《美学》，序论)。1750年，他出版了《美学》第一卷，标志着"美学"这门新科学的诞生。

3 达·芬奇：《对绘画和生活的思考》。转引自吉尔伯特：《美学史》，上海译文出版社1989年版，第230页。

4 王永彬：《围炉夜话》，外语教学与研究出版社2021年版，第360页。

5 李国树：《中国当代赏石艺术纲要》，上海财经大学出版社2022年版，第12页。

6 对于谙熟中国传统文化的人们来说，中国赏石的诞生是由道禅哲学思想引发的。准确地说，它与儒家文化谈不上是渊源关系，这是基本的学理解释。但是，当观赏石作为审美对象，它就汇集了百家之学，呈现极强的包容性。这是两种不同角度上的认识。但总体上，即使观赏石作为审美对象，赏石文化与道释文化从根底里倒最为契合。这从另一个侧面，也呈现了中国赏石作为一种独特的文化现象和美学现象的魅力。

7 李国树：《中国当代赏石艺术纲要》，上海财经大学出版社2022年版，第五章"赏石艺术的载体：观赏石"。

8 德国哲学家康德的观点。

9 今道友信：《关于美》，黑龙江人民出版社1983年版，第117页。

10 杜牧：《赤壁》。

11 罗勃特·D.莫里(Robert D. Mowry)撰写了《Chinese Scholars' Rocks: An Overview》。该文指出，赏石与绘画艺术和雕塑艺术相互影响，成为中国绘画与雕塑两大艺术传统的组成部分，并且把赏石视为雕刻艺术，足以使那种认为自中国唐代以来，雕刻无存的观点休矣。

12 叔本华：《叔本华艺术随笔》，上海人民出版社2022年版，第151页。

13 叔本华：《叔本华艺术随笔》，上海人民出版社2022年版，第154页。

14 黄庭坚:《寂住阁》。
15 伏尔泰:《论美》。转引自李瑜青:《伏尔泰哲理美文集》,安徽文艺出版社1997年版。
16 叔本华:《叔本华文化散论》,上海人民出版社2020年版,第25页。
17 石涛:《苦瓜和尚画语录》,江苏凤凰文艺出版社2018年版,第34页。
18 毛晋:《津逮秘书》,江苏广陵书社2016年版。
19 张彦远:《历代名画记》,浙江人民美术出版社2011年版。
20 黑格尔:《哲学史讲演录》(第一卷),商务印书馆2021年版,第3页。
21 公孙龙:《坚白石论》。
22 《伯牙水仙操》。

第 一 章

1 朱光潜:《诗论》,南海出版公司2022年版,第5页。
2 李国树:《中国当代赏石艺术纲要》,上海财经大学出版社2022年版,第67、68、69页。
3 邓肯·希思:《浪漫主义》,生活·读书·新知三联书店2019年版,第32页。
4 李国树:《中国当代赏石艺术纲要》,书里列举大量史料证实了此观点。
5 李国树:《中国当代赏石艺术纲要》,上海财经大学出版社2022年版,第12页。
6 许倬云:《万古江河:中国历史文化的转折与开展》,湖南人民出版社2017年版,第58页。
7 关于这一史实,参见梁启超:《老子、孔子、墨子及其学派》,北京出版社2016年版,第14页。
8 李约瑟:《文明的滴定》,商务印书馆2018年版,第144页。
9 李约瑟:《文明的滴定》,商务印书馆2018年版,第23页。
10 宇佐美文理:《历代名画记》,生活·读书·新知三联书店2022年版,第132页。
11 比尼恩:《亚洲艺术中人的精神》,辽宁人民出版社1988年版,第49页。
12 今道友信:《东方的美学》,生活·读书·新知三联书店1991年版,第118页。
13 牟宗三:《中国哲学十九讲》,吉林出版集团有限责任公司2009年版,第55页。
14 李国树:《中国当代赏石艺术纲要》,上海财经大学出版社2022年版,第12、13页。
15 牟宗三:《中国哲学十九讲》,吉林出版集团有限责任公司2009年版,第68页。
16 喜仁龙:《西洋镜:中国早期艺术史》,广东人民出版社2019年版,第171页。
17 语出罗大经。罗大经:《鹤林玉露》,齐鲁书社2017年版,第344页。
18 章太炎:《国学概论》,中华书局2016年版,第33页。
19 牟宗三:《中国哲学的特质》,上海世纪出版集团2008年版,第74页。
20 吕思勉:《白话本国史》二,上海科学技术文献出版社2014年版,第123页。
21 牟宗三:《现象与物自身》,吉林出版集团有限责任公司2009年版,第8页。
22 牟宗三:《中国哲学十九讲》,吉林出版集团有限责任公司2009年版,第198页。
23 宗白华:《艺境》,商务印书馆2011年版,第152、153页。

24 李国树:《中国当代赏石艺术纲要》,上海财经大学出版社2022年版,第380页。
25 张衡:《西京赋》。
26 周叔迦:《佛教基本知识》,北京出版社2017年版,第42页。
27 喜仁龙:《西洋镜:中国早期艺术史》,广东人民出版社2019年版,第170页。
28 章太炎:《国学概论》,中华书局2016年版,第40、41页。
29 今道友信:《东方的美学》,生活·读书·新知三联书店1991年版,第28页。
30 苏立文:《中国艺术史》,上海人民出版社2022年版,第185页。
31 朱自清:《经典常谈》,山东文艺出版社2023年版,第110页。
32 牟宗三:《中西哲学之会通十四讲》,上海世纪出版集团2008年版,第14页。
33 叶·查瓦茨卡娅:《中国古代绘画美学问题》,湖南美术出版社1980年版,第45页。
34 许倬云:《万古江河:中国历史文化的转折与开展》,湖南人民出版社2017年版,第303页。
35 牟宗三:《中国哲学的特质》,上海世纪出版集团2008年版,第174页。
36 叶·查瓦茨卡娅:《中国古代绘画美学问题》,湖南美术出版社1980年版,第80页。
37 李约瑟:《文明的滴定》,商务印书馆2018年版,第136页。
38 《河南程氏遗书》卷十五,《入关语录》。转引自朱熹:《近思录译注》,中华书局2021年版,第270页。
39 牟宗三:《中西哲学之会通十四讲》,上海世纪出版集团2008年版,第16页。
40 李泽厚:《华夏美学》,长江文艺出版社2021年版,第284、285页。
41 钱穆:《中国历史研究法》,生活·读书·新知三联书店2021年版,第86页。
42 傅雷:《傅雷谈艺录》,生活·读书·新知三联书店2016年版,第223页。
43 许倬云:《万古江河:中国历史文化的转折与开展》,湖南人民出版社2017年版,第84、85页。
44 顾颉刚:《秦汉的方士与儒生》,北京出版社2017年版,第1页。
45 董仲舒:《春秋繁露》,中华书局2011年版。
46 老子:《道德经》,安徽人民出版社1990年版。
47 庄子:《庄子》,中华书局2015年版。
48 宋代道学的开端人物。
49 张世英:《哲学导论》,北京师范大学出版社2014年版,第11页。
50 许倬云:《万古江河:中国历史文化的转折与开展》,湖南人民出版社2017年版,第286页。
51 牟宗三:《中国哲学十九讲》,吉林出版集团有限责任公司2009年版,第70页。
52 朱良志:《中国艺术的生命精神》,安徽文艺出版社2020年版,第226页。
53 李泽厚:《华夏美学》,长江文艺出版社2021年版,第106页。
54 郑板桥:《板桥论画》,山东书画出版社2009年版,第40页。
55 孔子:《论语·雍也》。参见孔子:《论语》,作家出版社2015年版。
56 宇佐美文理:《历代名画记》,生活·读书·新知三联书店2022年版,第148、149页。
57 王羲之:《兰亭诗》。
58 王羲之:《兰亭集序》。
59 陶渊明:《饮酒》。

60 张翼:《咏德诗三首》。
61 黄庭坚:《何造诚作浩然堂陈义甚高然颇喜度世飞升之说》。
62 唐岱:《绘事发微》,山东画报出版社2012年版,第16页。
63 龚贤:《十二册页题诗》。
64 牟宗三:《中国哲学十九讲》,吉林出版集团有限责任公司2009年版,第199页。
65 古代著名的哲学美学命题。
66 牟宗三:《中国哲学十九讲》,吉林出版集团有限责任公司2009年版,第199、200页。
67 谭其骧:《谭其骧历史地理十讲》,中华书局2022年版,第110页。
68 杜牧:《江南春绝句》。
69 石涛:《一枝图长卷》,画题诗。
70 苏立文:《中国艺术史》,上海人民出版社2022年版,第141页。
71 李延寿:《南史》卷六,中华书局1975年版,第1855、1856页。
72 孙绰:《天台山赋》。
73 沈约:《宋书》卷九十三。
74 王维:《送綦毋潜落第还乡》。
75 《周易》,中华书局2016年版。
76 梁启超:《饮冰室文集》卷十,《中国地理大势论》。
77 竺可桢:《天道与人文》,天地图书有限公司2022年版,第108页。
78 童寯:《论园》,北京出版社2016年版,第46页。
79 许倬云:《万古江河:中国历史文化的转折与开展》,湖南人民出版社2017年版,第5页。
80 许倬云:《万古江河:中国历史文化的转折与开展》,湖南人民出版社2017年版,第7页。
81 陈从周:《梓翁说园》,北京出版社2016年版,第61页。
82 陈从周:《梓翁说园》,北京出版社2016年版,第61页。
83 袁中道:《游居柿录》,青岛出版社2010年版。
84 张岱:《西湖梦寻》,北京出版社2004年版。
85 谭其骧:《谭其骧历史地理十讲》,中华书局2022年版,第57页。
86 顾颉刚:《中国史学入门》,北京出版社2016年版,第10、11页。
87 许倬云:《万古江河:中国历史文化的转折与开展》,湖南人民出版社2017年版,第179、180页。
88 谭其骧:《谭其骧历史地理十讲》,中华书局2022年版,第98页。
89 吕思勉:《白话本国史》二,上海科学技术文献出版社2014年版,第104页。
90 大村西崖:《中国美术史》,中央编译出版社2023年版,第43页。
91 章太炎:《国学概论》,中华书局2016年版,第40页。
92 佚名:《青青陵上柏》。
93 喜仁龙:《西洋镜:中国早期艺术史》,广东人民出版社2019年版,第169页。
94 章太炎:《国学概论》,中华书局2016年版,第13页。
95 谭其骧:《谭其骧历史地理十讲》,中华书局2022年版,第338页。

注 释

96　李延寿：《南史》卷四，《南史·衡阳王钧传》，中华书局1975年版，第1038页。
97　李延寿：《南史》卷二，中华书局1975年版，第538、539、540页。
98　李延寿：《南史》卷四，中华书局1975年版，第1073页。
99　李延寿：《南史》卷四，中华书局1975年版，第1245页。
100　房玄龄：《晋书》卷四十九，中华书局1974年版，第1360页。
101　陶渊明：《癸卯岁始春怀古田舍二首》。
102　陶渊明：《形影神三首》。
103　李国树：《中国当代赏石艺术纲要》，上海财经大学出版社2022年版，第379页。
104　李约瑟：《文明的滴定》，商务印书馆2018年版，第152页。
105　今道友信：《关于美》，黑龙江人民出版社1983年版，第81页。
106　阿诺尔德·豪泽尔：《艺术社会史》，商务印书馆2020年版，第464页。
107　《宋史》本传载。参见张萌麟：《两宋史纲》，北京出版社2016年版，第63页。
108　李延寿：《南史》卷三，中华书局1975年版，第935页。
109　转引自陈从周：《梓翁说园》，北京出版社2016年版，第57页。
110　朱良志：《一花一世界》，北京大学出版社2020年版，第31页。
111　庾信：《小园赋》。
112　许倬云：《万古江河：中国历史文化的转折与开展》，湖南人民出版社2017年版，第207页。
113　在今河南省。
114　陈从周：《梓翁说园》，北京出版社2016年版，第57、58页。
115　陈从周：《梓翁说园》，北京出版社2016年版，第59页。
116　童寯：《论园》，北京出版社2016年版，第11页。
117　童寯：《论园》，北京出版社2016年版，第9页。
118　童寯：《论园》，北京出版社2016年版，第35页。
119　杜甫：《假山》。
120　颜之推：《颜氏家训·勉学》。转引自朱良志：《南画十六观》，北京大学出版社2013年版，第472页。
121　南朝齐所建的园囿。
122　李延寿：《南史》卷一，中华书局1975年版，第154页。
123　李延寿：《南史》卷四，中华书局1975年版，第1100页。
124　李延寿：《南史》卷五，中华书局1975年版，第1639页。
125　童寯：《论园》，北京出版社2016年版，第186页。
126　大中祥符（公元1008—1016年）是宋真宗的第三个年号，北宋使用这个年号共9年。大中祥符元年是该年号始年。
127　李攸：《宋朝事实》，中华书局1955年版，第108页。
128　宗白华：《中国美学史论集》，安徽教育出版社2000年版，第9页。
129　童寯：《论园》，北京出版社2016年版，第80页。
130　童寯：《论园》，北京出版社2016年版，第80页。

131 《周易程氏传》卷二,《蛊传》。转引自朱熹:《近思录译注》,中华书局2021年版,第366页。
132 牟宗三:《中国哲学十九讲》,吉林出版集团有限责任公司2009年版,第199页。
133 李延寿:《南史》卷五,中华书局1975年版,第1484页。
134 郑板桥:《板桥题画竹石》。
135 董其昌:《赠得岸僧山水轴》题跋。
136 罗斯金:《野橄榄花冠》。转引自吉尔伯特:《美学史》,上海译文出版社1989年版,第557页。
137 童寯:《论园》,北京出版社2016年版,第8页。
138 孔德:《实证哲学教程》。转引自列维-布留尔:《原始思维》,商务印书馆2009年版,第7页。
139 转引自陈从周:《梓翁说园》,北京出版社2016年版,第62页。
140 转引自列维-布留尔:《原始思维》,商务印书馆2009年版,第16页。
141 列维-布留尔:《原始思维》,商务印书馆2009年版,第19页。
142 黄庭坚:《次韵杨明叔四首其四》。
143 顾颉刚:《中国史学入门》,北京出版社2016年版,第28页。
144 张潮:《幽梦影》,中华书局2020年版,第155页。
145 庄子:《庄子·山木》。参见庄子:《庄子》,中华书局2015年版。
146 借用《易·系辞上》里的"夫易开物成务"之辞。
147 房玄龄:《晋书》卷四十九,中华书局1974年版,第1370页。
148 引用朱光潜的话。朱光潜:《诗论》,南海出版公司2022年版,第96页。
149 张潮:《幽梦影》,中华书局2020年版,第49页。
150 王维:《奉和圣制幸玉真公主山庄因题石壁十韵之作应制》。
151 张岱:《夜航船》,古吴轩出版社2021年版,第122页。
152 罗大经:《鹤林玉露》,齐鲁书社2017年版,第161页。
153 李格尔:《罗马晚期的工艺美术》,北京大学出版社2010年版,第2页。
154 笔者怀疑这幅画不是周文矩所作,极可能是后人仿周文矩的《文苑图》原作,只是在右半部分增加了六个人物拼凑而成。疑点就在于,可参照《文苑图》《琉璃堂人物图》最左角的茶具台盏,有兴趣的读者可以去仔细辨之。文中引用此图,用意在于画幅中有士大夫、僧人和文士人物共同出现。
155 转引自周二学:《一角编》卷一。参见周二学:《一角编》,上海人民美术出版社1986年版。
156 李国树:《中国当代赏石艺术纲要》,上海财经大学出版社2022年版。
157 李国树:《中国当代赏石艺术纲要》,上海财经大学出版社2022年版,第360页。
158 孔子:《论语·子张》。参见孔子:《论语》,中华书局2006年版。
159 钱穆:《中国历史研究法》,生活·读书·新知三联书店2021年版,第42页。
160 钱穆:《中国历史研究法》,生活·读书·新知三联书店2021年版,第26页。
161 《礼·射义》。参见《礼记》,中华书局2017年版。
162 欧阳修等:《新唐书·选举志》。参见欧阳修等:《新唐书》,中华书局1975年版。
163 张荫麟:《两宋史纲》,北京出版社2016年版,第19页。

164 李约瑟:《文明的滴定》,商务印书馆2018年版,插图18的文字说明。
165 余英时:《士与中国文化》,上海人民出版社2003年版。
166 刘义庆:《世说新语·任诞》(转引)。
167 冯友兰:《冯友兰人文哲思录》,贵州人民出版社2016年版,第211至220页。
168 特指亚里士多德。
169 阿诺尔德·豪泽尔:《艺术社会史》,商务印书馆2020年版,第106页。
170 章太炎:《国学概论》,中华书局2016年版,第59页。
171 崔颢:《黄鹤楼》。
172 转引自黑格尔:《哲学史讲演录》第二卷,商务印书馆2021年版,第154页。
173 洪应明:《菜根谭》,浙江古籍出版社2020年版,第14页。
174 傅雷:《傅雷谈艺录》,生活·读书·新知三联书店2016年版,第26页。
175 杜牧:《韦庄金陵图》。
176 杜甫:《春望》。
177 李煜:《浪淘沙令·帘外雨潺潺》。
178 苏轼:《水龙吟》。
179 今道友信:《关于美》,黑龙江人民出版社1983年版,第131页。
180 陶渊明:《饮酒》。
181 李白:《将进酒》。
182 郑谷:《别同志》。
183 管道昇:《渔父词》。
184 叔本华:《叔本华文化散论》,上海人民出版社2020年版,第25页。
185 担当:《担当诗文集》,云南人民出版社2003年版。
186 金农:《题秋江泛月图》。
187 李商隐:《赠荷花》。
188 转引自张世英:《哲学导论》,北京师范大学出版社2014年版,第132页。
189 培根:《新工具》。转引自吉尔伯特:《美学史》,上海译文出版社1989年版,第30页。
190 李国树:《中国当代赏石艺术纲要》,上海财经大学出版社2022年版,第143页。
191 谢灵运:《过始宁墅诗》。
192 权德舆:《奉和太府韦卿阁老左藏库中假山之作》。
193 白居易:《太湖石》。
194 王维:《山中》。
195 李中:《献张义方常侍》。
196 石涛:《新竹幽兰泉石》画跋。
197 黄庭坚:《次韵子瞻子由题憩寂图二首》。
198 黄庭坚:《颐轩诗六首其一》。
199 方回:《题郭熙雪晴松石平远图》。

200　倪瓒题画诗。
201　倪瓒:《优钵昙花图》题跋。
202　卞永誉:《式古堂书画汇考》卷三十五·画五,载沈周诗画册页。
203　《五灯会元·卷十三》。参见《五灯会元》,中华书局1984年版。
204　《宣和画谱》卷七。转引自巫鸿:《中国绘画:五代至南宋》,上海人民出版社2023年版,第198页。
205　庄子:《庖丁解牛》。参见庄子:《庄子》,中华书局2015年版。
206　转引自弗朗西斯·哈斯克尔:《历史及其图像:艺术及对往昔的阐释》,商务印书馆2018年版,第5页。
207　陈继儒:《小窗幽记》,北方文艺出版社2023年版,第20页。
208　童寯:《论园》,北京出版社2016年版,第8页。
209　李国树:《中国当代赏石艺术纲要》,上海财经大学出版社2022年版,第268、269页。
210　苏轼:《王晋卿作烟江叠嶂图仆赋诗十四韵晋卿和之语》。
211　沈朝初:《忆江南》。
212　陈师曾:《文人画之价值》。参见陈师曾:《中国文人画之研究》,天津古籍出版社1982年版。
213　朱良志:《生命清供:国画背后的世界》,北京大学出版社2020年版,第48页。
214　叔本华:《叔本华艺术随笔》,上海人民出版社2022年版,第147页。
215　朱光潜:《论文学》。参见朱光潜:《朱光潜全集》,安徽教育出版社1990年版。
216　安德烈·布勒东:《超现实主义宣言》。转引自帕特里克·弗兰克:《艺术形式》,中国人民大学出版社2016年版,第571页。
217　朱光潜:《谈美》,广西师范大学出版社2020年版,第5页。
218　巫鸿:《中国绘画:远古至唐》,上海人民出版社2022年版,第84页。
219　朱自清:《文艺常谈》,中华书局2016年版,第130页。
220　张彦远:《历代名画记》,浙江人民美术出版社2011年版。
221　高尔泰:《论美》,甘肃人民出版社1982年版,第286页。
222　张彦远:《历代名画记》,浙江人民美术出版社2011年版。
223　郭若虚:《图画见闻志》,江苏美术出版社2007年版。
224　朱良志:《中国艺术的生命精神》,安徽文艺出版社2020年版,第128页。
225　青木正儿:《中国文人画谈》,浙江人民美术出版社2019年版,第8页。
226　朱良志:《一花一世界》,北京大学出版社2020年版,第21页。
227　青木正儿:《中国文人画谈》,浙江人民美术出版社2019年版,第4至9页。
228　苏轼:《净因院画记》。
229　竺可桢:《天道与人文》,天地图书有限公司2022年版,第156、157页。
230　吴历:《墨井画跋》。
231　吴历:《墨笔山水册》之三。
232　唐岱:《绘事发微》,山东画报出版社2012年版,第52页。
233　叶·查瓦茨卡娅:《中国古代绘画美学问题》,湖南美术出版社1980年版,第101页。
234　宗白华:《艺境》,商务印书馆2011年版,第241页。

235 莫里茨·盖格尔：《艺术的意味》，北京联合出版公司2014年版，第273页。
236 朱良志：《南画十六观》，北京大学出版社2013年版，第240页。
237 戴熙：《习苦斋画絮》，人民美术出版社1963年版。
238 邓椿：《画继》，人民美术出版社2004年版。
239 王微：《叙画》，人民美术出版社1985年版。
240 郭熙：《林泉高致》。参见郭思：《林泉高致》，中国广播电视出版社2013年版，第74页。《林泉高致》一书，是由画家郭熙的儿子郭思根据父亲的手稿残本编纂而成。
241 郭若虚：《图画见闻志》，人民美术出版社1964年版。
242 巫鸿：《中国绘画：远古至唐》，上海人民出版社2022年版，第148页。
243 大村西崖：《中国美术史》，中央编译出版社2023年版，第277页。
244 董其昌：《画旨》，西泠印社出版社2008年版。
245 唐寅：《六如居士画谱》，广益书局1918年版。
246 戴熙：《题画偶录》。参见戴熙：《习苦斋画絮》，人民美术出版社1963年版。
247 沈宗骞：《芥舟学画编》。其中，"二米"指米芾、米友仁父子。
248 董其昌：《画旨》，西泠印社出版社2008年版。
249 龚贤：《画诀》。参见龚贤：《龚贤》，中国书店出版社2010年版。
250 唐岱：《绘事发微》，山东画报出版社2012年版。
251 周亮工：《读画录》，西泠印社出版社2008年版。
252 沈宗骞：《芥舟学画编》，山东画报出版社2013年版。
253 汤贻汾：《画筌析览》，北方文艺出版社2021年版。
254 转引自宗白华：《艺境》，商务印书馆2011年版，第5页。
255 郭若虚：《图画见闻志》。转引自青木正儿：《中国文人画谈》，浙江人民美术出版社2019年版，第24、25页。
256 唐岱：《绘事发微》，山东画报出版社2012年版，第57、58页。
257 石涛：《石涛画语录》。石涛之所以列举了这么多"皴"，意在反传统，也是在同当时的利益集团作斗争。参见石涛：《苦瓜和尚画语录》，西泠印社出版社2006年版。
258 郑板桥：《板桥论画》，山东书画出版社2009年版，第40页。
259 郑板桥题画石跋。郑板桥：《板桥论画》，山东书画出版社2009年版，第107页。
260 郑板桥题画跋。郑板桥：《板桥论画》，山东书画出版社2009年版。
261 范成大：《烟江叠嶂》。
262 张彦远：《历代名画记》，浙江人民美术出版社2011年版。
263 大村西崖：《中国美术史》，中央编译出版社2023年版，第81页。
264 苏轼：《墨花》。
265 大村西崖：《中国美术史》，中央编译出版社2023年版，第223页。
266 巫鸿：《中国绘画：五代至南宋》，上海人民出版社2023年版，第4页。
267 陈从周：《梓翁说园》，北京出版社2016年版，第44页。

268　李泽厚:《华夏美学》,长江文艺出版社2021年版,第107页。
269　郭熙:《林泉高致》。参见郭思:《林泉高致》,中国广播电视出版社2013年版,第64页。
270　张潮:《幽梦影》,中华书局2020年版,第79页。
271　大村西崖:《中国美术史》,中央编译出版社2023年版,第227、228页。
272　恽格:《南田画跋》,山东画报出版社2012年版。
273　大村西崖:《中国美术史》,中央编译出版社2023年版,第17页。
274　周叔迦:《佛教基本知识》,北京出版社2017年版,第120页。
275　白居易:《白居易文集校注》,第四册,中华书局2017年版,第2060页。
276　李国树:《中国当代赏石艺术纲要》,上海财经大学出版社2022年版,第388页。
277　转引自黄现璠:《唐代社会概略》,北京出版社2017年版,第141、142页。
278　李国树:《中国当代赏石艺术纲要》,上海财经大学出版社2022年版,第78页。
279　李国树:《中国当代赏石艺术纲要》,上海财经大学出版社2022年版,第404页。
280　李国树:《中国当代赏石艺术纲要》,上海财经大学出版社2022年版,第416、417页。
281　青木正儿:《中国文人画谈》,浙江人民美术出版社2019年版,第51、52页。
282　大村西崖:《中国美术史》,中央编译出版社2023年版,第143页。
283　大村西崖:《中国美术史》,中央编译出版社2023年版,第156页。
284　计成:《园冶》,黄山书社出版社2016年版。

第 二 章

1　白居易:《白居易文集校注》,第四册,中华书局2017年版,第2059页。
2　白居易:《琵琶行》。
3　白居易:《白居易文集校注》,第一册,中华书局2017年版,第249、250页。
4　白居易:《与元九书》。
5　苏轼:《轼以去岁春夏侍立迩英而秋冬之交子由相继入》。
6　白居易:《双石》。
7　白居易:《闲吟》。
8　白居易:《答客说》。
9　白居易:《僧院花》。
10　白居易:《观偶》。
11　白居易:《觉偶》。
12　白居易:《游大林寺序》。
13　白居易:《寻春题诸家园林》。
14　朱良志:《一花一世界》,北京大学出版社2020年版,第349页。
15　白居易:《西街渠中种莲叠石颇有幽致偶题小楼》。

16 白居易:《池上篇》。
17 白居易:《引泉》。
18 白居易:《磐石铭》。
19 白居易:《官舍内新凿小池》。
20 白居易:《雨歇池上》。
21 白居易:《南侍御以石相赠助成水声因以绝句谢之》。
22 左丘明:《左传》,中华书局2022年版。
23 白居易:《白居易文集校注》,第四册,中华书局2017年版,第2060页。
24 叶朗:《观物:哲学与艺术中的视觉问题》,北京大学出版社2019年版,第84页。
25 曹知白:《秋林亭子图为月屋先生作》。
26 白居易:《销夏》。
27 唐寅:《落花诗》。
28 白居易:《白居易文集校注》,第四册,中华书局2017年版,第2060页。
29 今道友信:《东方的美学》,生活·读书·新知三联书店1991年版,第37页。
30 朱景玄:《唐朝名画录》,四川美术出版社1985年版。
31 大村西崖:《中国美术史》,中央编译出版社2023年版,第104、105页。
32 王维:《山水论》。《王维集校注》(下册),中华书局2020年版,第1335页。
33 王维:《画学秘诀》。《王维集校注》(下册),中华书局2020年版,第1332页。
34 朱景玄:《唐朝名画录》。《王维集校注》(下册),中华书局2020年版,第1354页。
35 董其昌:《容台集》别集卷四,第694页。
36 王维:《登河北城楼作》。
37 王维:《赠从弟司库员外絿》。
38 历史学家黄现璠认为,在唐代,"'庄'或曰'墅',曰'别业',曰'山居',皆为贵族阶级游乐养生之地。"参见《唐代社会概略》,北京出版社2017年版,第136页。
39 王维:《王维集校注》(中册),中华书局2020年版,第453页。
40 转引自黄现璠:《唐代社会概略》,北京出版社2017年版,第141页。
41 《旧唐书·王维传》。引自《王维集校注》(下册),中华书局2020年版,第1342页。
42 王维:《鸟鸣涧》。
43 王维:《过香积寺》。
44 王维:《叹白发》。
45 王维:《过香积寺》。
46 王维:《酬张少甫》。
47 牟宗三:《中西哲学之会通十四讲》,上海世纪出版集团2008年版,第15页。
48 王维:《画学秘诀》。
49 王维:《偶然作六首其六》。
50 苏轼:《书摩诘蓝田烟雨图》。

51　王原祁：《麓台题画稿》。引自《王维集校注》（下册），中华书局2020年版，第1423页。
52　徐悲鸿：《中国画的艺术》，北京出版社2017年版，第72页。
53　王维：《过崔驸马山池》。
54　王维：《王维集校注》（上册），中华书局2020年版，第390页。
55　冯贽：《云仙杂记》卷三，引《汗漫录》语，《文渊阁四库全书》本。
56　根据王维：《王维集校注》（下册），中华书局2020年版，第1429至1486页整理。
57　王维：《王维集校注》（下册），中华书局2020年版，第1455、1456页。
58　杜甫：《戏题画山水图歌》。
59　恽南田：《南田画跋》。
60　王维：《画学秘诀》。
61　罗大经：《鹤林玉露》"苏黄遗文"，齐鲁书社2017年版，第31页。
62　苏轼：《次韵子由浴罢》。
63　苏轼：《次韵道潜留别》。
64　苏轼：《东坡志林》，中华书局2007年版，第70页。
65　苏轼：《东坡志林》，中华书局2007年版，第76页。
66　朱良志：《南画十六观》，北京大学出版社2013年版，第537页。
67　汤垕：《画鉴》。转引自今道友信：《东方的美学》，生活·读书·新知三联书店1991年版，第49页。
68　称"赤鼻"，下有赤鼻矶，也名赤壁山，在湖北黄冈，屹立长江之滨。
69　苏轼：《东坡志林》，中华书局2007年版，第152页。
70　齐安，今湖北黄冈。此处石子数目与上文略有差异。
71　苏轼：《前怪石供》。
72　苏轼：《书王定国所藏王晋卿画著色山二首》。
73　李日华：《题戏写竹梅小帧》，《竹懒画媵》卷一，《竹懒说部》本。
74　朱良志：《生命清供：国画背后的世界》，北京大学出版社2020年版，第255页。
75　杜甫：《戏题画山水图歌》。
76　古代瀛洲、弱水、蓬莱、元圃、方壶等，为神话中的地域。
77　苏轼：《北海十二石记》。
78　苏轼：《石钟山记》。
79　苏轼：《狄咏石屏》。
80　参见黄庭坚：《黄庭坚诗集注》（第四册），中华书局2003年版，第1320页。
81　黄庭坚：《子瞻题狄引进雪林石屏要同作》。
82　苏轼：《轼近以月石砚屏献子功中书公复以涵星砚献纯》。
83　苏轼：《后赤壁赋》。
84　苏轼：《百步洪二首》其一。
85　苏轼：《浣溪沙·细雨斜风作晓寒》。
86　苏轼：《次韵吴传正枯木歌》。

注　释

87　波德莱尔：《浪漫派的艺术》，商务印书馆2018年版，第141页。
88　翁贝托·艾柯：《丑的历史》，中央编译出版社2022年版。
89　马克斯·德索：《美学与艺术理论》，中央编译出版社2023年版，第201页。
90　苏轼：《书鄢陵王主簿所画折枝》。
91　孔文仲、孔武仲、孔平仲：《清江三孔集》卷六，《子瞻画枯木》。转引自朱良志：《曲院风荷》，中华书局2016年版，第116页。
92　李国树：《中国当代赏石艺术纲要》，上海财经大学出版社2022年版，第92页。
93　黄庭坚：《玉芝园》。
94　洪应明：《菜根谭》，浙江古籍出版社2020年版，第65页。
95　转引自朱光潜：《诗论》，南海出版公司2022年版，第327页。
96　苏轼：《评陶韩柳诗》。
97　叶朗：《中国美学史大纲》，上海人民出版社1985年版，第127页。
98　巴尔迪纳·圣吉宏：《美学权力》，华东师范大学出版社2022年版，第53、54页。
99　转引自傅雷：《傅雷谈艺录》，生活·读书·新知三联书店2016年版，第235页。
100　沈周：《落花诗五十首》，《石田诗选》卷九，《文渊阁四库全书》本。
101　苏轼：《纵笔三首》其一。
102　许倬云：《万古江河：中国历史文化的转折与开展》，湖南人民出版社2017年版，第279页。
103　苏轼：《欧阳少师令赋所蓄石屏》。
104　董其昌：《画禅室随笔》，山东书画出版社2007年版，第175页。
105　苏轼：《卜算子·黄州定慧院寓居作》。
106　马克斯·德索：《美学与艺术理论》，中央编译出版社2023年版，第202页。
107　黄庭坚：《戏答王居士送文石》。
108　黄庭坚：《黄庭坚诗集注》（第二册），中华书局2003年版，第493页。
109　黄庭坚：《戏答欧阳诚发奉议谢余送茶歌》，《黄庭坚诗集注》（第二册），中华书局2003年版，第702页。
110　黄庭坚：《追和东坡壶中九华》。引自黄庭坚：《黄庭坚诗集注》（第二册），中华书局2003年版，第596页。
111　黄庭坚：《柳闳展如子瞻甥也其才德甚美有意于学故以桃李不言下自成蹊八字作诗赠之其八》。
112　黄庭坚：《题竹石牧牛》并引。《黄庭坚诗集注》（第一册），中华书局2003年版，第352页。
113　黄庭坚：《怪石》。《黄庭坚诗集注》（第五册），中华书局2003年版，第1501页。
114　黄庭坚：《云涛石》，又按库本作《云溪石》。《黄庭坚诗集注》（第五册），中华书局2003年版，第1727页。
115　黄庭坚：《谢益修四弟送石屏》。《黄庭坚诗集注》（第二册），中华书局2003年版，第533页。
116　黄庭坚：《黄庭坚诗集注》（第二册），中华书局2003年版，第531页。
117　黄庭坚：《次韵益修四弟》。
118　黄庭坚：《以峡州酒遗益修复继前韵》。
119　黄庭坚：《次韵奉酬刘景文河上见寄》。《黄庭坚诗集注》（第一册），中华书局2003年版，第227页。
120　黄庭坚：《以酒渴爱江清作五小诗寄廖明略学士兼简初和父主簿》。引自《黄庭坚诗集注》（第二册),中华书局2003年版,第662、663页。刘尚荣在该诗校勘记里写道:"石友",库本、蒋芝本作"名友"。所以,此诗中,究竟是"石友"还是"名友",还需要去考证。

121 黄庭坚:《次元明韵寄子由》。
122 黄庭坚:《戏呈田子平六言其五》。
123 陈继儒:《小窗幽记》,北方文艺出版社2023年版,第163页。
124 黄庭坚:《黄庭坚诗集注》(第一册),中华书局2003年版,第1页。
125 李国树:《中国当代赏石艺术纲要》,上海财经大学出版社2022年版,第268至270页。
126 吴历画跋。
127 黄庭坚:《黄颖州挽词三首其一》。
128 遗憾的是,相石四法在米芾的诗文中未见提及。
129 渔阳公:《渔阳公石谱》。
130 郑板桥的错误引用,正确引文是"石丑而文"。
131 郑板桥:《题画·石》跋。
132 张岱的原文是"灵壁石""灵壁",按现在的称谓应为"灵璧石""灵璧"。
133 张岱:《夜航船》,古吴轩出版社2021年版,第584页。
134 郭熙:《林泉高致》,中国广播电视出版社2013年版,第12页。
135 牛僧孺:《李苏州遗太湖石奇状绝伦因题二十韵奉呈梦得乐天》。
136 张彦远:《历代名画记》,浙江人民美术出版社2011年版。
137 黄庭坚:《次韵子瞻子由题憩寂图二首》。《黄庭坚诗集注》(第一册),中华书局2003年版,第355页。
138 黄庭坚:《次韵任道雪中同游东皋之作》。《黄庭坚诗集注》(第五册),中华书局2003年版,第1472页。
139 朱良志:《南画十六观》,北京大学出版社2013年版,第125页。
140 徐悲鸿:《中国画的艺术》,北京出版社2017年版,第72、73页。
141 圣·托马斯:《神学大全》。转引自吉尔伯特:《美学史》,上海译文出版社1989年版,第184页。
142 参见今道友信:《关于美》,黑龙江人民出版社1983年版,第90页。
143 李白:《梦游天姥吟留别》。
144 庄子:《庄子·逍遥游》,参见庄子:《庄子》,中华书局2015年版。
145 庄子:《庄子·天下》,参见庄子:《庄子》,中华书局2015年版。
146 庄子:《庄子·逍遥游》,参见庄子:《庄子》,中华书局2015年版。
147 叔本华:《叔本华美学随笔》,上海人民出版社2014年版,第214页。
148 苏辙:《山庄图》题跋。
149 洪应明:《菜根谭》,浙江古籍出版社2020年版,第109页。
150 李渔:《闲情偶寄》,人民文学出版社2017年版。
151 引黄宗羲《撰杖集》。参见黄宗羲:《黄宗羲全集》,浙江古籍出版社2012年版。
152 邓椿:《画继》卷三,人民美术出版社2004年版。
153 迈克尔·苏立文:《中国艺术史》,上海人民出版社2022年版,第260页。
154 张岱:《夜航船》,古吴轩出版社2021年版,第584页。

155 赵希鹄:《洞天清录》,浙江人民美术出版社2016年版。
156 董其昌:《画禅室随笔》,山东书画出版社2007年版,第150页。
157 辛弃疾:《永遇乐·京口北固亭怀古》。
158 米芾:《画史》,山西教育出版社2018年版。
159 童寯:《论园》,北京出版社2016年版,第77页。
160 柯勒律治:《莎士比亚的批评》。转引自比厄斯利:《美学史:从古希腊到当代》,高等教育出版社2018年版,第429页。
161 李国树:《中国当代赏石艺术纲要》,上海财经大学出版社2022年版,第89页。
162 张潮:《幽梦影》,中华书局2020年版,第4页。
163 参见翦伯赞:《史料与史学》,北京出版社2016年版,第68页。
164 计成:《园冶》,黄山书社出版社2016年版。
165 转引自吉尔伯特:《美学史》,上海译文出版社1989年版,第179页。
166 黑格尔:《哲学史讲演录》(第一卷),商务印书馆2021年版,第136页。
167 章太炎:《国学概论》,中华书局2016年版,第5页。
168 语出《易传》。
169 黄庭坚:《题子瞻画竹石》。
170 李白:《永王东巡歌》。
171 张潮:《幽梦影》,中华书局2020年版,第201页。
172 黑格尔:《美学》第二卷,商务印书馆2020年版,第375页。
173 王船山:《尚书引义》。
174 李延寿:《南史》卷一,中华书局1975年版,第225页。
175 宗白华:《艺术与中国社会》。转引自李泽厚:《华夏美学》,长江文艺出版社2021年版,第116、117、118页。
176 四灵指龙、凤、龟、麒麟。转引自朱熹:《近思录译注》,中华书局2021年版,第256页。
177 董其昌:《画禅室随笔》,山东书画出版社2007年版,第161页。
178 许倬云:《万古江河:中国历史文化的转折与开展》,湖南人民出版社2017年版,第288页。
179 童寯:《论园》,北京出版社2016年版,第185页。
180 祖秀:《华阳宫记》。
181 张荫麟:《两宋史纲》,北京出版社2016年版,第16页。
182 王明清:《挥麈后录》卷二。
183 李国树:《中国当代赏石艺术纲要》,上海财经大学出版社2022年版,第398至403页。
184 转引自奥夫相尼科夫:《美学思想史》,陕西人民出版社1986年版,第197页。
185 康德:《判断力批判》,商务印书馆1964年版。
186 席勒:《论崇高》。转引自翁贝托·艾柯:《丑的历史》,中央编译出版社2022年版,第276页。
187 参见巴尔迪纳·圣吉宏:《美学权力》,华东师范大学出版社2022年版,第112页。
188 据传宋徽宗语。
189 陆游:《闲居自述》。

190　刘勰:《文心雕龙·隐秀》。参见刘勰:《文心雕龙》,上海古籍出版社2015年版。
191　转引自朱良志:《四时之外》,北京大学出版社2023年版,第140页。
192　洪迈:《容斋随笔》,北京燕山出版社2008年版。
193　语出《论语》。
194　老子:《道德经》,安徽人民出版社1990年版。
195　严羽:《沧浪诗话·诗辨》。
196　转引自理查德·加纳罗:《艺术:让人成为人》,北京大学出版社2007年版,第118页。
197　欧阳修:《蝶恋花·庭院深深深几许》。
198　司空图:《二十四诗品》,浙江古籍出版社2018年版。
199　唐寅:题沈周《幽谷秋芳图》画跋。
200　普罗提诺:《九章集》。转引自吉尔伯特:《美学史》,上海译文出版社1989年版,第152页。
201　庞蒂:《眼与心》,商务印书馆2007年版,第87页。
202　维特根斯坦:《文化和价值》,北京联合出版公司2013年版,第21页。
203　朱自清:《文艺常谈》,中华书局2016年版,第63页。
204　徐渭为"子母祠"题写的对联。
205　波德莱尔:《美》。参见波德莱尔:《波德莱尔美学论文选》,人民文学出版社1987年版。
206　恽格:《画跋》。
207　黑格尔:《美学》第二卷,商务印书馆2020年版,第69页。
208　语出《文徵明集》补辑卷十,《题唐子畏桃花庵图》。
209　庄子:《问辩》。
210　赵翼:《题遗山诗》。
211　文震亨:《长物志》,重庆出版社2017年版。
212　顾大典:《谐赏园记》。
213　朱良志:《南画十六观》,北京大学出版社2013年版,第368页。
214　陶渊明:《和郭主簿二首》。
215　杜甫:《秋风二首》。
216　《高宗御制诗二集》卷二十八。
217　八大山人:《河上花图卷》题跋。
218　王阳明:《传习录》,三秦出版社2018年版。
219　黄庭坚:《题子瞻墨竹》。
220　转引自吉尔伯特:《美学史》,上海译文出版社1989年版,第205页。
221　张轮远:《万石斋灵岩大理石谱》,南京出版社2020年版,第45、46页。
222　张轮远:《万石斋灵岩大理石谱》,南京出版社2020年版,第46页。
223　李国树:《中国当代赏石艺术纲要》,上海财经大学出版社2022年版,第96页。
224　李国树:《中国当代赏石艺术纲要》,上海财经大学出版社2022年版,第96、97页。

第 三 章

1 今道友信:《关于爱和美的哲学思考》,生活·读书·新知三联书店1997年版,第209、210页。
2 朱良志:《一花一世界》,北京大学出版社2020年版,第521页。
3 沃尔夫林:《古典艺术:意大利文艺复兴导论》,北京大学出版社2021年版,第17页。
4 黑格尔:《美学》第二卷,商务印书馆2020年版,第9页。
5 比厄斯利:《美学史:从古希腊到当代》,高等教育出版社2018年版,第23页。
6 喜仁龙:《西洋镜:中国早期艺术史》,广东人民出版社2019年版,第301页。
7 福西永:《形式的生命》,北京大学出版社2011年版,第55页。
8 本文把"形、质、色、纹"放在古代赏石,并不因为它是民国时期张轮远提出来的缘故,而是从中国赏石文献史料上看,关于"形、质、色、纹",在宋代杜绾《云林石谱》里,就出现了大量描述。李国树:《中国当代赏石艺术纲要》,上海财经大学出版社2022年版,第96页。
9 李国树:《中国当代赏石艺术纲要》,上海财经大学出版社2022年版,第115、116、117页。
10 语出程颐:《河南程氏遗书》。转引自朱熹等:《近思录译注》,中华书局2021年版,第207页。
11 德沃夏克:《哥特式雕塑与绘画中的理想主义与自然主义》,北京大学出版社2015年版,第10页。
12 转引自塔塔科维兹:《西方六大美学观念史》,上海译文出版社2013年版,第273页。
13 朱良志:《曲院风荷》,中华书局2016年版,第12页。
14 弗里德伦德尔:《论艺术与鉴赏》,商务印书馆2016年版,第43页。
15 宗白华:《艺境》,商务印书馆2011年版,第83页。
16 今道友信:《关于美》,黑龙江人民出版社1983年版,第84、85页。
17 圣·奥古斯丁:《论自由意志》,上海人民出版社2010年版。
18 圣·奥古斯丁:《论秩序》,中国社会科学出版社2017年版。
19 吉尔伯特:《美学史》,上海译文出版社1989年版,第173页。
20 今道友信:《关于爱和美的哲学思考》,生活·读书·新知三联书店1997年版,第241页。
21 王船山:《思问录内篇》。参见王船山:《船山思问录》,上海古籍出版社2000年版。
22 语出《易·系辞上》。
23 吉尔伯特:《美学史》,上海译文出版社1989年版,第171页。
24 康德:《判断力批判》,人民出版社2002年版,第42页。
25 李格尔:《罗马晚期的工艺美术》,北京大学出版社2010年版。
26 莫里茨·盖格尔:《艺术的意味》,北京联合出版公司2014年版,第278页。
27 维特根斯坦:《文化和价值》,北京联合出版公司2013年版,第19页。
28 语出亚里士多德。
29 达娜·阿诺德:《走进艺术史》,外语教学与研究出版社2015年版,第12页。
30 威廉·詹姆斯:《心理学原理》,北京师范大学出版社2017年版,第894页。
31 转引自今道友信:《关于爱和美的哲学思考》,生活·读书·新知三联书店1997年版,第309页。
32 今道友信:《关于美》,黑龙江人民出版社1983年版,第84页。

33 朱良志:《曲院风荷》,中华书局2016年版,第254页。

34 语出《管子·小问》。

35 今道友信:《关于美》,黑龙江人民出版社1983年版,第85页。

36 郑观应:《盛世危言·道器》。参见郑观应:《盛世危言》,上海古籍出版社2008年版。

37 费希特:《知识学》。参见奥夫相尼科夫:《美学思想史》,陕西人民出版社1986年版,第298页。

38 弗朗西斯·哈斯克尔:《历史及其图像:艺术及对往昔的阐释》,商务印书馆2018年版,第8页。

39 程正揆:《青溪遗稿》。参见上海图书馆清康熙三十二年天咫阁刻本。

40 约翰·杜威:《经验与自然》,商务印书馆2015年版,第415页。

41 列宁:《哲学笔记》,人民出版社1961年版,第151页。

42 转引自塔塔科维兹:《西方六大美学观念史》,上海译文出版社2013年版,第254页。

43 转引自保罗·A.考特曼:《论艺术的"过去性"》,商务印书馆2023年版,第33页。

44 怀特海:《自然的概念》,北京联合出版公司2014年版,第5、7、11页。

45 转引自艾迪特·施泰因:《论移情问题》,华东师范大学出版社2014年版,第115页。

46 弗里德伦德尔:《论艺术与鉴赏》,商务印书馆2016年版,第20页。

47 李国树:《中国当代赏石艺术纲要》,上海财经大学出版社2022年版,第91至94页。

48 德沃夏克:《作为精神史的美术史》,北京大学出版社2010年版。

49 今道友信:《关于美》,黑龙江人民出版社1983年版,第85页。

50 奥索夫斯基:《美学基础》,中国文联出版公司1986年版,第232页。

51 马克斯·德索:《美学与艺术理论》,中央编译出版社2023年版,第25页。

52 劳伦斯·比尼恩:《亚洲艺术中人的精神》,辽宁人民出版社1988年版,第20页。

53 倪瓒的画跋,倪瓒:《清閟阁集》卷二。

54 叔本华:《叔本华美学随笔》,上海人民出版社2014年版,第50、51页。

55 今道友信:《关于爱和美的哲学思考》,生活·读书·新知三联书店1997年版,第259页。

56 欧文·潘诺夫斯基:《风格三论》,商务印书馆2021年版,第80页。

57 朱良志:《生命清供:国画背后的世界》,北京大学出版社2020年版,第65页。

58 西美尔:《宗教》。转引自卢卡奇:《审美特性》,社会科学文献出版社2015年版,第3页。

59 转引自阿尔弗雷德·亨特:《象征主义艺术》,重庆大学出版社2021年版,第11页。

60 洪应明:《菜根谭》,浙江古籍出版社2020年版,第108页。

61 今道友信:《东西方哲学美学比较》,中国人民大学出版社1991年版,第243、244页。

62 亚里士多德的观点。

63 阿尔弗雷德·亨特:《象征主义艺术》,重庆大学出版社2021年版。

64 转引自阿尔弗雷德·亨特:《象征主义艺术》,重庆大学出版社2021年版,第8页。

65 马克斯·德索:《美学与艺术理论》,中央编译出版社2023年版,第54页。

66 转引自邓肯·希思:《浪漫主义》,生活·读书·新知三联书店2019年版,第67页。

67 亚当·斯密:《道德情操论》。转引自奥夫相尼科夫:《美学思想史》,陕西人民出版社1986年版,第152页。

68 石涛:《溪山钓艇图》题跋。
69 尼采:《请看这个人》。参见今道友信:《关于爱和美的哲学思考》,生活·读书·新知三联书店1997年版,第69页。
70 柏拉图:《法律篇》。参见今道友信:《关于爱和美的哲学思考》,生活·读书·新知三联书店1997年版,第261页。

第四章

1 福西永:《形式的生命》,北京大学出版社2011年版,译者前言,第9页。
2 德沃夏克:《哥特式雕塑与绘画中的理想主义与自然主义》,北京大学出版社2015年版,第5页。
3 马克斯·德索:《美学与艺术理论》,中央编译出版社2023年版,第28页。
4 巴第努齐:《贝尔尼尼的生平》。转引自塔塔科维兹:《西方六大美学观念史》,上海译文出版社2013年版,第316页。
5 马克斯·德索:《美学与艺术理论》,中央编译出版社2023年版,第35页。
6 一个物品的属性。
7 汪绎辰:《大涤子题画诗跋》。
8 转引自廖内洛·文杜里:《艺术批评史》,商务印书馆2020年版,第24页。
9 李国树:《中国当代赏石艺术纲要》,上海财经大学出版社2022年版,第344页。
10 格罗特:《中国的宗教体系》。转引自列维-布留尔:《原始思维》,商务印书馆2009年版,第42页。
11 郦道元:《水经注》,浙江古籍出版社2001年版。
12 袁宏道:《西京稿序》。参见袁宏道:《袁宏道集笺校》,上海古籍出版社1981年版。
13 吴乔:《围炉诗话》卷一。参见吴乔:《围炉诗话·补遗》,商务印书馆1936年版。
14 施莱格尔:《论希腊诗的研究》。转引自翁贝托·艾柯:《丑的历史》,中央编译出版社2022年版,第275页。
15 李斯托威尔:《近代美学史评述》,上海译文出版社1980年版,第167页。
16 福西永:《形式的生命》,北京大学出版社2011年版,第138页。
17 奥托·帕希特:《美术史的实践和方法问题》,商务印书馆2017年版,第127页。
18 石涛:《苦瓜和尚画语录》,江苏凤凰文艺出版社2018年版,第24页。
19 阿诺尔德·豪泽尔:《艺术社会史》,商务印书馆2020年版,第499页。
20 李国树:《中国当代赏石艺术纲要》,上海财经大学出版社2022年版,第219页。
21 克罗齐:《美学原理》,商务印书馆2012年版,第158页。
22 参见今道友信:《东方的美学》,生活·读书·新知三联书店1991年版,第43页。
23 《易传·系辞上》。
24 德国哲学家叔本华语。参见叔本华:《叔本华美学随笔》,上海人民出版社2014年版,第32页。
25 黑格尔:《美学》第三卷,商务印书馆2020年版,第204页。

26 今道友信:《关于爱和美的哲学思考》,生活·读书·新知三联书店1997年版,第89页。
27 李国树:《中国当代赏石艺术纲要》,上海财经大学出版社2022年版。
28 斯蒂芬·戴维斯:《艺术诸定义》,南京大学出版社2014年版,第183页。
29 高尔泰:《论美》,甘肃人民出版社1982年版,第76页。
30 歌德:《歌德全集》。转引自奥夫相尼科夫:《美学思想史》,陕西人民出版社1986年版,第341页。
31 转引自帕特里克·弗兰克:《艺术形式》,中国人民大学出版社2016年版,第95页。
32 尼采:《历史的用途与滥用》,上海世纪出版集团2005年版,第15页。
33 温克尔曼:《古代艺术史》。参见保罗·A.考特曼:《论艺术的"过去性"》,商务印书馆2023年版,第23页。
34 孙过庭:《书谱》,天津人民美术出版社2004年版。
35 奥克威尔克等:《艺术基础：理论与实践》,北京大学出版社2009年版,第252、253页。
36 保罗·萨特:《想象》,上海译文出版社2014年版,第17页。
37 诺瓦利斯:《片断》。转引自奥夫相尼科夫:《美学思想史》,陕西人民出版社1986年版,第307页。
38 邓肯·希思:《浪漫主义》,生活·读书·新知三联书店2019年版,第2页。
39 黑格尔:《美学》,商务印书馆2020年版。
40 转引自邓肯·希思:《浪漫主义》,生活·读书·新知三联书店2019年版,第66页。
41 塔塔科维兹:《西方六大美学观念史》,上海译文出版社2013年版,第223页。
42 转引自比厄斯利:《美学史：从古希腊到当代》,高等教育出版社2018年版,第411页。
43 雪莱:《为诗辩护》。转引自比厄斯利:《美学史：从古希腊到当代》,高等教育出版社2018年版,第413页。
44 比厄斯利:《美学史：从古希腊到当代》,高等教育出版社2018年版,第419页。
45 威廉·哈兹里特:《论英国小说家》。转引自比厄斯利:《美学史：从古希腊到当代》,高等教育出版社2018年版,第423页。
46 波德莱尔:《爱伦·坡奇异故事集》序言。转引自比厄斯利:《美学史：从古希腊到当代》,高等教育出版社2018年版,第425页。
47 叔本华:《叔本华文化散论》,上海人民出版社2020年版,第69页。
48 罗伯特·亨利:《艺术精神》,上海人民美术出版社2019年版,第105页。
49 谢赫:《古画品录》。参见谢赫:《古画品录续画品录》,人民美术出版社2016年版。
50 波德莱尔:《浪漫派的艺术》,商务印书馆2018年版,第13页。
51 刘小枫:《诗化哲学》,山东文艺出版社1986年版,第76页。
52 叔本华:《叔本华文化散论》,上海人民出版社2020年版,第71页。
53 莫里茨·盖格尔:《艺术的意味》,北京联合出版公司2014年版,第208页。
54 雅克·拉康:《弗洛伊德的理论及精神分析机巧中的自我》。转引自巴尔迪纳·圣吉宏:《美学权力》,华东师范大学出版社2022年版,第124页。
55 乔治·库布勒:《时间的形状——造物史研究简论》,商务印书馆2019年版,第115页。
56 达娜·阿诺德:《走进艺术史》,外语教学与研究出版社2015年版,第8页。

第五章

1 傅雷:《傅雷谈艺录》,生活·读书·新知三联书店2016年版,第214页。
2 东方社会作为一个独立的概念,出现于18世纪末,它主要由所谓古典经济学家提出来的,这些人以对希腊、罗马或对封建的或资本主义的欧洲的认识为出发点,感到无法理解古代埃及、美索不达米亚或当时中国与印度的经济,从而提出了这一概念。参见张光直:《美术、神话与祭祀》,生活·读书·新知三联书店2023年版,第119页。
3 李国树:《中国当代赏石艺术纲要》,上海财经大学出版社2022年版,第十章:"中国赏石的文化因素"。
4 参见黑格尔:《历史哲学》,上海世纪出版集团2006年版。
5 牟宗三:《中西哲学之会通十四讲》,上海世纪出版集团2008年版,第8页。
6 牟宗三:《中国哲学的特质》,上海世纪出版集团2008年版,第71页。
7 许倬云:《万古江河:中国历史文化的转折与开展》,湖南人民出版社2017年版,第133页。
8 转引自《张居正讲译〈尚书〉》,上海辞书出版社2007年版,第57页。
9 语出《尚书·虞书》。
10 语出《乐记·乐论》。
11 语出吕不韦:《吕览·适音》。
12 牟宗三:《中国哲学十九讲》,吉林出版集团有限责任公司2009年版,第14页。
13 王弼:《周易略例·明象》。
14 苏轼:《墨君堂记》。
15 倪瓒:《清閟阁遗稿》。
16 布颜图:《画学心法问答》。
17 宗白华:《艺境》,商务印书馆2011年版,第213页。
18 今道友信:《东西方哲学美学比较》,中国人民大学出版社1991年版,第223页。
19 元代张宣语。
20 顾城:《生生之境:哲学卷》,金城出版社2015年版,第226页。
21 谢赫六法论之第一条。
22 转引自陈师曾:《中国文人画之研究》,天津古籍出版社1982年版,第3页。
23 王维:《画学秘诀》。
24 傅雷:《傅雷谈艺录》,生活·读书·新知三联书店2016年版,第211页。
25 陶渊明:《桃花源诗》。
26 语出《庄子》。参见庄子:《庄子》,中华书局2015年版。
27 叶·查瓦茨卡娅:《中国古代绘画美学问题》,湖南美术出版社1980年版,第44页。
28 许倬云:《万古江河:中国历史文化的转折与开展》,湖南人民出版社2017年版,第244页。
29 牟宗三:《中西哲学之会通十四讲》,上海世纪出版集团2008年版,第9页。
30 牟宗三:《中西哲学之会通十四讲》,上海世纪出版集团2008年版,第10页。

31 牟宗三:《中西哲学之会通十四讲》,上海世纪出版集团2008年版,第7页。
32 牟宗三:《中西哲学之会通十四讲》,上海世纪出版集团2008年版,第88页。
33 顾城:《生生之境:哲学卷》,金城出版社2015年版,第225页。
34 黑格尔:《美学》。转引自宗白华:《美学与艺术》,华东师范大学出版社2013年版,第324页。
35 转引自奥索夫斯基:《美学基础》,中国文联出版公司1986年版,第216页。
36 牟宗三:《历史哲学》,吉林出版集团有限责任公司2009年版,第164页。
37 傅雷:《傅雷谈艺录》,生活·读书·新知三联书店2016年版,第182页。
38 黑格尔:《美学》第三卷,商务印书馆2020年版,第436页。
39 高尔泰:《论美》,甘肃人民出版社1982年版,第263页。
40 高尔泰:《论美》,甘肃人民出版社1982年版,第268页。
41 转引自朱良志:《四时之外》,北京大学出版社2023年版,第211页。
42 庞蒂:《知觉现象学》。转引自庞蒂:《眼与心》,商务印书馆2007年版,第11页。
43 牟宗三:《中国哲学十九讲》,吉林出版集团有限责任公司2009年版,第4页。
44 阿诺尔德·豪泽尔:《艺术社会史》,商务印书馆2020年版,第50页。
45 喜仁龙:《西洋镜:中国早期艺术史》,广东人民出版社2019年版,第596页。
46 转引自吉尔伯特:《美学史》,上海译文出版社1989年版,第17页。
47 宗白华:《艺境》,商务印书馆2011年版,第207页。
48 顾城:《生生之境:哲学卷》,金城出版社2015年版,第218页。
49 张光直:《美术、神话与祭祀》,生活·读书·新知三联书店2023年版,第131页。
50 比厄斯利:《美学史:从古希腊到当代》,高等教育出版社2018年版,第167页。
51 牟宗三:《中国哲学十九讲》,吉林出版集团有限责任公司2009年版,第81页。
52 语出《箴言》。转引自爱默生:《论自然·美国学者》,生活·读书·新知三联书店2015年版,第51页。
53 理查德·加纳罗:《艺术:让人成为人》,北京大学出版社2007年版,第77页。
54 柏拉图:《蒂迈欧篇》,云南人民出版社2023年版。
55 亚里士多德:《形而上学》,商务印书馆1959年版。
56 哥白尼:《天球运行论》;布鲁诺:《论无限宇宙和世界》;伽利略:《关于两门新科学的对谈》;牛顿:《自然哲学的数学原理》。
57 吉尔伯特:《美学史》,上海译文出版社1989年版,第14页。
58 圣·奥古斯丁:《论基督教义》。转引自比厄斯利:《美学史:从古希腊到当代》,高等教育出版社2018年版,第173页。
59 吉尔伯特:《美学史》,上海译文出版社1989年版,第16页。单引号部分,出自亚里士多德:《动物学》。
60 比厄斯利:《美学史:从古希腊到当代》,高等教育出版社2018年版,第181页。
61 卢卡奇:《审美特性》,社会科学文献出版社2015年版,第126页。
62 笛卡尔:《方法论》《哲学原理》。转引自柯林武德:《自然的观念》,商务印书馆2018年版,第127页。

63　代表人物有荷兰的斯宾诺莎、英国的洛克、德国的莱布尼茨、爱尔兰的贝克莱等。
64　代表人物有德国的康德、黑格尔等。
65　代表人物有德国的叔本华、法国的柏格森等。
66　熊十力：《新唯识论》，上海古籍出版社2019年版，第346页。
67　牟宗三：《中国哲学的特质》，上海世纪出版集团2008年版，第100页。
68　今道友信：《东西方哲学美学比较》，中国人民大学出版社1991年版，第204页。
69　朱光潜：《诗论》，南海出版公司2022年版，第46页。
70　今道友信：《东西方哲学美学比较》，中国人民大学出版社1991年版，第207、208页。
71　叶朗：《美在意象》，北京大学出版社2010年版，第183页。
72　徐悲鸿：《中国画的艺术》，北京出版社2017年版，第71、72页。
73　黑格尔：《哲学史讲演录》（第一卷），商务印书馆2021年版，第207页。
74　奥夫相尼科夫：《美学思想史》，陕西人民出版社1986年版，第4页。
75　罗念生：《希腊漫话》，北京出版社2016年版，第11、12页。
76　黑格尔：《美学》卷二，商务印书馆1979年版，第169、170页。
77　今道友信：《东方的美学》，生活·读书·新知三联书店1991年版，第89页。
78　今道友信：《东西方哲学美学比较》，中国人民大学出版社1991年版，第43页。
79　奥夫相尼科夫：《美学思想史》，陕西人民出版社1986年版，第6页。
80　恩格斯：《马克思恩格斯全集》，第20卷，第385、386页。
81　李国树：《中国当代赏石艺术纲要》，上海财经大学出版社2022年版，第443页。"附录一：中国赏石文化年表"。
82　宗白华：《美学与艺术》，华东师范大学出版社2013年版，第294页。
83　帕特里克·弗兰克：《艺术形式》，中国人民大学出版社2016年版，第391页。
84　童寯：《论园》，北京出版社2016年版，第196页。
85　童寯：《论园》，北京出版社2016年版，第41页。
86　竺可桢：《天道与人文》，天地图书有限公司2022年版，第54页。
87　李国树：《中国当代赏石艺术纲要》，上海财经大学出版社2022年版，第十章："中国赏石的文化因素"。
88　傅雷：《傅雷谈艺录》，生活·读书·新知三联书店2016年版，第214页。
89　宗白华：《美学与艺术》，华东师范大学出版社2013年版，第378、379页。
90　宗白华：《美学与艺术》，华东师范大学出版社2013年版，第379页。
91　徐悲鸿：《中国画的艺术》，北京出版社2017年版，第16页。
92　李约瑟：《文明的滴定》，商务印书馆2018年版，第6页。
93　李约瑟：《文明的滴定》，商务印书馆2018年版，第294页。
94　李约瑟：《文明的滴定》，商务印书馆2018年版，第295页。
95　李约瑟：《文明的滴定》，商务印书馆2018年版，第307页。
96　今道友信：《东西方哲学美学比较》，中国人民大学出版社1991年版，第20、21页。

97　今道友信:《东西方哲学美学比较》,中国人民大学出版社1991年版,第25页。
98　许倬云:《万古江河:中国历史文化的转折与开展》,湖南人民出版社2017年版,第232页。
99　帕特里克·弗兰克:《艺术形式》,中国人民大学出版社2016年版,第445、447页。
100　童寯:《论园》,北京出版社2016年版,第85页。
101　童寯:《论园》,北京出版社2016年版,第37页。
102　巫鸿:《中国绘画:五代至南宋》,上海人民出版社2023年版,第317、318页。
103　巫鸿:《中国绘画:五代至南宋》,上海人民出版社2023年版,第320页。

第 六 章

1　朱光潜:《诗论》,南海出版公司2022年版,第1页。
2　转引自奥夫相尼科夫:《美学思想史》,陕西人民出版社1986年版,第238页。
3　叔本华:《叔本华美学随笔》,上海人民出版社2014年版,第192、193页。
4　转引自庞蒂:《眼与心》,商务印书馆2007年版,第26页。
5　今道友信:《存在主义美学》,辽宁人民出版社1987年版,第102页。
6　方薰:《山静居论画》,西泠印社出版社2009年版。
7　巴特乌斯:《同一原理下的美术》。参见吉尔伯特:《美学史》,上海译文出版社1989年版,第367页。
8　西田几多郎:《艺术与道德》,上海社会科学院出版社2018年版,第3页。
9　基尔伯:《圣·托马斯的哲学文选》。转引自北京大学哲学系美学教研室编:《西方美学家论美和美感》,商务印书馆1980年版,第67页。
10　朱自清:《经典常谈》,山东文艺出版社2023年版,第14页。
11　牟宗三:《中国哲学十九讲》,吉林出版集团有限责任公司2009年版,第364页。
12　李白:《古风五十九首》。参见李白:《李太白全集》,中华书局2024年版。
13　《禅林僧宝传》卷四。转引自朱良志:《南画十六观》,北京大学出版社2013年版,第162页。
14　章太炎:《国学概论》,中华书局2016年版,第38页。
15　庄子:《齐物论》。参见庄子:《庄子》,中华书局2015年版。
16　张载:《正蒙·乾称》。参见张载:《张子正蒙》,上海古籍出版社2000年版。
17　朱熹:《四书章句集注·中庸》。参见朱熹:《四书章句集注》,中华书局2016年版。
18　钱锺书:《管锥编》,中华书局1979年版。
19　劳伦斯·比尼恩:《亚洲艺术中人的精神》,辽宁人民出版社1988年版,第48页。
20　庄子:《庄子·外篇·至乐》。参见庄子:《庄子》,中华书局2015年版。
21　孙放:《晋诗》卷十三。参见余冠英:《汉魏六朝诗选》,人民文学出版社1958年版。
22　程颢:《秋日》。
23　费希特:《美学导论》。参见吉尔伯特:《美学史》,上海译文出版社1989年版,第695页。
24　杜夫海纳:《美学与哲学》,文笙书局中华民国76年版,第41页。

25 王阳明:《传习录》。转引自张世英:《哲学导论》,北京师范大学出版社2014年版,第4页。
26 廖内洛·文杜里:《艺术批评史》,商务印书馆2020年版,第32页。
27 戴复古:《久寓泉南待一故人消息桂隐诸葛如晦谓客舍不》。
28 《左传·僖公十五年》。参见左丘明:《左传》,中华书局2022年版。
29 李泽厚:《华夏美学》,长江文艺出版社2021年版,第122页。
30 孟子:《孟子》,中华书局2010年版。
31 王夫之:《诗广传·大雅》,中华书局1964年版。
32 席勒:《审美教育书简》,第二十六封信。参见席勒:《审美教育书简》,译林出版社2009年版。
33 席勒:《审美教育书简》,转引自奥夫相尼科夫:《美学思想史》,陕西人民出版社1986年版,第295、296页。
34 高尔泰:《论美》,甘肃人民出版社1982年版,第4页。
35 《河南程氏遗书》卷八,《杂著·四箴》。转引自朱熹等:《近思录译注》,中华书局2021年版,第296页。
36 《河南程氏遗书》卷六,《二先生语六》。转引自朱熹等:《近思录译注》,中华书局2021年版,第264页。
37 高尔泰:《论美》,甘肃人民出版社1982年版,第4页。
38 吉尔伯特:《美学史》,上海译文出版社1989年版,第705页。
39 吉尔伯特:《美学史》,上海译文出版社1989年版,第707页。
40 西田几多郎:《艺术与道德》,上海社会科学院出版社2018年版,第57页。
41 立普斯:《论移情作用》。转引自北京大学哲学系美学教研室编:《西方美学家论美和美感》,商务印书馆1980年版,第275页。
42 艾迪特·施泰因:《论移情问题》,华东师范大学出版社2014年版,第100页。
43 转引自迈克尔·波德罗:《批评的艺术史家》,商务印书馆2020年版,第25页。
44 马克思:《1844年经济学哲学手稿》,人民出版社2000年版,第87页。
45 马克思:《1844年经济学哲学手稿》,人民出版社2000年版,第80页。
46 卢卡奇:《审美特性》,社会科学文献出版社2015年版,第333页。
47 保罗·萨特:《想象》,上海译文出版社2014年版,第141页。
48 牟宗三:《现象与物自身》,吉林出版集团有限责任公司2009年版,第5页。
49 今道友信:《存在主义美学》,辽宁人民出版社1987年版,第96页。
50 杜夫海纳:《审美经验现象学》,文化艺术出版社1996年版,第276页。
51 加斯东·巴什拉:《土地及休息的幻想》。参见加斯东·巴什拉:《土地及憩息的遐想》,商务印书馆2022年版。
52 杜夫海纳:《美学与哲学》,文笙书局中华民国76年版,第53页。
53 黑格尔:《美学》第三卷,商务印书馆2020年版,第104页。
54 杜夫海纳:《美学与哲学》,文笙书局中华民国76年版,第54页。
55 卢卡奇:《审美特性》,社会科学文献出版社2015年版,第150、151页。
56 黑格尔:《哲学史讲演录》(第一卷),商务印书馆2021年版,第28页。
57 弗里德伦德尔:《论艺术与鉴赏》,商务印书馆2016年版,第32页。
58 叔本华:《作为意志和表象的世界》,商务印书馆1982年版,第292页。

59 石涛：《画语录·兼字章》。参见石涛：《苦瓜和尚画语录》，西泠印社出版社2006年版。
60 高尔泰：《论美》，甘肃人民出版社1982年版，第4页。
61 杜夫海纳：《审美经验现象学》，文化艺术出版社1996年版，第367页。
62 杜夫海纳：《审美经验现象学》，文化艺术出版社1996年版，第275页。
63 克罗齐：《美学原理》，商务印书馆2012年版，第26页。
64 莫里茨·盖格尔：《艺术的意味》，北京联合出版公司2014年版，第263页。
65 杜夫海纳：《美学与哲学》，中国社会科学出版社1985年版，第1页。
66 杜夫海纳：《审美经验现象学》，文化艺术出版社1996年版，第581页。
67 转引自塔塔科维兹：《西方六大美学观念史》，上海译文出版社2013年版，第383页。
68 李斯托威尔：《近代美学史评述》，上海译文出版社1980年版，第236页。
69 杜夫海纳：《美学与哲学》，中国社会科学出版社1985年版，第3页。
70 彭锋：《完美的自然》，北京大学出版社2005年版，第122页。
71 转引自帕特里克·弗兰克：《艺术形式》，中国人民大学出版社2016年版，第556页。
72 沃尔夫冈·韦尔施：《美学与对世界的当代思考》，商务印书馆2018年版，第6页。
73 关于这个理论，参见李国树：《中国当代赏石艺术纲要》，上海财经大学出版社2022年版。
74 牟宗三：《中国哲学的特质》，上海世纪出版集团2008年版，第143页。
75 李国树：《中国当代赏石艺术纲要》，上海财经大学出版社2022年版。
76 语出《诗·小雅》。
77 康德：《判断力批判》，人民出版社2004年版，第146页。
78 李格尔：《罗马晚期的工艺美术》，北京大学出版社2010年版，第5页。
79 转引自奥托·帕希特：《美术史的实践和方法问题》，商务印书馆2017年版，第142页。
80 马克思：《资本论》，第1卷，人民出版社1975年版，第202页。
81 亚里士多德：《伦理学》。参见今道友信：《关于爱和美的哲学思考》，生活·读书·新知三联书店1997年版，第12页。
82 罗素：《人类的知识》，商务印书馆2009年版，第609页。
83 西田几多郎：《艺术与道德》，上海社会科学院出版社2018年版，第83页。
84 杜夫海纳：《审美经验现象学》，文化艺术出版社1996年版，第588页。
85 克莱夫·贝尔：《艺术》，中国文联出版社1984年版。
86 莫里茨·盖格尔：《艺术的意味》，北京联合出版公司2014年版，第221页。
87 威廉·詹姆斯：《心理学原理》，北京师范大学出版社2017年版，第1016页。
88 孟德尔松：《论美的艺术和科学的基本原理》，参考《艺术学研究》，2022年第3期。
89 高尔泰：《论美》，甘肃人民出版社1982年版，第46页。
90 李国树：《中国当代赏石艺术纲要》，上海财经大学出版社2022年版，第207页。
91 黑格尔：《哲学史讲演录》（第二卷），商务印书馆2021年版，第34页。
92 转引自黑格尔：《哲学史讲演录》（第二卷），商务印书馆2021年版，第42页。
93 转引自黑格尔：《哲学史讲演录》（第二卷），商务印书馆2021年版，第43页。

94 狄德罗:《百科全书》关于"美"的词条。参见吉尔伯特:《美学史》,上海译文出版社1989年版,第368、369页。
95 狄德罗:《论美》。转引自奥夫相尼科夫:《美学思想史》,陕西人民出版社1986年版,第182页。
96 塔塔科维兹:《西方六大美学观念史》,上海译文出版社2013年版,第385页。
97 李斯托威尔:《近代美学史评述》,上海译文出版社1980年版,第43页。
98 刘勰:《文心雕龙·物色》。参见刘勰:《文心雕龙》,上海古籍出版社2015年版。
99 转引自塔塔科维兹:《古代美学》,中国社会科学出版社1990年版,第118页。
100 李斯托威尔:《近代美学史评述》,上海译文出版社1980年版,第74页。
101 张彦远:《历代名画记》,浙江人民美术出版社2011年版。
102 海德格尔:《艺术作品的本源》。转引自叶朗:《观物:哲学与艺术中的视觉问题》,北京大学出版社2019年版,第52页。
103 莫里茨·盖格尔:《艺术的意味》,北京联合出版公司2014年版,第104页。
104 转引自黑格尔:《哲学史讲演录》(第二卷),商务印书馆2021年版,第30页。
105 苏轼:《宝绘堂记》。
106 转引自达娜·阿诺德:《走进艺术史》,外语教学与研究出版社2015年版,第2页。
107 帕特里克·弗兰克:《艺术形式》,中国人民大学出版社2016年版,第27页。
108 柏拉图:《斐利布斯篇》。转引自吉尔伯特:《美学史》,上海译文出版社1989年版,第53页。
109 柏拉图:《法律篇》。转引自吉尔伯特:《美学史》,上海译文出版社1989年版,第49页。
110 吉尔伯特:《美学史》,上海译文出版社1989年版,第692页。
111 语出马利亚特:《海军候补生文集》。转引自科林伍德:《艺术原理》,中国社会科学出版社1985年版,第84页。
112 莫里茨·盖格尔:《艺术的意味》,北京联合出版公司2014年版,第89页。
113 皮日休:《太湖石》。
114 计成:《园冶》,黄山书社出版社2016年版。
115 白居易:《庐山草堂记》。
116 冯多福:《研山园记》。
117 朱良志:《中国艺术的生命精神》,安徽文艺出版社2020年版,第206页。
118 钱锺书:《谈艺录》,中华书局1984年版,第53页。
119 张雨:《中庭移石》。
120 刘辰翁:《金缕曲·古岩取后村如韵示余和韵答之》。
121 李颀:《题璿公山池》。

第七章

1 转引自迈克尔·波德罗:《批评的艺术史家》,商务印书馆2020年版,第1页。

2　马克斯·德索:《美学与艺术理论》,中央编译出版社2023年版,译者前言。
3　沃尔夫林:《古典艺术:意大利文艺复兴导论》,北京大学出版社2021年版,第14页。
4　宗白华:《艺境》,商务印书馆2011年版,第293页。
5　今道友信:《关于美》,黑龙江人民出版社1983年版,第43页。
6　今道友信:《关于美》,黑龙江人民出版社1983年版,第16页。
7　对于赏石艺术与艺术是否相通的原理,在李国树所著《中国当代赏石艺术纲要》中有深入的探讨。
8　奥克威尔克等:《艺术基础:理论与实践》,北京大学出版社2009年版,第340页。
9　朱光潜:《诗论》,南海出版公司2022年版,第186页。
10　张世英:《哲学导论》,北京师范大学出版社2014年版,第32页。
11　贝克莱:《视觉新论》,商务印书馆2018年版,第9页。
12　艾柯:《开放的作品》,中信出版社2015年版,第3页。
13　李泽厚:《华夏美学》,长江文艺出版社2021年版,第40页。
14　转引自彭锋:《后素:中西艺术史著名公案新探》,北京大学出版社2023年版,第127、128页。
15　王维:《山水诀》。
16　朱良志:《南画十六观》,北京大学出版社2013年版,第331页。
17　牟宗三:《中国哲学十九讲》,吉林出版集团有限责任公司2009年版,第28页。
18　引用牟宗三语。参见牟宗三:《现象与物自身》,吉林出版集团有限责任公司2009年版,第13页。
19　福西永:《形式的生命》,北京大学出版社2011年版。
20　转引自菲利普·索莱尔斯:《无限颂:谈艺术》,河南大学出版社2018年版,第163页。
21　引用牟宗三语。参见牟宗三:《现象与物自身》,吉林出版集团有限责任公司2009年版,第14页。
22　叔本华:《叔本华文化散论》,上海人民出版社2020年版,第7页。
23　米歇尔:《图像理论》。转引自彭锋:《后素:中西艺术史著名公案新探》,北京大学出版社2023年版,第154页。
24　熊十力:《新唯识论》,上海古籍出版社2019年版,第9页。
25　老子:《道德经》,安徽人民出版社1990年版。
26　庄子:《庄子·知北游》,参见庄子:《庄子》,中华书局2015年版。
27　这里引用德国哲学家黑格尔的语义。
28　王夫之:《古诗评卷》卷五,谢庄《北宅密园》鉴语。
29　庄子:《庄子·大宗师》,参见庄子:《庄子》,中华书局2015年版。
30　西塞罗:《论得体的本质》。转引自塔塔科维兹:《古代美学》,中国社会科学出版社1990年版,第257页。
31　托马斯·普特法肯:《构图的发现》,商务印书馆2023年版,第22页。
32　叶朗:《美在意象》,北京大学出版社2010年版,第4页。
33　杜夫海纳:《美学与哲学》,文笙书局1987年版,第43页。
34　杜夫海纳:《审美经验现象学》,文化艺术出版社1996年版,第496页。
35　杜夫海纳:《美学与哲学》,文笙书局1987年版,第60页。
36　转引自彭锋:《完美的自然》,北京大学出版社2005年版,第190页。

37 库尔贝：《给学生的公开信》。转引自北京大学哲学系美学教研室编：《西方美学家论美和美感》，商务印书馆1980年版，第241页。
38 斯蒂芬·戴维斯：《艺术诸定义》，南京大学出版社2014年版，第368页。
39 朱良志：《四时之外》，北京大学出版社2023年版，第532页。
40 朱良志：《四时之外》，北京大学出版社2023年版，第535页。
41 担当：《担当诗文集》，云南人民出版社2003年版。
42 转引自熊十力：《新唯识论》，上海古籍出版社2019年版，第20页。
43 苏轼：《苏轼文集》，《渔樵闲话录》篇。
44 庄子：《庄子·天下》。参见庄子：《庄子》，中华书局2015年版。
45 庄子：《庄子·逍遥游》。参见庄子：《庄子》，中华书局2015年版。
46 熊十力：《新唯识论》，上海古籍出版社2019年版，第9页。
47 转引自熊十力：《新唯识论》，上海古籍出版社2019年版，第20页。
48 今道友信：《东西方哲学美学比较》，中国人民大学出版社1991年版，第60、61页。
49 今道友信：《东西方哲学美学比较》，中国人民大学出版社1991年版，第64页。
50 奥克威尔克等：《艺术基础：理论与实践》，北京大学出版社2009年版，第4页。
51 萨特：《存在与虚无》。转引自艾柯：《开放的作品》，中信出版社2015年版，第20页。
52 今道友信：《东西方哲学美学比较》，中国人民大学出版社1991年版，第62页。
53 庄子：《庄子·秋水》。参见庄子：《庄子》，中华书局2015年版。
54 克罗齐：《美学原理》。转引自艾柯：《开放的作品》，中信出版社2015年版，第34页。
55 转引自朱光潜：《诗论》，南海出版公司2022年版，第12页。
56 奥克威尔克等：《艺术基础：理论与实践》，北京大学出版社2009年版，第76页。
57 马克斯·德索：《美学与艺术理论》，中央编译出版社2023年版，第4页。
58 转引自彭锋：《后素：中西艺术史著名公案新探》，北京大学出版社2023年版，第85页。
59 奥索夫斯基：《美学基础》，中国文联出版公司1986年版，第87页。
60 今道友信：《东西方哲学美学比较》，中国人民大学出版社1991年版，第211页。
61 今道友信：《东西方哲学美学比较》，中国人民大学出版社1991年版，第212页。
62 奥索夫斯基：《美学基础》，中国文联出版公司1986年版，第122页。
63 科林伍德：《艺术原理》，中国社会科学出版社1985年版，第53页。
64 高尔泰：《论美》，甘肃人民出版社1982年版，第264页。
65 奥索夫斯基：《美学基础》，中国文联出版公司1986年版，第165页。
66 奥克威尔克等：《艺术基础：理论与实践》，北京大学出版社2009年版，第4页。
67 科林伍德：《艺术原理》，中国社会科学出版社1985年版，第54页。
68 奥索夫斯基：《美学基础》，中国文联出版公司1986年版，第164页。
69 李国树：《中国当代赏石艺术纲要》，上海财经大学出版社2022年版，第八章"赏石艺术的实践范例：画面石"。
70 斯蒂芬·戴维斯：《艺术诸定义》，南京大学出版社2014年版，第26页。

71　塔塔科维兹:《西方六大美学观念史》,上海译文出版社2013年版,第5、6页。
72　黑格尔:《美学》第一卷,商务印书馆2020年版,第211页。
73　斯蒂芬·戴维斯:《艺术诸定义》,南京大学出版社2014年版,第27页。
74　黑格尔:《美学》第一卷,商务印书馆2020年版,第312页。
75　杜绾:《云林石谱》,浙江人民美术出版社2019年版。
76　黑格尔:《美学》第一卷,商务印书馆2020年版,第107页。
77　童寯:《论园》,北京出版社2016年版,第85、186页。
78　福西永:《形式的生命》,北京大学出版社2011年版,第23页。
79　黑格尔:《美学》第三卷,商务印书馆2020年版,第120页。
80　计成:《园冶》,黄山书社出版社2016年版。
81　计成:《园冶》,黄山书社出版社2016年版。
82　朱良志:《四时之外》,北京大学出版社2023年版,第231页。
83　圣·奥古斯丁:《论美与适宜》。转引自北京大学哲学系美学教研室编:《西方美学家论美和美感》,商务印书馆1980年版,第65页。
84　此四语,引郭熙:《林泉高致》,中国广播电视出版社2013年版,第22页。
85　石涛:《苦瓜和尚画语录》,江苏凤凰文艺出版社2018年版,第152页。
86　转引自陈从周:《梓翁说园》,北京出版社2016年版,第18页。
87　陈从周:《梓翁说园》,北京出版社2016年版,第46页。
88　陆游:《巴东令廨白云亭》。
89　张岱:《陶庵梦忆》。转引自陈从周:《梓翁说园》,北京出版社2016年版,第18页。
90　陈从周:《梓翁说园》,北京出版社2016年版,第18页。
91　陈从周:《梓翁说园》,北京出版社2016年版,第55页。
92　许倬云:《万古江河:中国历史文化的转折与开展》,湖南人民出版社2017年版,第207页。
93　大村西崖:《中国美术史》,中央编译出版社2023年版,第171、172页。
94　刘禹锡:《陋室铭》。
95　赵希鹄:《洞天清录》,浙江人民美术出版社2016年版。
96　文震亨:《长物志》,重庆出版社2017年版。
97　倪瓒:《画偈》。
98　黑格尔:《美学》第三卷,商务印书馆2020年版,第230、231页。
99　转引自菲利普·索莱尔斯:《无限颂:谈艺术》,河南大学出版社2018年版,第112页。
100　转引自菲利普·索莱尔斯:《无限颂:谈艺术》,河南大学出版社2018年版,第141、147页。
101　李国树:《中国当代赏石艺术纲要》,上海财经大学出版社2022年版,第十三章:"中国赏石艺术精神"。
102　黑格尔:《美学》第三卷,商务印书馆2020年版,第391页。
103　转引自廖内洛·文社里:《艺术批评史》,商务印书馆2020年版,第122页。
104　转引自庞蒂:《眼与心》,商务印书馆2007年版,第41页。

105 李国树:《中国当代赏石艺术纲要》,上海财经大学出版社2022年版,第344、345页。
106 转引自奥夫相尼科夫:《美学思想史》,陕西人民出版社1986年版,第241页。
107 欧阳修:《盘车图》。
108 奥索夫斯基:《美学基础》,中国文联出版公司1986年版,第167、168页。
109 转引自比厄斯利:《美学史:从古希腊到当代》,高等教育出版社2018年版,第229、231页。
110 转引自廖内洛·文杜里:《艺术批评史》,商务印书馆2020年版,第186页。
111 歌德:《歌德全集》。转引自卢卡奇:《审美特性》,社会科学文献出版社2015年版,第16页。
112 卢卡奇:《审美特性》,社会科学文献出版社2015年版,第16页。
113 亚里士多德:《论动物》。转引自塔塔科维兹:《古代美学》,中国社会科学出版社1990年版,第211页。
114 朱良志:《中国艺术的生命精神》,安徽文艺出版社2020年版,第7页。
115 黑格尔:《美学》第一卷,商务印书馆2020年版,封面。
116 廖内洛·文杜里:《艺术批评史》,商务印书馆2020年版,第108页。
117 庄子:《庄子·达生》。参见庄子:《庄子》,中华书局2015年版。
118 朱良志:《中国艺术的生命精神》,安徽文艺出版社2020年版,第110页。
119 瓜里尼:《悲喜混杂剧体诗的纲领》。转引自北京大学哲学系美学教研室编:《西方美学家论美和美感》,商务印书馆1980年版,第75页。
120 黑格尔:《美学》第三卷,商务印书馆2020年版,第264页。
121 老子:《道德经·二十五》。参见老子:《道德经》,安徽人民出版社1990年版。
122 庄子:《庄子·渔父》。参见庄子:《庄子》,中华书局2015年版。
123 海德格尔:《林中路》,商务印书馆2018年版,第46页。
124 维特根斯坦:《文化和价值》,北京联合出版公司2013年版,第1、2页。
125 唐代画家张璪语。出自画论家张彦远的《历代名画记》,浙江人民美术出版社2011年版。
126 《跋黄子久浅绛色山水》,汪砢玉《珊瑚网》卷三十三引。
127 费肖尔:《美学:或作为美的科学,或作为讲义》。转引自吉尔伯特:《美学史》,上海译文出版社1989年版,第664页。
128 自吉尔伯特:《美学史》,上海译文出版社1989年版,第665页。
129 塔塔科维兹:《西方六大美学观念史》,上海译文出版社2013年版,第328页。
130 朱良志:《生命清供:国画背后的世界》,北京大学出版社2020年版,第171页。
131 约翰·罗斯金:《威尼斯之石》,转引自廖内洛·文杜里:《艺术批评史》,商务印书馆2020年版,第173页。
132 劳伦斯·比尼恩:《亚洲艺术中人的精神》,辽宁人民出版社1988年版,第139页。
133 牟宗三:《中国哲学的特质》,上海世纪出版集团2008年版,第125页。
134 奥维德:《变形记》,人民文学出版社1984年版。
135 哈奇森:《论美和道德两种观念的根源》。参见吉尔伯特:《美学史》,上海译文出版社1989年版,第318页。
136 吉尔伯特:《美学史》,上海译文出版社1989年版,第314页。

137　转引自菲利普·索莱尔斯：《无限颂：谈艺术》，河南大学出版社2018年版，第58页。
138　比厄斯利：《美学史：从古希腊到当代》，高等教育出版社2018年版，第263页。
139　迈克尔·波德罗：《批评的艺术史家》，商务印书馆2020年版，第20页。
140　转引自宗白华：《中国美学史论集》，安徽教育出版社2000年版，第151页。
141　柳宗元：《邕州柳中丞作马退山茅亭记》。
142　杜甫：《望岳》。
143　李白：《独坐敬亭山》。
144　辛弃疾：《贺新郎·甚矣吾衰矣》。
145　郭熙：《林泉高致》，中华书局2010年版。
146　帕特里克·弗兰克：《艺术形式》，中国人民大学出版社2016年版，第19页。
147　休谟：《论审美趣味的标准》。转引自奥夫相尼科夫：《美学思想史》，陕西人民出版社1986年版，第141页。
148　瓦肯罗德尔：《一位迷恋艺术的托钵会士的心声》。转引自廖内洛·文杜里：《艺术批评史》，商务印书馆2020年版，第164、165页。
149　高尔泰：《论美》，甘肃人民出版社1982年版，第16页。
150　杜夫海纳：《审美经验现象学》，文化艺术出版社1996年版，第509页。
151　转引自卢卡奇：《审美特性》，社会科学文献出版社2015年版，第332页。
152　笛卡尔：答麦尔生神父的信。转引自北京大学哲学系美学教研室编：《西方美学家论美和美感》，商务印书馆1980年版，第79页。
153　李国树：《中国当代赏石艺术纲要》，上海财经大学出版社2022年版，第10页。
154　李国树：《中国当代赏石艺术纲要》，上海财经大学出版社2022年版。
155　袁宏道：《袁中郎全集》卷三，《叙陈正甫会心集》。
156　托马斯·普特法肯：《构图的发现》，商务印书馆2023年版，第13页。
157　叔本华：《叔本华艺术随笔》，上海人民出版社2022年版，第59、60页。
158　左拉：《莫莱神甫的过失》。转引自吉尔伯特：《美学史》，上海译文出版社1989年版，第635页。
159　李约瑟：《文明的滴定》，商务印书馆2018年版，第146页。
160　高尔泰：《论美》，甘肃人民出版社1982年版，第31页。
161　爱默生：《论自然·美国学者》，生活·读书·新知三联书店2015年版，第2页。
162　约翰·杜威：《经验与自然》，商务印书馆2015年版，第224页。
163　叔本华：《叔本华艺术随笔》，上海人民出版社2022年版，第70页。
164　引自黑格尔：《美学》，商务印书馆2020年版。
165　爱默生：《论自然·美国学者》，生活·读书·新知三联书店2015年版，第6页。
166　克罗齐：《美学原理》，商务印书馆2012年版，第112页。
167　转引自奥夫相尼科夫：《美学思想史》，陕西人民出版社1986年版，第186、187页。
168　狄德罗：《论绘画》，广西师范大学出版社2002年版。
169　狄德罗：《论美》。转引自奥夫相尼科夫：《美学思想史》，陕西人民出版社1986年版，第188页。

170 克罗齐:《美学的历史》,商务印书馆2018年版,第127页。单引号出自康德:《判断力批判》。

171 贡布里希:《艺术与幻觉》。转引自玛丽安·霍布森:《艺术的客体:18世纪法国幻觉理论》,华东师范大学出版社2017年版,第10页。

172 约翰·杜威:《经验与自然》。比厄斯利:《美学史:从古希腊到当代》,高等教育出版社2018年版,第559页。

173 孔子:《论语·卫灵公篇》。参见孔子:《论语》,中华书局2006年版。

174 克罗齐:《美学原理》,商务印书馆2012年版,第122页。

175 黑格尔:《美学》第一卷,商务印书馆2020年版,第166页。

176 狄德罗:《画论》。转引自鲍桑葵:《美学史》,商务印书馆2019年版,第351页。

177 斯宾诺莎:《伦理学》。转引自李斯托威尔:《近代美学史评述》,上海译文出版社1980年版,第160页。

178 黑格尔:《美学》第二卷,商务印书馆2020年版,第79页。

179 苏轼:《白纸赞》。

180 苏轼:《赤壁赋》。

181 波德莱尔:《浪漫派的艺术》,商务印书馆2018年版,第6页。

182 白居易:《北窗竹石》。

183 托马斯·伯内特:《神圣大地论》。转引自比厄斯利:《美学史:从古希腊到当代》,高等教育出版社2018年版,第299、301页。

184 马克斯·德索:《美学与艺术理论》,中央编译出版社2023年版,第26页。

185 丰坊:《真赏斋赋》,嘉靖二十八年(1549),清光绪宣统间缪荃孙《藕香零拾》丛书刊印。

186 转引自朱光潜:《诗论》,南海出版公司2022年版,第75页。

187 爱默生:《爱默生选集》。转引自吉尔伯特:《美学史》,上海译文出版社1989年版,第543、544页。

第 八 章

1 斯蒂芬·戴维斯:《艺术哲学》,上海人民美术出版社2008年版,第56页。

2 立普斯:《审美观察与建筑艺术》。转引自奥索夫斯基:《美学基础》,中国文联出版公司1986年版,第204页。

3 黑格尔:《哲学史讲演录》(第二卷),商务印书馆2021年版,第31页。

4 海德格尔:《林中路》,商务印书馆2018年版,第114页。

5 转引自黑格尔:《哲学史讲演录》(第二卷),商务印书馆2021年版,第28页。

6 艾柯:《开放的作品》,中信出版社2015年版,第76页。

7 普洛丁:《九卷书》。转引自北京大学哲学系美学教研室编:《西方美学家论美和美感》,商务印书馆1980年版,第55页。

8 康德:《判断力批判》,商务印书馆1964年版。

9 迈克尔·波德罗:《批评的艺术史家》,商务印书馆2020年版,第29页。

10 莫里茨·盖格尔:《艺术的意味》,北京联合出版公司2014年版,第249页。
11 莫里茨·盖格尔:《艺术的意味》,北京联合出版公司2014年版,第5页。
12 康德:《判断力批判》。转引自巴尔迪纳·圣吉宏:《美学权力》,华东师范大学出版社2022年版,第116页。
13 莫里茨·盖格尔:《艺术的意味》,北京联合出版公司2014年版,第5页。
14 转引自马克斯·德索:《美学与艺术理论》,中央编译出版社2023年版,第7页。
15 今道友信:《关于美》,黑龙江人民出版社1983年版,第8页。
16 苏轼:《书鄢陵王主簿所画折枝二首》。
17 马克斯·德索:《美学与艺术理论》,中央编译出版社2023年版,第5页。
18 普洛丁:《九卷书》。转引自北京大学哲学系美学教研室编:《西方美学家论美和美感》,商务印书馆1980年版,第60、61、62页。
19 黑格尔:《美学》第二卷,商务印书馆2020年版,第22页。
20 海德格尔:《林中路》,商务印书馆2018年版,第64页。
21 格罗塞:《艺术的起源》,商务印书馆1984年版,第39页。
22 李国树:《中国当代赏石艺术纲要》,上海财经大学出版社2022年版,第146至166页。
23 奥索夫斯基:《美学基础》,中国文联出版公司1986年版,第73页。
24 马克斯·德索:《美学与艺术理论》,中央编译出版社2023年版,第235页。
25 叔本华:《作为意志和表象的世界》,商务印书馆1982年版。
26 斯蒂芬·戴维斯:《艺术诸定义》,南京大学出版社2014年版,第106、111页。
27 张彦远:《历代名画记》,浙江人民美术出版社2011年版。
28 奥克威尔克等:《艺术基础:理论与实践》,北京大学出版社2009年版,第43页。
29 约翰·杜威:《经验与自然》,商务印书馆2015年版,第27页。
30 转引自塔塔科维兹:《西方六大美学观念史》,上海译文出版社2013年版,第155页。
31 理查德·加纳罗:《艺术:让人成为人》,北京大学出版社2007年版,第134页。
32 亚里士多德:《尼各马可伦理学》,商务印书馆2003年版。
33 转引自鲍桑葵:《美学史》,商务印书馆2019年版,第211页。
34 庞蒂:《世界的散文》。转引自庞蒂:《眼与心》,商务印书馆2007年版,第21页。
35 房玄龄:《晋书》,中华书局1996年版。
36 塔塔科维兹:《西方六大美学观念史》,上海译文出版社2013年版,第297页。
37 黑格尔:《美学》。参见奥夫相尼科夫:《美学思想史》,陕西人民出版社1986年版,第351页。
38 转引自帕特里克·弗兰克:《艺术形式》,中国人民大学出版社2016年版,第18页。
39 西田几多郎:《艺术与道德》,上海社会科学院出版社2018年版,第28页。
40 黑格尔:《美学》(全三卷),商务印书馆2020年版。
41 达尼埃莱·巴尔巴罗:《透视的实践》。转引自托马斯·普特法肯:《构图的发现》,商务印书馆2023年版,第211页。
42 转引自塔塔科维兹:《西方六大美学观念史》,上海译文出版社2013年版,第278页。

43 马克斯·德索:《美学与艺术理论》,中央编译出版社2023年版,译者前言。

44 克罗齐:《美学原理》,商务印书馆2012年版,第12页。

45 歌德:《歌德全集》。转引自奥夫相尼科夫:《美学思想史》,陕西人民出版社1986年版,第336页。

46 转引自海德格尔:《林中路》,商务印书馆2018年版,第62页。

47 转引自塔塔科维兹:《西方六大美学观念史》,上海译文出版社2013年版,第282页。

48 海德格尔:《林中路》,商务印书馆2018年版,第64页。

49 杜夫海纳:《审美经验现象学》,文化艺术出版社1996年版,第273页。

50 转引自福西永:《形式的生命》,北京大学出版社2011年版,第26页。

51 李国树:《中国当代赏石艺术纲要》,上海财经大学出版社2022年版,第223页。

52 杜夫海纳:《审美经验现象学》,文化艺术出版社1996年版,第543页。

53 孔狄亚克:《人类知识的起源》,商务印书馆2020年版。

54 黑格尔:《美学》(第一卷),商务印书馆2020年版,第354页。

55 塔塔科维兹:《西方六大美学观念史》,上海译文出版社2013年版,第41页。

56 塔塔科维兹:《西方六大美学观念史》,上海译文出版社2013年版,第45页。

57 斯蒂芬·戴维斯:《艺术诸定义》,南京大学出版社2014年版,第298页。

58 转引自斯蒂芬·戴维斯:《艺术诸定义》,南京大学出版社2014年版,第240、241页。

59 斯蒂芬·戴维斯:《艺术诸定义》,南京大学出版社2014年版,第265页。

60 转引自斯蒂芬·戴维斯:《艺术诸定义》,南京大学出版社2014年版,第319页。

61 斯蒂芬·戴维斯:《艺术诸定义》,南京大学出版社2014年版,第429、430页。

62 唐岱:《绘事发微》,山东画报出版社2012年版,第41页。

第 九 章

1 张怀瓘:《书断》,浙江人民美术出版社2012年版。

2 伯克:《论崇高与美两种观念的起源的研究》。转引自奥夫相尼科夫:《美学思想史》,陕西人民出版社1986年版,第161页。

3 马克斯·德索:《美学与艺术理论》,中央编译出版社2023年版,第31页。

4 莫里茨·盖格尔:《艺术的意味》,北京联合出版公司2014年版,第274页。

5 克罗齐:《美学的历史》,商务印书馆2018年版,第49页。

6 克罗齐:《美学的历史》,商务印书馆2018年版,第148页。

7 歌德:《歌德全集》。转引自奥夫相尼科夫:《美学思想史》,陕西人民出版社1986年版,第336、337页。

8 黑格尔:《美学》(第一卷),商务印书馆2020年版,第358页。

9 转引自塔塔科维兹:《古代美学》,中国社会科学出版社1990年版,第261页。

10 塔塔科维兹:《古代美学》,中国社会科学出版社1990年版,第196页。

11 塔塔科维兹:《西方六大美学观念史》,上海译文出版社2013年版,第226页。

12　牟宗三：《中国哲学的特质》，上海世纪出版集团2008年版，第45页。
13　黑格尔：《哲学史讲演录》(第二卷)，商务印书馆2021年版，第193页。
14　黑格尔：《哲学史讲演录》(第二卷)，商务印书馆2021年版，第69页。
15　西田几多郎：《艺术与道德》，上海社会科学院出版社2018年版，第88、89页。
16　邓肯·希思：《浪漫主义》，生活·读书·新知三联书店2019年版，第74页。
17　塔塔科维兹：《西方六大美学观念史》，上海译文出版社2013年版，第249页。
18　叔本华：《叔本华美学随笔》，上海人民出版社2014年版，第225页。
19　李国树：《中国当代赏石艺术纲要》，上海财经大学出版社2022年版，第172页。
20　康德：《判断力批判》。转引自杜夫海纳：《审美经验现象学》，文化艺术出版社1996年版，第498页。
21　茹弗鲁瓦：《美学教程》。转引自奥夫相尼科夫：《美学思想史》，陕西人民出版社1986年版，第394页。
22　迈克尔·波德罗：《批评的艺术史家》，商务印书馆2020年版，第200页。
23　转引自张世英：《哲学导论》，北京师范大学出版社2014年版，第49页。
24　王维：《赋得清如玉壶冰》。
25　洪应明：《菜根谭》，浙江古籍出版社2020年版，第102页。
26　彭锋：《完美的自然》，北京大学出版社2005年版，第137页。
27　康德：《判断力批判》，人民出版社2002年版，第14页。
28　斯蒂芬·戴维斯：《艺术哲学》，上海人民美术出版社2008年版，第13页。
29　李国树：《中国当代赏石艺术纲要》，上海财经大学出版社2022年版，第212页。
30　老子：《道德经》，安徽人民出版社1990年版。
31　转引自理查德·加纳罗：《艺术：让人成为人》，北京大学出版社2007年版，第27页。
32　董仲舒：《春秋繁露》，中华书局2011年版。
33　转引自黑格尔：《美学》第一卷，商务印书馆2020年版，第22页。
34　李国树：《中国当代赏石艺术纲要》，上海财经大学出版社2022年版，第320页。
35　理查德·加纳罗：《艺术：让人成为人》，北京大学出版社2007年版，第169页。
36　荀子：《乐论》。参见荀子：《荀子》，中华书局2011年版。
37　黑格尔：《美学》第一卷，商务印书馆2020年版，第313页。
38　转引自塔塔科维兹：《西方六大美学观念史》，上海译文出版社2013年版，第364页。
39　转引自弗朗西斯·哈斯克尔：《历史及其图像：艺术及对往昔的阐释》，商务印书馆2018年版，第275页。

第 十 章

1　源于《虞书》："诗言志，歌永言。"
2　源于《乐记》："乐者，心之动也。"
3　源于周敦颐：《通书·文辞》。参见周敦颐：《周子通书》，上海古籍出版社2000年版。
4　转引自史景迁：《中国纵横》，四川人民出版社2019年版，第1页。

注　释

5　宗白华:《艺境》,商务印书馆2011年版,第8页。
6　塔塔科维兹:《西方六大美学观念史》,上海译文出版社2013年版,第3页。
7　西田几多郎:《艺术与道德》,上海社会科学院出版社2018年版,第29、30、37页。
8　今道友信:《关于美》,黑龙江人民出版社1983年版,第6页。
9　转引自塔塔科维兹:《西方六大美学观念史》,上海译文出版社2013年版,第189页。
10　洪保德:《本人的叙述》。转引自吉尔伯特:《美学史》,上海译文出版社1989年版,第710页。
11　鲍桑葵:《美学史》,商务印书馆2019年版,第9页。
12　鲍桑葵:《美学史》,商务印书馆2019年版,第11页。
13　康德:《判断力批判》,商务印书馆1964年版。
14　黑格尔:《美学》。转引自比厄斯利:《美学史:从古希腊到当代》,高等教育出版社2018年版,第397页。
15　杜夫海纳:《美学与哲学》,中国社会科学出版社1985年版,第44页。
16　转引自廖内洛·文杜里:《艺术批评史》,商务印书馆2020年版,第61页。
17　转引自廖内洛·文杜里:《艺术批评史》,商务印书馆2020年版,第62页。
18　转引自塔塔科维兹:《西方六大美学观念史》,上海译文出版社2013年版,第170页。
19　蔡仪:《新美学》,中国社会科学出版社1985年版,第225页。
20　马克斯·德索:《美学与艺术理论》,中央编译出版社2023年版,第60页。
21　托名戴奥尼索斯:《神名论》。转引自翁贝托·艾柯:《丑的历史》,中央编译出版社2022年版,第43、44页。
22　李白:《经乱离后天恩流夜郎忆旧游书怀赠江夏韦太守良宰》。
23　司空图:《二十四诗品》,浙江古籍出版社2018年版。
24　歌德:《少年维特的烦恼》。转引自邓肯·希思:《浪漫主义》,生活·读书·新知三联书店2019年版,第36页。
25　奥索夫斯基:《美学基础》,中国文联出版公司1986年版,第292页。
26　爱默生:《论自然·美国学者》,生活·读书·新知三联书店2015年版,第20页。
27　西田几多郎:《艺术与道德》,上海社会科学院出版社2018年版,第5页。
28　石涛:《画语录·尊受章》。参见石涛:《苦瓜和尚画语录》,西泠印社出版社2006年版。
29　马可·奥勒留:《沉思录》。转引自翁贝托·艾柯:《丑的历史》,中央编译出版社2022年版,第33页。
30　爱默生:《论自然·美国学者》,生活·读书·新知三联书店2015年版,第17页。
31　程颐:《程氏易传·乾传》。参见程颐:《周易程氏传》,中华书局2011年版。
32　虞集:《诗家一指》。参见虞集:《虞集全集》,天津古籍出版社2007年版。
33　黑格尔:《美学》第一卷,商务印书馆2020年版,第160页。
34　黑格尔:《美学》第一卷,商务印书馆2020年版,第168页。
35　李国树:《中国当代赏石艺术纲要》,上海财经大学出版社2022年版,第37页。
36　塔塔科维兹:《西方六大美学观念史》,上海译文出版社2013年版,第336页。
37　转引自傅雷:《傅雷谈艺录》,生活·读书·新知三联书店2016年版,第135页。
38　弗里德伦德尔:《论艺术与鉴赏》,商务印书馆2016年版,第87页。
39　今道友信:《关于爱和美的哲学思考》,生活·读书·新知三联书店1997年版,第206、207页。
40　宗白华:《美学与艺术》,华东师范大学出版社2013年版,第378页。这个观点,也是本书所遵循的主要研究方法。

41　约翰·杜威:《经验与自然》,商务印书馆2015年版,第356页。
42　徐渭:《水墨牡丹》题画诗。
43　高尔泰:《论美》,甘肃人民出版社1982年版,第161页。
44　傅雷:《傅雷谈艺录》,生活·读书·新知三联书店2016年版,第233页。
45　奥索夫斯基:《美学基础》,中国文联出版公司1986年版,第293页。
46　莫里茨·盖格尔:《艺术的意味》,北京联合出版公司2014年版,第217页。
47　马克斯·德索:《美学与艺术理论》,中央编译出版社2023年版,第58页。
48　马克斯·德索:《美学与艺术理论》,中央编译出版社2023年版,第59页。
49　奥索夫斯基:《美学基础》,中国文联出版公司1986年版,第296页。
50　孔子:《论语·为政》。参见孔子:《论语》,作家出版社2015年版。
51　李国树:《中国当代赏石艺术纲要》,上海财经大学出版社2022年版,第430至439页。
52　爱默生:《论自然·美国学者》,生活·读书·新知三联书店2015年版,第33、34页。
53　彭加勒:《科学的基础》,转引自刘仲林《科学臻美方法》,科学出版社2002年版,第20页。
54　爱默生:《论自然·美国学者》,生活·读书·新知三联书店2015年版,第50页。
55　爱默生:《论自然·美国学者》,生活·读书·新知三联书店2015年版,第50页。
56　石涛:《画语录·变化章》。参见石涛:《苦瓜和尚画语录》,西泠印社出版社2006年版。
57　转引自北京大学哲学系美学教研室编:《西方美学家论美和美感》,商务印书馆1980年版,第84页。
58　转引自塔塔科维兹:《西方六大美学观念史》,上海译文出版社2013年版,第195页。
59　唐志契:《绘事微言》,山东画报出版社2015年版。
60　语出《易传》。
61　帕特里克·弗兰克:《艺术形式》,中国人民大学出版社2016年版,第22页。
62　李商隐:《夜冷》。
63　朱良志:《中国艺术的生命精神》,安徽文艺出版社2020年版,第116页。
64　西塞罗:《论得体的本质》。转引自塔塔科维兹:《古代美学》,中国社会科学出版社1990年版,第274页。
65　转引自吉尔伯特:《美学史》,上海译文出版社1989年版,第166页。
66　库马拉斯韦迈:《艺术作品出现的原因》。转引自吉尔伯特:《美学史》,上海译文出版社1989年版,第750页。
67　倪瓒:《题临水兰》。
68　张彦远:《历代名画记》,浙江人民美术出版社2011年版。
69　金农:《题墨梅图》。

第十一章

1　沈颢:《画麈》。

注 释

2 郑板桥:《题画》。
3 清代画家恽南田语。
4 转引自菲利普·索莱尔斯:《无限颂:谈艺术》,河南大学出版社2018年版,第18页。
5 朗吉弩斯:《论崇高》。转引自北京大学哲学系美学教研室编:《西方美学家论美和美感》,商务印书馆1980年版,第49页。
6 转引自理查德·加纳罗:《艺术:让人成为人》,北京大学出版社2007年版,第390页。
7 转引自张世英:《哲学导论》,北京师范大学出版社2014年版,第120页。
8 亚里士多德:《形而上学》,商务印书馆1959年版。
9 培根:《新工具》。转引自吉尔伯特:《美学史》,上海译文出版社1989年版,第268页。
10 艾迪生:《论洛克的巧智的定义》。转引自北京大学哲学系美学教研室编:《西方美学家论美和美感》,商务印书馆1980年版,第97页。
11 转引自朱光潜:《西方美学史》(上卷),人民文学出版社1985年版,第112、114页。
12 海德格尔:《哲学何物》。转引自张世英:《哲学导论》,北京师范大学出版社2014年版,第125页。
13 朗吉弩斯:《论崇高》。转引自吉尔伯特:《美学史》,上海译文出版社1989年版,第138页。
14 朱天曙:《周亮工全集》,第五册,凤凰出版社2008年版,第95页。
15 康德:《论优美感和崇高感》,商务印书馆2020年版,第3页。
16 艾迪生:《艾迪生选集》。转引自吉尔伯特:《美学史》,上海译文出版社1989年版,第313页。
17 孔子后学:《易传》。
18 老子:《道德经》,安徽人民出版社1990年版。
19 班彪:《王命论》。
20 庄子:《庄子》,中华书局2015年版。
21 子思:《中庸》。
22 石涛:《山林胜境图》自跋。
23 苏轼:《书黄道辅品茶要录后》。
24 陆九渊:《陆九渊集》卷三十六。
25 黑格尔:《美学》第一卷,商务印书馆2020年版,第16页。
26 法国哲学家笛卡尔"我思故我在"之语。
27 保罗·萨特:《存在主义是一种人道主义》,上海世纪出版集团2008年版,第16、17页。
28 叔本华:《叔本华文化散论》,上海人民出版社2020年版,第32页。
29 比厄斯利:《美学史:从古希腊到当代》,高等教育出版社2018年版,第583页。
30 转引自吉尔伯特:《美学史》,上海译文出版社1989年版,第541页。
31 罗斯金:《近代画家》。参见吉尔伯特:《美学史》,上海译文出版社1989年版,第554页。
32 引用晋代嵇康的名句"目送归鸿,手挥五弦。俯仰自得,游心太玄"。
33 张怀瓘:《书断》。转引自李泽厚:《华夏美学》,长江文艺出版社2021年版,第147页。
34 李白:《山中问答》。
35 黄庭坚:《次韵杨明叔见饯十首其九》。

36　普罗提诺:《九章集》。转引自黑格尔:《哲学史讲演录》(第三卷),商务印书馆2021年版,第208页。
37　今道友信:《东西方哲学美学比较》,中国人民大学出版社1991年版,第244页。
38　爱因斯坦:《爱因斯坦文集》卷三,商务印书馆1979年版,第45页。
39　陶渊明:《饮酒二十首》其十四。
40　司空图:《二十四诗品》,浙江古籍出版社2018年版。
41　苏轼:《文登蓬莱阁下石壁千丈》。
42　康德:《判断力批判》。参见奥夫相尼科夫:《美学思想史》,陕西人民出版社1986年版,第257页。
43　转引自理查德·加纳罗:《艺术:让人成为人》,北京大学出版社2007年版,第386页。
44　刘禹锡:《董氏武陵集记》。
45　程颐:《程氏易传·艮传》。参见程颐:《周易程氏传》,中华书局2011年版。
46　陈继儒:《岩栖幽事》。
47　黑格尔:《美学》(第一卷),商务印书馆2020年版,第10页。
48　理查德·加纳罗:《艺术:让人成为人》,北京大学出版社2007年版,第414页。
49　倪瓒:《云林春霁图》题跋。
50　陶渊明:《桃花源记》。

第十二章

1　虞集:《诗家一指》。参见虞集:《虞集全集》,天津古籍出版社2007年版。
2　黑格尔:《美学》第三卷,商务印书馆2020年版,第337页。
3　洪应明:《菜根谭》,浙江古籍出版社2020年版,第123页。
4　韦应物:《咏声》。
5　元稹:《行宫》。
6　虞集:《戏作试问堂前石》。
7　柳宗元:《江雪》。
8　李煜:《渔父词》。
9　司空图:《二十四诗品》,浙江古籍出版社2018年版。
10　元好问:《陶然集诗序》。
11　李白:《扶风豪士歌》。
12　米歇尔·塞尔:《万物本原》,北京大学出版社2012年版,第56页。
13　姚合:《寄王度居士》。
14　《礼记·乐记》。
15　王维:《书事》。
16　王维:《辛夷坞》。
17　寒山:《惯居幽隐处》。

18 老子:《老子》二十五章。
19 倪瓒:《瞻云轩》。
20 林有麟:《素园石谱》,浙江人民美术出版社2006年版。
21 程颐:《河南程氏外书》。
22 释重显:《和范监簿其二》。
23 洪应明:《菜根谭》,浙江古籍出版社2020年版,第110页。
24 张潮:《幽梦影》,中华书局2020年版,第151页。
25 朱良志:《生命清供:国画背后的世界》,北京大学出版社2020年版,第221页。
26 司空图:《二十四诗品》,浙江古籍出版社2018年版。
27 苏轼:《石菖蒲赞》。《苏轼文集》,中华书局1986年版,第617页。
28 庄子:《庄子·刻意》。
29 引自《黄庭内景经》,"两神相会化玉英,淡然无味天人粮"的说法。
30 苏轼:《评陶韩柳诗》。
31 庄子:《庄子·山木》。
32 张彦远:《历代名画记》,浙江人民美术出版社2011年版。
33 林有麟:《素园石谱》,浙江人民美术出版社2006年版。
34 周济:《宋四家词选》。参见周济:《宋四家词选、词辨》,中华书局2022年版。
35 苏轼:《送参寥师》。
36 苏轼:《书王定国所藏王晋卿画着色山二首》其一。
37 法海:《坛经》。
38 唐岱:《绘事发微》,山东画报出版社2012年版,第85页。
39 转引自张岱:《夜航船》,古吴轩出版社2021年版,第23页。
40 陶渊明:《归去来兮辞》。
41 陆游:《假山小池》。
42 陶弘景:《诏问山中何所有赋诗以答》。
43 《竹书纪年》:《卿云歌》。
44 《庄子·天下》。
45 庞元济:《虚斋名画录》卷四。
46 吉尔伯特:《美学史》,上海译文出版社1989年版,第496页。
47 清代画家八大山人对好友石涛绘画的评价,他曾说:"禅有南北宗,画有东西影。"
48 倪瓒:《疏林亭子图》自题诗。
49 虞堪:题云林《惠麓图》。
50 王蒙:《题云林春霁图》。
51 转引自卞永誉:《式古堂书画汇考》卷五十八。
52 倪瓒:《江渚风林图》自题诗。
53 恽南田:《瓯香馆集》卷三。

54 转引自朱良志：《四时之外》，北京大学出版社2023年版，第34页。
55 欧阳修：《鉴画》。
56 李日华：《六研斋三笔》卷二，《文渊阁四库全书》本。
57 张潮：《幽梦影》，中华书局2020年版。
58 文震亨：《长物志》，重庆出版社2017年版。
59 黄休复：《益州名画录》，四川人民出版社1982年版。
60 司空图：《二十四诗品》，浙江古籍出版社2018年版。
61 胡宁：跋云林《山郭幽居图》。
62 《周易》，中华书局2016年版。
63 郑板桥题画跋。
64 今道友信：《关于美》，黑龙江人民出版社1983年版，第97页。
65 苏轼：《次荆公韵四绝》。
66 张载：《经学理窟·义理》。
67 庄子：《庄子·刻意》。
68 庄子：《庄子·渔父》。
69 林希逸：《庄子鬳斋口义校注》卷五，中华书局2009年版，第231页。
70 庄子：《齐物论》。
71 司空图：《二十四诗品》，浙江古籍出版社2018年版。
72 王弼：《周易略例·明象》。
73 庄子：《庄子·渔父》。
74 徐渭：《涉江赋》。
75 韦应物：《咏玉》。
76 洪应明：《菜根谭》，浙江古籍出版社2020年版，第148页。
77 杜夫海纳：《审美经验现象学》，文化艺术出版社1996年版，第505页。
78 刘勰：《文心雕龙》，上海古籍出版社2015年版。
79 欧阳修：《六一诗话》。
80 王维：《谒璿上人》诗序。
81 陈继儒：《小窗幽记》，北方文艺出版社2023年版，第158页。
82 宗白华：《中国美学史论集》，安徽教育出版社2000年版，第18页。
83 朱良志：《曲院风荷》，中华书局2016年版，第56页。
84 语出刘永济：《文心雕龙校释》。
85 司空图：《二十四诗品》，浙江古籍出版社2018年版。
86 语出苏轼：《前赤壁赋》。
87 转引自陈从周：《梓翁说园》，北京出版社2016年版，第43页。
88 引自石涛：《山水十二帧页》。
89 恽寿平：《恽寿平全集》，人民文学出版社2015年版，第327页。

90　朱良志：《生命清供：国画背后的世界》，北京大学出版社2020年版，引子。

91　梁九图：《谈石》。

92　白居易：《石上苔》。

93　庄子：《庄子·知北游》。

94　王维：《戏赠张五弟諲三首》其一。

95　杨巨源：《秋日韦少府厅池上咏石》。

96　王维：《终南别业》。

97　方士庶：《天慵庵随笔》。

98　司空图：《二十四诗品》，浙江古籍出版社2018年版。

99　卢照邻：《曲池荷》。

100　张雨：《贞居先生诗集》。

101　苏轼：《评韩柳诗》。

102　石涛：《梅花吟》之题画诗。

103　石涛：《大涤子题画诗跋》。

104　洪应明：《菜根谭》，浙江古籍出版社2020年版，第154页。

105　朱良志：《四时之外》，北京大学出版社2023年版，第175页。

106　石涛：《枯木竹石图》题跋。

107　计成：《园冶》，黄山书社出版社2016年版。

108　刘勰：《文心雕龙》，上海古籍出版社2015年版。

109　八大山人：《题竹石孤鸟》。

110　陶继明：《嘉定李流芳全集》，上海古籍出版社2013年版，第295页。

111　笪重光：《画筌》，人民美术出版社2018年版。

112　朱良志：《八大山人研究》，安徽教育出版社2010年版，第10页。

113　转引自吉尔伯特：《美学史》，上海译文出版社1989年版，第653页。

114　徐渭：《枯木石竹图》题诗。

115　张碧：《题祖山人池上怪石》。

116　王维：《鹿柴》。

117　虞集：《代石答五首其二》。

118　周亮工：《读画录》卷一。参见周亮工：《读画录》，西泠印社出版社2008年版。

119　王国维：《王国维文集》（第一卷）"人间词话"，中国文史出版社1997年版，第173页。

120　黑格尔：《美学》第一卷，商务印书馆2020年版，第113页。

121　培根：《新工具》。转引自吉尔伯特：《美学史》，上海译文出版社1989年版，第267页。

122　波德莱尔：《浪漫派的艺术》，商务印书馆2018年版，第4页。

123　黑格尔：《美学》第一卷，商务印书馆2020年版，第213页。

124　黑格尔：《美学》第三卷，商务印书馆2020年版，第455页。

125　转引自张世英：《哲学导论》，北京师范大学出版社2014年版，第133页。

126　塞缪尔·约翰逊:《莎士比亚戏剧集》序言。转引自比厄斯利:《美学史:从古希腊到当代》,高等教育出版社2018年版,第233页。

127　波德莱尔:《浪漫派的艺术》,商务印书馆2018年版,第2页。

128　戴叔伦:《长恨歌》。

129　朱光潜:《诗论》,南海出版公司2022年版,第187页。

130　李开先:《中麓画品序》。

131　石涛:《写竹通景屏》画题诗。

132　转引自张丑:《珊瑚网》卷三十四。

133　转引自叶朗:《观物:哲学与艺术中的视觉问题》,北京大学出版社2019年版,第183页。

134　张岱:《夜航船》,古吴轩出版社2021年版,第125页。

135　迈克尔·波德罗:《批评的艺术史家》,商务印书馆2020年版,第43页。

136　整理、引自张岱:《夜航船》,古吴轩出版社2021年版,第126至130页。

137　杜夫海纳:《美学与哲学》,文笙书局1987年版,第31页。

138　陈继儒:《小窗幽记》,北方文艺出版社2023年版,第191页。

139　李国树:《中国当代赏石艺术纲要》,上海财经大学出版社2022年版,第322至325页。

140　石涛:《石涛画语录》,西泠印社出版社2006年版。

141　转引自塔塔科维兹:《古代美学》,中国社会科学出版社1990年版,第50页。

142　张潮:《幽梦影》,中华书局2020年版,第15页。

143　庄子:《庄子·田子方》。参见庄子:《庄子》,中华书局2015年版。

144　刘安:《淮南子》,团结出版社2020年版。

145　董逌:《广川画跋》。

146　沈宗骞:《芥舟学画编》,山东画报出版社2013年版。

147　王延相:《王氏家藏集》,伟文图书出版社1976年版。

148　朱良志:《中国艺术的生命精神》,安徽文艺出版社2020年版,第86页。

149　刘安:《淮南子》,团结出版社2020年版。

150　曹丕:《典论》。转引自朱自清:《经典常谈》,山东文艺出版社2023年版。

151　杨维桢:《不碍云山楼记》,《东维子文集》卷二十。

152　高攀龙:《高子遗书》,中国社会科学出版社2021年版。

153　董其昌:《画禅室随笔》,山东书画出版社2007年版,第3页。

154　王船山:《宋论》,卷十四。转引自牟宗三:《历史哲学》,吉林出版集团有限责任公司2009年版,第201页。

155　语出《荀子》。

156　惠洪:《冷斋夜话》,南京出版社2023年版。

157　皎然:《山雨》。

158　文震亨:《长物志》,重庆出版社2017年版。

159　李流芳:《和朱修能蕉雪诗》。

160 牟宗三:《中国哲学十九讲》,吉林出版集团有限责任公司2009年版,第73页。
161 程颢:《格言联璧》。
162 左思:《招隐二首》。
163 王永彬:《围炉夜话》,外语教学与研究出版社2021年版,第146页。
164 韦应物:《咏声》。
165 白居易:《动静交相养赋》。转引自白居易:《白居易文集校注》,中华书局2017年版,第1页。
166 老子:《道德经》十六章。参见老子:《道德经》,安徽人民出版社1990年版。
167 皎然:《西溪独泛》。
168 唐庚:《醉眠》。
169 倪瓒:《寄穹窿主者》。
170 倪瓒:《冬日窗上水影》。
171 老子:《道德经》,安徽人民出版社1990年版。
172 黑格尔:《黑格尔美学讲演录》,上海译文出版社2020年版。
173 转引自朱熹:《近思录译注》,中华书局2021年版,第256页。
174 李斯托威尔:《近代美学史评述》,上海译文出版社1980年版,第228页。
175 郑板桥柱石图题跋。转引自郑板桥:《板桥论画》,山东书画出版社2009年版,第70页。
176 郑板桥:《题画石》。
177 庄子:《齐物论》。参见庄子:《庄子》,中华书局2015年版。
178 今道友信:《东方的美学》,生活·读书·新知三联书店1991年版,第130、134页。

第十三章

1 康德:《判断力批判》。转引自北京大学哲学系美学教研室编:《西方美学家论美和美感》,商务印书馆1980年版,第166页。
2 塔塔科维兹:《西方六大美学观念史》,上海译文出版社2013年版,第13页。
3 席勒:《审美教育书简》。转引自奥夫相尼科夫:《美学思想史》,陕西人民出版社1986年版,第292页。
4 柏拉图:《智者篇》。转引自玛丽安·霍布森:《艺术的客体:18世纪法国幻觉理论》,华东师范大学出版社2017年版,序言,第2页。
5 清代画家恽南田评唐寅的画作之语。恽格:《题洁庵图》。参见朱良志:《四时之外》,北京大学出版社2023年版,引言,第2页。
6 傅雷:《傅雷谈艺录》,生活·读书·新知三联书店2016年版,第281页。
7 石涛:《石涛画语录·兼字章》。参见石涛:《苦瓜和尚画语录》,西泠印社出版社2006年版。
8 惠洪:《冷斋夜话》卷三,引《津逮秘书》第八辑。
9 宗白华:《艺境》,商务印书馆2011年版,第225页。
10 叶燮:《原诗》。参见叶燮:《原诗说诗晬语》,凤凰出版社2010年版。

11 语出《周易·乾·文言》。参见《周易》,中华书局2016年版。
12 王微:《叙画》,人民美术出版社1985年版。
13 石涛:《苦瓜和尚画语录》,江苏凤凰文艺出版社2018年版,第8页。
14 斯宾诺莎:《伦理学》。转引自巴尔迪纳·圣吉宏:《美学权力》,华东师范大学出版社2022年版,第74页。
15 西塞罗:《论演说》。转引自塔塔科维兹:《古代美学》,中国社会科学出版社1990年版,第278页。
16 康德:《判断力批判》。转引自今道友信:《关于美》,黑龙江人民出版社1983年版,第10页。
17 今道友信:《关于美》,黑龙江人民出版社1983年版,第81页。
18 叔本华:《叔本华艺术随笔》,上海人民出版社2022年版,第150页。
19 奥索夫斯基:《美学基础》,中国文联出版公司1986年版,第404页。
20 叶燮:《原诗》。参见叶燮:《原诗说诗晬语》,凤凰出版社2010年版。
21 宋应星:《天工开物》,吉林出版集团2010年版。
22 沃尔夫林:《美术史的基本概念》,北京大学出版社2011年版,第40页。
23 刘勰:《文心雕龙·事类》。参见刘勰:《文心雕龙》,上海古籍出版社2015年版。
24 刘勰:《文心雕龙·事类》。参见刘勰:《文心雕龙》,上海古籍出版社2015年版。
25 琉善:《论训练》。转引自塔塔科维兹:《古代美学》,中国社会科学出版社1990年版,第388页。
26 陈师道:《颜长道诗序》。
27 叔本华:《叔本华美学随笔》,上海人民出版社2014年版,第167页。
28 廖内洛·文杜里:《艺术批评史》,商务印书馆2020年版,第48页。
29 李国树:《中国当代赏石艺术纲要》,上海财经大学出版社2022年版,第37页。
30 邓肯·希思:《浪漫主义》,生活·读书·新知三联书店2019年版,第7页。
31 塔塔科维兹:《西方六大美学观念史》,上海译文出版社2013年版,第327页。
32 叔本华:《作为意志和表象的世界》。转引自吉尔伯特:《美学史》,上海译文出版社1989年版,第614页。
33 扬雄:《法言》,中华书局2022年版。
34 李国树:《中国当代赏石艺术纲要》,上海财经大学出版社2022年版,第430页。
35 黑格尔:《美学》第一卷,商务印书馆2020年版,第275页。
36 黑格尔:《美学》第一卷,商务印书馆2020年版,第358页。
37 塔塔科维兹:《西方六大美学观念史》,上海译文出版社2013年版,第392页。
38 孟郊:《赠郑夫子鲂》。
39 黑格尔:《美学》(第一卷),商务印书馆2020年版,第19页。
40 达·芬奇:《笔记》。转引自北京大学哲学系美学教研室编:《西方美学家论美和美感》,商务印书馆1980年版,第70页。
41 叔本华:《叔本华艺术随笔》,上海人民出版社2022年版,第58页。
42 元稹:《酬李甫见赠》。
43 沃尔夫林:《古典艺术:意大利文艺复兴导论》,北京大学出版社2021年版,第302页。
44 李国树:《中国当代赏石艺术纲要》,上海财经大学出版社2022年版,第184—195页。

45 竺可桢：《天道与人文》，天地图书有限公司2022年版，第225、226页。
46 竺可桢：《天道与人文》，天地图书有限公司2022年版，第227、228页。
47 寿嘉华主编的《中国石谱》里，共收录、配有691幅岩石类观赏石石种图片。
48 哈曼：《苏格拉底的思想价值》。转引自卢卡奇：《审美特性》，社会科学文献出版社2015年版，第134页。
49 列宁：《哲学笔记》，人民出版社1961年版，第194页。
50 董其昌：《画禅室随笔》，山东书画出版社2007年版，第187页。
51 刘勰：《文心雕龙·物色》。参见刘勰：《文心雕龙》，上海古籍出版社2015年版。
52 黑格尔语。
53 黑格尔：《美学》第三卷，商务印书馆2020年版，第743页。
54 莫里茨·盖格尔：《艺术的意味》，北京联合出版公司2014年版，第259页。
55 莫里茨·盖格尔：《艺术的意味》，北京联合出版公司2014年版，第263页。
56 辛弃疾：《贺新郎·甚矣吾衰矣》。
57 爱伦·坡：《创作的哲学》。转引自吉尔伯特：《美学史》，上海译文出版社1989年版，第650页。
58 邓肯·希思：《浪漫主义》，生活·读书·新知三联书店2019年版，第80页。
59 邓肯·希思：《浪漫主义》，生活·读书·新知三联书店2019年版，第82页。
60 托马斯·阿奎那：《神学大全》，商务印书馆2013年版。

第十四章

1 转引自沃尔夫冈·韦尔施：《美学与对世界的当代思考》，商务印书馆2018年版，第41页。
2 宗白华：《宗白华全集》卷一，安徽教育出版社1994年版，第628页。
3 唐岱：《绘事发微》，山东画报出版社2012年版，第105页。
4 司空图：《二十四诗品》，浙江古籍出版社2018年版。
5 黑格尔：《美学》第三卷，商务印书馆2020年版，第262页。
6 苏轼：《题宝鸡县斯飞阁》。
7 鲍桑葵：《美学史》，商务印书馆2019年版，第127页。
8 马克斯·德索：《美学与艺术理论》，中央编译出版社2023年版，第23页。
9 米芾：《天衣怀禅师碑》。
10 庄子：《庄子·齐物论》。参见庄子：《庄子》，中华书局2015年版。
11 石涛：《画语录》。参见石涛：《苦瓜和尚画语录》，西泠印社出版社2006年版。
12 石涛：《画语录》。参见石涛：《苦瓜和尚画语录》，西泠印社出版社2006年版。
13 姬昌：《周易》。
14 杨朱：《列子·杨朱篇》。
15 庄子：《齐物论》。参见庄子：《庄子》，中华书局2015年版。
16 陶渊明：《读山海经十三首》之一。

17 立普斯:《喜剧和幽默:心理学的美学论证》。
18 苏轼:《海棠》。
19 石涛:《画语录》。参见石涛:《苦瓜和尚画语录》,西泠印社出版社2006年版。
20 黑格尔:《美学》第一卷,商务印书馆2020年版,第147页。
21 苏辙:《题李公麟山庄图其二墨禅堂》。
22 今道友信:《关于美》,黑龙江人民出版社1983年版,第111页。
23 约翰·杜威:《经验与自然》,商务印书馆2015年版,第228页。
24 约翰·杜威:《经验与自然》,商务印书馆2015年版,第136页。
25 语出《易·系辞下》。
26 转引自约翰·杜威:《经验与自然》,商务印书馆2015年版,第67页。
27 高尔泰:《论美》,甘肃人民出版社1982年版,第60页。
28 高尔泰:《论美》,甘肃人民出版社1982年版,第207页。
29 温克尔曼:《论古代艺术》,中国人民大学出版社1989年版。
30 孔子:《论语》,作家出版社2015年版。
31 黑格尔:《美学》第一卷,商务印书馆2020年版,第362页。
32 施莱尔马赫:《美学讲座》。
33 格罗塞:《艺术的起源》,商务印书馆1984年版,第21页。
34 钱穆:《中国历史研究法》,生活·读书·新知三联书店2021年版,第1页。
35 牟宗三:《中国哲学的特质》,上海世纪出版集团2008年版,第80页。
36 冯友兰:《三松堂学术文集》,北京大学出版社1984年版。
37 引用德国美学家席勒:《审美教育书简》。参见席勒:《审美教育书简》,译林出版社2009年版。
38 格罗塞:《艺术的起源》,商务印书馆1984年版,第240页。
39 转引自格罗塞:《艺术的起源》,商务印书馆1984年版,第11页。
40 乔治·特恩布尔:《论古代绘画》。转引自弗朗西斯·哈斯克尔:《历史及其图像:艺术及对往昔的阐释》,商务印书馆2018年版,第270页。
41 王国维:《王国维遗书》第三册,上海书店出版社,第718页。
42 三浦梅园:《答多贺墨乡君书》。转引自今道友信:《关于爱和美的哲学思考》,生活·读书·新知三联书店1997年版,第273页。
43 庄子:《庄子·天下》。
44 黑格尔:《美学》第二卷,商务印书馆2020年版,第375页。
45 沃尔夫林:《美术史的基本概念》,北京大学出版社2011年版,第296页。

第十五章

1 王微:《叙画》,人民美术出版社1985年版。

2 李国树:《中国当代赏石艺术纲要》,上海财经大学出版社2022年版。

3 语出《中庸》。

4 张彦远:《历代名画记》,浙江人民美术出版社2011年版。

5 孟子:《告子上》。

6 朗吉弩斯:《论崇高》。转引自北京大学哲学系美学教研室编:《西方美学家论美和美感》,商务印书馆1980年版,第48、49页。

7 亚里士多德:《政治学》。转引自塔塔科维兹:《古代美学》,中国社会科学出版社1990年版,第214页。

8 朱熹:《近思录译注》,中华书局2021年版,第166页。

9 叶·查瓦茨卡娅:《中国古代绘画美学问题》,湖南美术出版社1980年版,第61页。

10 卢克莱修:《物性论》,北京联合出版公司2014年版,第8、9页。

11 今道友信:《关于爱和美的哲学思考》,生活·读书·新知三联书店1997年版,第277页。

12 西田几多郎:《艺术与道德》,上海社会科学院出版社2018年版,第53页。

13 转引自德国美学家马克斯·德索:《美学与艺术理论》,中央编译出版社2023年版,第225页。

14 黑格尔:《美学讲演录》。转引自保罗·A.考特曼:《论艺术的"过去性"》,商务印书馆2023年版,第198页。

15 保罗·A.考特曼:《论艺术的"过去性"》,商务印书馆2023年版,第204页。

16 张世英:《哲学导论》,北京师范大学出版社2014年版,第147页。

17 转引自张世英:《哲学导论》,北京师范大学出版社2014年版,第155页。

18 叔本华:《作为意志和表象的世界》,商务印书馆1982年版。

19 陈献章:《茂叔爱莲》。

20 宗白华:《艺境》,商务印书馆2011年版,第31页。

21 程颐语。

22 今道友信:《关于爱和美的哲学思考》,生活·读书·新知三联书店1997年版,第1页。

23 今道友信:《关于爱和美的哲学思考》,生活·读书·新知三联书店1997年版,第160页。

24 赫尔德:《黑暗时代》。转引自奥夫相尼科夫:《美学思想史》,陕西人民出版社1986年版,第243页。

25 黑格尔:《美学》第三卷,商务印书馆2020年版,第744页。

26 张世英:《哲学导论》,北京师范大学出版社2014年版,第134页。

27 张世英:《哲学导论》,北京师范大学出版社2014年版,第135页。

28 曹雪芹:《葬花吟》。参见曹雪芹:《红楼梦》,岳麓书社2001年版。

29 席勒:《审美教育书简》,第十五封信。参见席勒:《审美教育书简》,译林出版社2009年版。

30 马克思:《1844年经济学哲学手稿》,人民出版社2000年版,第88页。

结 束 语

1 罗斯金:《现代画家》。转引自比厄斯利:《美学史:从古希腊到当代》,高等教育出版社2018年版,第

507页。
2　丹纳语。
3　沃尔夫林:《古典艺术:意大利文艺复兴导论》,北京大学出版社2021年版,第312、313页。
4　叔本华:《叔本华文化散论》,上海人民出版社2020年版,第18页。
5　老子:《道德经》,安徽人民出版社1990年版。
6　王羲之:《答许询诗》。
7　程颢:《河南程氏遗书》。参见程颐:《周易程氏传》,中华书局2011年版。
8　苏轼:《书王定国所藏王晋卿画着色山二首》。
9　伏尔泰:《风俗论》,商务印书馆2003年版。
10　梁启超:《老子、孔子、墨子及其学派》,北京出版社2016年版,序言,第9页。
11　庄子:《齐物论》。参见庄子:《庄子》,中华书局2015年版。
12　席勒:《卡利亚斯书简》。转引自迈克尔·波德罗:《批评的艺术史家》,商务印书馆2020年版,第172页。
13　波德莱尔:《浪漫派的艺术》,商务印书馆2018年版,第17页。

附录 插图目录

甲编首图　[宋]郭熙　《早春图》　台北故宫博物院　　　　　　　　　　　　　　001
图1　《仿常玉侧卧的马》　黄河石　29×22×9厘米　李国树藏　　　　　　　007
图2　[宋]马远　《山径春行图》　台北故宫博物院　　　　　　　　　　　　　010
图3　[宋]苏汉臣　《秋庭戏婴图》　台北故宫博物院　　　　　　　　　　　　013
图4　《苍岩叠瀑》　长江石　15×15×6厘米　王毅高藏　　　　　　　　　　014
图5　《太湖遗韵》　长江石　34×34×13厘米　李国树藏　　　　　　　　　　017
图6　[清]吴历　《湖天春色图》　上海博物馆　　　　　　　　　　　　　　　018
图7　[东晋]王羲之　《快雪时晴帖》　台北故宫博物院　　　　　　　　　　　019
图8　《魏晋风流》　长江石　10×19×6厘米　邹云海藏　　　　　　　　　　020
图9　[荷]梵·高　《吃土豆的人》　荷兰阿姆斯特丹梵·高博物馆　　　　　　023
图10　[明]卞文瑜　《一梧轩屋图》　北京故宫博物院　　　　　　　　　　　027
图11　《玉玲珑》　太湖石　供置上海豫园　　　　　　　　　　　　　　　　029
图12　《绉云峰》　英德石　供置杭州江南名石苑　　　　　　　　　　　　　029
图13　《冠云峰》　太湖石　供置苏州留园　　　　　　　　　　　　　　　　030
图14　《瑞云峰》　太湖石　供置苏州市第十中学　　　　　　　　　　　　　030
图15　[宋]马远　《西园雅集图》　美国纳尔逊—阿特金斯美术馆　　　　　　033
图16　佚名　《乞巧图》　美国大都会艺术博物馆　　　　　　　　　　　　　034
图17　[五代]周文矩　《琉璃堂人物图》　美国大都会艺术博物馆　　　　　　036
图18　[元]吴镇　《渔父图》　北京故宫博物院　　　　　　　　　　　　　　040
图19　《渔隐图》　长江石　12×10×5厘米　张素荣藏　　　　　　　　　　041
图20　《砚台》　戈壁泥石　19.5×12.5×3厘米　刘振宇藏　　　　　　　　043
图21　《石境天书》　戈壁石　30×17×2厘米　黄盛良藏　　　　　　　　　043

477

图22	《梦回故园》 长江石 15×12×4厘米 刘家顺藏	046
图23	常玉 《孤独的小象》 台北故宫博物院	048
图24	画像石屏风 苏州虎丘黑松林三国墓葬出土	050
图25	[隋]展子虔 《游春图》 北京故宫博物院	051
图26	[清]八大山人 《鱼石图》 北京故宫博物院	053
图27	[隋]石刻画像屏风 河南安阳鞠氏墓出土	054
图28	[明]杜堇 《陶榖赠词图》 大英博物馆	055
图29	[宋]米友仁 《云山图卷》 美国克利夫兰美术馆	056
图30	[宋]王晋卿 《烟江叠嶂图》 上海博物馆	057
图31	[五代]卫贤 《梁伯鸾图》 北京故宫博物院	059
图32	[宋]宋徽宗 《祥龙石图》 北京故宫博物院	061
图33	[明]沈周 《空林积雨图》 北京故宫博物院	062
图34	[宋]米万钟 所绘奇石 私人收藏	064
图35	[明]蓝瑛 所绘奇石 私人收藏	064
图36	[宋]蔡肇 《仁寿图》 台北故宫博物院	065
图37	[明]宣宗 《花下狸奴图》 台北故宫博物院	065
图38	[明]陈洪绶 《荷石图》 台北故宫博物院	066
图39	[明]徐渭 《蕉石图》 瑞典斯德哥尔摩东方博物馆	066
图40	[明]文徵明 《古柏图》 美国纳尔逊—阿特金斯美术馆	067
图41	[明]唐寅 《杂卉烂春图》 台北故宫博物院	068
图42	[明]陈淳 《榴花湖石图》 私人收藏	068
图43	[明]陈洪绶 《南生鲁四乐图·白居易像》 瑞士苏黎世瑞特保格博物馆	070
图44	《望梅亭》 长江石 22×18×8厘米 黄永超藏	074
图45	[唐]王维(传)《雪溪图》 台北故宫博物院	078
图46	《云岫洞天》 太湖石 66×90×45厘米 祁伟峰藏	079
图47	[元]赵孟頫 《苏东坡小像》 台北故宫博物院	080
图48	[宋]乔仲常 《后赤壁赋图》 美国纳尔逊—阿特金斯美术馆	082
图49	[宋]苏轼 《黄州寒食帖》 台北故宫博物院	084
图50	[宋]苏轼 《枯木怪石图》 北京故宫博物院	086

图51	《孤禽图》 长江石 12×12×6厘米 王毅高藏	087
图52	[明]沈周 《湖石芭蕉图》 青岛市博物馆	090
图53	《绣花鞋》 玛瑙 6×3×2厘米 李国树藏	091
图54	《秋荷图》 长江石 27×22×16厘米 曹天友藏	092
图55	[明]陈洪绶 《米芾拜石图》 私人收藏	093
图56	[清]恽南田 《砚山石图》 私人收藏	096
图57	[宋]米芾(传)《春山瑞松图》 台北故宫博物院	097
图58	《龙首》 灵璧石 18×15×38厘米 周磊藏	101
图59	[宋]宋徽宗 《瑞鹤图》 辽宁省博物馆	102
图60	[宋]宋徽宗 《怪石诗》 台北故宫博物院	103
图61	[宋]武宗元(传)《朝元仙仗图》 私人收藏	104
图62	《太湖灵韵》 古太湖石 80×50×32厘米 张庆利藏	106
图63	[元]曹知白 《石岸古松图》 私人收藏	108
图64	《无题》 灵璧石 尺寸不详 胡宇藏	110
图65	[明]陈洪绶 《梅花山鸟图》 台北故宫博物院	111
图66	《灵虚壑》 灵璧石 35×20×18厘米 朱旭藏	113
图67	《平步青云》 彩陶石 48×30×33厘米 黄笠藏	115
图68	《东坡肉》 玛瑙 5.7×6.6×5.3厘米 台北故宫博物院	119
图69	[法]马塞尔·杜尚 《走下楼梯的裸女》 美国费城艺术博物馆	120
图70	[法]保罗·塞尚 《大浴女》 美国费城艺术博物馆	122
图71	《虚仁》 灵璧石 32×20×18厘米 金保铜藏	126
图72	《慈云广被》 灵璧石 70×60×50厘米 王占东藏	128
图73	佚名 《雪竹图》 上海博物馆	130
图74	[法]奥迪隆·雷东 《闭着的眼睛》 法国巴黎奥赛博物馆	133
图75	《看人间》 长江石 8×12×5厘米 李国树藏	136
图76	《岁月》 玛瑙 8.5×8×6.9厘米 赵立云藏	143
图77	[意]拉斐尔 《披纱巾的少女》 意大利佛罗伦萨彼蒂美术馆	147
图78	[意]莫迪里阿尼 雕塑作品 私人收藏	147
图79	《贵妃醉月》 雨花石 5.4×4.6厘米 李玉清藏	150

图80	[西]毕加索 《亚威农少女》 美国纽约现代艺术博物馆	152
图81	[法]乔治·修拉 《马戏团的巡演》 美国纽约大都会艺术博物馆	152
乙编首图	[荷]伦勃朗 《摩西十诫》 德国柏林画廊	159
图82	《西楼暮雨》 长江石 14×10×5厘米 屈海林藏	164
图83	[清]龚贤 《水墨山水册十五开》之一 美国纽约大都会艺术博物馆	165
图84	[意]菲利皮诺·利皮 《圣母向圣伯尔纳显现》 意大利佛罗伦萨大修道院	166
图85	[荷]伦勃朗 《浪子回头》 俄罗斯圣彼得堡艾尔米塔什博物馆	167
图86	[法]尼古拉·普桑 《阿卡迪亚的牧人》 法国巴黎卢浮宫	167
图87	[法]勒菲弗尔 《真理女神》 法国巴黎奥赛博物馆	168
图88	《偷窥的裸体》 大理石画 27×15厘米 李国树藏	169
图89	[荷]扬·凡·艾克 《接受圣痕的圣弗朗西斯》 意大利都灵萨巴达画廊	170
图90	[意]达·芬奇 《最后的晚餐》 意大利米兰慈悲圣马利亚教堂	172
图91	[法]罗丹 《上帝之手》 法国巴黎罗丹博物馆	172
图92	[德]弗里德里希 《海边的僧侣》 德国柏林老国家艺术画廊	174
图93	《小岱岳》 乌蒙磬石 82×38×35厘米 黄盛良藏	177
图94	《中国皇后》 菱锰矿 宽约40厘米 广西梧州出产	179
图95	《龙龟》 沙漠漆 50×18×30厘米 张志强藏	182
图96	[宋]玉涧 《山市晴峦图》 日本东京出光美术馆	183
图97	[南宋]法常 《渔村夕照图》 日本根津美术馆	184
图98	[日]雪舟 《破墨山水图》 日本东京国立博物馆	184
图99	石园(1480年初建) 日本京都龙安寺	185
图100	[清]八大山人 《巨石微花图》 日本京都泉屋博古馆	188
图101	《人》 黄河石 22×26×5厘米 陈岩藏	193
图102	《朝元图》 长江石 23×15×6厘米 王毅高藏	196
图103	《山人遗墨》 海洋玉髓 6.9×6.3×2.7厘米 私人收藏	198
图104	[清]八大山人 《孤禽图》 私人收藏	198
图105	[罗]布朗库西 《吻》 美国费城艺术馆	202
图106	《舞步》 大湾石 9×12×6厘米 李国树藏	202
图107	《摩尔少女》 摩尔石 90×50×55厘米 刘建军藏	206

图108	《八大笔意》 怒江石 38×18×16厘米 李国树藏	210
图109	《卖火柴的小女孩》 长江石 13×11×4厘米 李国树藏	213
图110	[法]亨利·马蒂斯 《舞蹈》 俄罗斯圣彼得堡艾尔米塔什博物馆	215
图111	《憩息》 戈壁石（产自国外） 7×8×6厘米 陈德宝藏	217
图112	[明]仇英 《竹院品古》册页 北京故宫博物院	220
图113	[荷]伦勃朗 《布商行会的理事们》 荷兰国家博物馆	225
图114	《书魂》 长江石 17×37×7厘米 杨刚藏	226
图115	《误入桃花源》 长江石 30×18×10厘米 尹子歌藏	227
图116	[德]格哈德·里希特 《冰山》 私人收藏	228
图117	《黄鹤西楼月》 长江石 30×29×10厘米 胡三藏	230
图118	《仿赵无极》 清江石画 58×48×5厘米 李国树藏	233
图119	[法]克劳德·莫奈 《日出·印象》 法国巴黎马尔莫丹艺术馆	233
图120	《故园》 清江石画 40×28厘米 李国树藏	236
图121	[法]克劳德·莫奈 《卢昂大教堂》 法国巴黎奥赛博物馆	238
图122	《母仪天下》 摩尔石 70×54×64厘米 黄云波藏	240
图123	[英]亨利·摩尔 《斜倚的人形》（大理石雕刻） 英国伦敦泰特美术馆	241
图124	[罗]布朗库西 《睡着的缪斯》 私人收藏	243
图125	[意]米开朗琪罗 《圣母怜子像》 梵蒂冈圣彼得大教堂	244
图126	[古希腊]阿历山德罗斯 《米洛斯的维纳斯》 法国卢浮宫博物馆	245
图127	《山中》 清江石画 46×24厘米 李国树藏	247
图128	[元]佚名 《张雨题倪瓒像》 台北故宫博物院	248
图129	《江山晓思》 怒江石 10×6×3厘米 李国树藏	250
图130	《青萝卜》 玛瑙 9×5×5厘米 梁大卫藏	251
图131	《洛神》 灵璧石 26×25×48厘米 赵芝庆藏	254
图132	《人之初》 黄河石 13×15×8厘米 私人收藏	258
图133	潘天寿 《鹰石图》 私人收藏	259
图134	《潘天寿鹰石图》（又名《北国之恋》） 怒江石 14×7×6厘米 李国树藏	259
图135	《陌上花开》 长江石 14×12×4厘米 邹华丽藏	262
图136	《法螺》 沙漠漆 28×18×18厘米 邓思德藏	267

图137 《紫霞仙子》 长江石 13×11×8厘米 屈海林藏		270
图138 《大千意韵》 大湾石 10×12×3厘米 徐文强藏		272
图139 《梵·高》 怒江石 7×12×2厘米 李国树藏		276
图140 梵·高照片 私人收藏		277
图141 [荷]梵·高 《最后一张自画像》 私人收藏		277
图142 《阆苑仙葩》 雨花石 6.0×3.8厘米 李玉清藏		280
图143 常玉 《毡上双马》 私人收藏		283
图144 《仿常玉侧卧的马》 黄河石 29×22×9厘米 李国树藏		284
图145 《广陵散》 长江石 20×24×16厘米 周国平藏		287
图146 《空谷有声》 长江石 28×21×8厘米 韩利娟藏		293
图147 [明]文徵明 《真赏斋图》 上海博物馆		297
图148 《溪山行旅图》 大理石画 38×60厘米 胡三藏		301
图149 《风荷》 长江石 14×13×4厘米 雷玲藏		303
图150 [明]陈洪绶 《蕉林酌酒图》 天津博物馆		304
图151 《酒》 长江石 24×28×9厘米 王秀贵藏		305
图152 《伦勃朗1号》 大理石画 26×34厘米 李振蔡藏		308
图153 [荷]梵·高 《海边的渔夫》(一幅未完成的画) 荷兰克勒勒—米勒博物馆		309
图154 《观景殿的躯干》(一件残破的大理石雕像) 梵蒂冈博物馆		310
丙编首图 [元]赵孟頫 《鹊华秋色图》 台北故宫博物院		315
图155 《招财进宝》 长江石 20×23×8厘米 韩利娟藏		320
图156 《鹤舞》 长江石 尺寸不详 私人收藏		322
图157 《国色天香》 长江石 14×12×4厘米 杨乔藏		325
图158 《礼仪之邦》 长江石 27×18×12厘米 谢力藏		328
图159 《空相》 戈壁石(红绿碧玉) 24×18×9厘米 李国树藏		329
图160 《孔雀开屏》 怒江石 30×23×18厘米 李国树藏		331
图161 《秋荷》 长江石 30×24×10厘米 肖萍藏		332
图162 《白石蚱蜢图》 长江石 22×18×12厘米 肖萍藏		334
图163 《一枝梅》 长江石 18×15×8厘米 万炳全藏		335

图164	《始祖》 大理石画 55×33厘米 杨仁虎藏	337
图165	《溪山雪霁图》 长江石 26×27×12厘米 王毅高藏	339
图166	《撒旦的微笑》 长江石 12×10×6厘米 林同滨藏	342
图167	[元]倪瓒 《紫芝山房图轴》 台北故宫博物院	343
图168	[法]保罗·高更 《我们从哪里来？我们是谁？我们到哪里去？》 美国波士顿美术馆	345
图169	《寒江独钓》 新疆风凌石 尺寸不详 王志远藏	348
图170	《仿李苦禅鹰石图》 怒江石 14×9×3厘米 王福光藏	349
图171	《孤禽图》 长江石 15×13×12厘米 胡发连藏	350
图172	《寒山寺》 大理石画 47×75厘米 李国树藏	352
图173	《寒松图》 怒江石 10×13×3厘米 李国树藏	353
图174	《枯木窠石图》 玉树石 35×32厘米 李国树藏	354
图175	《小熊猫》 玛瑙 8.5×5×3厘米 杜学智藏	356
图176	《睡莲》 长江石 14×13×6厘米 屈海林藏	357
图177	《灵动》 太湖石 90×75×30厘米 李金生藏	359
图178	《玲珑璧》 灵璧石 108×58×178厘米 胡宇藏	361
图179	《小玲珑》 古铁矿石 17×30厘米 杜海鸥藏	361
图180	[元]倪元璐 《石交图》册之一 美国普林斯顿大学博物馆	362
图181	[元]倪元璐 《石交图》册之一 美国普林斯顿大学博物馆	362
图182	《盛世雪》 大理石画 120×50厘米 李国树藏	363
图183	《印象》 清江石画 33×41厘米 李国树藏	365
图184	《金橘飘香》 雨花石 5.6×4.6厘米 丁凤龙藏	365
图185	[元]倪瓒 《木石图》 私人收藏	366
图186	《松风图》 长江石 38×22×8厘米 李国树藏	368
图187	《雨打芭蕉图》 清江石画 86×36厘米 李国树藏	370
图188	《野渡无人舟自横》 长江石 24×18×7厘米 李国树藏	371
图189	[清]弘仁 《临水双松图》 上海博物馆	372
图190	[宋]马远 《晓雪山行图》 台北故宫博物院	374
图191	[清]石涛 《搜尽奇峰图》 北京故宫博物院	376

图192 《听松》 大理石画 32×63厘米 杨松鹤藏	379
图193 《一个女子的头像》 长江石 14×20×3厘米 李国树藏	381
图194 [意]达·芬奇 《蒙娜丽莎》 法国卢浮宫博物馆	385
图195 《传国大宝》 玛瑙 6×10×5厘米 张卫藏	388
图196 [五代]巨然 《层岩丛树图》 台北故宫博物院	390
丁编首图 [意]拉斐尔 《雅典学院》 梵蒂冈博物馆	393
图197 《土地公》 大理石画 16×16厘米 奚云峰藏	396
图198 《隐山居图》 清江石画 36×24厘米 李国树藏	397
图199 《幻》 清江石画 55×35厘米 李国树藏	399
图200 [宋]赵昌 《岁朝图》 台北故宫博物院	401
图201 [清]石涛 《金山龙游寺》册之一 北京故宫博物院	403
图202 [法]古斯塔夫·库尔贝 《碎石工》(创作于1849年,毁于1945年)	405
图203 《烛龙》 大化石 160×108×45厘米 高景隆藏	408
图204 《汉帛流韵》 黄河石 20×13×9厘米 王浩三藏	411
图205 [明]仇英 《孔子圣迹图》之一 北京故宫博物院	413
图206 《莲》 怒江石 16×20×8厘米 李国树藏	415
图207 《林黛玉》 长江石 24×18×8厘米 私人收藏	417
图208 《莫迪里阿尼1号》 大理石画 27×21厘米 王京美藏	420
编末图 [西]埃尔·格列柯 《揭开启示录的第五封印》 美国纽约大都会美术馆	421
图209 《胭脂盒》 玛瑙 8.5×7×5厘米 李国树藏	425
图210 《凹》 石种不详 尺寸不详 贾平凹藏	426

主要参考文献

1. ［德］叔本华:《作为意志和表象的世界》,商务印书馆1982年版。
2. ［德］叔本华:《叔本华艺术随笔》,上海人民出版社2022年版。
3. ［德］叔本华:《叔本华文化散论》,上海人民出版社2020年版。
4. ［德］叔本华:《叔本华美学随笔》,上海人民出版社2014年版。
5. ［德］尼采:《历史的用途与滥用》,上海世纪出版集团2005年版。
6. ［美］理查德·罗蒂:《哲学和自然之镜》,商务印书馆2003年版。
7. ［美］约翰·杜威:《经验与自然》,商务印书馆2015年版。
8. ［美］爱因斯坦:《爱因斯坦文集》,商务印书馆1979年版。
9. ［意］克罗齐:《美学原理》,商务印书馆2012年版。
10. ［意］克罗齐:《美学的历史》,商务印书馆2018年版。
11. 刘仲林:《科学臻美方法》,科学出版社2002年版。
12. ［德］格罗塞:《艺术的起源》,商务印书馆1984年版。
13. ［德］海德格尔:《林中路》,商务印书馆2018年版。
14. ［德］黑格尔:《历史哲学》,上海世纪出版集团2006年版。
15. ［德］黑格尔:《美学》(全三卷),商务印书馆2020年版。
16. ［德］黑格尔:《哲学史讲演录》(全四卷),商务印书馆2021年版。
17. ［匈］阿诺尔德·豪泽尔:《艺术社会史》,商务印书馆2020年版。
18. 钱穆:《中国历史研究法》,生活·读书·新知三联书店2021年版。
19. ［英］李约瑟:《文明的滴定》,商务印书馆2018年版。
20. ［英］劳伦斯·比尼恩:《亚洲艺术中人的精神》,辽宁人民出版社1988年版。
21. 苏轼:《苏轼文集》,中华书局1986年版。
22. 苏轼:《东坡志林》,中华书局2007年版。

23. 朱良志：《生命清供：国画背后的世界》，北京大学出版社2020年版。
24. 朱良志：《中国艺术的生命精神》，安徽文艺出版社2020年版。
25. 朱良志：《一花一世界》，北京大学出版社2020年版。
26. 朱良志：《石涛研究》，北京大学出版社2017年版。
27. 朱良志：《八大山人研究》，安徽教育出版社2010年版。
28. 朱良志：《南画十六观》，北京大学出版社2013年版。
29. 朱良志：《曲院风荷》，中华书局2016年版。
30. 朱良志：《四时之外》，北京大学出版社2023年版。
31. ［法］米歇尔·塞尔：《万物本原》，北京大学出版社2012年版。
32. 张岱：《夜航船》，古吴轩出版社2021年版。
33. ［英］贝克莱：《视觉新论》，商务印书馆2018年版。
34. 李攸：《宋朝事实》，中华书局1955年版。
35. ［英］柯林武德：《自然的观念》，商务印书馆2018年版。
36. ［意］廖内洛·文杜里：《艺术批评史》，商务印书馆2020年版。
37. 宗白华：《宗白华全集》，安徽教育出版社1994年版。
38. 宗白华：《中国美学史论集》，安徽教育出版社2000年版。
39. 宗白华：《艺境》，商务印书馆2011年版。
40. 宗白华：《美学与艺术》，华东师范大学出版社2013年版。
41. ［英］罗素：《人类的知识》，商务印书馆2009年版。
42. 黄庭坚：《黄庭坚诗集注》（全五册），中华书局2003年版。
43. ［美］威廉·詹姆斯：《心理学原理》，北京师范大学出版社2017年版。
44. ［英］李斯托威尔：《近代美学史评述》，上海译文出版社1980年版。
45. 李国树：《中国当代赏石艺术纲要》，上海财经大学出版社2022年版。
46. ［法］杜夫海纳：《美学与哲学》，文笙书局1982年版。
47. ［法］杜夫海纳：《美学与哲学》，中国社会科学出版社1985年版。
48. ［法］杜夫海纳：《审美经验现象学》，文化艺术出版社1996年版。
49. 王国维：《王国维文集》，中国文史出版社1997年版。
50. 李延寿：《南史》（全六册），中华书局1975年版。
51. 房玄龄：《晋书》，中华书局1974年版。

主要参考文献

52. 谭其骧：《谭其骧历史地理十讲》，中华书局2022年版。
53. 朱光潜：《朱光潜全集》，安徽教育出版社1990年版。
54. 朱光潜：《诗论》，南海出版公司2022年版。
55. 朱光潜：《西方美学史》（上下卷），人民文学出版社1985年版。
56. 朱光潜：《谈美》，广西师范大学出版社2020年版。
57. ［德］马克思：《1844年经济学哲学手稿》，人民出版社2000年版。
58. 叶朗：《美在意象》，北京大学出版社2010年版。
59. 叶朗：《观物：哲学与艺术中的视觉问题》，北京大学出版社2019年版。
60. 叶朗：《中国美学史大纲》，上海人民出版社1985年版。
61. 牟宗三：《中国哲学的特质》，上海世纪出版集团2008年版。
62. 牟宗三：《中西哲学之会通十四讲》，上海世纪出版集团2008年版。
63. 牟宗三：《中国哲学十九讲》，吉林出版集团有限责任公司2009年版。
64. 牟宗三：《现象与物自身》，吉林出版集团有限责任公司2009年版。
65. 牟宗三：《历史哲学》，吉林出版集团有限责任公司2009年版。
66. 朱熹：《近思录译注》（全二册），中华书局2021年版。
67. 《张居正讲评〈尚书〉》，上海辞书出版社2007年版。
68. 高尔泰：《论美》，甘肃人民出版社1982年版。
69. ［波］塔塔科维兹：《古代美学》，中国社会科学出版社1990年版。
70. ［波］塔塔科维兹：《西方六大美学观念史》，上海译文出版社2013年版。
71. 蔡仪：《新美学》，中国社会科学出版社1985年版。
72. ［德］康德：《论优美感和崇高感》，商务印书馆2020年版。
73. ［德］康德：《判断力批判》，人民出版社2002年版。
74. 罗大经：《鹤林玉露》，齐鲁书社2017年版。
75. 张世英：《哲学导论》，北京师范大学出版社2014年版。
76. 白居易：《白居易文集校注》（全四册），中华书局2017年版。
77. ［英］鲍桑葵：《美学史》，商务印书馆2019年版。
78. 傅抱石：《中国绘画理论》，天津人民美术出版社2017年版。
79. ［英］迈克尔·苏立文：《中国艺术史》，上海人民出版社2022年版。
80. 李泽厚：《美学四讲》，生活·读书·新知三联书店2004年版。

81. 李泽厚：《华夏美学》，长江文艺出版社2021年版。
82. ［英］科林伍德：《艺术原理》，中国社会科学出版社1985年版。
83. 陈师曾：《中国文人画之研究》，天津古籍出版社1982年版。
84. ［美］史景迁：《中国纵横》，四川人民出版社2019年版。
85. 彭锋：《完美的自然》，北京大学出版社2005年版。
86. 彭锋：《后素：中西艺术史著名公案新探》，北京大学出版社2023年版。
87. ［日］今道友信：《关于美》，黑龙江人民出版社1983年版。
88. ［日］今道友信：《东方的美学》，生活·读书·新知三联书店1991年版。
89. ［日］今道友信：《存在主义美学》，辽宁人民出版社1987年版。
90. ［日］今道友信：《东西方哲学美学比较》，中国人民大学出版社1991年版。
91. ［日］今道友信：《关于爱和美的哲学思考》，生活·读书·新知三联书店1997年版。
92. 王维：《王维集校注》（上、中、下册），中华书局2020年版。
93. 吕思勉：《白话本国史》，上海科学技术文献出版社2014年版。
94. ［法］保罗·萨特：《存在主义是一种人道主义》，上海世纪出版集团2008年版。
95. ［法］保罗·萨特：《想象》，上海译文出版社2014年版。
96. ［美］吉尔伯特：《美学史》，上海译文出版社1989年版。
97. 章太炎：《国学概论》，中华书局2016年版。
98. 北京大学哲学系美学教研室编：《西方美学家论美和美感》，商务印书馆1980年版。
99. ［苏联］奥夫相尼科夫：《美学思想史》，陕西人民出版社1986年版。
100. 张潮：《幽梦影》，中华书局2020年版。
101. ［意］翁贝托·艾柯：《丑的历史》，中央编译出版社2022年版。
102. ［美］理查德·加纳罗：《艺术：让人成为人》，北京大学出版社2007年版。
103. 王永彬：《围炉夜话》，外语教学与研究出版社2021年版。
104. ［匈］卢卡奇：《审美特性》，社会科学文献出版社2015年版。
105. ［德］马克思：《资本论》，人民出版社1975年版。
106. ［俄］列宁：《哲学笔记》，人民出版社1961年版。
107. 许倬云：《万古江河：中国历史文化的转折与开展》，湖南人民出版社2017年版。
108. ［法］列维-布留尔：《原始思维》，商务印书馆2009年版。
109. ［瑞］喜仁龙：《西洋镜：中国早期艺术史》，广东人民出版社2019年版。

110. ［英］阿尔弗雷德·亨特：《象征主义艺术》，重庆大学出版社2021年版。
111. 陈继儒：《小窗幽记》，北方文艺出版社2023年版。
112. 欧文·潘诺夫斯基：《风格三论》，商务印书馆2021年版。
113. 冯友兰：《冯友兰人文哲思录》，贵州人民出版社2016年版。
114. 顾城：《生生之境：哲学卷》，金城出版社2015年版。
115. 张轮远：《万石斋灵岩大理石谱》，南京出版社2020年版。
116. ［美］爱默生：《论自然·美国学者》，生活·读书·新知三联书店2015年版。
117. ［英］邓肯·希思：《浪漫主义》，生活·读书·新知三联书店2019年版。
118. ［英］达娜·阿诺德：《走进艺术史》，外语教学与研究出版社2015年版。
119. ［德］托尼奥·赫尔舍：《古希腊艺术》，世界图书出版公司2014年版。
120. 傅雷：《傅雷谈艺录》，生活·读书·新知三联书店2016年版。
121. 钱锺书：《谈艺录》，中华书局1984年版。
122. 洪应明：《菜根谭》，浙江古籍出版社2020年版。
123. ［美］迈克尔·弗雷德：《艺术与物性》，江苏美术出版社2013年版。
124. 徐悲鸿：《中国画的艺术》，北京出版社2017年版。
125. ［日］青木正儿：《中国文人画谈》，浙江人民美术出版社2019年版。
126. ［日］宇佐美文理：《历代名画记》，生活·读书·新知三联书店2022年版。
127. 唐岱：《绘事发微》，山东画报出版社2012年版。
128. ［奥］德沃夏克：《作为精神史的美术史》，北京大学出版社2010年版。
129. ［奥］德沃夏克：《哥特式雕塑与绘画中的理想主义与自然主义》，北京大学出版社2015年版。
130. 石涛：《苦瓜和尚画语录》，江苏凤凰文艺出版社2018年版。
131. ［瑞士］沃尔夫林：《古典艺术：意大利文艺复兴导论》，北京大学出版社2021年版。
132. ［瑞士］沃尔夫林：《美术史的基本概念》，北京大学出版社2011年版。
133. ［日］西田几多郎：《艺术与道德》，上海社会科学院出版社2018年版。
134. ［美］帕特里克·弗兰克：《艺术形式》，中国人民大学出版社2016年版。
135. ［德］托马斯·普特法肯：《构图的发现》，商务印书馆2023年版。
136. ［意］艾柯：《开放的作品》，中信出版社2015年版。
137. ［德］保罗·A.考特曼：《论艺术的"过去性"》，商务印书馆2023年版。

138. ［法］巴尔迪纳·圣吉宏:《美学权力》,华东师范大学出版社2022年版。
139. ［德］马克斯·德索:《美学与艺术理论》,中央编译出版社2023年版。
140. ［美］罗伯特·亨利:《艺术精神》,上海人民美术出版社2019年版。
141. ［法］庞蒂:《眼与心》,商务印书馆2007年版。
142. 司空图:《司空图二十四诗品》,读者出版社2019年版。
143. 朱自清:《文艺常谈》,中华书局2016年版。
144. 竺可桢:《天道与人文》,天地图书有限公司2022年版。
145. 张荫麟:《两宋史纲》,北京出版社2016年版。
146. 陈从周:《梓翁说园》,北京出版社2016年版。
147. 童寯:《论园》,北京出版社2016年版。
148. 郑板桥:《板桥论画》,山东书画出版社2009年版。
149. 董其昌:《画禅室随笔》,山东书画出版社2007年版。
150. 张光直:《美术、神话与祭祀》,生活·读书·新知三联书店2023年版。
151. 罗念生:《希腊漫话》,北京出版社2016年版。
152. 福西永:《形式的生命》,北京大学出版社2011年版。
153. ［美］巫鸿:《中国绘画:五代至南宋》,上海人民出版社2023年版。
154. ［美］巫鸿:《中国绘画:远古至唐》,上海人民出版社2022年版。
155. ［法］波德莱尔:《浪漫派的艺术》,商务印书馆2018年版。
156. ［英］玛丽安·霍布森:《艺术的客体:18世纪法国幻觉理论》,华东师范大学出版社2017年版。
157. ［德］艾迪特·施泰因:《论移情问题》,华东师范大学出版社2014年版。
158. 吴冠中:《我读石涛画语录》,山东画报出版社2009年版。
159. 郭熙:《林泉高致》,中国广播电视出版社2013年版。
160. ［日］大村西崖:《中国美术史》,中央编译出版社2023年版。
161. 朱自清:《经典常谈》,山东文艺出版社2023年版。
162. ［俄］叶·查瓦茨卡娅:《中国古代绘画美学问题》,湖南美术出版社1980年版。
163. ［美］比厄斯利:《美学史:从古希腊到当代》,高等教育出版社2018年版。
164. ［瑞］莫里茨·盖格尔:《艺术的意味》,北京联合出版公司2014年版。
165. ［奥］李格尔:《罗马晚期的工艺美术》,北京大学出版社2010年版。

166. ［德］弗里德伦德尔：《论艺术与鉴赏》，商务印书馆2016年版。
167. ［波］奥索夫斯基：《美学基础》，中国文联出版公司1986年版。
168. ［古罗马］卢克莱修：《物性论》，北京联合出版公司2014年版。
169. ［英］怀特海：《自然的概念》，北京联合出版公司2014年版。
170. ［英］弗朗西斯·哈斯克尔：《历史及其图像：艺术及对往昔的阐释》，商务印书馆2018年版。
171. ［奥］奥托·帕希特：《美术史的实践和方法问题》，商务印书馆2017年版。
172. ［英］迈克尔·波德罗：《批评的艺术史家》，商务印书馆2020年版。
173. ［美］乔治·库布勒：《时间的形状——造物史研究简论》，商务印书馆2019年版。
174. ［美］奥克威尔克等：《艺术基础：理论与实践》，北京大学出版社2009年版。
175. ［德］沃尔夫冈·韦尔施：《美学与对世界的当代思考》，商务印书馆2018年版。
176. ［美］奥尔德里奇：《艺术哲学》，中央编译出版社2023年版。
177. 翦伯赞：《史料与史学》，北京出版社2016年版。
178. 顾颉刚：《秦汉的方士与儒生》，北京出版社2017年版。
179. 顾颉刚：《中国史学入门》，北京出版社2016年版。
180. 黄现璠：《唐代社会概略》，北京出版社2017年版。
181. 周叔迦：《佛教基本知识》，北京出版社2017年版。
182. 梁启超：《老子、孔子、墨子及其学派》，北京出版社2016年版。
183. ［法］菲利普·索莱尔斯：《无限颂：谈艺术》，河南大学出版社2018年版。
184. ［美］斯蒂芬·戴维斯：《艺术哲学》，上海人民美术出版社2008年版。
185. ［美］斯蒂芬·戴维斯：《艺术诸定义》，南京大学出版社2014年版。
186. 熊十力：《新唯识论》，上海古籍出版社2019年版。
187. ［英］维特根斯坦：《文化和价值》，北京联合出版公司2013年版。
188. ［美］班宗华：《行到水穷处》，生活·读书·新知三联书店2021年版。